高 等 学 校 教 材

中国地质大学(北京)研究生教材基金资助

材料制备化学

张以河 主编

夏志国 安琪 黄洪伟 副主编

化学工业出版社

·北京·

本书结合作者多年来从事新材料制备化学领域的科研进展和研究生教学及培养实践，较系统地介绍了相关材料制备化学的理论、方法和实例。全书以纳米材料、碳材料、光功能材料以及复合材料为主要对象，围绕各类材料的制备化学问题，分成三部分介绍：第一部分是纳米材料制备化学，分别介绍了零维、一维、二维纳米材料，超分子材料及纳米矿物材料的制备化学；第二部分是先进功能材料制备化学，介绍了碳材料、稀土发光材料和非线性光学材料等功能材料制备化学；第三部分是复合材料制备化学，分别介绍了无机/无机复合材料、无机/有机高分子复合材料制备化学和工业固体废弃物综合利用绿色制备化学。本书的主要特色在于对当前材料科学领域的研究热点与前沿的制备化学问题进行重点阐述，不求面面俱到，但求有的放矢。本书实用性强，除了介绍先进材料制备化学中的相关原理和方法，还介绍了制备实例、性能和应用前景。

本书可作为材料科学与工程、材料学、材料物理与化学、高分子材料、复合材料、无机非金属材料、应用化学、化学、化学工程、岩石矿物材料学、矿物加工、资源循环利用科学与工程等专业的研究生或高年级本科生教材，也可用于从事以上专业研发、教学、生产等工作人员的参考书。

图书在版编目（CIP）数据

材料制备化学/张以河主编．—北京：化学工业出版社，2013.10（2022.10重印）
高等学校教材
ISBN 978-7-122-18420-7

Ⅰ.①材… Ⅱ.①张… Ⅲ.①材料制备-应用化学-高等学校-教材 Ⅳ.①TB3②TQ

中国版本图书馆CIP数据核字（2013）第216140号

责任编辑：窦　臻　　文字编辑：林媛　颜克俭
责任校对：顾淑云　　装帧设计：王晓宇

出版发行：化学工业出版社（北京市东城区青年湖南街13号　邮政编码100011）
印　　装：北京科印技术咨询服务有限公司数码印刷分部
787mm×1092mm　1/16　印张16　字数403　千字　2022年10月北京第1版第4次印刷

购书咨询：010-64518888　　售后服务：010-64518899
网　　址：http：//www.cip.com.cn
凡购买本书，如有缺损质量问题，本社销售中心负责调换。

定　　价：40.00元

编写人员名单

主　编　张以河

副主编　夏志国　安　琪　黄洪伟

其他编者

佟望舒　胡　攀　沈　博　何　颖

栾兴龙　孟祥海　王　凡　陆荣荣

张志磊　张　锐　孟子霖　蒋绍宾

前　言

材料制备化学作为材料科学领域的一个重要学科分支，是新材料研究的基础，对于纳米材料的合成及其修饰工艺、功能材料的制备及表征、复合材料的设计与制备及其界面化学问题的研究等领域的发展具有重要意义。材料制备化学也是材料科学与工程、应用化学、化学等相关专业的骨干基础课程，内容涉及无机化学、有机化学、物理化学、胶体与界面化学、高分子化学、晶体材料学、高分子材料、复合材料学、无机材料工艺学等多门课程。本书结合作者多年来在材料制备化学和相关领域的科研进展与研究生教学及培养实践编著而成。本书内容针对当前材料科学领域的研究热点与前沿，着重阐述相关材料制备化学的理论、方法和实例，具有很强的新颖性、实用性和可读性。

本书作者多年来一直从事新材料制备化学等领域的研究和教学工作，在多年科研积累的基础上，结合为有关专业研究生讲授“材料制备化学”课程的教学实践，逐渐形成了“材料制备化学”研究生课程的基本体系，并编写了相应的讲义，本书即是在此讲义基础上修改补充完善而成。本书以纳米材料、功能材料和复合材料的制备化学为主要特色，围绕材料制备化学分成三条主线进行介绍：第一条主线是纳米材料制备化学，分别详细介绍了零维、一维、二维纳米材料，超分子材料及纳米矿物材料的制备化学，结合作者在上述领域的研究成果，对纳米材料制备化学进行了系统的总结；第二条主线是典型先进功能材料制备化学，结合近年来功能材料科学领域的研究热点，分别介绍了碳材料、稀土发光材料和非线性光学材料制备化学；第三条主线是复合材料制备化学，分别介绍了无机/无机复合材料、无机/有机高分子复合材料制备化学和工业固体废物综合利用绿色制备化学。

本书由张以河任主编，夏志国、安琪、黄洪伟任副主编。全书由张以河负责设计大纲和统稿，夏志国和佟望舒协助统稿和全书文字、图表的校对。各章节编写人员如下：第 1 章，张以河、沈博编写；第 2 章，黄洪伟、张以河、何颖编写；第 3 章，张以河、安琪、佟望舒、栾兴龙编写；第 4 章，安琪、栾兴龙编写；第 5 章，张以河、沈博、胡攀、孟子霖编写；第 6 章，夏志国编写；第 7 章，黄洪伟编写；第 8 章，张以河、胡攀编写；第 9 章，张以河、沈博、张志磊、张锐、蒋绍宾编写；第 10 章，张以河、孟祥海、王凡、陆荣荣编写；本书的编著和出版得到中国地质大学（北京）研究生教材基金资助。

随着科学技术的进步，各种新材料层出不穷，许多新材料也在不断发展中，其应用领域日益广泛，因而材料制备化学也在不断发展。由于作者的水平有限，本书只能起到抛砖引玉的作用，不足之处在所难免，敬请读者指正。本书在编著过程中除了介绍作者自己的科研成果之外，还参阅、引用了其他相关文献，在此谨向所引用文献的作者们表示衷心的感谢。

作者

2013 年 8 月

目 录

第1章　绪论

1.1　材料制备化学概述

材料是指这样的一些物质，这些物质的性能使其能用于结构、机器、器件或其他产品。例如，金属、岩石、陶瓷、半导体、超导体、玻璃、高分子聚合物、木材、复合材料等都属于材料的范畴。根据材料在人类社会中所起的作用，以及社会经济对它的限制，材料可定义为人类社会所能接受的、经济地制造有用器件的物质。材料在人类生活中的重要性不言而喻。材料、信息和能源是支撑起人类文明大厦的三大支柱，而材料又是人类一切生产和生活水平提高的物质基础，同时也支撑着其他新技术的进步，天然材料和人造材料已经成为人们生活中不可分割的组成部分，材料已经与食物、居住空间、能源和信息并列一起组成人类的基本资源。而其中，能源的开发、提炼、转化和储运；信息的传播、储存、利用和控制；居住空间的构建等都离不开材料。材料与人类的出现和进化有着密切的联系，因而它们的名字已经作为人类文明的标志，例如，石器时代、青铜器时代和铁器时代。

材料的种类繁多，用途广泛。依据不同的标准，可以将材料划分为若干类。例如，按照来源，可以将材料分为天然材料和人造材料两类；按照用途，可以将材料划分为结构材料和功能材料两类；按照化学属性，可以将材料划分为金属材料、陶瓷材料、高分子材料和复合材料四类。材料的性能是由材料的内部结构决定的，结构是理解和控制材料性能的中心环节。从材料学的角度看，材料的性能取决于材料内部结构，而材料的内部结构又取决于成分和制备、加工工艺。所有的材料归根结底都来自于大自然，不论天然材料和人造材料，要使其服务于人类的生产生活，必须要对其进行一定的加工，实际上人工材料就是由天然材料制备而来，如黏土的烧结制备陶瓷材料；石油的炼化合成制备高分子材料等。上述这些问题也就引出了材料制备化学的研究。

不同的制备方法所引起的化学变化不同，带来材料内部结构的不同。材料组分间的结合类型，如金属键、离子键、共价键、分子键等，都会随着制备方法的不同而改变，进而影响材料的力学、磁学、热学、光学甚至耐腐蚀性能。正确地选择材料制备方法，得到理想的材料组织，突出材料的使用性能，是材料制备的主要目的。因此，材料制备化学不仅是对于材料本征结构、物理与化学性质的基础研究，还是针对于材料的性能优化及复合、新型功能特性材料的研究与开发都具有重要的意义。

矿物材料作为众多材料科学问题研究的基础，在材料科学研究领域，矿物材料的形成机制对于新材料结构具有重要的启示意义。同时，矿物材料本身所指代的是天然产出的具有一种或几种可资利用的物理化学性能或经过加工后达到以上条件的矿物。进一步地，矿物材料可以通过复合、加工开发成具有各种不同应用的新型材料。因此，本书将侧重于矿物材料研究领域的特色，研究纳米材料制备化学、碳材料及光功能材料制备化学及复合材料制备化学，涵盖了材料制备化学领域所关注的几个重要类别。下面，我们也将这几类材料的制备化学作一个大致的介绍。

1.2 纳米及纳米矿物材料制备化学

1.2.1 纳米材料制备化学

纳米材料的概念首次由德国科学家 Gleiter 在 20 世纪 80 年代末期提出，当时纳米材料指的是颗粒粒度小于 100nm 的粉体材料(Gleiter，1992)。这类粒子处于在原子簇和宏观物体交界的过渡区域。从通常的微观和宏观的观点来看，这样的系统既非典型的微观系统亦非典型的宏观系统，是一种典型的介观系统。它具有表面效应、量子尺寸效应、小尺寸效应和宏观量子隧道效应。当人们将宏观固体细分成超微颗粒(纳米级)后，它将显示出许多奇异的特性，即它的光学、热学、电学、磁学、力学以及化学方面的性质和大块固体时相比会有显著的不同。经过 20 多年的发展，纳米材料已不局限于纳米颗粒。在纳米材料不断发展的今天，只要长、宽、高中有一个维度在 100nm 以下的材料都可称为纳米材料，比如宽高两个维度在纳米级的碳纳米管和纳米纤维，或只在高度上为纳米级的石墨烯和纳米片层。

由于表现出来的优越性质，纳米材料受到越来越多的关注。纳米材料的形态和状态取决于纳米材料的制备方法，制备工艺的研究和控制对纳米材料的微观结构和性能具有重要的影响。所以，国内外研究人员一直致力于研究纳米材料的合成与制备方法，纳米材料的制备技术一直是纳米科学领域的一个重要研究课题。纳米材料的合成和制备方法层出不穷，既有物理法也有化学法，同时还有物理化学法结合的微波法、超声沉淀法等。

(1) 物理法　物理法是最早采用的纳米材料制备方法。例如，球磨法、电弧法、惰性气体蒸发法等，这类方法是采用高能耗的方式使得材料颗粒细化到纳米量级。物理法制备纳米材料的优点是产品纯度高，缺点是产量低、设备成本高。

(2) 化学法　化学法是采用化学合成的方法合成制备出纳米材料，例如沉淀法、水热法、相转移法、界面合成法、溶胶凝胶法等，由于纳米材料的合成都在溶液中进行，所以这类方法也叫做化学液相法。此外，还有化学气相法，例如，激光化学气相反应法、化学气相沉积法等。化学法的优点是所合成的纳米材料均匀且可大量生产、设备投入小；缺点就是会有杂质，导致产品不纯。

(3) 物理化学法　物理化学法是在纳米材料的制备过程中，把物理方法引入化学法中，将物理法与化学法的优点结合起来，提高化学法的效率或是解决化学法达不到的效果。例如，超声沉淀法、激光沉淀法、微波合成法等。

常见不同纳米材料的制备方法见表 1-1。

表 1-1　常见纳米材料的制备方法

材料类别	物理法	化学法	物理化学法
纳米粉体	惰性气体沉淀法 蒸发法 球磨法 爆炸法 喷雾法	化学气相沉淀法 均相共沉淀法 水热法 相转移法	辐射化学合成法
纳米片层 纳米膜材料	等离子蒸发法 激光溅射法 溶剂挥发法	溶胶凝胶法 胶体化学法 电沉积法 气相沉积法	超声沉淀法 激光化学法 超声剥离法

续表

材料类别	物理法	化学法	物理化学法
纳米管	电弧放电法	还原法 水解法 化学气相沉积法	激光蒸发法

1.2.2 纳米矿物材料制备化学

纳米矿物材料应是纳米材料科学的一个分支。矿物颗粒处于纳米粒级或本身包含三维空间中某一维的纳米量级时，利用这些纳米空间或粒径经一系列工艺制备之后，这种材料就成为纳米矿物材料(曹明礼，2006)。很多矿物如黏土矿物、石墨等层状矿物，其矿物单元层及其层间的空间即为纳米量级，还有某些硅酸盐矿物，如沸石以及坡缕石等晶体结构中包含有纳米孔道结构，用它们制备的材料具有各种特异性能。在制备纳米矿物材料时除制备一系列结构材料外，还引入了团簇及纳米材料制备的一系列原理、工艺和方法，这无疑给纳米矿物材料开拓出更加广阔的应用前景。另外随着粉体制备技术的发展，有些粉碎过程已能达到纳米量级，无疑这给纳米矿物材料的研究提供了强有力的支撑。

纳米矿物材料可以区分为天然纳米矿物材料和人工纳米矿物材料。天然纳米矿物材料主要是一些层链状硅酸盐矿物，如蒙脱石等。由于这类矿物本身即为纳米尺度或很容易通过破坏较弱的层间、链间氢键而分离为纳米尺度，因而较早作为纳米材料被利用。此外大洋锰结核中的含铁矿物，其颗粒粒度为5～10nm；又如某些煤矸石中的硅质微粒，其颗粒粒度可达15～20nm，这些都是天然的纳米矿物材料。而随着科技的发展，不少矿物材料可以通过人工合成的方式得到，如非层状硅酸盐、碳酸盐、磷酸盐、硼酸盐、氟化物、氧化物、硫化物等人工矿物材料。由于这类矿物材料是从无到有人工合成出来的，因此可以通过控制实验条件及反应时间等方式控制其在某一维度上保持纳米，从而得到人工纳米矿物材料。无论是天然还是人工纳米矿物材料，常可作为补强材料、助滤剂、脱色剂、保鲜剂、催化剂等用于塑料、造纸、石油、饮品和化工等行业。

人工纳米矿物材料的制备方法大致可分为两类。一类是物理方法，利用超微粉碎及一些新方法，如激光汽化或高温电阻蒸发等应用；另一类是化学柱撑或合成法，利用无机合成法制备纳米矿物粉体，如制备纳米莫来石以及纳米刚玉等。制备的关键是如何控制颗粒的大小和获得较窄且均匀的粒度分布。这里我们主要介绍纳米矿物材料的化学法制备。

(1) 化学合成法　这种方法利用无机合成法制备纳米矿物材料，常用的方法有化学气相合成、水热法、液相沉积等。如国防科技大学的李斌用化学气相合成法制备粒径为50～70nm的SiC粉体。这类方法有着操作简单、设备要求不高、易于大规模制备等优点，从而得到广泛的应用。

(2) 溶胶凝胶法　将烷氧基金属或金属盐等前驱物在一定的条件下水解缩合成溶胶，然后经溶剂挥发或加热等处理使溶胶转化为凝胶。溶胶凝胶法合成纳米复合材料的特点在于该法可在低温条件下进行，反应条件温和，能够掺杂大剂量的无机物和有机物，可制备出高纯度、高均匀度的材料，易于加工成型并在加工的初级阶段就可以在纳米尺度上控制材料结构。目前该方法常用于SiO_2和TiO_2纳米颗粒的制备，如中国地质大学的张以河研究小组就有过相关报道。除此之外，其他氧化物的纳米粉体的制备手段也在不断开发中，如中南大学的王小锋等采用聚丙烯酰胺凝胶法制备得到BeO纳米粉体。

(3) 超声沉淀法　超声波用于超微细颗粒合成的研究异常活跃，如将超声波用于分子筛的合成，可使Na分子筛的合成时间缩短、粒径减小、催化活性提高，这归结为超声波的机械作用、空化作用和热作用。中南大学开展了超声沉淀法制备系列超细粉体的研究，在超声波作用下分别合成了纳米 ZnO、纳米 Al_2O_3 和纳米 CeO_2，颗粒粒度分布均匀、分散性好。超声沉淀制备超细粉体是探索粒度大小与分布可控的高质量纳米粉体合成方法的有益尝试，同时超声设备的大型化也使该技术有望投入工业应用。

(4) 机械力化学 机械力化学是研究在给固体物料加机械能量时固体形态、晶体结构等发生变化，并诱导物理化学的一门科学。用此法已合成了纳米氧化铁、β-磷酸三钙、钛酸钙纳米晶等粉体，其工艺设备简单。如以 CaO、TiO_2 为原料，采用行星球磨机进行混合粉磨，产品经 X 射线衍射(XRD)、透射电子显微镜(TEM)检测为钛酸钙纳米晶，晶粒尺寸为 20～30nm；磷酸三钙作为磷酸钙陶瓷的基本原料，要求粉末粒径小，以保证陶瓷材料的强度和其他性能，以磷酸二氢钙和氢氧化钙为原料，采用搅拌磨机粉磨合成了磷酸二钙陶瓷粉体，降低了产品的粒度。

(5) 等离子体和微波等离子体合成法 等离子体化学气相沉积是 20 世纪 70 年代末发展起来的纳米薄膜制备技术，可方便地控制薄膜厚度和组成结构，并可获得质量稳定、致密、稳定性好的薄膜，降低反应温度，拓展了新的低温沉积领域。采用等离子体化学沉积技术已合成了 TiN、类金刚石膜等多种产品，反应过程无须其他助剂，薄膜材料的粒度可控制在纳米级到亚微米级。微波等离子体化学反应是将微波能转换为气体分子的内能，使之激发、离解，电离成活性物种从而发生化学反应。目前关于微波等离子体化学反应的研究在国际上呈明显上升趋势，国内在微波等离子技术上的研究尚处起步阶段，但进展较快。据报道，通过 $Fe(CO)_5$、$TiCl_4$、$AlCl_3$ 等与 O_2 的等离子体反应，已制得了约 10nm 的 Fe_2O_3、TiO_2、Al_2O_3 纳米材料。

本书将分三章介绍纳米材料及矿物纳米材料制备化学，包括零维（球状）纳米材料制备化学（第 2 章），一维、二维纳米材料制备化学（第 3 章）和超分子材料制备化学（第 4 章）。

1.3 碳材料及光功能材料制备化学

功能矿物材料是研究矿物的组成、结构、物理化学性能及其使用效能之间的相互关系，以及在光、电、磁、声、热和力等作用下所产生的功能性质，因而，功能矿物材料所涉及的研究领域广泛。例如，近年来以石墨烯为代表的碳材料的研究，使得“碳”这种元素以及与之相关的碳材料研究成为材料科学领域的一个热点课题，而有关碳材料的制备化学成为我们关注的焦点。再比如，选择合适的矿物材料作为发光材料基质，一方面对于拓展稀土发光材料在照明、显示等高新技术领域的应用深度具有重要的影响；另一方面对于发挥我国非金属矿产资源优势，促进国民经济发展具有重要的意义。此外，探索合成具有新颖性能的类矿物结构无机功能晶体材料，对于深化我国在晶体材料，特别是非线性光学晶体材料研究领域的深度与广度都具有深远的意义。下面，我们对本书相关的三种矿物相关的功能材料制备化学简介如下。

碳在整个宇宙中都大量存在，同样，碳在地球上也广泛存在，其丰度列在第 14 位。地球上的碳大约 90%以碳酸钙的形式存在。同时，碳是地球生命的基础，存在于所有动植物中。地球上天然单质碳存在于金刚石、石墨、无烟煤矿中，但是天然优质金刚石、石墨矿非常稀少，大量的碳制品是人工合成的。人工合成碳材料的出现大大丰富了碳材料科学的研究领域。除了碳材料，稀土有工业“黄金”之称，由于其具有优良的光电磁等物理特性，能与其他材料组成性能各异、品种繁多的新型材料，其最显著的功能就是大幅度提高其他产品的质量和性能。其中的稀土发光材料在照明与显示领域具有重要的应用前景。历史上，人类对发光的认识始于矿物的发光。成分和结构是矿物材料学研究的两大课题，同时也是发光学领域中影响材料发光性质的两大因素。本书也将从矿物的角度介绍稀土发光材料及其相关的制备化学问题。研究材料的晶体结构与应用性能一直以来是材料学研究领域的基础科学问题，合成具有新颖性能的类矿物结构无机功能晶体材料，这是晶体材料学界的一个重要问题。而我国在非线性光学晶体的研究方面起步较早，做了大量开创性的研究，在这一领域处于世界领先水平。近 30 多年来，人们在研究与探索非线性光学晶体材料方面作了大量工作，取得了丰硕的研究成果，涌现出一批又一批性能优良的非线性光学晶体。同时，人们采用晶体工程等科学方法来探索与研制各种新型的非线性光学晶体材料，向科学的更深层次的方向发展，所以寻找与合成性能优异的新型非线性光学晶体一直是一个非常重要的课题，成为该领域人们关注的热点之一。

本书将分三章介绍功能矿物材料制备化学，包括碳材料制备化学（第 5 章）、稀土发光材料制备化学（第 6 章）和非线性光学晶体材料制备化学（第 7 章）。

1.4 矿物相关复合材料制备化学

复合材料是由两种或两种以上物理和化学性质不同的物质组合而成的一种多相固体材料。复合材料的组分材料虽然保持其相对独立性，但复合材料的性能却不是组分材料性能的简单加和，而是有重要的改性。矿物复合材料是指组成复合材料的多种组分中，含有一种或多种矿物组分从而使材料具有新性能的多相固体材料。这里所谓的矿物组分指，除金属矿石、矿石燃料、宝石以外的其化学成分或技术物理性能可资工业利用而具有经济价值的所有非金属矿物。目前矿物复合材料制备其主要研究重点在于矿物的改性及其复合工艺上。

矿物的改性是指用物理、化学、机械等方法对矿物进行处理，根据应用的需要有目的地改变矿物的物理化学性质或赋予其新的功能，以满足现代新材料、新工艺和新技术发展的需要。在塑料、橡胶、胶黏剂等高分子材料工业及高聚物基复合材料领域中，矿物如碳酸钙、高岭土、滑石等都有广泛的应用。而矿物与有机高聚物的表面或界面性质不同，相容性较差，因而难以在基质中均匀分散，直接或过多地填充往往容易导致材料的某些力学性能下降以及易脆化等缺点。因此，除了粒度和粒度分布的要求之外，还必须对矿物填料进行改性，以改善其与有机高聚物基体的相容性，提高填料基体的界面结合力，从而提高填料在基料中的分散度，增强材料的机械强度，提高材料的综合性能。

矿物改性的方法包括物理法、化学法及插层与柱撑改性。

（1）物理法　物理法改性主要有物理涂覆改性、润湿与浸渍、热处理改性。其目的在于通过涂覆、润湿、热处理等手段在矿物表面包覆其他物质，使其与基体的相容性得到改善，可以更好地参与到复合材料的制备中去。

（2）化学法　矿物表面化学改性包括化学包覆、沉淀反应、机械力化学、胶囊化改性、高能表面改性。化学法改性的目的在于通过化学手段改善矿物表面的基团、晶型结构及反应活化能等。矿物填料经表面化学改性后可以有效改善填料本身的粒度分布，提高矿物与有机基体之间的相容性，改善矿物粉体在基体中的分散性能，提高材料的综合性能。

（3）插层与柱撑改性　矿物插层改性是指利用层状结构的矿物粉体颗粒晶体层之间结合力较弱和存在可交换阳离子等特性，通过离子交换反应或者化学反应改变粉体的界面性质和其他性质的改性方法。矿物插层改性主要有 3 种方式：机械插层法、熔融插层法和溶液插层法。

随着矿物复合材料应用领域的拓宽，老的复合工艺日臻完善，新的复合方法不断涌现。矿物复合工艺是矿物复合材料的发展基础和条件。根据矿物复合材料类型的不同，矿物复合材料的复合工艺主要有矿物力化学包覆复合、矿物吸附与负载复合、矿物烧结复合、矿物插层复合、矿物共混挤出复合、矿物混炼复合等。

本书将分三章介绍矿物复合材料制备化学，包括无机/无机复合材料制备化学（第 8 章）、无机/有机复合材料制备化学（第 9 章）和工业固体废物综合利用绿色制备化学（第 10 章）。

1.5 材料制备化学发展趋势

材料制备化学是材料学的一个分支，研究各种材料在制备过程中的化学性质，研究的范围涵盖整个材料领域，研究包括无机和有机的各类应用材料制备过程中的化学变化。今后材料制备化学的研究方向主要包括以下几个方面。

（1）新的制备路线的开发及理论研究　随着高科技的发展与实际应用的要求，特定结构材料的制备、合成以及相关技术路线与规律的研究日益显示其重要性。此外，具有特定结构与化学同性的表面与界面的制备，层状化合物与其特定的多型体，各类层间嵌插结构与特定低维结构材料的制备，低维固体与其他特定结构的配合物或簇合物的制备等，也是重要的研究课题。从以往的经验来看，开发出一条新材料制备路线或技术，往往能带动一大片新物质或新材料的出现。如溶胶-凝胶合成路线的出现，为纳米态与纳米复合材料，玻璃态与玻璃复合材料，陶瓷与陶瓷基复合材料，纤维及其复合材料，无机膜与复合膜，溶胶与超细微粒，微晶，表面、掺杂以及杂化材料等的开发与新物种的出现，起到了极其重要的作用。研究其新材料制备规律以及相关的合成技术，这对发展材料产业与材料科学来说是非常重要的。

（2）绿色（节能、洁净、经济）制备与工艺的基础性研究　现有的材料制备反应，经常会产生多种副产品，这给环境带来极大的威胁。为此，研究充分利用原料和试剂中所有的原子，减少以至完全排除污染环境的副产品的材料制备反应，已成为追求的目标。这对科学技术必然提出新的要求，对材料制备化学更是提出了挑战，同时也提供了学科发展的机会。近年来，绿色化学、环境温和化学、洁净技术、环境友好过程等已成为众多化学家关心的研究领域。绿色合成完整的定义是：一种理想的(最终是实效的)合成是指用简单的、安全的、环境友好的、资源有效的操作，快速、定量地把价廉、易得的起始原料转化为设计的目标分子。这些标准的提出实际上已在大方向上指出实现绿色合成的主要途径。下列一些有关的基础性研究方向引起了众多合成化学家与材料制备化学家的充分重视，如环境友好催化反应与催化剂的开发研究，电化学合成与其他软化学合成反应的开发，经济、无毒、不危害环境反应介质的研究开发，以及从理论上研究“理想合成”与高选样性定向合成反应的实现等，都已成为材料制备化学关心与研究的方向。

（3）仿生材料的制备与材料制备中生物技术的应用　仿生材料将成为 21 世纪材料制备化学中的前沿领域。一般用常规方法进行的非常复杂的材料制备过程，若利用仿生学则将变为高效、有序、自动进行的合成，比如许多生物体的硬组织(如乌贼骨)是一种目前尚不能用人工合成制得的具有均匀孔度的多孔晶体；又如动物的牙齿其实是一种极其精密结构的陶瓷等。因而，仿生材料无论从理论及应用来看都将具有非常诱人的前景。

（4）功能材料的复合、组装与杂化　近年来，下列方向深受人们注意。①材料的多相复合。主要包括纤维(或晶须)增强或补强材料的复合、第二相颗粒弥散材料的复合、两(多)相材料的复合、无机物和有机物材料的复合、无机物与金属材料的复合、梯度功能材料的复合以及纳米材料的复合等。②材料组装中的宿客一体化学，这是既令人向往又很复杂的研究领域，如在微孔或介孔骨架宿体下进行不同类型化学个体的组装，如能生成量子点或超晶格的半导体团簇，非线性光学分子，由线性导电高分子形成的分子导体，以及在微孔晶体孔道内自组装等所用的组装路线主要通过离子交换、各类气相沉积，"瓶中造船"、微波分散等技术。③无机/有机纳米杂化。无机/有机杂化体系的研究是近年来迅速发展的新兴边缘研究领域。它将无机与高分子学科中的加聚、缩聚等化学反应，无机化学中的溶胶凝胶过程配合研制出的新型杂化材料。这些材料具备单纯有机物和无机物所不具备的性质，是一类完全新型的材料，将在纤维光学、波导、非线性材料等方面具有广泛的应用前景。

参考文献

[1] 曹明礼. 非金属纳米矿物材料. 北京：化学工业出版社，2006.
[2] 张以河. 矿物复合材料. 北京：化学工业出版社，2013.
[3] Gleiter H，Adv. Mater. 1992，4，7.

第2章 零维（球状）纳米材料制备化学

2.1 零维纳米材料简介

纳米材料广义上是三维空间中至少有一维处于纳米尺度范围或者由该尺度范围的物质为基本结构单元所构成的材料的总称。由于纳米尺寸的物质具有与宏观物质所迥异的表面效应、小尺寸效应、宏观量子隧道效应和量子限域效应，因而纳米材料具有异于普通材料的光、电、磁、热、力学、机械等性能。欧盟则将纳米材料定义为一种由基本颗粒组成的粉状或团块状天然或人工材料，这一基本颗粒的一个或多个三维尺寸在1～100nm之间，并且这一基本颗粒的总数量在整个材料的所有颗粒总数中占50%以上。根据物理形态划分，纳米材料大致可分为纳米粉末（纳米颗粒）、纳米纤维（纳米管、纳米线）、纳米膜、纳米块体和纳米相分离液体等五类。三维尺寸均为纳米量级的纳米粒子或人造原子被称为零维纳米材料。

目前，描述零维纳米材料的概念较多，有纳米粒子（nano-particle）、超微粒子（ultra-fine particle）、超微粉（ultrafine powder）和烟粒子（smoke particle），相关的还有量子点（quantum dot）、纳米晶（nano-crystal）、团簇（cluster）及纳米团簇（nano-cluster）。它们的尺寸范围稍有区别。

由于维度的受限，使得零维纳米结构体系受着诸多物理效应的作用，而被赋予了众多优越物理性能。具体体现在如下6个方面。

（1）量子尺寸效应　当粒子尺寸下降到某一程度时，金属费米面附近的电子能级由准连续变为离散的现象，纳米半导体微粒的最高被占据的分子轨道（HOMO）和最低未被占据的分子轨道（LUMO）能级之间的能隙变宽现象，称为量子尺寸效应。

（2）小尺寸效应　纳米微粒的尺寸与光波的波长、德布罗意波长、超导态的相干长度或穿透深度等物理尺寸相当或更小时，晶体的周期性边界条件被破坏，非晶态纳米微粒的表面附近的原子密度减小，导致声、光、电、磁、热、力学等性质呈现新的小尺寸效应。如：光吸收显著增加，并产生吸收峰的等离子共振频移；磁有序态向无序态转变，超导态向正常态转变；声子谱发生改变；纳米颗粒的熔点降低等。

（3）表面效应　纳米微粒的表面原子数与总原子数之比随粒径的变小而急剧增大后所引起的性质变化称为表面效应。和体内原子相比，表面上的原子大多缺少一个或数个近邻原子，配位不足，有大量的悬键或不饱和键存在，因而具有高的表面活性，易与其他原子结合，使表面得到稳定。例如：金属的纳米粒子在空气中会燃烧，无机的纳米微粒暴露在空气中会吸附气体，并与气体发生反应。纳米颗粒表面层的物理性质和电子结构也与体内十分不同，比如在比热容测量中考虑晶格振动的贡献：

$$c = AVT^3 + BST^2$$

体内声子热容正比于T^3，也正比于微粒的体积，表面部分声子热容正比于T^2及表面面积S，当比表面积很大时，表面部分声子贡献对物质热容的贡献不能忽略。

（4）宏观量子隧道效应　微观粒子具有贯穿势垒的能力称为隧道效应。近年来，人们发现一些宏观量，例如微粒的磁化强度、量子相干器件中的磁通量和电荷等亦具有隧道效应。人们把这种现象称为宏观量子隧道效应（macroscopic quantum tunneling MQT)。量子隧穿的概率与势阱的深度、壁厚、形状有关，从而可以通过改变势阱的深度、壁厚、形状，来改变其对电子的束缚。量子隧穿及其可控带来两种截然不同的效果：如果纳米材料内的量子态作为信息记录媒体，那么这一信息很可能因为量子隧穿而丢失或者导致器件的误操作；量子隧穿又可以将临近的纳米尺度材料直接耦合在一起，适当改变材料的尺寸、界面间距和外部电场，可以直接调制材料之间的耦合。所以量子隧道效应是将来微电子器件的基础，它与量子尺寸效应一起确定了微电子器件进一步小型化的极限，也限定了采用磁带磁盘进行信息存储的最短时间。

(5) 介电效应　介电特性是材料的基本物性之一。在电介质材料中介电常数和介电损耗是最重要的物理特性。在交变电场作用下，材料的电位移响应落后于电场的变化，它们之间存在一个相角差，这时就发生介电损耗现象，相角差越大，损耗越严重。一般来说在交变电场下材料内部的某种极化过程就会发生，但这种极化过程对交变电场响应应该有一个弛豫时间。这个极化过程落后于电场变化的现象就会发生介电损耗。常规材料的极化都与结构的有序性相联系，而纳米材料在结构上与常规粗晶材料存在很大的差别。主要表现在介电常数和介电损耗与颗粒尺寸有很强的依赖关系。

(6) 库仑阻塞与量子隧穿　库仑阻塞是 20 世纪 80 年代介观领域所发现的极其重要的物理现象之一。当体系的尺度进入到纳米级时(一般金属颗粒为几个纳米，半导体颗粒为几十个纳米)，体系的电荷是“量子化”的，即充电和放电过程是不连续的。体系增加一个电子所需要的能量 E_c，即：

$$E_c = e^2/2C$$

式中，e 为一个电子的电荷；C 为小体系的电容。体系越小，C 越小，能量 E_c 越大。我们把这个能量称为库仑充电能。库仑充电能是前一个电子对后一个电子的库仑排斥能，这就导致了在对一个小体系的充放电的过程中，电子不能集体传输，而是一个一个的单电子传输。通常把小体系的这种单电子传输称为库仑阻塞效应。

2.1.1　量子点

纳米材料是指在三维空间中至少有一维处于纳米尺度范围或由它们作为基本单元构成的材料，其中研究比较多的是半导体纳米材料，半导体纳米微粒是由数目极少的原子或分子组成的纳米尺度范围内的具有半导体性质的微粒，也称其为量子点。量子点是准零维的纳米材料，由少量的原子所构成。粗略地说，量子点三个维度的尺寸都在 100nm 以下，外观恰似一极小的点状物，其内部电子在各方向上的运动都受到局限，所以量子局限效应特别显著。目前文献中报道的主要涉及的是Ⅱ～Ⅵ族化合物如 CdSe、ZnSe、CdTe 等，Ⅲ～Ⅴ族化合物如 InP、InAs 以及 Si 等元素，特别是Ⅱ～Ⅵ族化合物和Ⅲ～Ⅴ族化合物尤其引起人们的关注。当这些半导体纳米微粒的直径小于其激子玻尔直径（一般小于 10nm）时，这些小的半导体纳米微粒就会表现出特殊的物理和化学性质。

现代量子点技术要追溯到 20 世纪 70 年代中期，它是为了解决全球能源危机而发展起来的。通过光电化学研究，开发出半导体与液体之间的结合面，以利用纳米晶体颗粒优良的体表面积比来产生能量。初期研究始于 20 世纪 80 年代早期 2 个实验室的科学家：贝尔实验室的 Loni S Brus 博士和前苏联 Yoffe 研究所的 Alexander Efros 和 A. I. Ekimov 博士。Brus 博士与同事发现不同大小的硫化镉颗粒可产生不同的颜色。这个工作对了解量子限域效应很有帮助，该效应解释了量子点大小和颜色之间的相互关系，同时也为量子点的应用铺平了道路。1997 年以来，随着量子点制备技术的不断提高，量子点已越来越可能应用于生物学研究。1995 年，Alivisatos I. Z. J. 和 Nie 两个研究小组首次将量子点作为生物荧光标记，并且应用于活细胞体系，他们解决了如何将量子点溶于水溶液，以及量子点如何通过表面的活性基团与生物大分子偶联的问题，由此掀起了量子点的研究热潮。

半导体量子点的生长和性质成为当今研究的热点，目前最常用的制备量子点的方法是自组织生长方式。量子点中低的态密度和能级的尖锐化，导致了量子点结构对其中的载流子产生三维量子限制效应，从而使其电学性能和光学性能发生变化，而且量子点在正入射情况下能发生明显的带内跃迁。这些性质使得半导体量子点在单电子器件、存储器以及各种光电器件等方面具有极为广阔的应用前景。

2.1.2 纳米晶

纳米晶是一种新型的软水剂，是由美国派斯在 2005 年前后开发成功的，利用高能聚合球体，把水中钙离子、镁离子、碳酸氢根等打包产生不溶于水的纳米级晶体，从而使水不生垢并达到软化的目的，纳米晶软水机不用电、不费水、不用盐、不用任何化学添加剂，同时保留对人体有益的矿物质和微量元素，是一种绿色的、革命性的产品，解决了现在软化技术多方面的缺陷：多年来，多种技术和方法被运用于水软化，常见的有电磁、射频、化学添加剂复磷酸盐、离子交换等，但各有缺陷，例如运用最广泛的复磷酸盐要向水中添加化学成分，离子交换要向水中释放钠离子，而钠离子会使管道生锈，同时也会造成人的高血压和心脏病等。

2.1.3 纳米团簇

如果使数个到数百个原子、分子凝聚在一起，就可以形成纳米尺度的超微粒子，这样的超微粒子就称为纳米团簇。

纳米团簇与块体金属相比具有非常不同的磁性要素。从构成的原子数（纳米团簇的大小）的磁性要素变化的情况看，尺寸小的区域的磁性要素变化很大，随着尺寸变大其磁性要素变化的情况看，尺寸小的区域的磁性要素变化很大，随着尺寸变大其磁性要素变化量逐渐变小，最后收敛于块体金属具有的值。一般来说，纳米团簇与块体材料、原子相比具有完全不同的物理和化学性能，并且其性能随着尺寸变化具有显著变化的特点。目前，纳米团簇作为具有新功能的材料在各个领域受到广泛关注的最大理由也正是这一点，即纳米团簇是由控制其大小，便有可能发现其新功能的物质群。

2.2 溶胶-凝胶法制备化学

2.2.1 概念

溶胶-凝胶法是用含高化学活性组分的化合物作前驱体，在液相下将这些原料均匀混合，并进行水解、缩合化学反应，在溶液中形成稳定的透明溶胶体系，溶胶经陈化胶粒间缓慢聚合，形成三维空间网络结构的凝胶，凝胶网络间充满了失去流动性的溶剂，形成凝胶。凝胶经过干燥、烧结固化制备出分子乃至纳米亚结构的材料。该法是低温或温和条件下合成无机化合物或无机材料的重要方法。在制备薄膜、纤维、复合材料等方面得到较多的应用，更广泛地应用于制备纳米材料。

2.2.2 原理

溶胶-凝胶法的化学过程首先是将原料分散在溶剂中，然后经过水解反应生成活性单体，活性单体进行聚合，开始成为溶胶，进而生成具有一定空间结构的凝胶，经过干燥和热处理制备出纳米粒子和所需要的材料。溶胶-凝胶法制备纳米材料流程如图2-1所示。

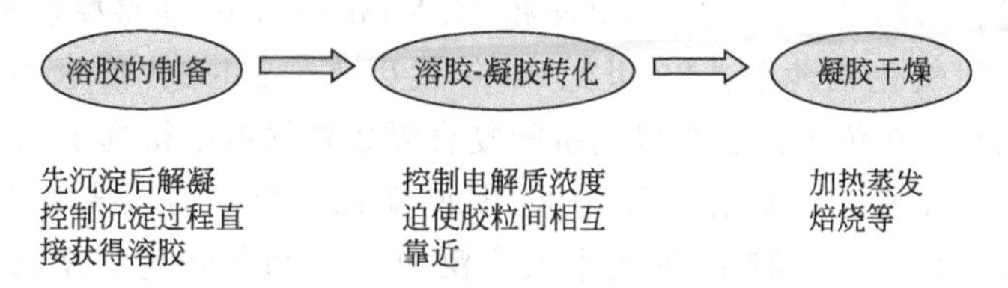

图2-1 溶胶-凝胶法制备纳米材料流程

溶胶-凝胶法中最基本的反应如下。

(1) 水解反应 非电离式分子前驱物，如金属醇盐 $M(OH)_n$（n 为金属的原子价），与水反应：

$$M(OR)_n + xH_2O \longrightarrow M(OH)_x(OR)_{n-x} + xROH$$

反应可延续进行，直至生成 $M(OH)_n$。

(2) 缩聚反应 可分为：

失水缩聚 $—M—OH + HO—M \longrightarrow —M—O—M + H_2O$

失醇缩聚 $—M—OR + HO—M \longrightarrow —M—O—M + ROH$

溶胶-凝胶法制备过程主要包括以下4个步骤。

(1) 制备水和醇盐的均相溶液 该步骤的目的是保证醇盐的水解反应在分子级水平上得以进行。由于金属醇盐在水中的溶解度不大，故选用与醇盐互溶又与水互溶的醇作为溶剂。加入水的量对溶胶制备及后续工艺有着重要影响，是该方法中的关键参数之一。不同的催化剂种类及加入量对水解速率、缩聚速率、溶胶陈化过程中的结构变化有着重要的影响。

(2) 溶胶 溶胶是指具有液体特征的胶体体系，分散的粒子是固体或者大分子，分散的粒子大小在1～1000nm之间。溶胶-凝胶法中，最终产品的结构在溶胶制备过程中已初步形成，因此溶胶的质量决定了产品的质量。由于醇盐的水解和缩聚反应是均相溶液转变为溶胶的根本原因，因此控制醇盐水解缩聚的条件是制备高溶胶质量的关键。除此之外，影响溶胶质量的因素还有很多，比如：加水量、催化剂种类、溶液pH值、水解温度、醇盐品种、溶液浓度和溶剂效应。

(3) 凝胶 是具有固体特征的胶体体系，被分散的物质形成连续的网状骨架，骨架空隙中充有液体或气体，凝胶中分散相的含量很低，一般在1%～3%之间。凝胶是由细小颗粒聚集而成的三维网状结构和连续分散相介质组成的胶态体系。溶胶向凝胶的转变过程可简单描述为：缩聚反应形成的聚合物或粒子聚集体长大为粒子簇，然后该粒子簇相互连接成为一个三维粒子簇连续固体网络。在形成凝胶时，由于液相被包裹在固相骨架中，整个体系失去活动性。随着胶体粒子逐渐形成网络结构，溶胶从牛顿体向宾汉姆体转变，带有明显的触变性。

(4) 终产品的形成 包括对凝胶的干燥和热处理。对凝胶进行干燥的目的是去除湿凝胶内包裹着的溶剂和水，热处理的目的是消除干凝胶中的气孔，使产品的相组成和显微结构满足性能要求。

2.2.3 发展历史

溶胶-凝胶法的初始研究可追溯到1846年J. J. E-belmen用 $SiCl_4$ 与乙醇混合后，发现在湿空气中发生水解并形成凝胶，这个发现在当时并未引起化学界的注意，直到20世纪30年代，W. Geffcken证实用该方法即金属盐的水解和胶凝化，可以制备氧化物薄膜。1971年德国H. Dis-lich报道了通过金属醇盐水解得到溶胶，经胶凝化、再于923～973K的温度和100N的压力下处理，制备了SiO_2-B_2O_3-Al_2O_3-Na_2O-K_2O多组分玻璃，引起了材料科学界的极大兴趣和重视。1975年B. E. Yoldas和M. Yamane等仔细将凝胶干燥，制得了整块陶瓷材料及多孔透明氧化铝薄膜。20世纪80年代以来，Sol-Gel技术在玻璃、氧化涂层、功能陶瓷粉料，尤其是在传统方法难以制备的复合氧化物材料中得到了成功的应用，已成为无机材料合成中的一种独特的方法。到20世纪90年代，由于纳米技术的出现更是将溶胶-凝胶技术的应用推向高潮，溶胶-凝胶技术被广泛应用于制备陶瓷纳米材料、复合材料中，涉及的产物形状有块体纤维、粉体、薄膜等，使材料的力、光、电、磁等性质得到更好的发挥。

2.2.4 具体制备方法及应用举例

张以河等通过溶胶-凝胶法合成了SiO_2纳米粒子和SiO_2/TiO_2混合纳米复合材料，使其对棉织物进行填充。这些颗粒的尺寸范围从几十到几百纳米。采用高倍率场发射扫描电子显微镜（SEM）对所得到的纳米粒子和混合纳米复合材料的形貌进行了表征，并对UV阻挡未处理和处理过的织物与SiO_2/TiO_2纳米复合材料的性能进行了研究和讨论（图2-2）。

(a) 织物　(b) SiO_2溶胶在织物上

(c) SiO_2生长在织物上　(d) TiO_2/SiO_2生长在织物上

图2-2　SiO_2纳米粒子和SiO_2/TiO_2杂化纳米复合材料的扫描电子显微镜照片

(Zhang, et. al, 2011)

李艳等利用溶胶-凝胶技术制备了不同SiO_2含量的二氧化硅/聚酰亚胺(SiO_2/PI)纳米杂化薄膜。研究表明：利用溶胶-凝胶法在聚酰亚胺体系中引入纳米SiO_2可使材料常温下的强度、韧性等均有提高。本实验得到的SiO_2/PI纳米杂化薄膜在室温和低温（77K）下SiO_2/PI杂化薄膜的拉伸强度开始时均随SiO_2含量的增加而增加，在含量为3%时达到最大值，低温下杂化薄膜的拉伸强度明显高于室温。室温下，杂化薄膜的断裂伸长率在含量为3%时达到最大值，而低温（77K）下，薄膜的断裂伸长率的变化没有呈现明显的规律性。

浙江大学的宋永梁利用溶胶-凝胶技术成功地在石英玻璃和单晶硅片等衬底上制备出了 C 轴择优取向的六方纤锌矿结构的 ZnO 薄膜和保持着 ZnO 六方纤锌矿（wurtzite）结构的 Mg_xZnxO 薄膜。并利用各种测试方法，较为系统地分析了该技术制备的 ZnO 和 Mg_xZnxO 薄膜的结构、光学等性能。

Faungnawakij 等将溶胶-凝胶法制备的 $CuFe_2O_4$ 与 Al_2O_3 机械混合之后用于催化水蒸气二甲醚重整制氢的研究，该氧载体在200h的实验过程中一直保持良好的稳定性和反应活性，制得 H_2 含量稳定保持在62%以上；Zhang 等研究共沉淀-浸渍法、共沉淀法、溶胶-凝胶法三种方法制备的 Fe-Al-Cu 氧载体，认为溶胶-凝胶法制备的该氧载体 BET 比表面积较小、孔容积及孔径较大。

2.2.5 优缺点

溶胶-凝胶法是20世纪80年代以来新兴的一种制备材料的湿化学方法，这种方法由于反应温度低，能够很好地控制材料的显微结构，得到了广泛的关注，并在材料合成领域有着极大的应用价值。这种制备方法具有反应温度低、设备简单、工艺可控可调、过程重复性好等特点，与沉淀法相比，不需要过滤洗涤、不产生大量废液；同时，因凝胶的生成，凝胶中颗粒间结构的固定化，还可有效抑制颗粒的生长和凝并过程，因而粉体粒度细且单分散性好。但溶胶-凝胶法存在过程时间长，需要经过煅烧等必不可少的工序等缺点。

2.3 水热合成法制备化学

2.3.1 概念

水热法，又名热液法，是指在密闭的高压釜中，用水或有机溶剂作反应介质，在温度高于100℃、压力大于0.1MPa的压热条件下，进行水热晶体生长、水热合成（或水热反应、水热沉淀）、水热晶化、水热分解、水热氧化、水热处理、水热烧结的一种方法。其中，水热合成法是合成具有特种结构、性能的固体化合物和新型材料的重要途径和有效方法。凭借其环境友好、低温、产物纯度高、分散性好、均匀、粒度分布窄、无团聚、晶型好、形状可控、易工业化等优点，成为制备纳米 TiO_2 最有前途的方法之一。

溶剂热，是指用有机溶剂代替水作介质，采用类似水热合成的原理制备纳米微粉。非水溶剂代替水，不仅扩大了水热技术的应用范围，而且能够实现通常条件下无法实现的反应，包括制备具有亚稳态结构的材料。

溶剂热法的特点是反应条件非常温和，可以稳定亚稳物相、制备新物质、发展新的制备路线等；过程相对简单而且易于控制，并且在密闭体系中可以有效地防止有毒物质的挥发和制备对空气敏感的前驱体。

另外，物相的形成、粒径的大小、形态也能够控制，而且，产物的分散性较好。在溶剂热条件下，溶剂的性质（密度、黏度、分散作用）相互影响，变化很大，且其性质与通常条件下相差很大，相应的，反应物（通常是固体）的溶解、分散过程以及化学反应活性大大提高或增强。

2.3.2 原理

在高温高压环境下，一些 $Me(OH)_x$ 在水中的溶解度大于其相应的 MeO_x。因而 $Me(OH)_x$ 可溶于水并同时析出。作为前驱体的 $Me(OH)_x$，如果是用其他湿化学法预先制备好，然后置入高压釜中压热处理进行溶解/结晶反应，从而晶化转变为 MeO_x 则为水热晶化；如果直接将有机金属醇盐或无机金属盐为原料与矿化剂（某些酸、碱、盐）的水溶液（或有机溶剂）置入高压釜在高温高压下进行水解反应的则为水热合成。

例如，采用水热法制备的 TiO_2 光催化剂，避免了湿化学法需经高温热处理可能形成硬团聚的弊端，所合成的 TiO_2 粒子具有结晶度高、缺陷少、一次粒径小、团聚程度低、控制工艺条件可得到所要求晶相和形状产品的优点。

2.3.3 发展历史

第一篇利用水热条件进行矿物合成制备微细颗粒的综述发表于 1956 年。近五十多年来，测试仪器设备的发展，以及在美国华盛顿和宾夕法尼亚州的 Carnegie Institute 进行的氧化物粉体合成，如黏土、云母、沸石等水合物相以及日益复杂系统的相平衡研究，在地质科学领域异常活跃。报道研究工作的许多文献刊在东京、宾夕法尼亚州和莫斯科的水热反应学术会议论文集中。总结出了大量重要的陶瓷材料微米级细晶合成方面的数据资料。自 1948 年以来，Roy 和 Osborn 就开始研究 Al_2O_3-SiO_2-H_2O 系统。当时水热法曾被认为是制备某些 4 价和 5 价离子的晶相和羟基化合物的唯一工艺。实际上，正如 Roy 在 1963 年的回顾中所指出：水热法仅仅是获得如 Al-Si-Mg-Al 等有序相和各种接近平衡状态无序结构的方法之一。利用水热法模拟地球条件的文献在地质科学中有很多。1950～1970 年间，Roy 及其合作者利用水热法首次系统地研究合成出 0.7nm、1nm 和 1.4nm 黏土矿物的颗粒。在这 20 年中，Stambaugh 等相继合成出了简单的非水氧化物微细颗粒。近三十年来，美国关于化学合成的水热研究速度较慢，但是由 Somiya 编写了一本书 *Proceedings and Compendia*。然而，水热方法却被用到了大到以吨计的水泥-砖工业和高技术合成石英晶粒生长方面。此外，水热（超临界蒸汽）过程现在正在用于像 PCB 等有害产品的循环破坏实验中。

近几年来，制备粉体、合成新相和小范围的修饰补强使水热法再度流行。应用水热反应制备纳米 TiO_2 粉体也是近年才开始研究的。因水热法是低温过程，许多效应可在 250℃以下出现，如广泛用于陶瓷色料和颜料中的硅酸锆，水热时可在 150℃制得，而用溶胶-凝胶法或其他固相法则需要在 1200～1400℃温度范围内完成。第一届国际水热反应专题研讨会是 1982 年 4 月召开的，到 2000 年 7 月已经召开了 6 次国际水热反应研讨会。水热法引起了世界性的重视。目前，以水热法制备的超细粉末已有 40 余种，涉及元素近 30 种。

2.3.4 具体制备方法及应用举例

武汉理工大学的余家国等以 $(NH_4)_2TiF_6$ 为原料，在葡萄糖存在的条件下通过水热法制备 TiO_2 空心球并研究其光催化性能，发现制得的 TiO_2 空心球在介孔范围内具有两种孔道结构分布，500℃煅烧的 TiO_2 空心球具有最好的光催化活性，这种复相的 TiO_2 空心球在催化、生物、太阳能电池、分离、纯化工艺等方面有潜在的应用，图 2-3 为余家国等所制得的 TiO_2 空心球。

刘淑洁以不同的锌盐和碱液采用水热法制备了 $Zn(CH_3COO)_2 \cdot 2H_2O$-NaOH、$Zn(NO_3)_2 \cdot 6H_2O$-KOH 和 $Zn(CH_3COO)_2 \cdot 2H_2O$-HMTA 三个不同体系的六方柱状 ZnO 微晶，研究了不同的反应条件对 ZnO 微晶形貌的影响，以甲基橙为降解物，研究了 ZnO 微晶形貌、结构与光催化性能的关系，探讨了 ZnO 微晶的稀土掺杂对 ZnO 晶体光催化性能的

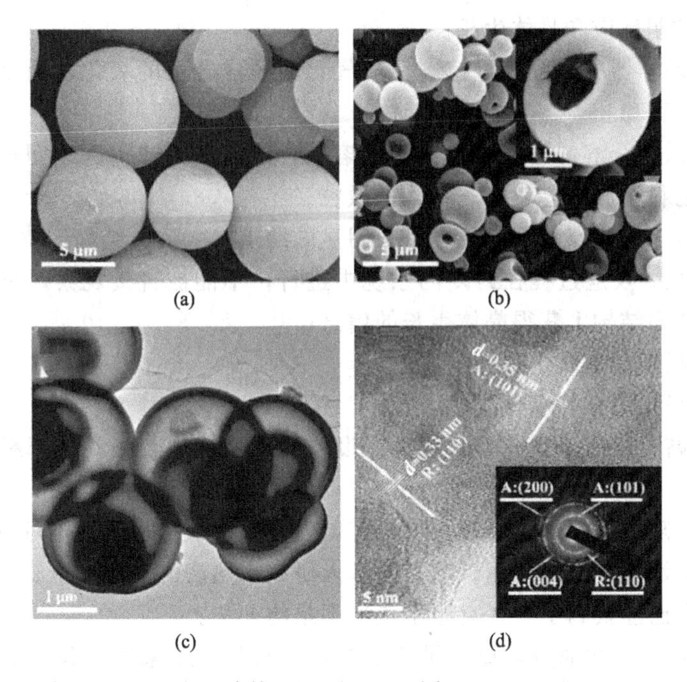

图 2-3 TiO_2 空心球的 SEM 和 TEM 图（Yu，et. al.，2008）

研究以及在载玻片上 ZnO 晶体的生长机理。

Hua Tang 等在乙二胺和十二烷硫醇的混合溶剂中，以 $SnCl_2 \cdot 2H_2O$ 和硫脲为原料采用溶剂热法制备树突状的 SnS，研究发现 $SnCl_2 \cdot 2H_2O$ 的浓度和混合溶剂的比例对 SnS 的形貌有着很大的影响，这种树突状结构是 Sn^{2+} 浓度在不断生长的晶面附近的生长的振荡以及晶体的周期生长引起的，这是第一次采用混合溶剂热法制备了树突状的 SnS 并解释其形成机理，对以后硫系树突的合成有指导意义，图 2-4 为合成的树突状的 SnS。

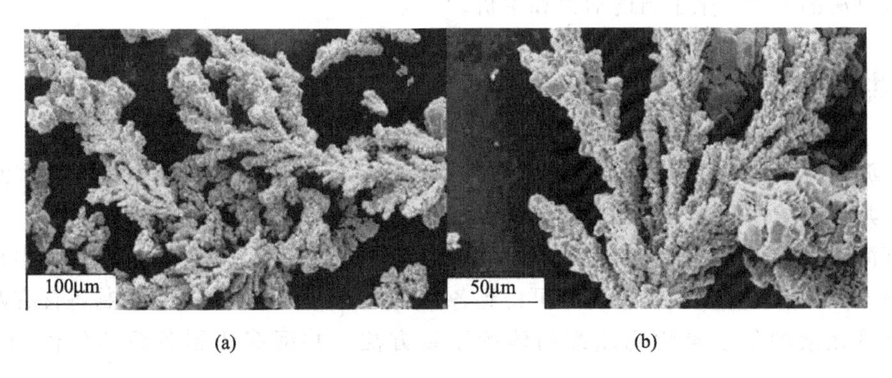

图 2-4 树突状的 SnS 的 SEM 图（Tang，et. al.，2008）

2.3.5 优缺点

水热法自从问世以来就被广泛关注，这和它本身所具有的优点是分不开的。

① 水热法在制备无机材料中能耗相对较低、适用性较广，它既可以得到超细粒子，也可以得到尺寸较大的单晶体，还可以制备无机陶瓷薄膜。

② 所用原料一般较为便宜，通过在液相快速对流中进行，产率高、晶型好、产物易分散、形貌多样。

③ 通过对反应温度、压力、处理时间、溶液成分、pH 值的调节和前驱物、矿化剂的选

择，可以有效地控制反应和晶体生长。

④ 反应在密闭容器中进行，可控制反应气氛而形成合适的氧化还原反应条件，获得其他手段难以取得的亚稳相。

⑤ 水热法可以融合溶剂热技术取得非水溶剂合成以减少或消除硬团聚，制备一些通常情况下不能制备的材料和一些亚稳态结构的微粒。

水热法在具有上述优点的同时，也有很明显的缺点。大致总结如下：

① 反应周期长。反应过程在封闭的系统中进行，不能被直接观察，只能从所制备的晶体的形态变化和表面结构上获得晶体生长的信息；

② 一般只能限于制备氧化物粉体；

③ 目前还没得到满意的水热法理论；

④ 水热法有高温高压步骤，因此对生产设备的依赖性比较强，从而影响和阻碍了水热法的发展。

上述这些缺点阻碍了水热法的进一步推广，但是这些缺点也不是不可克服的。要克服这些缺点，大力开发水热技术的应用，就必须深入研究水热法的基本理论。

目前，研究者已经找到了一些克服水热法不足的办法。

① 针对水热法的上述缺点，提出了溶剂热法，它是近年来发展起来的中温液相制备固体材料的新技术。溶剂热法可以用在制备一些骨架结构材料、三维结构磷酸盐型分子筛、二维层状化合物、一维链状结构等。

② 微波水热法也是近年来发展起来的，它是利用微波作为加热工具，克服了水热容器加热不均匀的缺点。微波加热可实现分子水平上的搅拌，加热均匀，温度梯度小，而且物质升温迅速，能量利用率很高。将微波运用到水热法中，生产陶瓷粉体的反应时间相当短。微波水热法已被用于制备优质 Al_2O_3、TiO_2 等粉体。

还有把超临界技术引入水热法中的超临界水热法、电极埋弧等，这些引进到水热法的新技术为水热法的发展带来了新的活力和生机。

2.4 共沉淀法制备化学

共沉淀现象早在 1886 年就被俄国学者鲁姆观察到了，他指出，硫化铂能从溶液中带走铁离子和其他在酸性溶液中不能被硫化氢沉淀的金属。

共沉淀法是液相法的一种，是指在溶液中含有两种或多种阳离子，它们以均相存在于溶液中，加入沉淀剂，经沉淀反应后，可得到各种成分的均一的沉淀，它是制备含有两种或两种以上金属元素的复合氧化物超细粉体的重要方法。共沉淀法制备粉体的流程如图 2-5 所示。

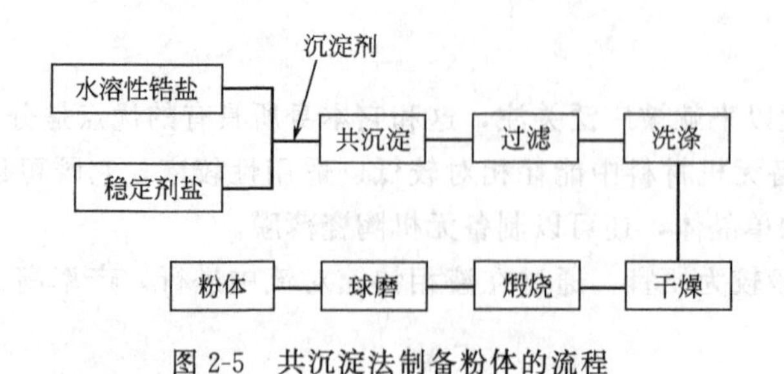

图 2-5 共沉淀法制备粉体的流程

共沉淀法可制备 $BaTiO_3$、$PbTiO_3$ 等陶瓷粉体及 MgO、Al_2O_3、Fe_3O_4 等金属氧化物纳米材料。共沉淀反应的装置如图 2-6 所示。

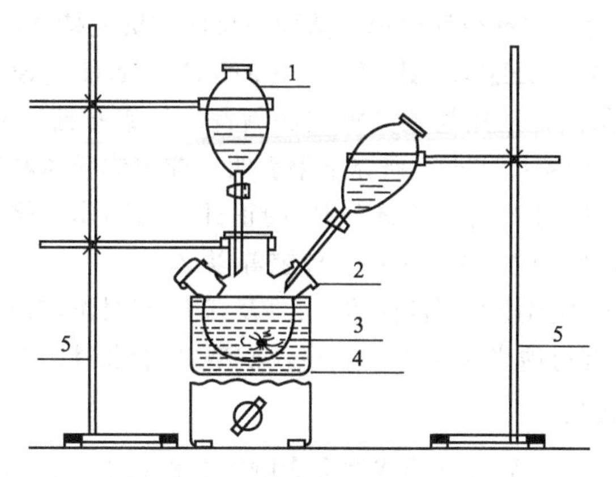

图 2-6　共沉淀法制备粉体的流程

1—分液漏斗；2—三口烧瓶；3—电磁搅拌；4—集热式恒温加热器；5—铁架台

与传统的固相反应相比，共沉淀法可避免引入对材料性能不利的有害杂质，产品纯度高、粉末颗粒小，具有一定的形貌。共沉淀法主要包括直接沉淀法和均匀沉淀法两种。

2.4.1　直接共沉淀法

直接共沉淀法是在可溶性的金属盐溶液中直接加入沉淀剂，使生成的沉淀从溶液中析出，然后通过过滤、洗涤的方式将其中的阴离子除去。常见的沉淀剂有 $NH_3 \cdot H_2O$、NaOH、$(NH_4)_2CO_3$、Na_2CO_3 等。

在磁性 Fe_3O_4 纳米粒子制备中，铁盐和亚铁盐的水溶液与碱溶液发生反应，化学反应方程式如下：

$$Fe^{2+} + 2Fe^{3+} + 8OH^- \longrightarrow Fe_3O_4 + 4H_2O$$

如将 $FeCl_2$ 与 $FeCl_3$ 溶液按一定比例混合均匀，在 70℃的条件下水浴保温，滴加过量碱溶液，如 NaOH 溶液，然后不断搅拌，高速搅拌可以限制颗粒的长大，防止颗粒团聚，也可以用 NH_4OH 做碱液来生成 $FeCl_2$ 磁性纳米颗粒。为了确保获得高纯度的 $FeCl_2$ 粒子，需要用水多次清洗反应产物来去除 Cl^- 和其他杂质离子，反应过程中需要滴加过量的碱溶液，保证共沉淀反应完全。温度可选在 25～80℃之间。

韩龙等以硝酸钙、氯氧化锆、磷酸二氢铵为原料，氨水为沉淀剂，用直接共沉淀法制备了 $CaZr_4(PO_4)_6$（简称 CZP）粉末。控制反应过程中溶液的 pH，并用低分子有机溶剂分散处理共沉淀物，防止反应过程及固液分离过程中团聚体的形成，制备出的粉体颗粒尺寸小、数量多。

2.4.2　均匀共沉淀法

均匀共沉淀法是向金属盐溶液中加入某种物质，使之在溶液中缓慢地生成沉淀。在该过程中，可通过控制生成沉淀的速度，使过饱和度限制在适当范围内，从而达到控制颗粒生长的速度，获得粒度分布均一的产物。采用该方法可有效地避免溶液中浓度不均匀现象，从而减少晶粒团制备团聚少、纯度高的颗粒。

在均匀共沉淀法中，尿素 $(NH_2)_2CO$ 是常用的沉淀剂，尿素溶液在加热到 70℃时，便会发生水解生成 NH_4OH，尿素在水中受热水解的方程式为：

$$(NH_2)_2CO+3H_2O \longrightarrow 2NH_4OH+CO_2$$

由于尿素的分解速度受加热温度和尿素浓度的控制，因此可以使尿素分解速度降得很低，水解的 NH_4OH 作为沉淀剂被反应掉，从而使反应与沉淀持续进行。

宋琴娅等以 $Y(NO_3)_3 \cdot 6H_2O$、$Al(NO_3)_3 \cdot 9H_2O$、$(NH_4)_2SO_4$ 为原料，尿素为沉淀剂，正硅酸乙酯作为添加剂，采用均相共沉淀法制备出钇铝石榴石粉体（YAG）前驱体粉体，生成的 YAG 前驱体颗粒尺寸小。研究结果表明：前驱体粉体经过 1200℃烧结后，得到完全晶化的 YAG 粉体。使用 0.5%(质量分数)的正硅酸乙酯作为烧结添加剂，1750℃真空烧结 5h 后，得到了基本透明的 YAG 陶瓷。孙宝等以 $Zn(NO_3)_2$、$Ti(SO_4)_2$ 为原料，以尿素为沉淀剂宿主，采用高温加压共沉淀法将 Zn^{2+} 及 Ti^{4+} 同时沉淀出来，在热分析的基础上于一定温度下煅烧 1h，制得纳米 $ZnO\text{-}TiO_2$(锐钛矿型)复合粉体，其平均粒径约为 45nm。

2.4.3 共沉淀法影响因素

(1) 沉淀溶液的浓度　沉淀溶液的浓度会影响沉淀的粒度、晶形、收率、纯度及表面性质。通常情况下，相对稀的沉淀溶液，由于有较低的成核速度，容易获得粒度较大、晶形较为完整、纯度及表面性质较高的晶形沉淀，适用于纯度较高的情况，但其收率要低一些。

(2) 合成温度　在热溶液中，沉淀的溶解度一般都比较大，过饱和度相对较低，从而使得沉淀的成核速度减慢，有利于晶核的长大，得到的沉淀比较紧密，便于沉降和洗涤，并且沉淀在热溶液中的吸附作用要小一些，有利于纯度的提高。但是在合成时如果温度太高，产品易分解，会增加原料的损失。

(3) 沉淀剂　在工艺允许的情况下，应该选用溶解度较大、选择性较高、副产物影响较小的沉淀剂，也便易于除去多余的沉淀剂、减少吸附和副反应的发生。沉淀剂的使用一般应过量，以便能获得高的收率，减少金属盐离子的污染；但也不可太过量，否则会因络合效应和盐效应等降低收率。一般过量 20%～50%就能满足要求了。

(4) 沉淀剂的加入方式及速度　沉淀剂若分散加入，而且加料的速度较慢，同时进行搅拌，可避免溶液局部过浓而形成大量晶核，有利于制备纯度较高、大颗粒的晶形沉淀。

(5) 加料顺序　加料方式分正加、反加、并加三种。生产中的“正加”是指将金属盐类先放于反应器中，再加入沉淀剂；反之为“反加”；而把含沉淀物阴离子、阳离子的溶液同时按比例加入到反应器的方法，称为“并加”。如图 2-7 所示。

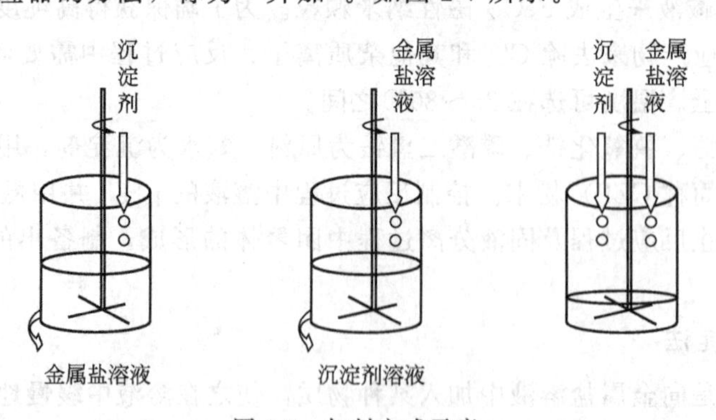

图 2-7　加料方式示意

“正加”方式常用于制备复合纳米微粒，但由于几种金属盐沉淀的最佳 pH 值不同，就会使沉淀有先后之分，产物粒度不均匀。“并加”方式使得沉淀过程中各离子浓度相同，沉淀过程较为稳定，且吸附杂质较小，生成的粒子在组成、大小、性质上差异较小。为了获得较均匀的沉淀，通常采用“反加”的方式，在沉淀过程中，溶液的 pH 值变化很小，所有沉淀离子的浓度大大超过沉淀的平衡浓度，尽量使各组分按比例同时沉淀出来，从而得到较均匀的沉淀物。

（6）沉淀的陈化　陈化过程中，因小颗粒沉淀的比表面积大，表面能也大，相同量大颗粒沉淀的比表面积较小，表面能就小，体系的变化有从高能量到低能量的自发趋势，因此小颗粒沉淀会逐渐溶解，大颗粒沉淀可慢慢再长大。陈化过程由于小颗粒的溶解，减少了杂质的吸附和包裹夹带，起到所谓局部重结晶的作用，可以提高沉淀产品的纯度，但陈化的时间有一定的范围限制，陈化时间过长就可能会引起后沉淀，反而使产品的纯度下降。

2.5　模板法制备化学

“模板”法作为一种合成新型纳米结构材料的方法，最近十多年得到了很好的发展。一般来说，根据其模板自身的特点和使用目的不同，模板法可以分为硬模板法和软模板法。

由于硬模板多具有纳米孔洞结构，因此所谓的硬模板，多是以材料的内表面或外表面为模板，单体填充到模板中进行聚合反应，通过控制聚合物在模板孔洞中的停留时间，而且除去模板后可以得到不同形貌的导电聚合物。常用的硬模板包括多孔氧化铝、二氧化硅、碳纳米管、分子筛以及经过特殊处理的多孔高分子薄膜等，硬模板是制备纳米管线等一维材料以及二维有序阵列的一项有效方法。而所谓的软模板，是指模板剂通过非共价键作用力，结合电化学、沉淀法等技术，使反应物在具有纳米尺度的微孔或层隙间反应，形成不同的结构材料，并利用其空间限制作用和模板剂的调节作用对合成材料的尺寸、形貌等进行有效控制，除了纳米管线等一维材料以及二维有序阵列外，软模板法还经常用来制备纳米颗粒、量子点等零维材料。目前用得较多的软模板主要有表面活性剂、合成高分子和生物模板。

模板合成与直接合成相比具有诸多优点，以模板为载体精确控制材料的尺寸、形状、结构和性质；实现材料合成与组装一体化，同时可以解决材料的分散稳定性问题；合成过程相对简单，很多方法适合批量生产。

2.5.1　表面活性剂模板

表面活性剂模板法也叫微乳液法，这是纳米材料合成中应用十分广泛的一种方法，合成中主要利用微乳液法中的胶团和反胶团。亲油端在内、亲水端在外的水包油型胶团叫正相胶团，它可以将有机溶剂分化成液滴悬浮在水中。反之，亲水端在内、亲油端在外的油包水型胶团叫反相胶团，它可以将水溶液分化成小液滴分散在有机溶剂里。用于制备纳米结构的微乳液体系一般由 4 个组分组成：表面活性剂、助表面活性剂、有机溶剂和水。

微乳法制备超细级纳米材料的微乳液一般是油包水（W/O）型的分散体系，该体系中的“水池”（水核）是一个“微反应器”（microcreactor），也叫“纳米反应器”，在用 W/O 型微乳液法制备超细级纳米材料时，水核半径的大小对纳米颗粒的粒径大小起着至关重要的作用。水核内纳米颗粒的形成一般有以下两种情况。

（1）双微乳液法　即将两种反应物分别配成两种微乳液，其后将两者混合并搅拌，此时，由于微乳液滴之间的相互碰撞，导致水核内的增溶物相互交换或相互传递，从而引起水核内的理化反应，如图 2-8 所示。

（2）单微乳液法　将一种反应物配成微乳液，而将另一种反应物直接或以水溶液的形式加入到微乳液体系中，该反应物通过对微乳液界面膜的渗透进入水核内与另一反应物发生反应产生晶核并生长。若另一种反应物为气体，则直接将气体通入液相中，充分混合以使气体进入水核中与水核内的反应物充分反应而制得超细纳米粒子。

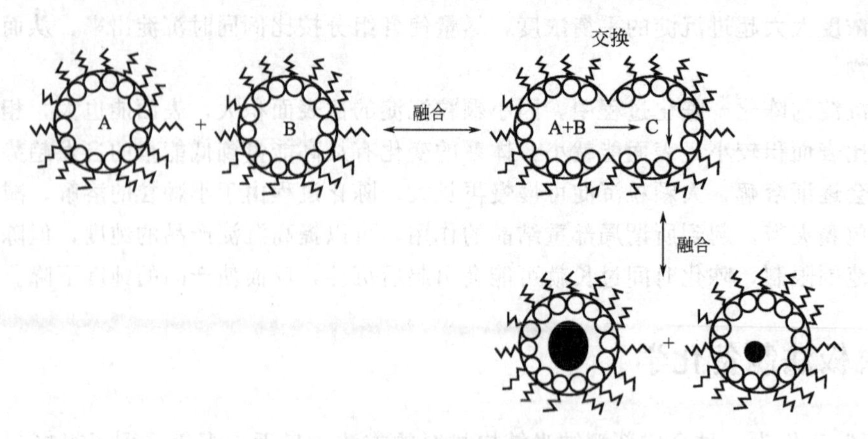

图 2-8　微乳液中纳米粒子的形成原理

人们利用表面活性剂分子的自组装效应、立体几何效应，通过表面活性剂无机物种之间的非共价键相互作用，使无机物在模板上成核、生长、变形和堆砌，从而实现对纳米材料尺寸和形貌的调控。在纳米材料合成中常用的表面活性剂有离子表面活性剂和非离子表面活性剂。

(1) 离子表面活性剂　离子表面活性剂的模板作用主要表现为表面活性剂中的亲水基团和无机化合物之间通过静电作用力相互结合，从而吸附到颗粒的表面，诱导晶体的生长，阻止粒子间的团聚。马天等以水/环基烷/曲拉通-100/正己醇四元油包水微乳液体系中微乳液滴为微反应器，通过微反应器中增溶的锆盐和沉淀剂发生反应，制备出了球形超细氧化锆粉体，粒径为30～40nm，为100%的四方相。牛新书等以 $TiCl_4$ 为原料，在CTAB/正丁醇/环己烷/水组成的微乳液体系中合成了纳米 TiO_2，粒度分布均匀、细小平均粒径在10nm左右，且具有良好的光催化氧化性能。

(2) 非离子表面活性剂　非离子表面活性剂的模板作用主要表现为表面活性剂中的亲水基团和无机化合物表面羟基基团通过氢键作用力相互结合，从而诱导晶体的成核和生长，得到不同形貌的纳米材料。朱清玮以硫酸铜为原料，PVP 非离子表面活性剂为模板，在微波的加热下，合成了四种不同形状的氧化亚铜纳米颗粒。不同形貌的氧化亚铜 SEM 照片如图 2-9 所示。

张志颖等分别利用非离子表面活性剂 T_x-45/环己烷为原料的反相微乳体系合成了直径在10～14nm 的 AgCl 微粒。

2.5.2　合成高分子模板

合成高分子模板制备简单，在结构设计上灵活，在纳米材料合成中主要包括均聚与共聚高分子、嵌段高分子、接枝高分子、树枝状高分子等种类。

(1) 均聚与共聚高分子　均聚与共聚高分子结构简单、容易合成，用作模板时具有特殊的优势，即易于研究作用机制。均聚与共聚高分子的模板作用主要体现为高分子链的亲水基团（如羧基、氨基等）对晶体生长的诱导吸附作用及疏水性高分子主链对颗粒的包覆作用。Fu 等用聚苯乙烯-丙烯酸共聚物（PSA-PAA）诱导合成了 PSA/CdS 的核/壳复合材料，在甲苯溶剂中溶解得到空心 CdS 纳米粒子。CdS 纳米粒子 TEM 照片如图 2-10 所示。

(2) 嵌段高分子　嵌段共聚物是由于以共价键相结合的不同嵌段间的物理和化学性质不同，使得其在选择性溶剂中自发产生微相分离，因此可以利用嵌段共聚物内部的有序微相结构作模板来调整纳米材料的表面性能和晶体的成核生长机理。在嵌段共聚物中，促溶链段主

图 2-9　不同形貌的氧化亚铜 SEM 图（Zhu，et. al.，2011）

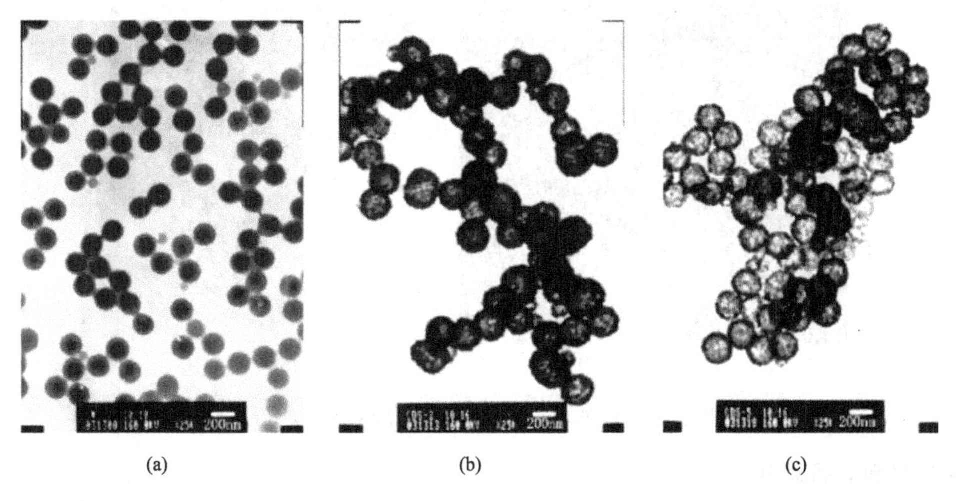

图 2-10　CdS 纳米粒子 TEM 图（Fu，et. al.，2005）

要起分散稳定纳米颗粒的作用；黏合链段则选择性吸附于无机物的特定晶面上，从而达到控制无机粒子形貌的作用。与均聚和共聚高分子相比，嵌段共聚物更有利于得到形貌特殊、表面改性的纳米材料。Bastakoti 等以三嵌段共聚物 PS-*b*-PAA-*b*-PEG 在水中形成的核-壳-花冠形的胶束体系为模板，得到了孔径为 20nm 的空心 $CaCO_3$，胶束体系中带负电中心的 PAA 嵌段与 Ca^{2+} 通过静电架桥作用控制晶体的生长，而具有表面活性的 PEG 嵌段则阻止了纳米粒子的团聚（见图 2-11 和图 2-12）。

（3）接枝高分子　接枝共聚物在诱导晶体的生长过程中起着很重要的作用，它比嵌段共聚物更容易制备，在结构设计上更加灵活，以其为模板更容易制备出核壳结构的复合材料或空心纳米材料。Gao 等以 SiO_2 为核、PEG 为接枝的纳米颗粒 PEG-SiO_2 为模板，将管状的马来酸酐-α-环式糊精引入到 PEG 接枝上形成管状的 SiO_2-超分子体系聚轮烷，再通过乙烯胺将聚轮烷相邻基团交联起来，除去核 SiO_2 和接枝 PEG，得到了以 α-环式糊精为壳的中空

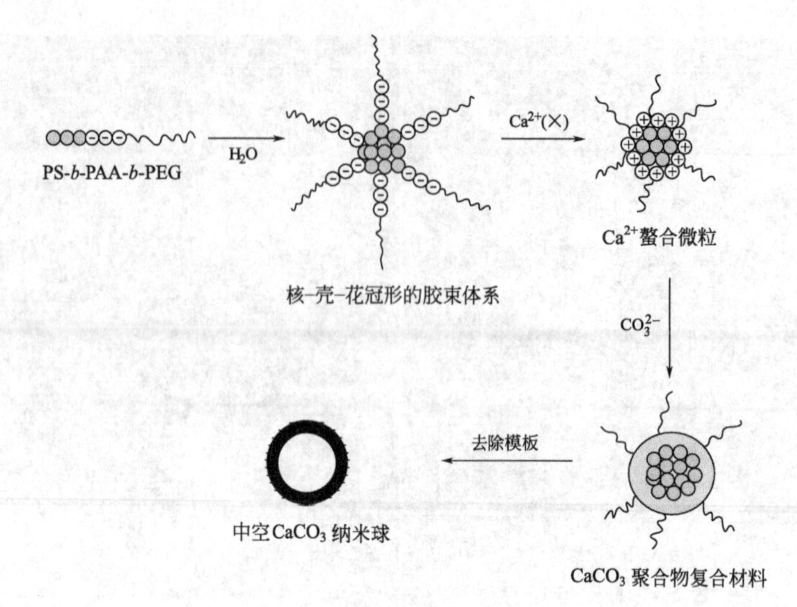

图 2-11 空心 $CaCO_3$ 形成机理图（Bastakoti，et. al.，2011）

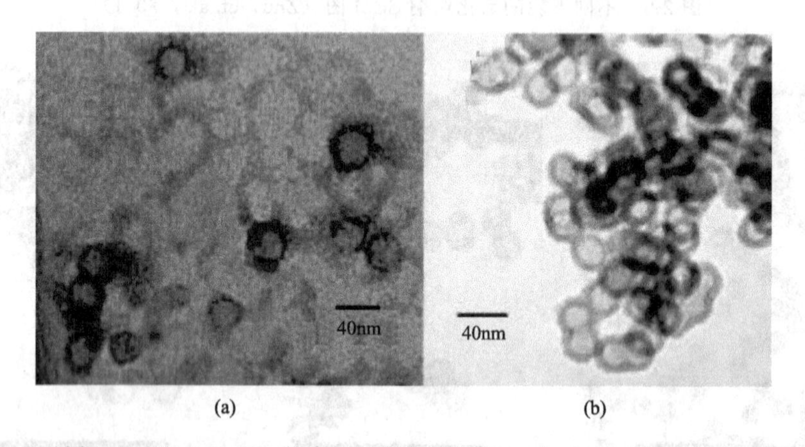

图 2-12 空心 $CaCO_3$ 纳米粒子 TEM 图（Bastakoti，et. al.，2011）

球形纳米材料，机理如图 2-13 所示。

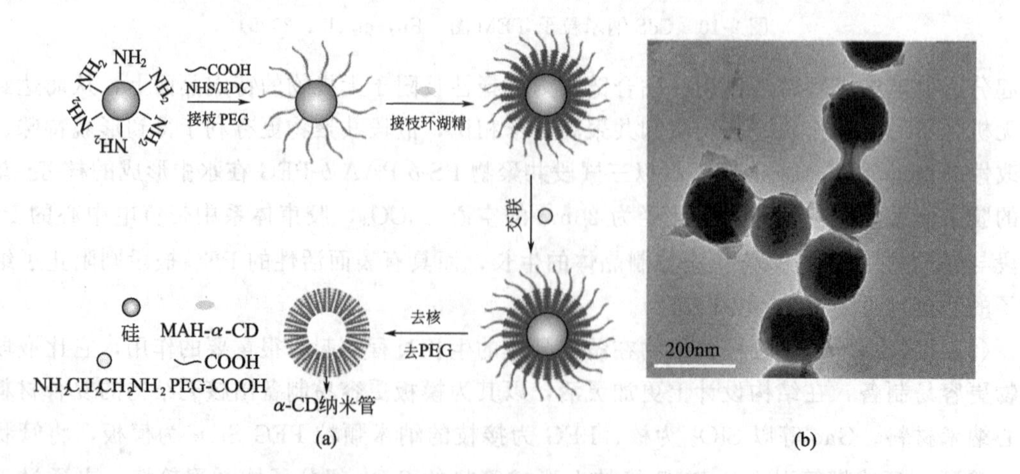

图 2-13 中空球形纳米粒子的形成机理及 TEM 图（Gao，et. al.，2011）

（4）树枝状高分子　树枝状化合物由于具有大量的端基官能团、分子内空腔等特点而被广泛用于纳米材料的合成中。由于聚酰胺-胺（PAMAM）树形分子高度支化的结构带来的内部空腔和表面官能团，其成为封存和吸附金属离子的最佳场所。因此，树枝状化合物的模板作用主要是利用内部空腔的封存和吸附、表面官能团的配位络合等作用力来诱导纳米颗粒的生长。金磊利用以苯环为中心的 PAMAM 和 Cu^{2+} 之间的配位作用，用化学还原法制得了粒径均一、分散性好的铜纳米粒子。丛日敏等分别以水、甲醇及二者的混合物为溶剂，以 4.5 代 PAMAM 树形分子为模板制备了 CdS 量子点，结果表明不同的溶剂对量子点的尺寸和发光强度都有影响。图 2-14 为不同溶剂中 G4.5 PAMAM 树形分子的模板作用示意。图 2-15 为 CdS 量子点 TEM 照片。

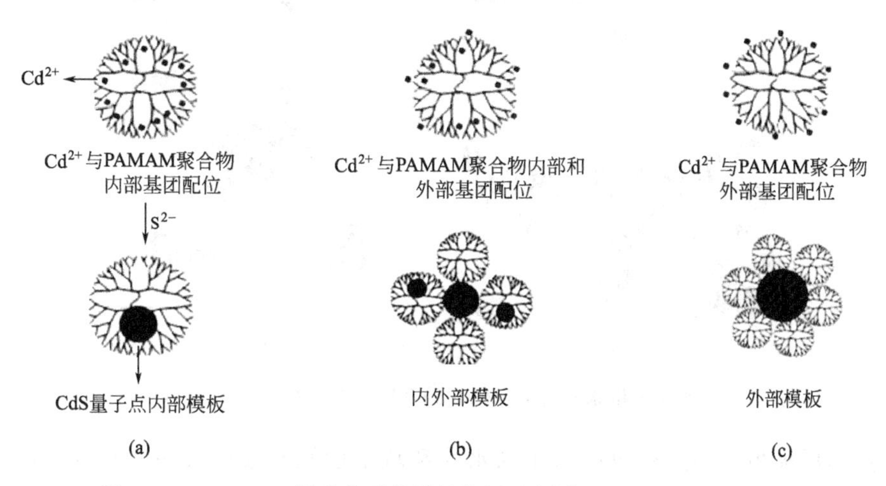

图 2-14　PAMAM 树形分子的模板作用示意图（Jin，et. al.，2008）

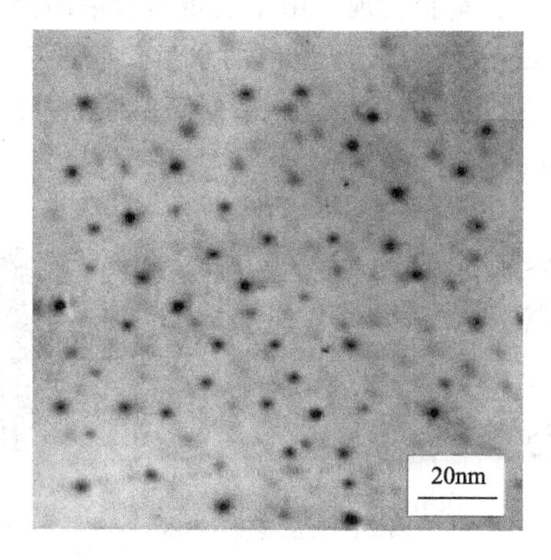

图 2-15　CdS 量子点 TEM 图（Cong，et. al.，2008）

2.5.3　生物模板法

由于生物高分子具有利于模拟生物矿化过程、自组装过程重复性高等优点，因此，生物模板控制纳米材料的合成是一个极具潜力的发展方向。生物高分子来源广泛，分子结构复杂，能够调控出结构更加复杂、形貌高度可控的纳米材料。其中研究较多的模板主要有 DNA、蛋白质以及微生物。

（1）DNA 模板　DNA 由大量的脱氧核糖肽构成，有很强的分子识别能力及自组装能力，并且可通过控制形状、长度和序列来调控其自组装。Wang 等利用长度相同的直链 DNA 分子为模板，通过控制 DNA 的序列合成出花瓣状和球形的金纳米粒子（图 2-16），平均粒径约为 20nm。DNA 和金纳米粒之间的静电排斥作用阻止了颗粒间的团聚。

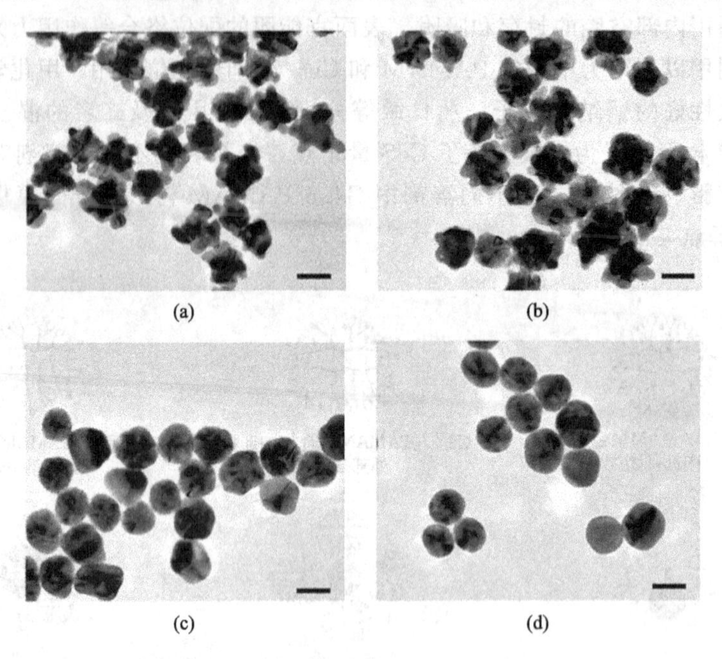
(a)
(b)
(c)
(d)

图 2-16 花瓣状和球形金纳米颗粒的 TEM 图（Wang，et. al.，2010）

（2）蛋白质模板 酪蛋白可视为由亲水性和疏水性氨基酸构成的天然两亲嵌段型共聚物，在溶液中易于自组装形成胶束。刘燕利用酶蛋白胶束为模板，并以其自身为还原剂，制备出形貌和尺寸可控的纳米金。实验发现，由于酶蛋白胶束的保护作用，高浓度的酶蛋白有益于小尺寸纳米金生成。Shnepp 等以胶原蛋白的水解产物凝胶水溶液为生物高分子模板，利用网络状凝胶和 Fe^{2+} 间的相互作用，经过一系列高温煅烧得到了粒径为 20nm 的 Fe_3C 颗粒，形成机制如图 2-17 所示。

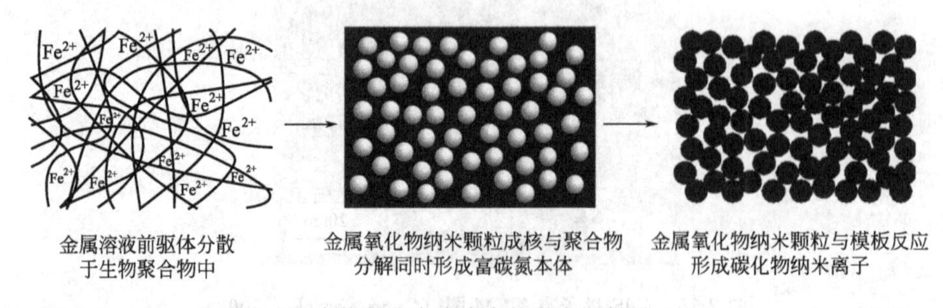
Fe2+
金属溶液前驱体分散于生物聚合物中
金属氧化物纳米颗粒成核与聚合物分解同时形成富碳氮本体
金属氧化物纳米颗粒与模板反应形成碳化物纳米离子

图 2-17 Fe_3C 在蛋白水解产物凝胶水溶液中的形成机制图（Shnepp，et. al.，2010）

（3）微生物模板 微生物包括病毒、细菌以及真菌，具有独特而有趣的结构组成，能够迅速、廉价地再生，这种特性使得它们成为纳米材料合成中有吸引力的一种模板。王婷婷用大肠杆菌为模板来合成纳米银颗粒，对合成的产物进行了一系列表征，并简单探讨了不同的菌体培养环境对实验结果的影响。李正茂等以四水硝酸钙和磷酸氢二铵为原料，并引入微生物酵母细胞作为模板，通过化学沉淀法合成了纳米羟基磷灰石粉体，羟基磷灰石粉在 700℃ 煅烧后的粒度在 40nm 左右。

2.6　微波法制备化学

2.6.1　微波加热

微波是频率大约在 300MHz～300GHz，即波长在 1m～1mm 范围内的电磁波。微波装置是第二次世界大战时由伯明翰大学物理系的两名英国学者 Rnadall 和 Booht 共同设计完成的，最初该项技术只是用来扩大雷达的使用范围。在这一阶段的早期，人们就认识到微波能够极快地加热水，后来家用和工业用的加热或烹饪用的微波炉开始出现。目前，微波技术已经广泛应用于化学及材料合成领域。

微波加热技术作为一种新型绿色化学方法，是指在工作频率范围内对物体进行加热，微波加热不同于一般的常规加热方式，常规加热方式是通过辐射、对流、传导三种方式由表及里进行的。微波加热是材料在电磁场中由介质损耗而引起的体加热。与其他方法尤其是传统加热技术相比，使用微波加热的方式来合成颗粒材料，具有以下特点。

（1）体加热性　微波加热时，微波进入介质内部直接与介质作用，依靠介质损耗微波能而升温，具有体加热性，因此可以在被加热物质的不同深度同时产生热，加热均匀温度梯度小，有利于固化反应的进行。

（2）选择性加热　不同介质吸收微波的能力是不同的，对良导体，微波几乎全部被反射，因此良导体很难被微波加热；对电导率低、极化损耗又很小的微波绝缘体介质，微波基本上是全射透，一般也不易加热；而对那些电导率和极化损耗适中的介质，很容易吸收微波而被加热，因此能对混合物中的各个组分进行选择性加热。

（3）升温控制独特　微波加热是随微波的产生或消失而开始或终止，有利于对温度控制的化学反应。

（4）其他　微波加热还具有热效应高、化学污染小或无污染、方法简便的特点。

2.6.2　微波法在零维材料制备中的应用

1967 年，Williams 报道了用微波加快某些化学反应的实验研究结果，由此微波辐射技术扩展到了化学领域。1986 年，Gedye R 等在微波炉内进行了酯化、水解等化学反应，于是微波开始用于合成化学。此后，微波技术便逐渐渗透应用于化学的各个领域。

（1）微波水热合成　微波水热法以微波作为加热方式，它结合水热法的原理但又不同传统的水热合成方法。它将微波场与传统的水热合成法结合起来，以微波场作热源进行水热合成的一种方法。张钦峰等以醋酸镉[$Cd(CH_3COO)_2 \cdot 2H_2O$]为镉源，硫脲[$CS(NH_2)_2$]为硫源，将原料混合溶于去离子水中得到前驱液，然后置于反应釜中，在微波反应炉中进行加热，离心、洗涤、干燥得到 CdS 颗粒。利用微波水热法，在短时间内合成出了平均粒径为 100nm 左右，单分散性良好的 CdS 纳米球(图 2-18)。

该研究表明在微波诱导下，CdS 颗粒的紫外可见吸收光谱发生红移现象，而微波诱导下的内应力可能是导致样品产生红移的原因。红移现象的存在扩大了半导体材料的光谱吸收范围，利于拓展其光催化活性的响应范围。

微波水热法作为水热法和微波法的结合体，充分发挥了微波和水热的优势。水热法加热方式为传统的传导方式，加热比较慢，从而导致反应时间长。除此之外其热量分布也不均匀，这些缺点都影响着粉体的晶粒尺寸等性质。而微波水热法加热方式不再是单一的传导，是采用微波进行加热。使样品存在一定的深度仍然可以被微波穿透，各个深度都能同时被加

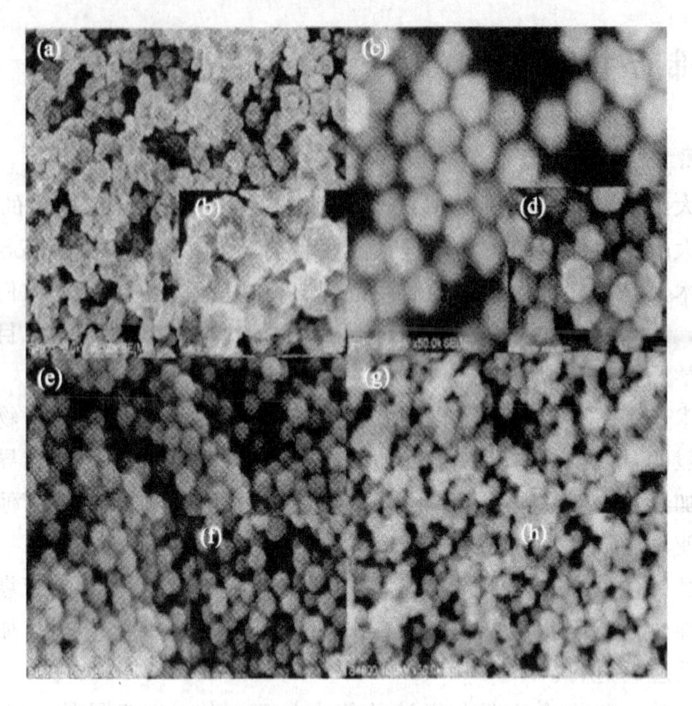

图 2-18　CdS 纳米球 SEM 图（Zhang，et. al.，2013）

热，无需通过温度差进行热传导，反应速度大大提高。加热方式与传统水热法相比加热均匀，不会产生晶粒大小分布不均匀、颗粒度大等现象。传统水热中出现的诸如反应时间长、颗粒度大、热能利用率低下等情况，通过采用微波水热法，都可以改善。

(2) 微波固相合成　微波固相法是一种对环境友好的“绿色化学”方法，与传统的马弗炉加热相比，它具有工艺过程简单、反应速率快、反应效率高、能耗低等特点。

孙彦彬等成功地合成了 CaS：Ag^+、CaS：Sm^{3+} 及 SrS：Ce^{3+}、SrS：K^+ 等荧光体，其一般合成方法是：按一定化学计量配比分别称取反应物，充分混合后放入坩埚内，然后置于微波炉中加热一定时间，取出冷却即可。例如：微波场作用下类球形亚超细 CaS：Sm^{3+} 的合成，采用 $CaCO_3$、升华 S 作基质，添加一定量助溶剂及杂质离子(Sm^{3+})，将各种原料按所需摩尔比称量，经研磨混合均匀后，置于刚玉坩埚中，在覆盖微波吸收剂的条件下，使用家用微波炉，控制功率为 720W，反应时间为 10～20min，即得所需样品。结果表明：CaS：Ag^+ 荧光体的晶体形貌都是球形的，并分析了不同助溶剂和 $n(Ag^+)$ 对晶体形貌及粒径的影响，推断出微波合成的分散均匀的亚微米级及纳米球形 CaS：Ag^+ 荧光体是一种非常优良的荧光材料。通过微波场作用，使掺杂离子在 CaS 基质中扩散均匀，提高了掺杂离子浓度，并阻止离子簇集，延缓掺杂离子对的形成，最终得到的产物纯度和色泽较纯正。杨刚等首次采用微波合成技术得到了新化合物磷锑酸钠，对产物的 X 射线粉末衍射进行了分析和讨论，指出不同类型的反应物对传统高温固相法的合成有很大影响，而微波固相法合成受其影响较小，微波场的存在，一方面在极短时间内产生固相反应高温，另一方面使离子运动速度加快。

(3) 微波均相沉淀合成　均相沉淀是为了避免直接添加沉淀剂而产生的体系局部浓度不均匀现象而在溶液中加入某种物质，这种物质不会立刻与阳离子发生反应生成沉淀，而是在溶液中发生化学反应缓慢地生成沉淀剂。微波均相沉淀法是结合均相沉淀技术和微波合成技术而提出的一种制备纳米材料的新方法。

微波均相沉淀法合成纳米材料是将反应溶液置于特制的微波容器中，在一定的微波加热机制下发生反应，有效地实现了反应过程中微观组分的均匀混合。主要包括试剂溶解、溶液配制、沉淀反应、过滤、洗涤、干燥、煅烧等几个工序。工艺流程简单、生产周期短、无污染、无公害、安全性好。具体的流程图如图2-19所示。

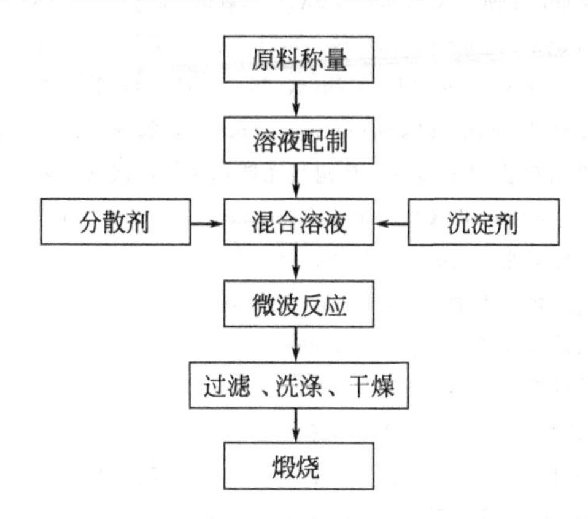

图2-19 微波均相沉淀法流程

丁士文等以$TiCl_4$和$FeCl_3$为原料，尿素为沉淀剂，采用微波均相沉淀法合成了一系列纳米TiO_2-Fe_2O_3复合材料。粒子基本为球形，平均粒径为20nm。刘平安等采用微波加热均匀沉淀法，以钛液为原料、尿素为沉淀宿主制备了锐钛矿型的纳米TiO_2，利用XRD和TEM表征了粉体的晶体结构和形貌，粒径在8～13nm之间，并且采用微波均匀沉淀法合成的TiO_2，不需煅烧就能得到锐钛矿型的纳米晶体。这是因为微波有瞬时加热性，在很短的时间内升到高温的缘故。

在微波均相沉淀合成纳米材料中，微波加热能够一次性形成大量晶核，反应没有诱导期。这种无诱导期的反应将避免多次成核，使生成的粒子较细小，也较均匀。传统的加热方式热传导时间长，反应初始速度较慢，诱导期长，沉淀相瞬间过饱和度小，晶核不能瞬间生成，容易形成多次成核，粒子易长大且不均匀；此外，反应初期存在温度梯度，体系内不同区域的成核和生长不同步也会影响粒子的均匀性和尺寸。

除此之外微波加热技术还被用来对共沉淀得到的前驱物、溶胶-凝胶法得到的凝胶以及对溶液进行加热。微波技术具有合成快速、操作简便、高效、节能、省时、无污染的特点，可以在有限的时间内合成纯度高、粒径小、分布均匀的纳米材料，在纳米材料合成中的应用前景十分广阔，相信这一领域将会受到更多人的重视。

参考文献

[1] Caruso F. Adv Mater，2001，13：11.

[2] Steven A M，Konstantatos G，Zhang S G. Nature Materials.，2005，4：138.

[3] Zhang G K，Li M，Yu S J，Zhang S M，Huang B B，Yu J G. Journal of Colloid and Interface Science.，2010，345：467.

[4] Zhang Y H，Yu L，Ke S M，Shen B，Meng X H，Huang H T，Lv F Z，Xin John H，Chan H L W. Journal of Sol-Gel Science and Technology.，2011，58：326.

[5] Zhang Y H，John H X，Daoud W A，Hao X. Key Engineering Materials.，2007，335：1065.

[6] Zheng H，Shi J，Hu B Z，Zhang Y H，Liang S P，Long M. Key Engineering Materials.，2007，334：1029.

[7] 李艳，付绍云，张以河. 复合材料学报，2005，22：11.

[8] 宋永梁. 溶胶凝胶法制备ZnO和$Mg_xZn_{1-x}O$薄膜及其性能研究，杭州：浙江大学硕士学位论文，2004.

[9] 施尔畏，夏长泰，王步国. 无机材料学报，1996，11：193.
[10] Zhang J，Yu J G，Zhang Y M，Li Q，Gong J R. Nano Lett.，2011，11：4774.
[11] Cai W Q，Yu J G，Stephen M. Microporous and Mesoporous Materials.，2009，122：42.
[12] Yu J G，Mietek J. J Mater Chem，2010，20：4587.
[13] Zhao L，Shen Y，Yu J G，Wang S M. Advanced Powder Technology.，2011，22：576.
[14] Qi L F，Yu J G，Mietek J. Phys Chem Chem Phys，2011，13：8915.
[15] Xiang Q J，Yu J G，Mietek J. Phys Chem Chem Phys，2011，13：4853.
[16] Yu J G，Wang G H. Journal of Physics and Chemistry of Solids.，2008，69：1147.
[17] 刘淑洁. 水热法制备六方柱状 ZnO 微晶的形貌、结构与光催化性能，武汉：武汉理工大学硕士学位论文，2011.
[18] Tang H，Yu J G，Zhao X F. Journal of Alloys and Compounds.，2008，460：513.
[19] 韩龙，侯宪钦，范素华. 无机盐工业，2006，38：25.
[20] 宋琴姬，李琳琳，赵福波. 大连海事大学学报，2006，32：46.
[21] 孙宝，郝彦忠，康志敏. 河北科技大学学报，2004，25：34.
[22] 马天，黄勇，杨金龙. 无机材料学报，2003，18：1107.
[23] 牛新书，许亚杰，张学治. 功能材料，2003，34：548.
[24] Zhu Q W，Zhang Y H，Wang J J. J Mater Sci Technol.，2011，27：289.
[25] 张志颖，王传义，刘春艳. 高等学校化学学报，1999，20：454.
[26] Xun F，Lin L，Wang D B. Colloids Surf.，2005，262：216.
[27] Bastakoti B P，Guragain S，Yokoyama Y. Langmuir.，2011，27：379.
[28] Gao Y H，Ma R J，Xiong D A. Carbohydrate Polymer.，2011，83：1611.
[29] 金磊. 树枝形大分子/金属纳米铜、银、钴复合材料的合成及其性质研究，上海：上海大学硕士学位论文，2008.
[30] 丛日敏，罗运军，于怀清. 化学学报，2008，66：985.
[31] Wang Z D，Zhang J Q，Jonathan M. Nano Let.，2010，10：1886.
[32] 刘燕. 酪蛋白胶束结构与功能特性的研究，扬州：扬州大学博士学位论文，2007.
[33] Schnepp Z，Wimbush S C，Antonietti M. Chem Mater.，2010，22：5340.
[34] 王婷婷. DNA 和微生物模板合成纳米材料及其应用研究用，山东：安徽大学硕士学位论文，2010.
[35] 李正茂，何文，张旭东. 山东轻工业学院学报，2008，22：5.
[36] 金钦汉，戴树珊，黄卡玛. 微波化学，北京：科学出版社，1999.
[37] 张钦峰，黄剑锋，曹丽云. 无机化学学报，2013，29：271.
[38] 孙彦彬，邱关明，陈永杰. 稀土，2003，24：43.
[39] 李君君，张迈生，严纯华. 光学学报，2003，23：604.
[40] 张迈生，王立格，杨燕生. 稀土，1999，20：31.
[41] 杨刚，龙翔云. 广西大学学报（自然科学版），2000，25：117.
[42] 丁士文，李梅，王利勇. 河北大学学报（自然科学版），2005，25：38.
[43] 刘平安，王慧，税安泽. 材料学报，2007，21：130.

第3章　一维、二维纳米材料制备化学

3.1　一维纳米材料简介及制备方法

一维纳米材料是指在两维方向上为纳米尺度、长度为宏观尺度的新型纳米材料，其中包括纳米线、纳米棒、纳米管以及纳米带等，一维纳米材料在理论研究和技术应用方面，均具有重要的意义，因为这类材料具有奇特的物理和化学性质，在光学、电子学、环境和医学等领域有着广泛的应用前景，为器件的微型化、纳米化提供了材料基础。

一维无机纳米材料的制备是从气相、液相或者固相向另一固相转化生成一维纳米材料，包含成核和生长两个过程。当固相的结构单元，如原子、离子或分子的浓度足够高时，通过均相的成核作用，结构单元集结成小核或团簇，这些团簇作为晶种使之进一步成长形成更大的团簇。制备一维无机纳米材料需要温度、压强以及催化剂等特定的条件，目前已经发展了多种制备方法，主要包括溶液生长、气相生长、模板法及自组装生长等方法，其中主要包括物理法和化学法。化学法主要有水热或溶剂热法、化学气相沉积、前驱体分解法、碳热分解法等。制备出的一系列一维无机材料纳米材料，例如，单质、金属氧化物、氮化物、硫化物及碳化物等。

3.1.1　液相法制备

(1) 溶液-液-固相法　通常低熔点金属（In、Sn和Bi）作为一种催化剂，通过金属有机前驱体的分解来获得所需制备的材料组分，此种方法通常是在低温条件下，由液态单元形成液态团簇，最后获得的一维纳米材料，通常为单晶结构。

(2) 水热法　水热法是在高温、高压反应环境中，采用水作为反应介质，使得通常难溶或不溶的物质溶解并进行重结晶。水热法具有反应条件温和、污染小、成本低、易于商业化、产物结晶好、团聚少及纯度高等特点。已经成功利用水热的方法合成了纳米碳丝、纳米碳管等一维纳米材料。

(3) 溶剂热合成　溶剂热合成法是用有机溶剂代替水作介质，采用类似水热合成的原理来实现一维纳米材料的制备。非水溶剂代替水，可以防止样品被氧化，这对于制备非氧化物一维纳米材料是至关重要的。由于有机溶剂的多样性，且具有较低的沸点和各异的介电常数、极性及黏度等，从而扩大了水热技术的应用范围，而且能够实现通常条件下无法实现的反应，获得新型的一维纳米结构。在制备过程中，将溶剂、金属前驱体和晶体生长调节剂或模板化试剂的混合溶液置于高压釜内，在较高的温度及压力下进行实验以促进晶体的生长与组装过程。

(4) 一维纳米材料的自组装　自组装是指分子及纳米颗粒等结构单元在平衡条件下，通过非共价键作用自发地结合成热力学上稳定、结构上确定、性能上特殊的聚集体的过程。自组装归属于基于分子间非共价键弱作用的超分子化学，有机分子及其他结构单元在一定条件下自发地通过非共价键结合成为具有确定结构的点、线、单分子层、多层膜、块、囊泡、胶束、微管和小棒等各种形态的功能体系的物理化学过程都属于自组装。通常自组装的关键是界面分子识别，内部动力驱动力包括氢键、范德华力、静电力、电子效应、官能团的立体效应和长程作用等，自组装生长已被广泛应用于比较复杂的纳米结构的制备。

3.1.2 气相机理生长

气相生长法是在适宜气氛中通过简单的热蒸发、激光烧蚀法及化学气相沉积（CVD）等技术来制备一维无机纳米材料，特别是元素或氧化物纳米线，具体可以分为：气-液-固生长和气-固生长。

（1）气-液-固生长　气-液-固生长法以液态金属团簇催化剂作为气相反应物，将所要制备的一维纳米材料的材料源加热形成蒸气，待蒸气扩散到液态金属团簇催化剂表面，形成过饱和团簇后在催化剂表面生长饱和析出，从而形成一维纳米结构。

（2）气-固生长　气-固生长法是将一种或几种反应物在反应容器的高温区加热形成蒸气，然后利用惰性气体的流动输送到低温区或者经过快速降温使蒸气沉积下来，从而制备出不同种类的一维纳米材料。气-固生长法又可以分为固体粉末物理蒸发法和化学气相沉积法，前者是物质的物理蒸发然后再沉积过程，属于物理过程，后者是在形成蒸气后发生了化学反应，一般在通入惰性气体的同时，还需通入另一种气体与其反应。

3.1.3 模板法

模板法是制备一维无机纳米材料普遍使用的方法，应用范围非常广泛，可以制备出单质、半导体、金属及其合金、氮化物及碳化物等大量的一维无机纳米材料。此法最显著的优点是可以直接制备出一维无机纳米材料阵列，这在电子平板显示屏等电子领域有着很大的潜在应用前景，所需模板主要包括硬模板及软模板两种。

（1）硬模板法　硬模板具有纳米孔道，例如中孔材料、多孔氧化铝、微孔、中孔分子筛、碳纳米管、硅纳米线以及其他模板。其中应用较多的是多孔氧化铝模板，它是一种在阳极化过程中自组装形成的具有有序孔道的纳米结构，将退火的高纯铝片除掉有机层和氧化层后，置于一定浓度的多元酸中，加上一定的电压进行电解，经过一段时间后，在金属表面上就会出现一层具有孔洞的氧化铝膜，其结构特点是孔洞为六角柱形，且垂直膜面呈有序平行排列。近年来，人们利用多孔氧化铝为模板，生长出了各种一维无机纳米材料，如金属、半导体纳米线、纳米管及氧化物纳米线等，特别是利用多孔氧化铝模板法制备出纳米线阵列引起了人们的关注，去除氧化铝模板后可得到直径大小一致的纳米线、纳米棒和纳米管等单分散纳米阵列。以氧化铝为模板的同时，仍然需要采用化学反应等途径来合成一维纳米材料，而目前采用氧化铝模板制备一维纳米材料的方法主要有电化学沉积法、化学气相沉积法和溶胶-凝胶法等。碳纳米管中空结构也为制备一维纳米材料提供模板，可以用来制备纳米线和纳米管，一方面在反应过程中提供所需碳源，另一方面提供了形核场所，限制了生成的生长方向。除了以上模板外，目前还以各种生物模板及多孔硅模板来制备一维无机纳米材料，另外，以各种一维纳米材料，如硅纳米线、ZnS 纳米线等作为模板，通过充填或氧化还原反应可以制备出其他新型的一维无机纳米材料（晋传贯等，2007）。

（2）软模板法　软模板法主要利用表面活性剂中的微孔，即利用胶束、微乳液、表面活性剂为模板，诱导纳米材料的一维生长，棒状胶束使得离子前驱体在其内部形成线状结构。表面活性剂分子间界面有助于纳米线的生长，纳米线的长径比由胶束、微乳模板的形状和尺寸、表面活性剂的浓度所决定，在电化学辅助沉积过程中，电场有助于液晶胶束的定向排列，可以制备出长径比很大的纳米线。

3.2　纳米管材料制备化学

3.2.1　硅纳米管

硅纳米管在晶体管等纳米电子器件、传感器、场发射显示器件、纳米磁性器件及光电器件等领域有着广泛的应用前景。硅的低维材料研究表明其具有量子尺寸效应，能隙加宽，会产生光致发光现象，所以硅纳米管作为一维纳米材料将来有可能在低维纳米技术基础上实现硅基纳米结构的光电集成电路。近年来已经发展了多种方法，如模板法和水热法等方法来研究硅纳米管，在纳米管的制备与性能研究上取得了一定进展。

(1) 模板法　模板法是目前研究硅纳米管的制备使用较多的一种方法，已用此法制备出了自由式的硅纳米管和硅纳米管阵列。Sha 等报道了以纳米沟道氧化铝为模板，采用化学气相沉积过程制得了外径为 60nm，厚度为 10nm 的硅纳米管。Mu 等人采用多步模板及通过硅烷热解 CVD 沉积可以制备出硅纳米阵列管，并研究了硅纳米管阵列的场发射特性。Jeong 等未使用金属催化剂，采用分子束外延技术在多孔氧化铝模板上成功制备出了平均直径为 70nm 的硅纳米管。

(2) 溶液法　目前已有研究者发展了水热溶液法和电化学溶液沉积过程实现了硅纳米管，尤其是自组生长单晶硅纳米管的制备。Tang 等采用自组装的方法合成硅纳米，是在超临界条件下（470℃，6.8MPa）制备出了自组生长单晶硅纳米管。

3.2.2　金属纳米管

(1) 银纳米管　Park 等人通过将银纳米颗粒或离子吸附在表面官能化的硅棒，然后通过 HF 化学蚀刻工艺去除二氧化硅棒。这项研究的主要重点是银纳米管的形成机制，通过银纳米粒子或离子吸附到二氧化硅模板的自组装行为。得到的银纳米管外径 300nm 左右，管壁厚为 70～90nm，长度在 5μm 左右，图 3-1 为银纳米管的 SEM 图。

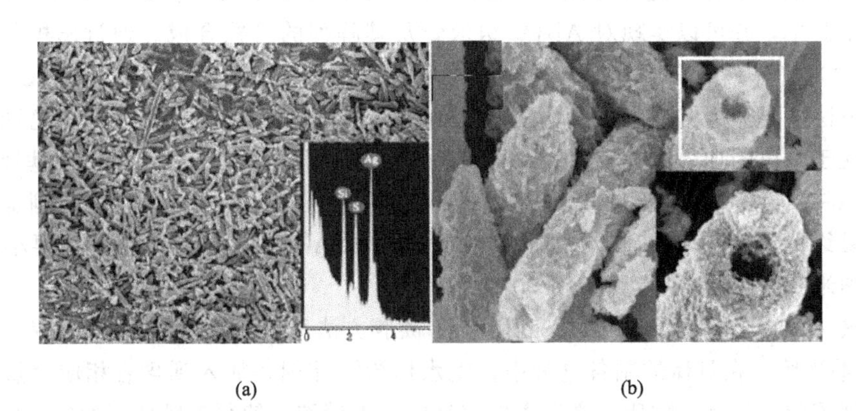

(a)　(b)

图 3-1　银纳米管的 SEM 图（Park，et. al.，2004）

(2) 钴纳米管　Bao 等人制备钴纳米管，首先对氧化铝模板孔壁进行硅烷化改性。硅烷化后，从溶液中取出，且在氮气气氛下加热到 100℃，然后在硅烷化膜上蒸上一层薄薄的金膜作为工作电极，采用恒电流模式进行电化学沉积，生成的钴管，宽度为 200nm 作用，长度为数微米。

(3) 镉纳米管　Hu 等人，在标准的 CVD 设备中将 CdS 在高温进行分解，制备出金属镉纳米管。在温度升上去之前，通入 Ar 气，把反应系统中的氧气完全驱除干净，将 CdS 放在反应炉的中间，反应在700～1000℃温度范围进行，保温4h，最终得到的产品就是镉纳米管。

(4) 钯纳米管　钯纳米管是通过在刻蚀后的聚碳酸酯模板中沉积得到的。将活化过后的模板放到$PdCl_2$（前驱体）和EDTA、N_2H_4（还原剂）的溶液中，沉积完后，用蒸馏水将模板洗涤，干燥后即得钯纳米管，直径约为600nm，厚度约为50nm，长度约为9μm，如图3-2所示。

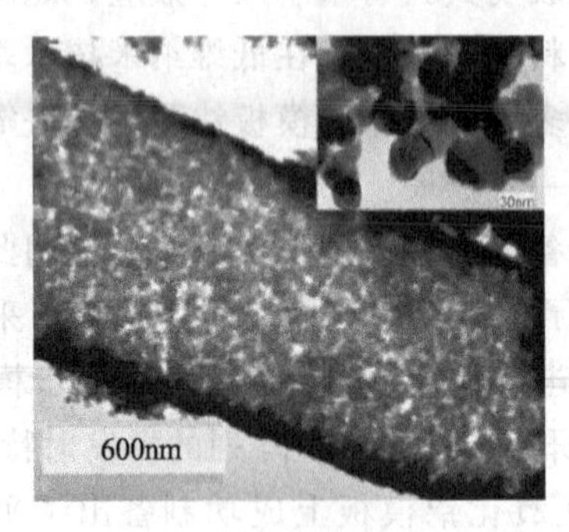

(a) TEM照片

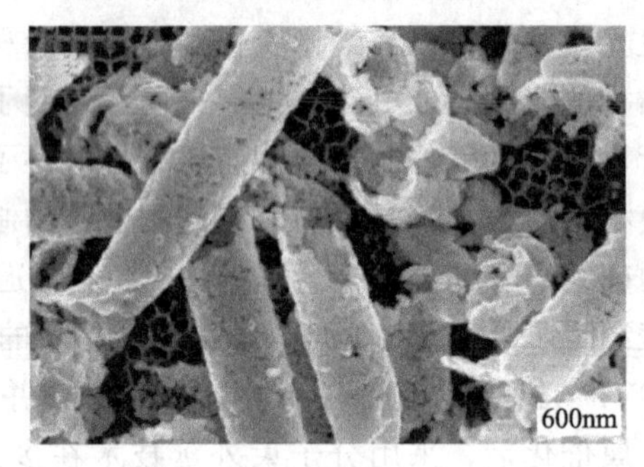

(b) SEM照片

图3-2　钯纳米管的TEM、SEM图（Yu，et. al.，2005）

3.2.3　氧化物纳米管

(1) 氢氧化镁纳米管　Fan等人以碱式氯化镁纳米线为前驱体，通过溶剂热的方法成功合成了氢氧化镁纳米管。具体制备过程如下，首先在较高温度下缓慢滴加MgO于$MgCl_2$溶液中，使其缓慢溶解，当MgO完全溶解后停止加热，进行48h陈化，得到碱式氯化镁纳米线，将其分散于乙二胺中，在180℃下进行溶剂热反应，反应6h。得到的产物形貌均一，壁厚约为30～50nm，宽度约100～150nm，长度约为4～10μm的单晶氢氧化镁纳米管。

(2) 氧化铝纳米管　近年来对于Al_2O_3纳米管制备方法的研究主要集中于电化学法，该方法制备简单，并可以实现对Al_2O_3纳米管及其阵列的可控合成。通过阳极氧化法得到的Al_2O_3纳米管阵列是合成其他各种一维纳米材料的优良模板。常见的合成Al_2O_3纳米管的电化学方法主要分为常规阳极氧化法（NSA）和侧向阳极氧化法（LSA）。这两种方法的区别主要在于电压的加入方式不同。在稀硫酸中，当铝膜沉积在p-型单晶Si基地上进行极化时，在NSA方法中，电压加载于Si基底的底部，而在LSA方法中，电压则加载于铝膜的顶部。最终得到具有均一管径的氧化铝管。通常NSA方法得到的纳米管径要小于由LSA法得到的纳米管管径。（晋传贯等，2007）

(3) 氧化镓纳米管　Cheng等人利用溶胶-凝胶方法和多孔氧化铝模板成功制备了In_2O_3和Ga_2O_3纳米管。在具体的制备过程中，氨水作为沉淀剂，加入到含有相应金属离子的溶液中，得到了相应的沉淀物质，之后再向溶液中加入硝酸，使得溶胶体系稳定。因为溶液中的溶胶颗粒带有正电荷，所以可以吸附于带有负电荷的模板孔壁上。试验中，将多孔氧化铝模板浸入含有相应金属带有正电荷溶液中，然后晾干后，加热12h，用碱液去除模板，最终就得到相应氧化物的纳米管。Ga_2O_3纳米管可以通过控制模板浸入溶液的时间以及选择不同直径的模板，对生成的直径进行控制。Hu等人报道了通过热反应和物理蒸发，制备成了Ga_2O_3-ZnO同轴纳米管。对反应条件进行调控，可以控制得到空的、部分空（充一些Ga）和完全充满Ga的Ga_2O_3-ZnO同轴纳米管，形成Ga（核心）、氧化镓（中间层）、氧化锌（外壳）三层同轴纳米电缆。制备过程中选用Ga_2O_3作为起始物，然后通过高温还原和气-

固生长机理得到 Ga_2O 纳米管，得到的 Ga_2O 纳米管再被还原得到被 Ga 充满的 Ga_2O 纳米管，最后，以 Ga_2O 纳米管为模板，通过对 ZnO 的物理蒸发沉积，在 Ga_2O 纳米管外层形成了一层均匀的 ZnO 包覆层。

（4）氧化锡纳米管　氧化锡纳米管的制备主要是以模板法为主，其中阳极氧化铝多孔模板的使用尤为重要。Wang 等人以纳米颗粒尺寸大约在 10～15nm 的氧化锡纳米颗粒为原料，将其在溶液中进行超声分散，同时作为模板的阳极氧化铝多孔模板要首先经过浸泡和去气泡处理，然后才能使用，将处理后的模板进入有氧化锡分散的溶液中，利用渗入法成功合成具有多晶结构的氧化锡纳米管。将模板浸于 SnO_2 悬浮的次数，可以根据制备的需要进行调控，用于控制得到相应的产物。浸泡后，将含有 SnO_2 的氧化铝多孔模板进行加热处理，用 NaOH 溶液将氧化铝多孔模板溶解，最后就得到了 SnO_2 多晶纳米管。这种方法得到的 SnO_2 多晶纳米管形貌单一，同时纳米管的形貌（管径、长度、壁厚和结构）可调，可以通过调节氧化铝多孔模板的结构、初始颗粒尺寸、渗透循环次数以及加热温度等来进行控制。如图 3-3 所示。

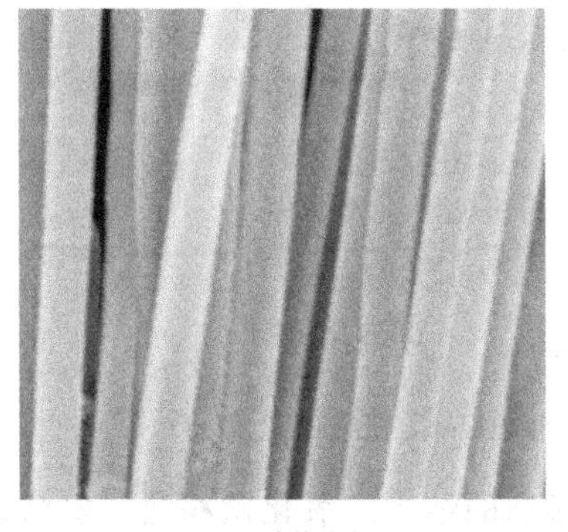

(a) 侧视图

(b) 顶视图

图 3-3　氧化锡纳米管的 SEM 图（Wang，et. al.，2005）

（5）氧化硅纳米管　通过溶胶-凝胶技术可以有效制备氧化硅凝胶纳米管和介孔氧化硅纳米管。Nakamura 和 Matsui 使硅酸乙酯在氨水和酒石酸存在的情况下水解，当溶胶-凝胶过程反应完毕后发现副产物为氧化硅纳米线。介孔 SiO_2 纳米管可以通过选择介孔 SiO_2 为反应物，在氨水体系中快速水热合成得到，在该制备过程中可以同时调整孔道大小、排列规律和纳米管形貌，通过重构得到的终产物为高度有序的 SiO_2 纳米管。这种方法可以成功制备单根纳米管和少量纳米管组成的束。Adachi 等人用月桂胺的氢氧化物这一表面活性剂，利用软模板助生长法制备了超长 SiO_2 纳米管。月桂胺的氢氧化物这一表面活性剂作为 TEOS 水解时的形貌控制剂，因为三甲基硅烷化作用阻止了硅烷醇基团在纳米管表面的吸附，防止了管束之间的聚集，因此能够得到超长的单根氧化硅纳米管。Adachi 等人以正硅酸乙酯为硅源，将其水解，利用 D,L-酒石酸为模板，在溶液中静置，通过自组装形成了氧化硅纳米管，长约数十微米，外管壁约 70nm，内管壁直径为 20nm，如图 3-4 所示。Ren 等人控制合成了有 Pt 高填充量（40%）的高径向比 SiO_2 纳米管，如图 3-5 所示。制备过程中，首先在乙醇/水体溶液中进行生长得到 SiO_2 四方柱状晶体，可以通过温度、水溶液中 Pt 的浓度调节以及乙醇的加入速度，对晶体的分散性进行控制，通过调节可以得到有多根纳米管组成的束状产物。以此为硬模板，再进一步向体系中加入正硅酸乙酯，最后经过加热处理就可以得到含有 Pt 的 SiO_2 纳米管。研究表明正硅酸乙酯是通过硅烷醇基团在晶体表面选择性吸附的，既作为表面活性剂又作为反应物参与了整个反应过程。

(a) TEM图 (b) SEM图

图 3-4 二氧化硅纳米管

（Zhang，et. al.，2005；Zhang，et. al.，2007）

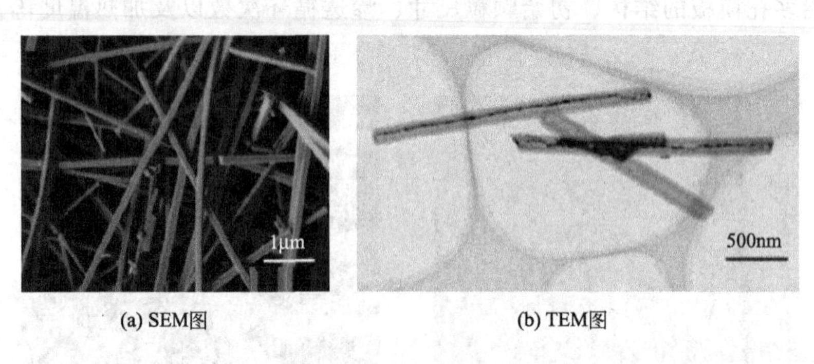

(a) SEM图 (b) TEM图

图 3-5 Pt 高填充氧化硅纳米管（Ren，et. al.，2005）

（6）氧化钛纳米管 氧化钛纳米管与其他形态的纳米二氧化钛相比，管状氧化钛具有更大的比表面积和更强的吸附能力，可用于提高氧化钛的光催化性能及光电转换效率，特别是若能在管中装入更小的无机、有机、金属或磁性纳米粒子组装成复合纳米材料，将会大大改善二氧化碳的光电、电磁及催化性能。

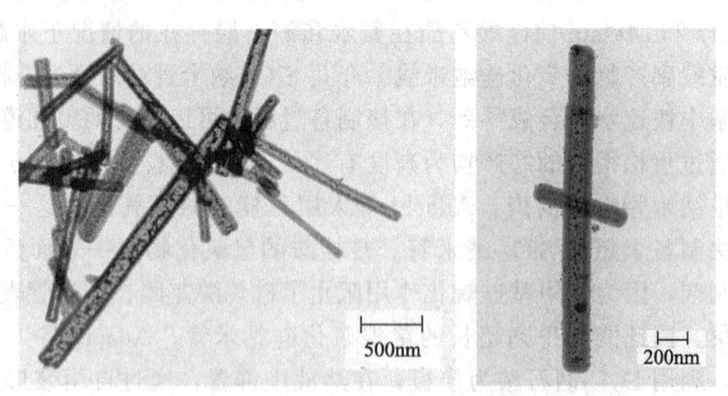

图 3-6 以多孔氧化铝为模板制备 TiO_2 纳米管的 TEM 图

有研究以多孔氧化铝为模板制备 TiO_2 纳米管，如图 3-6 所示，研究锐钛矿型 TiO_2 纳米管对降解低浓度的十二烷基苯磺酸钠的光催化作用，实验发现在同一条件下，TiO_2 纳米管对十二烷基苯磺酸钠的降解具有更好的光催化效果，其中 TiO_2 纳米管具有更大的比表面积，是提高其光催化效果的原因之一。Hippe 等人用溶胶-凝胶法以 Pt 碳酸盐为模板，制备 TiO_2 纳米管，然后在高温下进行煅烧，模板被还原成金属 Pt，最终制备了均匀负载 Pt 的 TiO_2 纳米管。

氧化钛的晶体纳米管的制备主要采用模板法。Hoyer 等人成功利用带有阳极氧化铝多孔膜负极结构的聚合物模板，通过电化学的方法制备了 TiO_2 纳米管，在此过程中，通过电沉积的方法控制了氧化钛的生长。首先得到的氧化钛是无定形结构的，但经过煅烧后，使无定形二氧化钛晶化，并且形成了管状结构。最后形成 TiO_2 的纳米管管径在 70～100nm 间，其管径可以通过控制阳极氧化铝多孔膜的孔径来进行调节，如图 3-7 所示。以多孔氧化铝为模板，当使用不同的钛源，用类似的方法都可以得到 TiO_2 纳米管。Cepak 用溶胶-凝胶法在 Al_2O_3 模板中制得数微米长的 TiO_2 纳米管，再用化学聚合法在 TiO_2 纳米管内形成导电的聚吡咯纳米线，得到了 TiO_2/PPy 复合纳米结构，如图 3-8 所示。

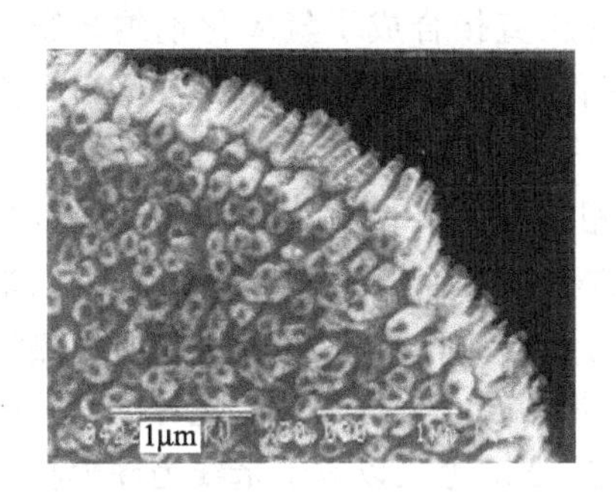

图 3-7　TiO_2 纳米管的 SEM 图
（Hoyer，et. al.，1996）

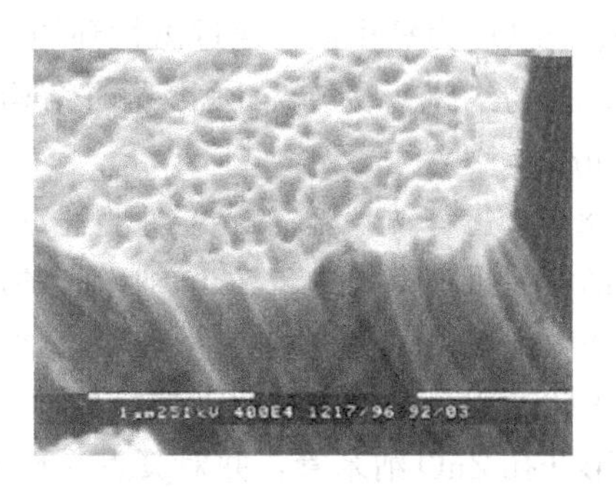

图 3-8　Al_2O_3 模板中制得 TiO_2 纳米管的 SEM 图
（Cepak，et. al.，1997）

经常用到的模板除了多孔氧化铝外，另一种是含有孔洞无序分布的高分子模板。其他材料的模板还有纳米孔洞玻璃、多孔硅模板、介孔沸石、表面活性剂、蛋白和金属模板等。目前，在模板制备法制备 TiO_2 纳米管过程中，采用纳米阵列孔洞厚膜、有机聚合物或表面活性剂作模板，然后通过电化学沉积法、溶胶-凝胶法、溶胶-凝胶聚合法等技术来获得 TiO_2 纳米管。

本方案制备了二氧化钛纳米管，是在钛箔上利用电化学阳极氧化法，通过自组装制备出六方形堆垛排列的 TiO_2 管。该模板是由两个步骤的阳极氧化过程得到的，使得高度有序的 TiO_2 管排列在上面，从而获得高度有序的多孔结构，这种材料的有序结构，可以有效增强光催化活性。如图 3-9 所示。

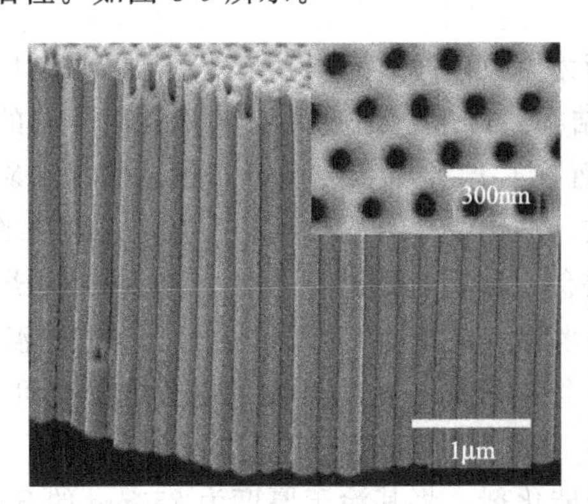

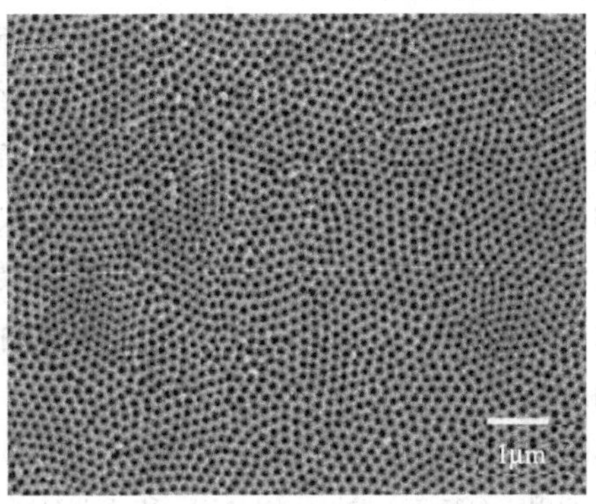

图 3-9　电化学阳极氧化制备 TiO_2 管的 SEM 图（Zhang，et. al.，2007）

Zheng 等人通过含有二氧化硅和二氧化钛的凝胶，制备了针状的锐钛矿型 TiO_2 纳米管。制备过程是先将混合有钛的异丙醇盐和正硅酸乙酯的混合物水解后生产了凝胶，然后将凝胶在 600℃加热，得到 TiO_2 纳米晶，经测试为锐钛矿型，将纳米晶在碱液中分散，在 110℃

加热2h后得到管状TiO_2。产物中存在无定形SiO_2，通过HCl反复洗涤可以部分除去SiO_2，得到的纳米管管径为8nm，管长100nm，根据重复性实验，得出利用溶胶-凝胶法制备TiO_2纳米管具有较好的重复性。

(7) 铜氧化物纳米管　Zhang等人，以铜箔为基底和原料，在常温常压下合成了具有卷曲结构的$Cu(OH)_2$纳米管。其反应机理是：在反应过程中首先铜箔表面被$(NH_4)_2S_2O_8$氧化剂迅速氧化为Cu^{2+}，同时在碱性环境中，OH^-和Cu^{2+}络合形成平面链状结构，这些链状结构沿着［100］方向通过OH^-相互连接形成平面结构，之后平面结构发生卷曲，层与层之间通过氢键相互作用而稳定存在，所以最后得到铜氧化物管状结构。在反应过程中，以$(NH_4)_2S_2O_8$为氧化剂，通过碱性环境，经过液-固反应直接合成了氢氧化铜纳米管，得到的铜氧化物纳米管为单晶层状卷曲结构，单根铜氧化物纳米管宽约50～500nm，长度约为10μm。

(8) 氧化锌纳米管　ZnO纳米管也可以通过气相沉积、氧化法和水热法制备得到。大部分的相关报道都集中于ZnO纳米管的形貌、合成方法以及生长机理。其中ZnO纳米管的表面积大小对ZnO纳米管的物理和化学性质有很大的影响。Tong等通过简单的水热法和随后的老化过程，无任何催化剂或模板面的氧化锌纳米管的合成。合成的氧化锌纳米管是具有六边形开孔ZnO纳米管，并对其发光性能进行了研究。Xie等人以锌纳米线为硬模板，通过ZnO纳米包覆在锌纳米线上，在微波-等离子体的制备条件下，合成了具有管直径可控，而且具有很高产量的氧化锌纳米管。当调节反应过程中的氢气流量和氧气流量的比例，可以很方便调节其氧化氛围，从而可以调控ZnO纳米管的管径尺寸和壁厚。ZnO纳米管管径的尺寸可以在40～300nm间被调节，而管壁厚度的变化范围则在10～30nm间。Tong以硝酸锌和六亚甲基四胺的水溶液为反应物，将混合溶液加入密闭的反应釜中在90℃加热3h后得到的产物在60℃干燥，就得到了最终产物。管长约1～3μm，壁厚约50～100nm。

3.2.4 氮化物纳米管

(1) BN纳米管　氮化硼（BN）纳米管与碳纳米管相似，B、N原子为sp^2杂化，类似于石墨结构，易于形成纳米管状结构。BN纳米管具有耐高温和抗氧化特性等特点，因此，BN纳米管在高温、高强度纳米半导体器件及储氢方面具有广阔的应用前景。制备的方法主要有模板法和化学沉积法等。

模板法制备BN纳米管，主要以碳纳米管为模板，通过充填、表面涂层和限制反应可以制备出不同种类的中空纳米管和实心纳米线结构。Han等通过碳纳米管利用不同的反应过程大规模批量的氮化硼纳米管，利用N和B置换C时并不会改变整个纳米管的形貌，所以可用碳纳米管来控制BN纳米管的直径与层数。氧化硼、蒸汽与氮气反应，在碳纳米管的存在下，以形成氮化硼纳米管，其直径和长度类似于那些起始碳纳米管。将B_2O_3粉煤放于石墨坩埚内，并覆盖一层直径约为10nm的碳纳米管，在流动N_2气氛中于1500℃保温30min，黑色碳纳米管转变为了灰色絮状BN纳米管。结果表明，这里开发的合成方法也可以扩展，以形成其他新型材料的纳米管。

化学沉积（CVD）法，以NiB和Ni_2B为催化剂，将其涂于厚度为250nm的SiO_2层钝化的硅片衬底上，并置于管式炉的中心于1000～1100℃在含有BN的载气下化学气相沉积30min，从而得到了多壁BN纳米管，其生长头部存在硼化镍颗粒，说明Ni催化了BN纳米管的生长，纳米管长度大于5μm。Choi以$FeCl_2$为催化剂，在NH_3气流动气氛中于1200℃化学气相沉积B/B_2O_3，2h，可以制备出新型的BN纳米管，即竹节状六方纤锌矿结构BN

纳米管。竹节状 BN 纳米管的长度为 20～30μm，结构均匀，平均直径约 120nm，纳米管表面粗糙。唐蓓等通过对 CVD 法制备的多壁 BN 纳米管进行表征，所得纳米管最显著的一个结构特征为层间有序堆垛，主要以菱面体方式堆垛为主，大多数纳米管沿 BN 六角网格平面的［1010］方向，所以此法所得大部分 BN 纳米管为锯齿形结构。（晋传贯等，2007）

（2）GaN 纳米管　虽然 GaN 纳米线在制备及性能研究方面取得了较大进展，但是 GaN 纳米管状结构的制备比较困难。Goldberger 等报道了以 ZnO 纳米线为硬模板，通过气相沉积的方法，制备出了单晶六方 GaN 纳米管。制备过程中，首先采用气相沉积过程在氧化铝模板上制备出 ZnO 纳米线阵列，ZnO 纳米线的直径为 30～200nm，长度均匀约 2～5μm，其横截面为面心六方结构。将 ZnO 纳米线阵列放于反应管内，加入三甲氨基镓和氨水作为前驱体，沉积温度为 600～700℃，同时通入 Ar 或 N_2 载气，进行 GaN 的化学气相沉积。600℃下沉积结束后，样品可在 H_2/Ar 混合气体中进行热处理，用于去除 ZnO 纳米线模板，最后得到 GaN 纳米线。

（3）AlN 纳米管　Tondare 等采用直流等离子法在直流等离子反应器内于 N_2 气氛中热蒸发 Al，利用气-固沉积法制备出了 AlN 纳米管，纳米管的直径为 30～200nm，长 500～700nm，其中伴随着生长纳米颗粒，其直径为 5～200nm。Wu 等人，在 NH_3/N_2 气氛中于 1100℃热蒸发金属 Al 粉末，并保温 90min，制备出 AlN 纳米管，纳米管直径为 30～80nm，大部分纳米管两端均为开口结构。如图 3-10 所示。

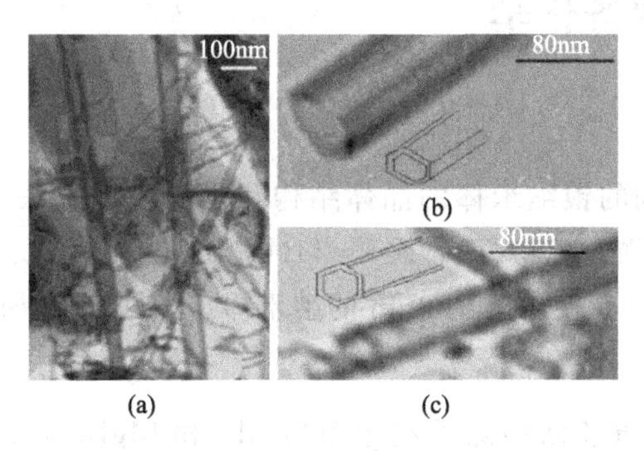

图 3-10　AlN 纳米管 TEM 图（Wu，et. al.，2003）

（4）碳化物纳米管　碳化硅纳米管也是一种重要的一维纳米材料，近年来也引起了人们的研究兴趣，以纳米管为模板，加入不同硅源，如 Si 粉、SiO_2 及 Si/SiO_2 的混合物等，在高温下与碳纳米管反应可以制备出不同直径的碳化硅纳米管，这也是目前制备碳化硅纳米管的主要方法。由于是以碳纳米管为模板，反应后所得到的碳化硅纳米管与碳纳米管的形态、结构及直径尺寸相似，因为现在已能大量制备碳纳米管，所以采用此方法也可以实现碳化硅纳米管的大量制备。Pham-Huu 等报道了以 Si 和 SiO_2 的混合物为硅源，用碳纳米管作为模板，通过气-固反应制备出了碳化硅纳米管。在高温条件下，将 Si 和 SiO_2 进行混合，然后蒸发形成氧化硅气体，通过氧化硅气体与碳纳米管的化学反应，得到了不同直径尺寸的碳化硅纳米管，所得碳化硅纳米管与碳纳米管模板形状基本一致，生长头部都为开口结构，纳米管的内径平均值为 90nm，范围 20～100nm，同时研究了所得碳化硅纳米管在作为催化剂载体在脱硫方面上的应用。Sun 等以多壁碳纳米管为模板，SiO_2 为硅源，在反应炉内，放置好直径约 10～50nm 的多壁碳纳米管，在 1250℃下进行气相沉积反应，制备出了一维碳化硅纳米管，其晶面间距为 0.35～0.45nm，如图 3-11 所示。Pei 采用水热法，在超临界条件下，通过控制水热工艺参数可以制备出外直径小于 10nm，而长度为微米级的小直径碳化硅纳米管，制备原理是碳原子扩散到 Si 管中，通过化学反应，碳原子把 Si 原子部分替代。Hu 等人以 ZnS 纳米线和纳米带为模板，成功制备出外部直径约为 100nm 的碳化硅纳米管。具体制备过程，是通过热处理法制备出 ZnS/碳化硅纳米电缆，以及具有碳化硅鞘层的 ZnS 纳米带，通过 HCl 溶液腐蚀掉内层的 ZnS，最后获得了碳化硅纳米管。

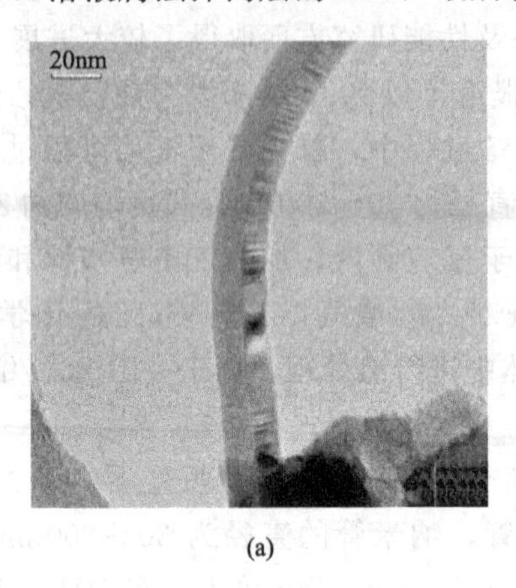

(a)

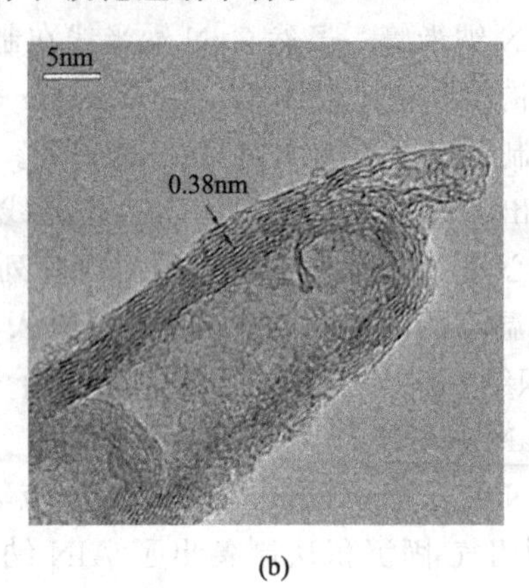

(b)

图 3-11　以多壁碳纳米管为模板制备碳化硅纳米管的 TEM 图（Sun，et. al.，2002）

3.3　纳米棒材料制备化学

3.3.1　银纳米棒

Ni 等人由表面活性剂的银纳米棒的晶体结构和生长机理方法，使用阳离子表面活性剂十六烷基三甲基对甲苯磺酸（CTAT），阻碍｛100｝方向上的增长，通过高分辨透射电子显微镜，得到直径为 20nm，长度约为 100nm 的纳米棒，如图 3-12 所示。

3.3.2　氧化物纳米棒

（1）氧化镁纳米棒　气相法中除了利用单质 Mg 和 MgB_2 为原料外，利用 $MgCl_2$ 也可以得到 MgO 一维纳米材料。Cui 等人以 $MgCl_2$ 为原料，在 750℃下，通入 Ar 和 H_2 的混合气体，进行化学反应，成功制备了 MgO 纳米棒。在反应中 $MgCl_2$ 首先分解为 Mg 和 Cl_2，然后和 SiO_2 反应形成 MgO 纳米棒，氧化镁纳米棒直径在 15～50nm 之间，长度为 1～3μm，如图 3-13 所示。

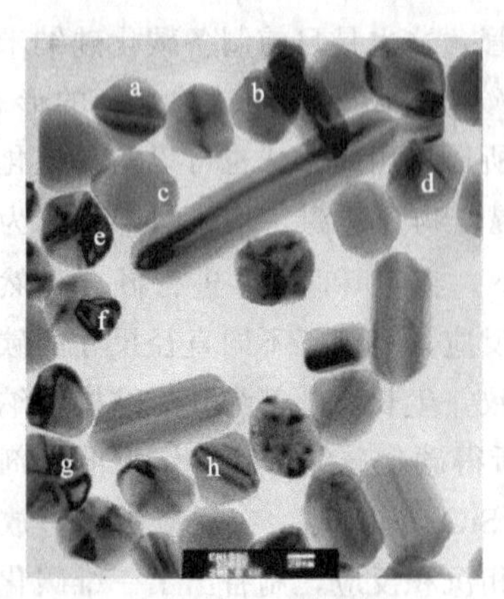

图 3-12　银纳米棒的 TEM 图（Ni，et. al.，2005）

（2）氧化铝纳米线　通过简单的化学腐蚀铝基底上的多孔有序氧化铝膜可以得到氧化铝纳米棒阵列，其中产物的直径、长度和阵列间隙均可以调节。这样的一种可控自组装过程为制备 2D 周期性纳米结构提供了一种简单方法。Lee 通过表面活性剂以及水反应，制备了氧化铝纳米管、纳米纤维、纳米棒，这是一种新的合成方法，但不添加任何有机溶剂，同时制备步骤简单，反应温度低，通过改变表面活性剂的种类，合成出各种一维纳米氧化铝，且热稳定性好。

（3）氧化锡纳米棒　He 等人以单质 Sn 为原料，Au 为催化剂，控制合成过程中的生长条件，使得 SnO_2

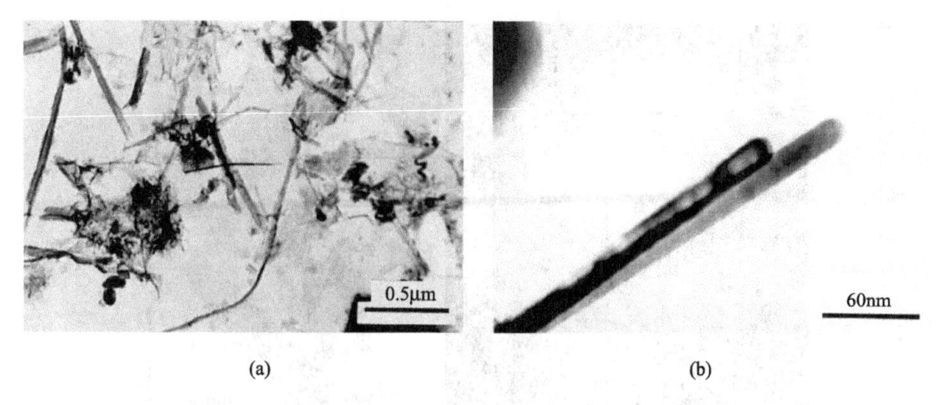

图 3-13　MgO 纳米棒 TEM 图（Cui，et. al.，2000）

纳米棒的生长方向改变。Lee 等人报道了 V 形 SnO_2 纳米棒的合成，其角度为 112.1°。反应中使用 $SnCl_4$ 水溶液为锡源，将 $SnCl_4$ 和 1,10-邻二氮杂菲混合搅拌形成黄色配合物，然后将分离得到的配合物纳米颗粒和 NaCl 混合，并在 850℃反应，得到最终产物，其中盐和邻菲啰啉的加入是形成 V 形纳米棒必不可少的因素，棒的直径可以被控制为 13nm 或 48nm。Wang 等人以 SnO_2 粉为锡源，通过在 NaCl 熔融体系中，成功制备了金红石结构的 SnO_2 纳米棒。具体制备过程中，将 SnO_2 粉体和表面活性剂 NP9 混合，加入到 NaCl 熔融盐体系中，接着在 800℃中反应 2.5h，得到 SnO_2 棒，直径约为 20～40nm，长约 1μm。生成纳米棒的机理是在熔融盐体系中，通过小颗粒的溶解和大颗粒的沉积生长形成的。Samulski 等人在没有任何催化剂存在的情况下，在醇-水体系中以 $SnCl_4$ 为锡源，合成了极小尺寸的 SnO_2 单晶纳米棒。经过对产物的表征，表征其生长方向为［001］方向，单根纳米棒直径小于 5nm，长为(17±4)nm，长径比约 4∶1。

（4）氧化锰纳米棒　Yang 等人以 $KMnO_4$ 和 Na_2SO_3 为原料，在乙醇-水体系中，利用水热法制备氧化锰纳米棒，140℃的条件下通过混合溶剂热反应得到了具有单晶结构的 γ-Mn_3O_4 纳米棒，棒的直径为 50～120nm，长度可以达到几十微米。Du 等人制备了直径为 100nm，长为 15～20μm 的超长 Mn_3O_4 单晶纳米棒。首先用 PEG-20000 与 $KMnO_4$ 混合，180℃下在水溶液中进行水热反应 20h，得到前驱体 Mn_3O_4 和 MnOOH 的混合物，然后将该混合物在真空条件下煅烧并保温一段时间，得到了棕色的 Mn_3O_4 纳米棒，同时对它的磁性进行了研究。Dong 等人利用反相胶束为模板制得了 Mn_3O_4 纳米棒。制备过程中所用到的反相胶束为由 CTAB、正丁醇、正庚烷和水组成的四元体系，按照一定的比例构成，而且体系中 CTAB 的浓度远远高于胶束形成的临界浓度。锰源源自 $MnCl_2$ 加入上述体系，同时 KOH 被加入上述另一个相同的反相胶束体系，搅拌均匀后，然后相互混合，经过搅拌，得到最终产物。将 MnOOH 纳米棒在 450℃加热 4h 就得到了 Mn_3O_4 纳米棒，得到的氧化锰纳米棒的直径只有 10nm。Yuan 等人以 γ-MnO_2 粉体为原料，利用热处理，在 450℃下，将其处理得到纯相的 β-MnO_2 粉体，将得到 β-MnO_2 分散于氨水体系，在 250℃下进行水热反应，24h 后，得到纳米棒的直径为 60～130nm，长度约 0.7～2.5μm，其为有单晶结构的 α-MnO_2 纳米棒，如图 3-14 所示。

（5）氧化锌纳米棒　Wu 等人利用碳纳米管作为模板，浸入硝酸锌溶液中，随后通过过滤和焙烧引入 ZnO。将碳纳米管在 750℃下燃烧 2h 后，形成直径 20～40nm，长度可达 1μm 的结晶性的氧化锌纳米棒。对其进行粉末 X 射线衍射，透射电子显微镜表征，粉末 X 射线衍射表明，氧化锌为六方相氧化锌纳米棒。

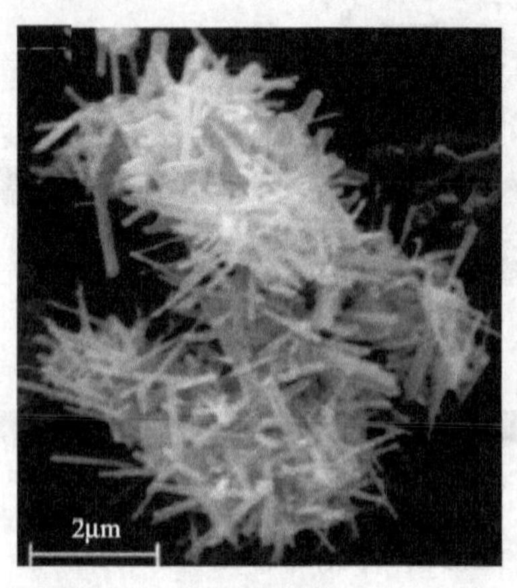

(a) SEM照片

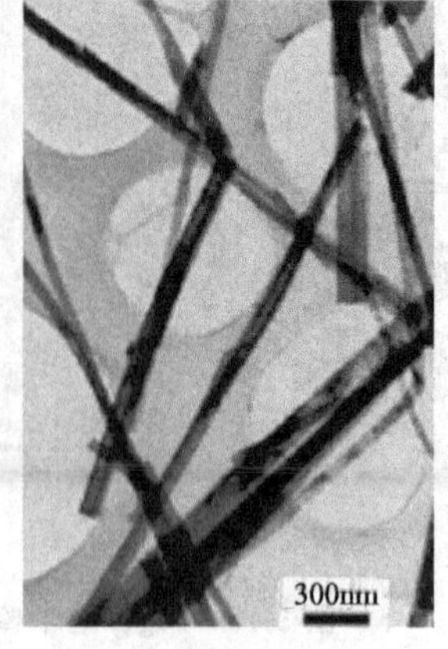

(b) TEM照片

图 3-14　α-MnO_2 纳米棒 SEM、TEM 图（Yuan，et. al.，2004）

3.3.3　氮化镓纳米棒

镓氮化物的纳米棒通过碳纳米管密闭反应制备。Ga_2O 蒸汽与 NH_3 气体进行反应，在碳纳米管的存在下，形成纤锌矿氮化镓棒。纳米棒直径为 4～50nm，长度可达 25μm，如图 3-15 所示。

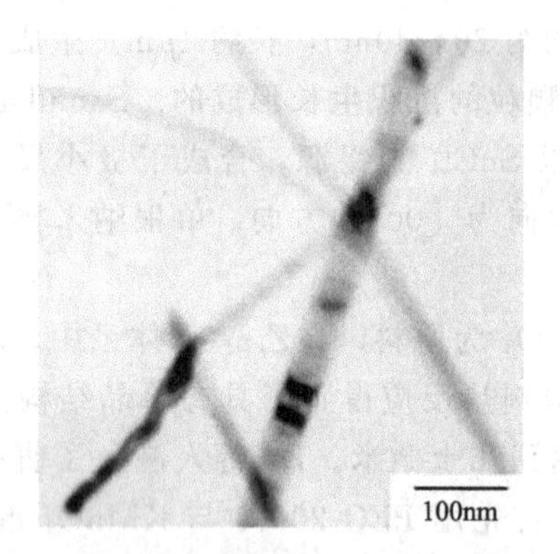

图 3-15　镓氮化物的纳米棒的 TEM 图（Han，et. al.，1997）

3.3.4　碳化硅纳米棒

碳化硅纳米棒是较早成功制备出的一维碳化硅纳米材料。与碳化硅纳米线相比，碳化硅纳米棒直径通常大一些，其长径比小一些。碳化硅纳米是通过溶胶-凝胶法和碳热还原过程制备出来的，所用的原料有 TEOS（正硅酸乙酯）和 PVP（聚乙烯吡咯烷酮），$Fe(NO_3)_3$ 为催化剂，所生成的碳化硅纳米棒如塔架形状，宽度为 80～100nm，长度为 0.4～1.0μm，每一层塔架的厚度为 10nm。TEM 照片如图 3-16 所示。

在目前的制备工艺中，一些方法虽然没有采用催化剂，但是作为硅源及碳源的原料要求采用特殊的制备工序。而采用聚乙烯前驱体时，

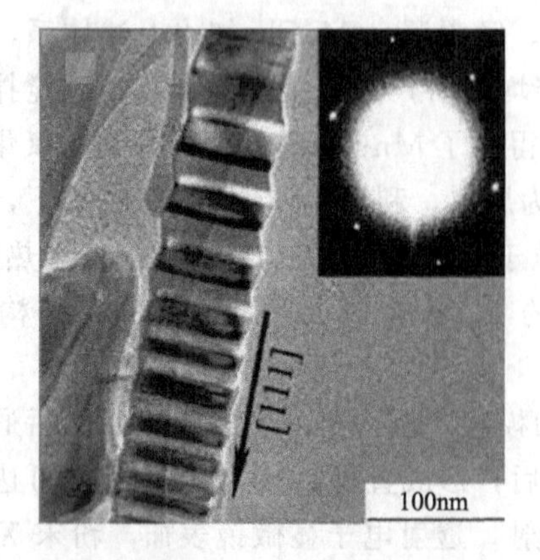

图 3-16　碳化硅纳米棒的 TEM 图（Xu，et. al.，2006）

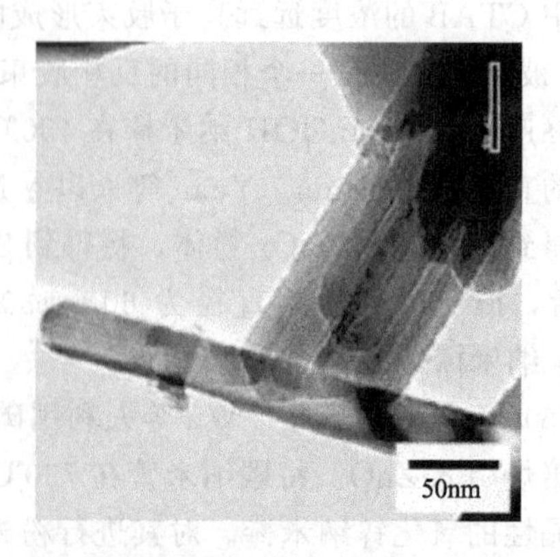

图 3-17　单晶碳化硅纳米棒的 TEM 图（Pei，et. al.，2007）

虽然原料简单，但需要金属催化剂。另外，这些方法采用的温度都较高，约 1000℃，甚至高于 1200℃，且工艺较复杂。因此，采用简单的制备工艺过程，研究低温条件下制备不含金属催化剂的碳化硅纳米棒的可能性，是目前研究方向之一。Pei 等人利用水热法，在温度低于 500℃时，制备出了不含金属催化剂的单晶碳化硅纳米棒，得到的纳米棒直径为 40nm，长度约为 1μm，如图 3-17 所示。

3.4　纳米线材料制备化学

3.4.1　硅纳米线

近几年来，硅纳米线受到了广泛的关注，目前已能制备直径为数纳米的硅纳米线，根据研究，证明硅纳米线具有典型的库仑阻塞效应、量子限制效应及良好的光电性能，将会在纳米电子器件及纳米硅继承电路方面具有很好的应用前景。具体的制备方法有气-液-固生长法、氧化物辅助生长以及模板法。

(1) 气-液-固生长硅纳米线　研究者们采用激光烧蚀、热蒸发或 CVD 法，在硅和二氧化硅源中添加少量 Fe、Au、Ni、Ti、Co 等金属催化剂，Ar 气作为保护气体，于 1000～1400℃（激光烧蚀、热蒸发法）、400～700℃（CVD 法）就可大量制备出硅纳米线。（晋传贯等，2007）

Lu 等人以平均直径为 7nm 的 Au 纳米晶体在衬底上通过超临界流体-液-固（SC-FLS）机制制备硅单晶纳米线，通过在环己烷中降解二苯基硅烷（DPS），高于高温高压的临界点（T_c=281℃，p_c=4.1MPa）和 Si/Au 的共晶温度（363℃）。在这些条件下，硅溶解在金纳米晶体中，并随后以线状的形式结晶。纳米线直径范围为 5～30nm，长度为几微米。Holmes 用超临界流体液相法制备无缺陷的硅（Si）纳米线，其直径从 40～50Å，生长长度为数微米。利用纳米金（直径为 2.5nm）作为一维 Si 结晶的种子，在高于临界点的热压条件下进行制备。生产的硅纳米线的取向可用反应压力控制。

(2) 氧化物辅助生长硅纳米线　通过早期的研究表明制备硅纳米线时，一般必须加入金属或金属硅化物作为催化剂，但是随着近年来研究的深入，研究者们发现在一定条件下，也可以不使用催化剂，制备得到硅纳米线。同时发现缺陷及硅氧化物在硅纳米线的生长过程中具有重要作用。目前，根据氧化物辅助生长机理，采用不同的原料，如硅、一氧化硅、二氧化硅粉末及碳化硅等作为硅源，通过加热蒸发或激光烧蚀等方法大量制备出了不含催化剂并且性能优良的硅纳米线，制备出的硅纳米线通常有多晶硅核且由无定形硅氧化物外层组成。最后采用 HF 酸，进行腐蚀处理，可去除外层的硅氧化物，最后只留下内层的晶体硅纳米线，通过此方法可制得直径小至 1nm 硅纳米线。

(3) 模板法制备硅纳米线　目前，用于制备硅纳米线常用的模板主要有多孔氧化铝、沸石等，可以通过 CVD、热蒸发等制备过程实现硅纳米线的制备。Lew 等通过气-液-固的生长机理，在孔径为 4～200nm 多孔氧化铝模板上，生长了硅纳米线。制备过程中，以 SiH_4 作为硅源，Au 作为催化剂，于 400～600℃制备出了硅纳米线阵列，研究发现硅纳米线的长度是依赖于生长时间的。Li 等报道了采用沸石为模板，根据氧化物辅助生长机理，当通入载气为 95%Ar 和 5%H_2，在 1250℃时，通过热蒸发 SiO_2，得到内直径为 3nm 硅线，外面包覆 10～20nm 厚的二氧化硅纳米线，在沸石模板上制备出了

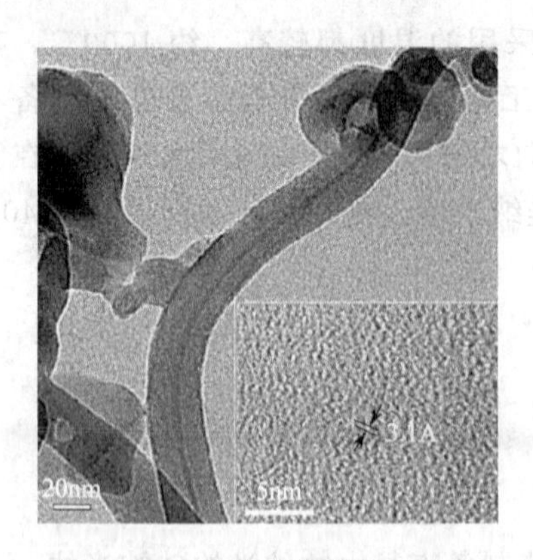

图 3-18　硅纳米线的 TEM 图
（Li，et. al.，2002）

超细硅纳米线，可以观察到在沸石模板表面有大量硅纳米线，如图 3-18 所示。

3.4.2　金属纳米线

（1）金纳米线　具有一维结构的纳米线由于其在理论研究、在纳米电子和纳米器件方面的重要意义而备受关注，研究发现金、银等贵金属的一维纳米材料，能引起特殊的性能，使其成为研究的热点。例如，利用金纳米体系作为导体的电路中，可以观察到电流对电压的非线性关系等。

碳纳米管是一种常用且有效的模板来制备金纳米线，这种方法利用单壁纳米管制备的金纳米线，它生长在碳纳米管的内部，直径和长度分别为 1～1.4nm 和 15～70nm。Zhang 等人，通过电化学沉积，在直径范围为 35～100nm 有序氧化铝模板的孔洞中，得到金纳米线阵列，得到的单根金纳米线直径约为 45nm。

（2）银纳米线　银纳米线的合成与研究同样也引起了人们广泛的兴趣。因为块状金属银在金属中是电导和热电率最高的，它广泛用于催化剂、电子、光电子及光刻等领域。当把金属银制作成纳米线或低维纳米材料，其性能会有意想不到的变化。通过研究发现，在银和高分子复合物中，如果用长径比较高的纳米银线来取代纳米银颗粒，其负荷可以大大降低。

Sun 介绍了一种柔软、溶液相的方法制备均匀的银双晶纳米线，其尺寸可以控制宽度在 30～40nm 的范围内，并且长度可达 50μm。此过程中的第一步骤中涉及的形成铂纳米粒子，通过 160℃时在乙二醇中还原 $PtCl_2$。铂纳米粒子可作为种子，通过在乙二醇溶液中，硝酸银的还原异质成核和生长为银线。使用聚乙烯基吡咯烷酮（PVP）作为表面活性剂，形成银纳米线的长径比为 1000，如图 3-19 所示。

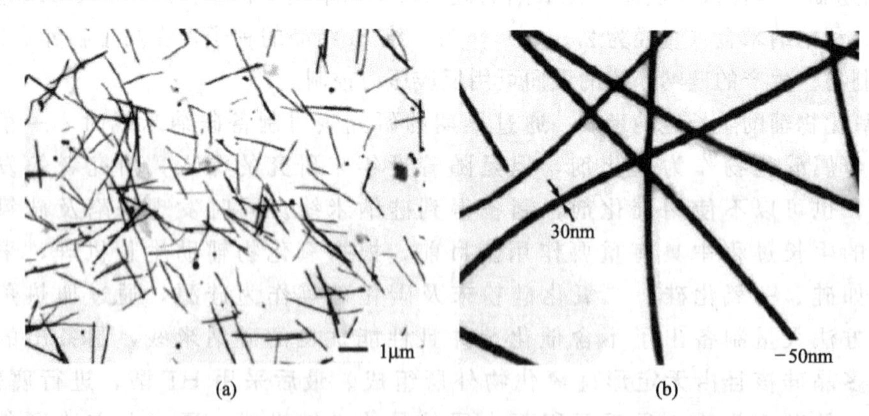

图 3-19　银双晶纳米线的 TEM 图（Sun，et. al.，2002）

（3）铜纳米线　金属铜在电子工业中具有广泛的用途，这是由于它的低电阻和低电迁移率。铜纳米线在纳米电子器件上具有巨大的应用前景而备受人们关注。Shi 等人，通过水热法制备铜纳米线。具体步骤是，在氯化铜溶液中加入十八烷基胺，强烈搅拌形成蓝色乳状液，然后放在反应釜进行反应，温度设为 120～180℃，时间为 48h，当反应釜自然冷却至室温，得到铜纳米线，直径约 30～100nm，长为数微米。

（4）铁、锌纳米线　Yang 等人以多孔氧化铝为模板，通过电化学沉积制备，得到的铁纳米线直径约为 35nm，所沉积的材料是 α-Fe 相。沉积条件为室温，两电极模式，氧化铝模板作为阴极，铁片作为阳极，电压为 1.5V。

Chang 等人，通过电化学阳极氧化法制备锌纳米线，锌纳米线是通过交替使用大小不同的电流密度，在 HF/乙醇溶液中阳极刻蚀而得到的。当样品刻蚀后，立即用去离子水清洗后，在室温下干燥后备用，最终得到的锌纳米线长度为数微米，如图 3-20 所示。

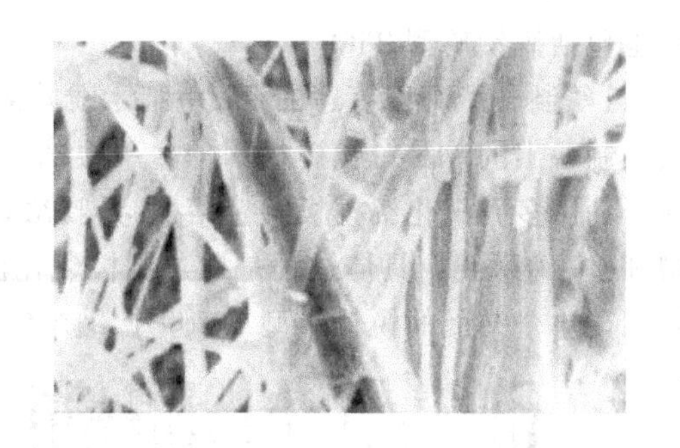

图 3-20　锌纳米线的 SEM 图（Chang，et. al.，2002）

3.4.3　氧化物纳米线

（1）氧化镁纳米线　氧化镁是一种重要的化工原料，在陶瓷、耐火材料、催化剂、涂料和超导材料等领域中有着广泛的应用。纳米 MgO 在微波吸收、低温烧结和催化性能等方面出现许多不同于本体材料的力学、热学、光学、化学和电学特性。近几年来，关于氧化镁表面结构和催化性能的研究引起了人们的广泛关注。经研究表明，低维 MgO 纳米材料相对于通常的 MgO 来说具有更大的表面积，更好的催化活性和吸附性能，同时易于从体系中分离。

Yin 等人以 MgB_2 为镁源，通过气相沉积法制备 MgO 纳米线。在 Ar 气氛中，在 800～900℃温度下，MgB_2 分解为 Mg 和 MgB_4，生成的 Mg 蒸气和气氛中微量的 O_2 反应生成 MgO 蒸气，通过冷凝生成纳米线，终产物通过放置在管式炉中的氧化铝收集，通过该方法可以得到多种形貌的 MgO 一维纳米线。得到的 MgO 纳米线，直径 15～20nm，长度达到 20μm。

（2）氧化锌纳米线　Wang 提出了一种新颖的方法，利用电泳沉积（EPD），在阳极氧化铝膜上制备出均匀排列的氧化锌纳米线阵列，如图 3-21 所示。Wang 把胶体浓度和反应温度对 ZnO 阵列的影响进行了研究。结果表明，增加胶体浓度会使生长速度降低，而增加微晶尺寸。

（3）氧化硅纳米线　一维二氧化硅纳米材料在电子、光学方面的重要性，近年来在科学界引起广泛的关注。Meng 等人以 Au 为催化剂，在硅基底上通过六方状有序 TiO_2 多孔膜限域作用得到了分布于其上的 SiO_2 纳米线阵列复合结构。首先，以 PS 微球为模板，通过硬模板法在覆盖有 Au 膜的 Si 基底上形成一层均匀有序的六方状有序 TiO_2 多孔膜；然后利用气相法通过孔中显露的 Au 的催化作用在孔中生长出 SiO_2 纳米线。生长出来的 SiO_2 纳米线长约 500nm，宽 50nm 左右，单根纳米线呈弯曲状。Liu 等制备了长且高度有序的无定形纳米氧化硅，他们将 Ga 置于石英基板上，反应前先将系统抽真空，然后通入载气 H_2，反应温度设为 920～940℃，反应时间 1～3h。最终得到直径约为 20nm 且高纯的氧化硅纳米线。

图 3-21　氧化锌纳米线的 TEM 图（Wang，et. al.，2002）

（4）氧化钛纳米线　在金属氧化物半导体材料低维纳米结构的合成中，以具有微米级和纳米级多孔膜为硬模板，结合溶胶-凝胶法进行相关合成制备是一种非常常见的手段。常见的硬模板有阳极氧化铝多孔膜和通过刻蚀技术得到的聚碳酸酯模板，利用它们，人们成功合成了各种金属氧化物半导体低维结构，其中也包括锐钛矿型 TiO_2。

Lei 等制备了高度有序的 TiO_2 纳米线阵列，由溶胶-凝胶方法制备，以阳极氧化铝膜为模板。制备出的单晶锐钛矿相均匀，单根的纳米线直径约为 60nm。Zhang 以多孔氧化铝为模板，利用多孔氧化铝模板结合溶胶-凝胶法，辅以加热手段可以得到具有单晶结构的锐钛矿型 TiO_2 纳米线。具体过程是通过阳极氧化法水解 $TiCl_3$，可以制得高度有序的 TiO_2 纳米线阵列，单个结晶的锐钛矿型二氧化钛纳米线直径约 15nm，长度约 6μm，如图 3-22 所示。

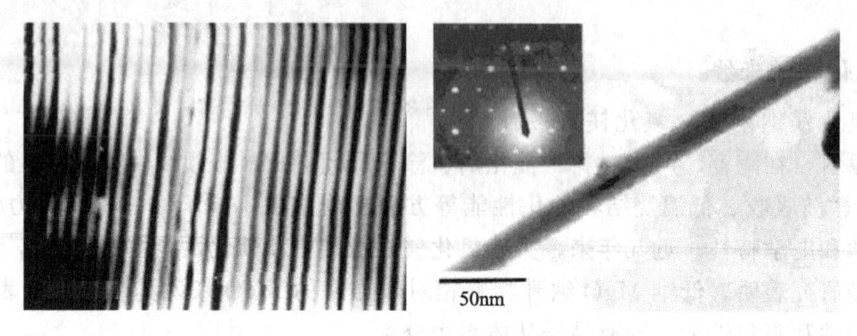

(a) SEM照片　　(b) TEM照片

图 3-22　以多孔氧化铝为模板 TiO_2 纳米线阵列的 SEM、TEM 图（Zhang，et. al.，2001）

Lei 等用多孔氧化铝浸入 TiO_2 溶胶一段时间，然后用 5%的 H_3PO_4 溶解掉多孔氧化铝的方法成功获得了 TiO_2 纳米线，纳米线直径约 50nm，并通过光致发光研究发现纳米线的生长是从模孔中心区域向孔壁逐渐扩展生长。

（5）氧化铜纳米线　铜氧化物广泛应用于很多领域，如在传感器方面，用 CuO 作为传感器的包覆膜，能够大大提高传感器对 CO 的选择性和灵敏度；在催化领域，它对一氧化碳、乙醇、乙酸乙酯以及甲苯的完全氧化都具有较高的催化活性，且对前种反应的催化活性均排在金属氧化物前列。目前已经报道了很多方法来制备在尺寸上相对较短的一维 CuO 纳米材料。一般长径比较大的一维 CuO 纳米线大部分是在高温下合成的，反应温度一般在 400～900℃之间，例如以带网格的铜片为基板合成了多晶 $Cu(OH)_2$ 纳米线。

杨培东研究小组将 VLS 机理和气相外延技术相结合，通过控制催化剂 Au 团簇或 Au 薄膜的尺度和位置，对 ZnO 纳米线实现了直径、位置、方向的控制生长，特别是实现对纳米线阵列的控制生长。ZnO 纳米阵列中纳米线的直径为 70～120nm，长 2～10μm。在纳米线的生长过程中，Au 膜起催化剂作用，纳米线阵列只垂直生长在涂覆有 Au 膜位置。Song 等人报道了利用油水界面这种软模板法，来控制合成氢氧化铜纳米线，通过油水界面反应得到的 $Cu(OH)_2$ 纳米线直径只有 4～6nm，长度约 4μm，为多晶结构。具体过程是，先得到 $Cu(OH)_2$的前驱体，然后在室温下将前驱体注入 NaOH 水溶液，反应一定时间后，得到氧化铜纳米线。以各种 Cu 基底(例如铜网、铜箔和铜纳米线等)通过气相法也可以得到铜一维纳米材料。一般的气相法过程均为 400～700℃加热条件下控制氧化气氛中铜基底的氧化过程，生长机理为气-固机理。

3.4.4　氮化物纳米线

（1）BN 纳米线　Yong 等采用化学气相沉积过程制备出了高纯 BN 纳米线，以 BI_3 为硼源。首先将 BI_3 粉末和石英片衬底放于氧化铝瓷舟内，BI_3 粉末与石英片衬底之间距离为 3cm，反应时通入 NH_3 气，将管式炉加热至 1100℃，保温 30min，最后得到了灰色沉积样晶，形成高纯 BN 纳米线的直径均匀，约为 20nm。Huo 等以颗粒尺寸 20～40nm 的 α-FeB 纳米颗粒为催化剂，以 N_2/NH_3 的混合气体为氮源，在 1100℃通过气相沉积过程制备出了 BN 纳米线。纳米线的直径大约为 20nm，长度可达几十微米。

（2）GaN 纳米线　目前已经发展了多种方法，如模板法、激光烧蚀法、CVD 法及热蒸发等方法来制备 GaN 纳米线，对其性能的研究也有了较大进展。

①模板法。Fan 等以碳纳米管为模板，制备了纤锌矿型 GaN 纳米线。以 Ga、Ga_2O_3 为镓源，将 Ga 和 Ga_2O_3 的混合物置于反应炉内，碳纳米管放于多孔氧化铝隔板的上面，加热至 900℃，通入 NH_3 气，在碳纳米管内部由上而下运动的 Ga_2O 气体与由上而下运动的 NH_3 气体进行反应，在碳纳米管的空间限制作用下，制备出的 GaN 纳米线，直径约为 4～50nm，长度约为 25μm。

北京大学的贾圣果等利用 CVD 方法制备了平均直径 20～100nm，长度为几十微米的 GaN 纳米线。同时他们探讨了生长温度和催化剂对纳米线生长的影响，研究了 GaN 纳米线的生长过程，为了解一维纳米结构材料的生长机理，实现纳米材料的可控生长提供了有力的实验依据。

②热蒸发法。此法制备 GaN 纳米线时一般不需要加入金属催化剂，直接通过热蒸发含 Ga 的原料，例如 Ga、Ga_2O_3 等在高温下进行氮化，在传统管式炉内根据 VS 生长机理来制备 GaN 纳米线。Xu 等报道了在管式炉内于石英衬底上，利用热蒸发法制备出高质量单晶纤锌矿结构的 GaN 纳米线。以 Ga_2O_3 为镓源，NH_3 为氮源，Ga_2N_3 粉末的大小为 45μm。具体过程是，将 Ga_2O_3 粉末放于石英舟内，石英片放于丙酮、乙醇和去离子水中清洗数次后，放于距离石英舟 20cm 的位置处，加热至 950℃，通入 Ar 气 20min，最后将 Ar 气改为 NH_3 气，反应持续了 30min，最终得到的产物呈强黄色。生成的 GaN 纳米线直径约 5～20nm，长度大于 30μm，单根纳米线结构笔直且直径均匀。

（3）AlN 纳米线　AlN 纳米线的制备主要有模板法和热蒸发两种方法，所得 AlN 纳米线都为六方晶体结构。

①模板法。以碳纳米管和多孔氧化铝作为模板可以制备出 AlN 纳米线。Zhang 首先以碳纳米管为模板，以 Al 和 Al_2O_3 为铝源，在流动 NH_3 气氛下，通过与碳纳米管的替代限制反应，在碳纳米管内，制备出了直径约 10～50nm 的单晶 AlN 纳米线，如图 3-23 所示。以传统的多孔氧化铝为模板可以制备出 AlN 纳米线阵列。首先将多孔氧化铝模板浸入 $Ni(NO_3)_2$ 浓度为 0.05mol/L 的乙醇溶液内 2h，然后用乙醇溶液清洗模板表面以除去 $Ni(NO_3)_2$，而部分 $Ni(NO_3)_2$ 黏附在模板孔的内部，起到催化 AlN 生长的作用。Al 粉末放于卧式石英管中央，将孔径为 75nm 的氧化铝模板置于 Al 粉上方 10mm 处，温度升至 850℃时通入 NH_3/N_2，温度升至 1100℃保温 1h，形成了大量束状 AlN 纳米线阵列，长度大于 30μm，直径约 100nm，大于模板的孔径。

②热蒸发法。在含 N_2 气氛中直接热蒸发金属 Al 粉可以实现单晶 AlN 纳米线的制备，在 1100℃下，通入 NH_3/N_2 混合气体，温度升至 1100℃保温 1h，自然冷却至室温，最后得到了灰色产物。Shen 等以 Al、N_2 为原料，制备出平均直径约为 45nm、长数微米的 AlN 纳米线。（晋传贯等，2007）

（4）SiN 纳米线

①模板法。Han 等人以碳纳米管为模板制备出了氮化硅纳米线。将表面覆盖着碳纳米管的 Si-SiO_2 混合粉末置于氧化铝坩埚内，将氧化铝坩埚放于反应炉的加热区域，通入 N_2 载气，反应温度为 1400℃，保温 1h，最后得到白色绒毛状产物。以多壁碳纳米管为模板，

(a) SEM照片

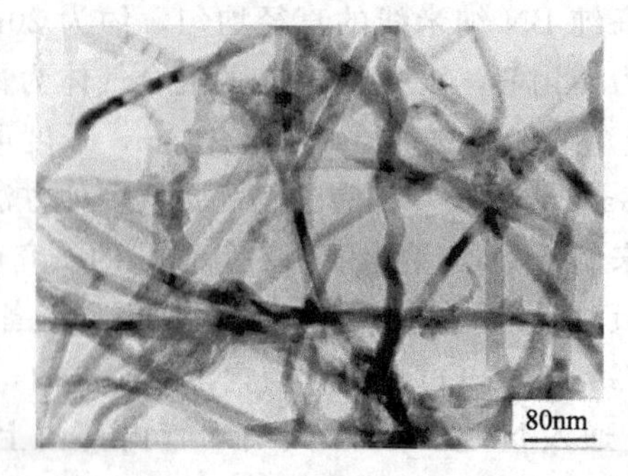

(b) TEM照片

图 3-23 AlN 纳米线的 SEM、TEM 图（Han，et. al.，1998）

SiO_2 为硅源，NH_3 为氮源，反应温度为 1360℃，保温 7h，就可以制备出 Si_3N_4 纳米线。

②溶液凝胶煅烧法。将四甲基硅烷和酚醛树脂为原料制备出二氧化硅干凝胶。具体制备过程为通入氮气，1300℃保温一段时间，最后将样品于 700℃氧化处理 2h 以去除样品中残余的碳，并将样品浸于 HCl 酸与 HF 酸混合溶液中去除过量二氧化硅和其他的杂质。

3.4.5 碳化物纳米线

通过使用不同碳源及硅源等原料，采用金属催化方法进行 CVD、热蒸发等过程可实现碳化硅纳米线的制备。根据目前的研究，制备碳化硅纳米线时加入的催化剂主要包括铁、镍、铝及钠等。Zhang 等人采用微波等离子体化学气相沉积在 Si 衬底上合成单晶 β-SiC 纳米线。这个过程被分成两个步骤：首先，用乙醇对光滑的 Si(100) 衬底上进行超声波清洗，用 3%的 HF 酸进行 3min 蚀刻。Fe 膜以不同的厚度（9～105nm）通过溅射沉积在 Si（100）衬底。然后，把 Si 衬底放置在 CVD 系统。通入 H_2 和甲烷（CH_4），Si 基板温度为 800～1000℃。所合成的 SiC 纳米线光滑、平直，得到的 SiC 上没有任何 Fe 催化剂。

3.5 纳米带材料制备化学

3.5.1 硅纳米带

Shi 等人以 SiO_2 为 Si 源，通过直接热蒸发过程制备出了单晶硅纳米带，其原理是根据硅纳米线的氧化物辅助生长机理制备的。具体制备方法是将一定质量的 SiO_2 粉末放置于管式炉中心，在预计生产硅纳米带地方放置刚玉片作为衬底。蒸发温度为 1150℃，纳米带的厚度基本一致，约 10～20nm，平均值约 15nm，纳米带的宽度约为 50～450nm，反应过后，观察到了有大量硅纳米带生成，大部分纳米带的边缘为波纹状，少量纳米带的边缘为光滑结构，如图 3-24 所示。

3.5.2 氧化物纳米带

(1) 氧化镁纳米带 反应机理为气-固机理，因此具有单一形貌的 MgO 纳米带可以通过在氮气保护下蒸发 Mg 形成蒸气，然后在 N_2/O_2 气流中于 800℃加热得到。反应中首先生成 Mg_3N_2，然后缓慢分解氧化得到产物。在 Ar/O_2 气氛中控制两者比例为 4∶1，在氧化铝坩埚中加热单质可以大量制备 MgO 纳米带，形成的 MgO 纳米带，单根具有均一的宽度。

(2) 氧化铝纳米带 Peng 等人以 Al 片和 SiO_2 为原料，通过气-固相法，在 1150℃下合成 α-Al_2O_3 纳米带，得到的纳米带宽 0.1～1μm，厚 10～50nm，长度为几十微米，如图

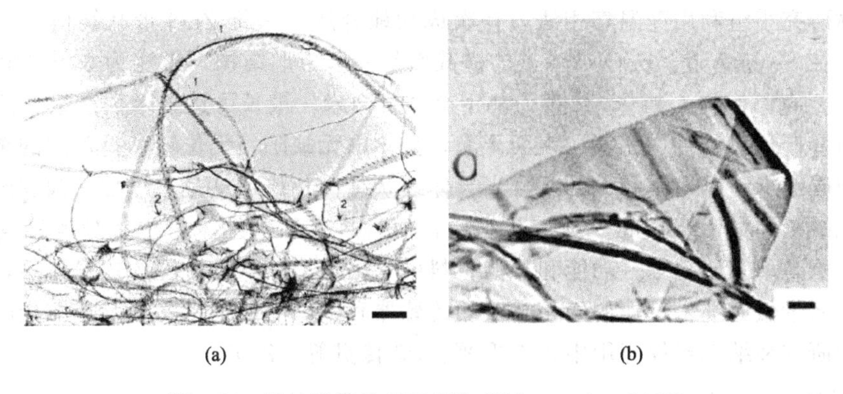

图 3-24 硅纳米带的 TEM 图（Shi，et. al.，2001）

3-25 所示。

（3）氧化锡纳米带 以 SnO 或者 SnO_2 为原料，在铝制坩埚中高温加热就可以制得 SnO_2 单晶纳米带。在 Ar 气流保护下，气压为 4×10^4，得到的 SnO_2 纳米带结构单一完美，宽度为 30～200nm，宽厚比大约在 4～10 之间，长度变化在几百微米到几毫米之间。以 SnO/Sn 和 SnO 混合物为反应物，利用热蒸发技术，分别在 1050℃ 和 1150℃ 进行蒸发，可以得到 SnO_2 纳米线和三明治型纳米带。上述制备过程中得到的 SnO_2 结构为金红石型结构。

图 3-25 氧化铝纳米带的 SEM 照片图(Peng，et. al.，2002)

（4）氧化铜纳米带 Song 等人利用反胶束作为微反应器，在一个简单的溶剂热过程中生长氧化铜纳米带。具体过程为，十二烷基硫酸钠-正己醇-正庚烷-水组成的微乳液体系，用 $Cu(OH)_4{}^{2-}$ 为前驱体，通过溶剂热反应得到了单晶 CuO 纳米带，并且通过改变表面活性剂的浓度得到了直径不同的纳米带。反应过程中，十二烷基硫酸钠与正己醇一起在正庚烷溶剂中形成了反相胶束微乳液，为前驱体 $Cu(OH)_4{}^{2-}$ 最初向 $Cu(OH)_2$ 的转变提供了微反应器，这些前驱体 $Cu(OH)_4{}^{2-}$ 在温度升高的过程中转变为 CuO 纳米材料。微乳液中纳米带的形成是多方面原因促成的，首先在形核过程中，体系中的水核起到了限制晶体生长和尺寸的作用，这种最初的限制作用非常有利于物质异相生长。随着反应进行，胶束倾向减小表面张力而逐渐破裂，逐渐升高的温度也加速了胶束之间的碰撞概率，相邻胶束内的 CuO 晶核通过胶束旋转、重新组织找到减小表面能的结合点，通过电荷转移找到了有利于晶体生长的方向，最后经过重新晶化而形成具有大长径比的单晶 CuO 纳米带，宽约为 150nm，长 10～20μm，形貌均一且分散性良好，如图 3-26 所示。

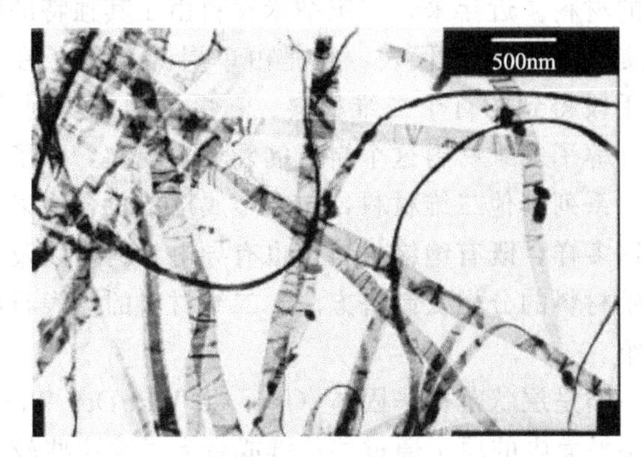

图 3-26 氧化铜纳米带的 TEM 照片图(Song，et. al.，2004)

（5）氧化锌纳米带 研究者们对于 ZnO 一维纳米材料的研究，主要集中在制备上，在这些研究中，王中林研究小组和杨培东研究小组做出了很有特色的工作。王中林研究小组利用高温气相法，首次成功地合成了一维 ZnO 带状结构——ZnO 纳米带，并发表在 *Science* 上。ZnO 纳米带的横截面是一窄矩形结构，带宽为 30～300nm，厚度为 4～10nm，宽厚比约 4～10，长度为几十至几百微米，最长可达毫米数量级。这些纳米带结构纯度高、产量大、结构完美、表面干净，且体内无缺陷、无位错，是理想的单晶线型薄皮结构。和碳纳米管以及其和硅的复合半导体线状结构相比，这是迄今唯一被发现具有结构可控并且无缺陷的宽带半导准一维带状结构，而且具有比碳纳米管更优越的结构和物理性能。这种结构是用来研究唯一功能和智能材料中光、电、热输运过程的理想体系，有望用单根氧化物纳米带做成纳米尺寸的气相、液相传感器和敏感器或纳米功能及智能光电元件，这在纳米物理研究和纳米器件应用中非常重要。(晋传贯等，2007)

3.5.3 氮化物纳米带

(1) GaN 纳米带　Xu 等以金属 Ni 作为催化剂，通过气相沉积法，通过在金属镓上直接反应大量制备出了高纯 GaN 纳米带。具体过程是首先将硅片衬底分别用丙酮、纯乙醇和去离子水超声清洗 30min，随后将金属 Ni 真空沉积于石英片衬底上，得到的 Ni 层的厚度约 40nm，然后将石英片与 0.15g 金属 Ga 分别放于石英舟内。向反应炉内内通入 Ar 气，加热至 950℃并保温 20min，随后通入 NH_3 气，保温 40min 后，最终在硅衬底上得到了浅黄色带状结构样品，纳米带的宽度为 50～200nm，厚度为 3～10nm，长度可达几十微米的范围，得到的 GaN 纳米带表面光滑，一些纳米带缠绕于一起。Jian 等人不采用金属催化剂和模板，Ga_2O_3 粉末为镓源，直接在 NH_3 气氛中，在 1000℃反应，在表面粗糙的硅片上可以得到 GaN 纳米带。得到的氧化带宽度约为 100～500nm，厚度约为 10～30nm，长度约为 10～50μm，除了正常形态的纳米带外，还观察到了环状纳米带，其环形直径为 1.5～3μm，这可能是由于单根 GaN 纳米带的缠绕生长而形成的。

(2) 氮化硅纳米带　根据传统 VLS 生长机理可以制备出高质量单晶氮化硅纳米带。与直接采用金属作为催化剂不同，Huo 等利用 Fe 含量约 70%的 Fe-Si 合金颗粒作为硅源和催化剂，它的尺寸约 200μm，对硅进行氮化反应，生成 Si_3N_4 纳米带。具体过程是，在 N_2 气氛内，将管式炉加热至 1300℃，保温 2h，可以得到单晶 α-Si_3N_4 纳米带，纳米带宽 60～120nm，厚度大约 10～30nm。

3.6 二维纳米材料简介

二维材料指厚度仅有一个或几个原子层的材料。近年来，二维纳米材料由于其独特的物理性质受到科研工作者的广泛关注。石墨烯是二维材料的代表，它是由单层的 C 原子在平面内成蜂窝状排列构成的材料，是利用实验手段得到的首个二维材料。石墨烯的成功制备，打破了“二维材料不能实际存在”的预言，开辟了二维材料这个崭新的领域。现在，除了石墨烯这种二维材料外，科学家们成功制备了一系列其他二维材料，包括金属硫族化合物以及过渡金属氧化物等。这些二维材料的性质丰富多样，既有绝缘材料，也有导电材料，以及具有超导或热电性能的材料。本节主要介绍二维材料的分类及制备方法。二维材料的代表石墨烯，将会在碳材料制备化学一章进行重点介绍。

如下三类材料可以制备成二维材料。第一类是层状范德华固体（layered Van Der Waals solids)。这类固体具有层状的晶体结构。每层平面内的原子通过共价键或者离子键这些较强的相互作用连接，而层与层之间是由较弱的范德华作用联系的。利用层内与层间作用力大小的差别，可以将这些晶体层与层之间剥离开来，而层内的作用力不被破坏，进而得到二维材料。这种范德华固体的典型代表是金属硫族化合物，一般可以表示为 MX_2（M＝Ti，Zr，Hf，V，Nb，Ta，Re，X＝S，Se，Te)。除金属硫族化合物之外，其他经证明可以被剥离成二维材料的固体包括氮化硼、氧化钒等。

第二类可以剥离成二维材料的固体是层状离子固体。这类固体也具有层状结构，每层带有电荷，层间充满电荷相反的离子，如 Cl^-、OH^- 等体积较小的离子。三维块状固体的层与层之间由正负离子提供的静电力维持在一起。制备二维材料时，用体积较大的有机离子替换层间的体积较小离子，可以削弱层与层之间的作用力，从而将材料剥离成为二维材料。钙钛矿类的固体，如 $KLn_2Ti_3O_{10}$、$KLnNb_2O_7$、$KCa_2Nb_3O_{10}$ 等，都属于这类材料，可以通过离子交换剥离的方法制备成二维材料。这类由单层原子构成的二维材料的厚度大约在 0.5～1nm。

第三类可以制备成二维材料的固体不局限于层状固体。利用表面生长的方法，一些非层状固体也可以制备成仅有一个或几个原子层厚度的二维材料。比如二维硅材料（silicone）可以通过将硅沉积到 Ag 的表面制得。二维硅材料是一种类似石墨烯的材料，由单原子层的硅单质构成。另外，ZrB_2、Cu_2N、Al_2O_3、NaCl、MgO、TiO_2 等单层材料也可以由相应的元素沉积在金属表面获得。

3.7　二维材料的制备方法

3.7.1　机械剥离

机械剥离主要适用于范德华固体，比如石墨烯、金属硫族化合物。最简便的机械剥离方法是用胶带或胶条（scotch tape）粘住层状固体的顶层，然后撕下，便得到了二维材料。机械剥离方法简便，但通常很难得到较大产量的产品。

3.7.2　溶液相合成及剥离

溶液相合成包括水热合成或胶体合成，这两种方法可以得到纳米粒子。然后再加入表面活性剂，一般用离子交换的原理，在层状固体的层间引入体积较大的有机分子以削弱层间作用力，进而将材料剥离成二维片层。

3.7.3　LB 薄膜制备化学

LB(Langmuir-Blodgett)膜是一种超薄有序膜，它包含单层有机分子。它的制备过程是：具亲水头和疏水尾的两亲性分子分散在液相表面上，经逐渐压缩其在液面上的占有面积而排列成单分子层，再转移沉积到固体基片上而得到。LB 薄膜技术是一种可以在分子水平上精确控制薄膜厚度的制膜技术。LB 膜在生物传感、非线性光学、诱导晶体生长等多个材料制备领域有广泛的用途。

两亲性的分子是指一个分子同时包含亲水的头基和疏水的尾部。当这样的分子分散于水相时，当其浓度在临界胶束浓度以下时，水表面的分子会形成图 3-27 所示的排列方式。形成这种排列方式的原因是为了达到最低的表面能，所以亲水的部分会与水充分接触；而疏水的部分避免与水接触，相互靠近，使分子规则地排列在一起。

当两亲性分子（表面活性剂分子）的浓度远小于临界胶束浓度时，分子在液-气界面随机分布，它们随机运动的状态在某种程度类似于自由气体在受限空间的运动状态；当液-气界面上分子分布的面积受到压缩时，这些“气体状态”的分子压缩到类似“液态”的分散状

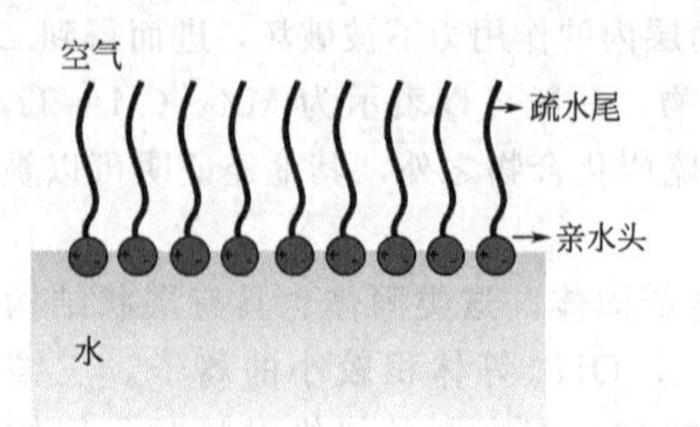

图 3-27　两亲性分子在液-气界面紧密排列的示意

态，分子运动的有序度增加；当进一步压缩时，两亲性分子的分布状态转换到类似“固态”的状态，排列紧密而有序，如图 3-28 所示。在这种类似固态的情况下，将基片插入液体中，再垂直液面慢慢提拉起来，液-气界面紧密排列的两亲性分子就会沉积到基片上，形成厚度仅有一个分子层的 LB 膜，如图 3-29 所示。如重复浸没-提拉这个循环，可以制备由多层有机分子组成的 LB 膜。

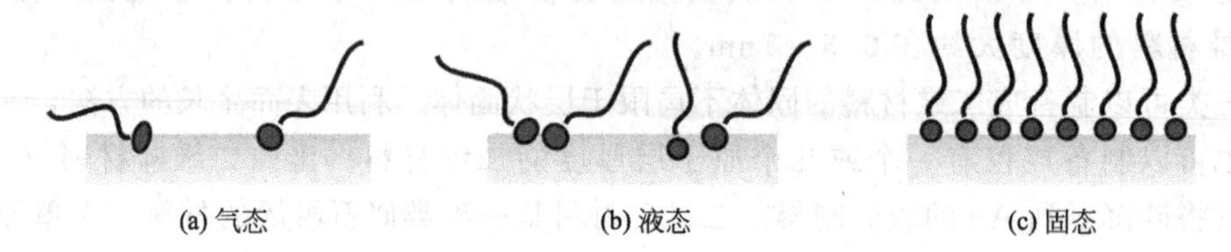

图 3-28　当受到挤压时，在液-气界面分布的两亲性分子会经历类似气态、液态到固态的转变

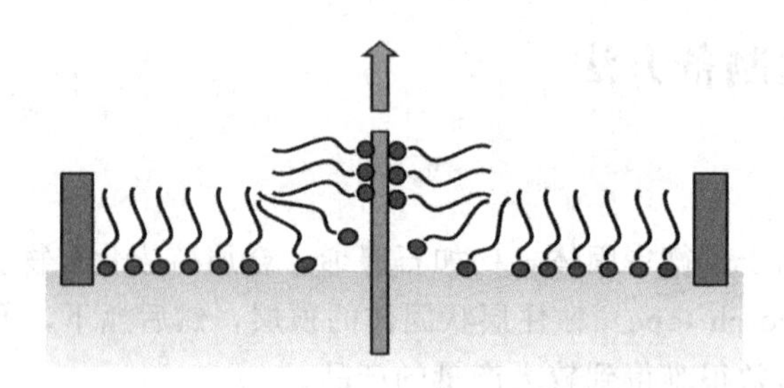
图 3-29　在基片上沉积 LB 膜的示意

LB 膜的特点：①膜厚为分子级水平；②可以制备单分子膜，也可以逐层累积形成多层 LB 膜，组装方式任意选择；③可以人为选择不同的高分子材料，累积不同的分子层，使之具有多种功能；④由于 LB 膜淀积在基片上时的附着力是依靠分子间作用力，属于物理键力，因此膜的力学性能较差；⑤制膜设备昂贵，制膜技术要求很高。

3.7.4　化学气相沉积

化学气相沉积（chemical vapor deposition，CVD）是一种用来产生纯度高、性能好的固态材料的化学技术。这种技术是利用反应物质在气态条件下发生化学反应，生成固态物质沉积在加热的固态基体表面，进而制得固体薄膜材料的工艺技术。反应装置的示意图如图 3-30 所示。

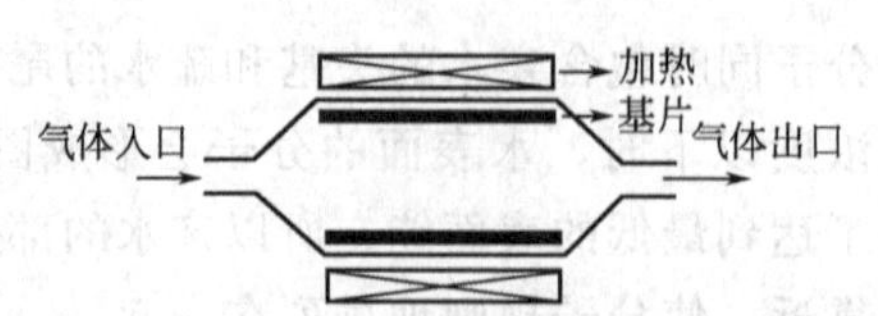

图 3-30　化学气相沉积反应装置（外壁加热型）的示意

化学气相沉积是近几十年发展起来的制备无机材料的新技术。化学气相沉积法已经广泛用于提纯物质、研制新晶体，沉积各种单晶、多晶或玻璃态无机薄膜材料。这些材料可以是

氧化物、硫化物、氮化物、碳化物，也可以是Ⅲ～Ⅴ、Ⅱ～Ⅳ、Ⅳ～Ⅵ族中的二元或多元的元素间化合物。目前，化学气相沉积已成为无机合成化学的一个新领域。化学气相沉积由于得到高质量的薄膜材料，其产品常用于集成电路、光伏电池等多种材料中。

按照操作压力不同，化学气相沉积可以分为常压化学气相沉积、低压化学气相沉积和高真空化学气相沉积三种。其中常压化学气相沉积是指沉积过程发生在大气压的条件下，低压化学气相沉积发生在操作压力小于大气压的情况下。环境压力减小有助于减少副反应，改进薄膜的均匀性。高真空化学气相沉积的操作压力一般在小于 10^{-6}Pa。现代材料制备技术中，最常用的沉积类型是低压和高真空化学气相沉积。

化学气相沉积技术制备的材料具有广泛的商业用途。下面选择几种代表性材料进行介绍。

(1) 多晶硅　多晶硅一般是以 $SiHCl_3$ 或 SiH_4 为前驱体来制备的，其化学反应如下：

$$2SiHCl_3 \longrightarrow SiH_2Cl_2 + SiCl_4$$

$$3SiH_2Cl_2 \longrightarrow SiH_4 + 2SiHCl_4$$

$$SiH_4 \longrightarrow Si + 2H_2$$

制备多晶硅通常利用低压化学气相沉积，压力在 25～150Pa，温度在 600～650℃。如果将磷、砷、乙硼烷与硅烷气体混合送入反应腔室，可以直接获得掺杂的多晶硅。

(2) 二氧化硅　二氧化硅材料在半导体工业有重要的用途。通常制备二氧化硅的前驱体有三种组合：①硅烷与氧气；②二氯硅烷与一氧化二氮；③正硅酸乙酯。其化学反应为：

$$SiH_4 + O_2 \longrightarrow SiO_2 + 2H_2$$

$$SiCl_2H_2 + 2N_2O \longrightarrow SiO_2 + 2N_2 + 2HCl$$

$$Si(OC_2H_5)_4 \longrightarrow SiO_2 + \text{副产物}$$

不同的前驱体的沉积温度不同。硅烷的沉积温度是 300～500℃，二氯硅烷的沉积温度是 900℃，正硅酸乙酯的沉积温度是 650～750℃。因此，可以通过基底的热稳定性来选择合适的前驱体。

(3) 氮化硅　氮化硅通常用作集成电路中的绝缘体。生成氮化硅的气相反应如下：

$$3SiH_4 + 4NH_3 \longrightarrow Si_3N_4 + 12H_2$$

$$3SiCl_2H_2 + 4NH_3 \longrightarrow Si_3N_4 + 6HCl + 6H_2$$

以上这些利用化学气相沉积技术制备的二维材料，更应该称作“准二维材料”。因为虽然这些材料的厚度在纳米级别，但是已经远远大于单个原子层的厚度。这些材料是由众多原子层构成的，平面尺寸远大于厚度的材料。利用化学气相沉积制备的厚度仅有一个或几个原子层的材料，代表性的有石墨烯。

(4) 石墨烯　2009 年，科学家首次报道，利用超高真空化学气相沉积的方法在铜箔上，利用甲烷作碳源，制备了高质量的石墨烯。此后，在 Ni、Ir、Co、Pt、Pd 等金属箔的表面，也成功制备了单层或几层原子构成的石墨烯。除石墨烯外，近来也有报道用化学气相沉积法制备 MoS_2 二维材料的报道。

参考文献

[1] Sha J, Niu J J, Ma X Y, Xu J, Zhang X B, Yang Q, Yang D. Adv Mater, 2002, 14: 1219.

[2] Mu C, Yu Y X, Liao W, Zhao X S, Xu D S, Chen X H, Yu D P. Appl Phys Lett, 2005, 87: 113104.

[3] Jeong S Y, Kim J Y, Yang H D, Yoon B N, Choi S H, Kang H K, Yang C W, Lee Y H. Adv Mater, 2003, 15: 1172.

[4] Tang Y H, Pei L Z, Chen Y. W, Guo C. Phys Rev Lett, 2005, 95: 116102.

[5] Park J. H, Oha S G, Jo B W. Mater Chem Phys, 2004, 87: 301.

[6] Bao J C，Xua Z，Hong J M，Ma X，Lu Z H. Scripta Mater，2004，50：19.
[7] Hu P G，Liu Y Q，Fu L Cao L C，Zhu D B. Chem Commun，2004，5：556.
[8] Yu S F，Welp U，Hua L Z，Rydh A，Kwok W K，Wang H H. Chem Mater，2005，17：3445.
[9] Fan W L，Sun S X，You L P，Cao G X，Song X Y，Zhang W M，Yu H Y. J Mater Chem，2003，13：3062.
[10] Cheng B，Samulski E T. J Mater Chem，2011，11：2901.
[11] Hu J Q，Bando Y，Liu Z W. Adv Mater，2003，15：1000.
[12] Wang Y，Lee J Y，Zeng H C. P Chem Mater，2005，17：3899.
[13] Adachi M，Harada T，Harada M. Langmuir，1999，15，7097.
[14] Zhang Y H，Lu S G，Li Y Q，Dang Z M，Xin J H，Fu S Y，Li G T，Guo R R，Li L F. Adv Mater，2005，17：1056
[15] Zhang Y H，Li Y Q，Li G T，Huang H T，Chan H L W，Daoud W A，Xin J H，Li L F，Chem Mater，2007，19：1939.
[16] Ren L R，Wark M. Chem Mater，2005，17，5928.
[17] 邵颖，薛宽宏，何春建，陈巧玲，陶菲菲，沈伟，冯玉英．化学世界，2003，44：174.
[18] Hippe C，Wark M，Lork E，Schulz-Ekloff G. Micropor Mesopor Mat，1999，31：235.
[19] Hoyer P. Langmuir，1996，12：1411.
[20] Cepak V M，Hulteen J C，Che G L，Jirage K B，Lakshmi B B，Fisher E R，Martin C R，Yoneyama H. Chem Mater，1997，9：1065.
[21] Zhang G G，Huang H T，Zhang Y H，Chan H L W，Zhou L M. Electrochem Commun，2007，9：2854.
[22] Zheng B，Wu Y Y，Yang P D，Liu J. Adv Mater，2002，14：122.
[23] Zhang W X，Wen X G，Yang S H，Berta Y，Wang Z L. Adv Mater，2003，15，822.
[24] Tong Y H，Liu Y C，Shao C L，Liu Y X，Xu C S，Zhang J Y，Lu Y M，Shen D Z，Fan X W. J Phys Chem B，2006，110：14714.
[25] Zhang X H，Xie S Y，Jiang Z Y，Zhang X，Tian Z Q，Xie Z X，Huang R B，Zheng L S. J Phys Chem，2003，107：10114.
[26] Han W Q，Bando Y，Kurashima K，Sato T. Appl Phys Lett，1998，73：3085.
[27] Goldberger J，He R R，Zhang Y F，Lee S K，Yan H Q，Choi H J，Yang P D. Nature，2003，422：599.
[28] 晋传贯，裴立宅，俞海云．一维无机纳米材料．北京：冶金工业出版社，2007.
[29] Tondare V N，Balasubramanian C，Shende S V，Joag D S，Godbole V P，Bhoraskar S V，Bhadbhade M. Appl Phys Lett，2002，80：4813.
[30] Wu Q，Hu Z，Wang X Z，Lu Y N，Chen X，Xu H，Chen Y. J Am Chem Soc，2003，125：10176.
[31] Cuong P H，Keller N，Ehret G，Ledoux M J. J Catal，2001，200：400.
[32] Sun X H，Li C P，Wong W K，Wong N B，Lee C S，Lee S T，Teo B K. J Am Chem Soc，2002，124：14464.
[33] Pei L Z，Tang Y H，Chen Y W，Guo C，Li X X，Yuan Y，Zhang Y. J Appl Phys，2006，99：114，306.
[34] Hu J Q，Bando Y，Zhan J H，Golberg D. Appl Phys Lett，2004，85：2932.
[35] Ni C Y，Hassan P A，Kaler E W. Langmuir，2005，21：3334.
[36] Cui Z，Meng G W，Huang W D，Wang G Z，Zhang L D. Mater Res Bull，2000，35：1653.
[37] Lee H C，Kim H J，Chung S H，Lee K H，Lee H C，Lee J S. J Am Chem Soc，2003，125：2882.
[38] He J H，Wu T H，Hsin C L，Li K M，Chen L J，Chueh Y L，Chou L J，Wang Z L. Small，2006，2：116.
[39] Wang Y，Lee J Y，Deivaraj T C. J Phys l Chem B，2004，108：13589.
[40] Wang W Z，Xu C K，Wang X S，Liu Y K，Zhan Y J，Zheng C L，Song F Q，Wang G H. J Mater Chem，2002，12：1922.
[41] Cheng B，Russell J M，Zhang L，Samulski E T. J Am Chem Soc，2004，126：5972.
[42] Yang B J，Hu H M，Li C，Yang X G，Li Q W，Qian Y T. Chem Lett，2004，33：804.
[43] Du J，Gao Y Q，Chai L L，Zou G F，Li Y，Qian Y T，Nanotechnology，2006，17：4923.
[44] Dong X Y，Zhang X T，Liu B，Wang H Z，Li Y C，Huang Y B，Du Z L. J Nanosci Nanotechno，2006，6：818.
[45] Yuan Z Y，Ren T Z，Du G H，Su B L. Chem Phys Lett，2004，389：83.
[46] Wu H Q，Wei X W，Shao M W，Gu J S. J Cryst Growth，2004，265：184.
[47] Han W Q，Fan S S，Li Q Q，Hu Y D. Science，1997，277：1287.

[48] Xu W J, Xu Y, Sun X Y, Liu Y Q, Wu D, Sun Y H. New Carbon Mater. 2006, 21: 167.
[49] Pei L Z, Tang Y H, Zhao X Q, Chen Y W. J Mater Sci, 2007, 42: 5068.
[50] Lu X M, Hanrath T, Johnston K P, Korgel B A. Nano Lett, 2003, 3: 93.
[51] Holmes D J, Johnston K P, Doty R C, Korgel B A. Science, 2000, 287: 1471.
[52] Lew K K, Redwing J M. J Cryst Growth. 2003, 254: 14.
[53] Li C P, Suna X H, Wong N B, Lee C S, Lee S T, Teo B K. Chem Phys Lett, 2002, 365: 22.
[54] Govindaraj A, Satishkumar B C, Nath M, Rao C N R. Chem Mater, 2000, 12: 202.
[55] Hang X Y Z, Zhang L D, Lei Y, Zhao L X, Mao Y Q. J Mater Chem, 2001, 11: 1732.
[56] Sun Y G, Gates B, Mayers B, Xia Y N. Nano Lett, 2002, 2: 165.
[57] Shi Y, Li H, Chen L Q, Huang X J. Sci Techno Adv Mater, 2005, 6: 761.
[58] Yang S G, Zhu H, Yu D L, Jin Z Q, Tang S L, Du Y W. J Magn Magn Mater, 2000, 222: 97.
[59] Chang S S, Yoon S O, Park H J, Sakai A. Mater Lett, 2002, 53: 432.
[60] Yin Y D, Zhang G T, Xia Y N. Adv Funct Mater, 2002, 12: 293.
[61] Wang Y C, Leu I C, Hon M H. J Cryst Growth, 2002, 237-239: 564.
[62] An X H, Meng G W, Wei Q, Kong M G, Zhang L D. J Phys Chem B, 2006, 110: 222.
[63] Zheng B, Wu Y Y, Yang P D. Liu J Adv Mater, 2002, 14: 122.
[64] Lei Y, Zhang L D, Meng G W, Li G H, Zhang X Y, Liang C H, Chen W, Wang S X. Appl Phys Lett, 2001, 78: 1125.
[65] Zhang X Y, Zhang L D, Chen W, Meng G W, Zheng M J, Zhao L X. Chem Mater, 2001, 13: 2511.
[66] Lei Y, Zhang L D. J Mater Res, 2001, 16: 1138.
[67] Song X Y, Sun S X, Zhang W M, Yu H Y, Fan W L. J Phys Chem B, 2004, 108: 5200.
[68] Yong J C, Hong Z Z, Ying C. Nanotechnology, 2006, 17: 786.
[69] Huo K F, Hu Z, Chen F, Fu J J, Chen Y, Liu B H, Ding J, Dong Z L, White T. ApplPhys Lett, 2002, 80: 3611.
[70] Han W Q, Fan S S, Li Q Q, Hu Y D. Science, 1997, 277: 1287.
[71] 贾圣果，俞大鹏．北京大学学报（自然科学版），2003，39：336.
[72] Xu B S, Zhai L Y, Liang J, Ma S F, Jia H S, Liu X G. J Cryst Growth, 2006, 291: 34.
[73] Zhang Y J, Liu J, He R R, Zhang Q, Zhang X Z, Zhu J. Chem Mater, 2001, 13: 3899.
[74] Han W Q, Fan S S, Li Q Q, Gu B L, Zhang X B, Yu D P. Appl Phys Lett, 1997, 71: 2271.
[75] Zhang Y F, Gamo M N, Xiao C Y, Ando T. J Appl Phys, 2002, 91: 6066.
[76] Shi W S, Peng H Y, Wang N, Li C P, Xu L, Lee C S, Kalish R, Lee S T. J Am Chem Soc, 2001, 123: 11095.
[77] Peng X S, Zhang L D, Meng G W, Wang X F, Wang Y W, Wang C Z, Wu G S. J Phys Chem B, 2002, 106: 11163.
[78] Song X Y, Yu H Y, Sun S X. J Colloid Interf Sci, 2005, 289: 588.
[79] Xu B S, Yang D, Wang F, Liang J, Ma S F, Liu X G. Appl Phys Lett, 2006, 89: 074106.
[80] Jian J K, Chen X L, He M, Wang W J, Zhang X N, Shen F. Chem Phys Lett, 2003, 368: 416.
[81] Huo K F, Ma Y W, Hu Y M, Fu J J, Lu B, Lu Y N, Hu Z, Chen Y. Nanotechnology, 2005, 16: 2282.
[82] Zhang G G, Huang H T, Zhang Y H, Chan H L W, Zhou L M. Electrochem Commun, 2007, 9: 2854.

第 4 章　超分子材料制备化学

4.1　超分子材料简介

超分子化学是一个处于近代化学、材料科学和生命科学交汇点的新兴跨学科的研究领域。它淡化了有机化学、无机化学、生物化学和材料科学之间的界限，着重强调具有特定结构和功能的超分子体系，为分子器件、材料科学和生命科学的发展开辟了一条崭新的道路，是 21 世纪化学发展的一个重要方向。

经典理论认为：分子是保持物质性质的最小单位，然而分子一经形成，就处于分子间力的相互作用之中，这种力场不仅制约着分子的空间结构，也影响物质性质。近年来，逐渐发现一些传统分子理论难以解释的现象，如 DNA 合成等形成的有序组合、绿色植物的光合作用、酶的催化作用、神经系统的信息传递等，均有特异的物质识别、输送及能量传递和转换功能。随着冠醚化学的发展，分子间作用力协同作用的重要性逐渐为人们所认识，超分子化学应运而生。

1967 年，Charles Pedersen 偶然发现了冠醚，其后，在洛杉矶加州大学的 Donard J. Cram 教授，特别是法国 Louis Pasteur 大学 Jean-Marie Lehn 教授的坚持努力下，十几年后，一个崭新的化学领域——超分子化学终于诞生了，Charles Pedersen、Donard J. Cram、Jean-Marie Lehn 也因此获得了 1987 年的诺贝尔奖。Jean-Marie Lehn 将超分子化学定义为分子组装和分子间相互作用的化学，通俗的说是指超越分子的化学。另外的定义包含非共价键化学或者非分子化学的字样，最初超分子化学是按照主体分子与客体分子之间的非共价作用来定义的，如图 4-1 所示，根据结构和性能揭示了分子和超分子之间的关系。

以上的描述虽然非常有用，但是并不全面，细加考究，有很多例外存在；随着研究的不断深入，超分子化学不仅包含主客体相互作用，还有分子器件和机器，分子识别，以及“自过程”，例如自组装和自组织等，而且超分子化学还与新兴的复合物和纳米化学有联系。在过去的三十多年里，超分子化学迅速发展，大量的化学体系在有意无意中诞生，有些人声称，无论是在概念、来源或性质上，这些体系是超分子。许多近期的工作重点是对大分子或分子阵列的自组装合成途径的研究。这些体系通过各种相互作用进行自组装，其中有些是明显的非共价键（如氢键），而另一些具有显著的共价成分（如金属-配体的相互作用）。最终，这些自组装体系的反应和所得到的自组织产物仅仅依靠分子结构上的固有信息，因此在分子固有信息的研究上有增加的趋势。工作重心的转移只不过是从主客体系的根本到更广泛的概念成长的表现。

早自 18 世纪化学步入现代化学时代以来，简单超分子如氯的水合物，石墨嵌入化合物、环糊精包合物等相继出现，第一个研究得比较深入的具有超分子特征的化合物是氯的水合物，当氯的水溶液冷却至 9℃以下，析出 $Cl_2 \cdot 10H_2O$ 的固体。其中客体氯位于水的晶格间隙中，没有氢键、偶极-偶极键任何强相互作用。在众多发现中，配位化学的诞生和发展为超分子化学奠定了基础，而超分子化学的发展为配位化学注入了新的活力。超分子化学是一个发展迅速、充满活力的领域，其交叉学科的本质引起了物理学家、理论学家、模拟计算家、晶体学家、无机和固体化学家、有机合成化学家、生化学家和生物学家们的广泛关注。超分子化学具有美感的本质以及这些化合物与主体分子在视觉感官、分子模拟和实验行为上的直接关联所引起的人们的巨大兴趣，使得这一领域成为科学界的里程碑。超分子科学发展的大事记见表 4-1。

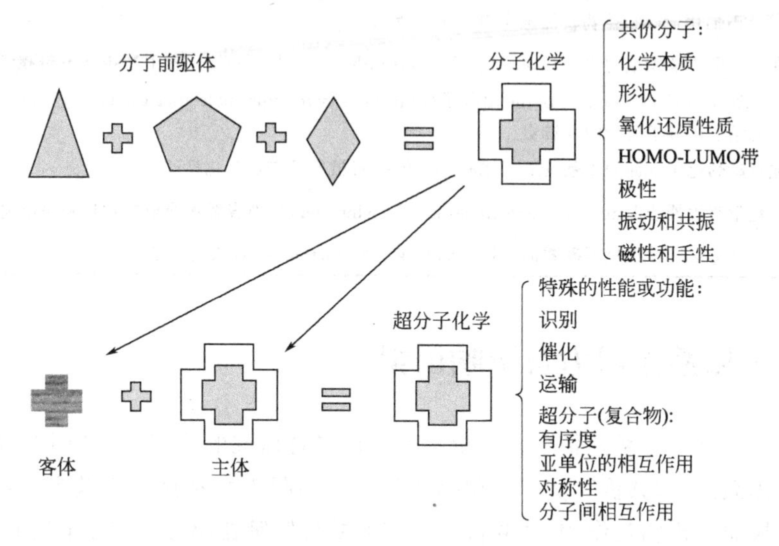

图 4-1　Lehn 提出分子和超分子化学之间的范围

表 4-1　超分子化学发展年表

1810——Sir Humphry Davy：发现水合氯

1823——Michael Faraday：确定水合氯的分子式

1841——C. Schafhäutl：石墨嵌插的研究

1849——F. Wöhler：β-对苯二酚的硫化氢包合物

1906——Paul Ehrlich：受体概念的引入

1937——K. L. Wolf：用 Übermoleküle 来描述配位饱和物种结合而成的有序实体(如乙酸二聚体)

1939——Linus Pauling：在里程碑式的《化学键的本质》一书中正式引入氢键的概念

1940——M. F. Bengen：尿素形成的通道包合物

1945——H. M. Powell：β-对苯二酚包合物的 XRD 晶体结构；引进术语"clathrate"来描述这样的包合物，其中一个组分被包裹进其他组分所形成的框架内

1949——Brown and Farthing：[2. 2]对环番的合成

1953——Watson and Crick：DNA 的结构

1956——Dorothy Crowfoot Hodgkin：维生素 B_{12} 的 X 射线晶体结构

1959——Donald Cram：尝试合成环番与四氰基乙烯的电荷转移络合物

1961——N. F. Curtis：用酮和乙二胺首次合成席夫碱大环化合物

1964——Busch and Jäger：席夫碱大环化合物

1967——Charles Pedersen：冠醚

1968——Park and Simmons：Katapinand 阴离子主体

1969——Jean-Marie Lehn：首次合成穴状配体

1969——Jerry Atwood：由烷基铝盐制得液体包合物

1969——Ron Breslow：环糊精催化剂

1973——Donald Cram：用球形主体来检测预组织的重要性

续表

1978——Jean-Marie Lehn：引进术语“超分子化学”来定义“分子组装体和分子间键的化学”
1979——Gokel and Okahara：引进套索醚作为主体化合物的一个分支
1981——Vögtle and Weber：荚状主体化合物的出现及其命名法的开展
1986——A. P. de Silva：用冠醚衍生物检测碱金属离子的荧光
1987——由于在超分子化学领域的贡献，Donald J. Cram，Jean-Marie Lehn 和 Charles J. Pedersen 被授予诺贝尔化学奖
1996——Atwood，Davies，MacNicol & Vögtle：出版了《Comprehensive Supramolecular Chemistry》，包含了几乎所有重要小组的研究成果并总结了超分子化学的发展史
1996——由于在富勒烯化学方面的贡献，Kroto，Smalley 和 Curl 被授予诺贝尔化学奖
2003——诺贝尔化学奖被授予 Peter Agre and Roderick MacKinnoner，分别表彰水通道的发现和阴阳离子通道的表征
2004——J. Fraser Stoddart：首次里程碑式的拓扑合成不连续的 Borromean 连接的分子

4.2 超分子体系作用力及影响因素

一般而言，超分子体系是指由非共价相互作用缔合而成的具有某种特定功能和性质的有序或超级分子体系。“非共价”实际上包括非常广阔的吸引力和排斥力范围。超分子体系往往并非完全依靠非共价相互作用，“共价”与“非共价”键在超分子体系有时很难截然分开，如配位键支撑的超分子体系。有人将超分子体系的作用力，统称为“分子间键”。从键能上来说，分子间键一般不超过 50kJ/mol，而共价键的键能在 100～350kJ/mol，但在特殊情况下两者有重叠，如强的氢键和配位键，其键能已经达到了共价键的范畴。

对于许多超分子体系，仅仅考虑分子间键是不够的，有时候各种分子间作用力的相互影响，以及超分子体系主体、客体、周围介质（如溶剂、晶格界面等）的影响也是至关重要的。超分子体系一个鲜明的特点就是，虽然用于维持复杂的超分子结构的作用力本身看起来都是弱的，但这些作用力却可以导致高效、专一的超分子体系的自组装。例如，晶体被看作是一个完美的超分子体系，但晶体的形成往往是各种分子间作用力、热力学动力学综合作用的结果，因此很难从原子和分子水平进行预测。酶、病毒等生物体具有完美的结构、高效的功能，但是其组织结构却依赖弱的分子间作用力。因此超分子化学领域一个重要的科学问题是理解和掌握超分子体系的稳定因素。

从根本上讲，超分子体系和其他化学体系一样，由分子形成稳定超分子体系的因素可以从热力学自由能来理解，即

$$\Delta G = \Delta H - T\Delta S$$

式中，ΔG 代表吉布斯自由能；ΔH 代表焓变；ΔS 代表熵变。按照吉布斯自由能公式，在恒温恒压下，当 $\Delta G<0$ 时即自发过程，且 $-\Delta G$ 越大，自发趋势越大，产物越稳定。简单来看，ΔH 代表降低超分子体系的能量因素，ΔS 代表增加超分子体系的熵，因此超分子体系的稳定因素包含了能量效应和熵效应。另外，超分子体系的形成有时可能是热力学因素主导的，有时又可能是动力学因素主导的，涵盖了其他效应的贡献，如预组织、分子识别、协同效应、模板效应等。

4.2.1 结合常数

结合常数（K_a）是平衡常数的一种，与超分子复合物结合与解离反应平衡相联系，是反应超分子复合主体（R）和配体（L）间结合倾向大小的物理量。结合常数的定义为对于

主体与配体的超分子作用。

$$R+L=RL$$

其结合常数为：

$$K_a=\frac{[RL]}{[R][L]}$$

式中，[RL] 为复合物RL的浓度，mol/L；[R] 与 [L] 分别为R与L的浓度。因此，对于二元复合物来说，其结合常数的单位是L/mol。超分子体系的吉布斯自由能 ΔG 与超分子复合物形成的结合常数 K_a 有关，自由能 ΔG 与平衡常数 K 的关系：

$$\Delta G=-RT\ln K_a$$

式中，R 为理想气体常数；T 为热力学温度。

4.2.2 分子间作用力

分子间键的形成是超分子体系稳定的主要因素，分子彼此聚集在一起，通过分子间相互作用可以使体系的能量降低。对于分子间键，可以包含氢键、静电作用、π-π堆积作用、范德华力等。

(1) 氢键 氢键通常是指与电负性原子（或吸电子基团）相连的氢原子与相邻的富电子原子或基团之间的吸引作用，键能分布在4～120kJ/mol，包括常规氢键X—H…Y（X, Y=F、O、N、Cl、C等），也包括非常规氢键如X—H…π、X—H…M、X—H…H—Y等。其中X—H称为质子供体，含有孤对电子的Y原子或者基团称为质子受体。氢键是分子间键中具有相对较强的键能和方向性的相互作用，在超分子体系的组装研究中具有重要地位。单个氢键的强度与X—H的偶极矩及Y原子上的孤对电子有关。但氢键的具体长度与所处的环境有很大的关系，如溶剂的影响、温度等。

超分子体系中氢键的强度、长度和几何构型是多种多样的，虽然单一的氢键键能相对较弱，但多重氢键以及多个氢键之间的叠加作用和协同作用可以导致较强的结合能和较好的稳定性，其对超分子体系甚至晶体的形成起着决定性的作用。影响氢键强度的因素除了组成氢键原子的种类以及氢键的重数以外，还和相邻供体与受体之间的附加作用密切相关。

(2) 静电相互作用 静电相互作用包括离子-离子相互作用、离子-偶极相互作用、偶极-偶极相互作用。

离子-离子相互作用指荷电基团之间的静电作用，其本质与离子键相当，又称盐键，如 $R—COO^-\cdots{}^+H_3N—R$。离子键的强度可以与共价键相提并论（100～350kJ/mol），其作用能正比于相互作用的基团间荷电的数量，与基团电荷重心间的距离成反比。

离子-偶极相互作用是指一个离子和一个极性分子的键合，强度大约在50～200kJ/mol。这种作用力在固态和液体中都能存在，如金属离子在溶液中总是以溶剂合物的形式存在。冠醚与碱金属的络合物是这种作用的代表实例。

偶极-偶极相互作用来自于两个偶极分子相互排列产生的相互吸引作用，强度大约是5～50kJ/mol。有机羰基化合物在固态中存在这种相互作用，其能量大约是20kJ/mol，相当于中等强度的氢键，但酮类的沸点表明这种偶极-偶极相互作用在溶液中很弱。

(3) π-π堆积作用 π-π相互作用通常是指两个或多个平面型的芳香环堆叠在一起产生的能量效应，键能一般在0～50kJ/mol。芳香堆积可能出现各种各样的中间构型，但常见的有面对面和边对面两种形式。最经典的面对面型是石墨层型分子间的堆叠，其中层间相隔距离大约是0.33nm。边对面相互作用可以看作是一个芳香环上轻微缺电子的氢原子和相邻芳

香环上富电子的 π 电子之间形成弱的氢键。有人认为 π-π 堆积作用与芳香分子中离域分子轨道同相叠加有关；有人以静电作用和范德华力作用相互竞争为基础来解释 π-π 堆积作用的几何结构；也有人认为在 π-π 堆积中 London 色散力可能比静电作用起着更重要的作用。

(4) 范德华力　范德华作用力是指邻近的核子靠近极化的电子云而产生的弱静电相互作用，键能通常小于 5kJ/mol，主要包括三方面的作用力：取向力（永久偶极矩与永久偶极矩间的相互作用）、诱导力（永久偶极矩与诱导偶极矩间的相互作用）和色散力（瞬时偶极矩间的相互作用）。取向力和诱导力只存在于极性分子之间，而色散力普遍存在于任何相互作用的分子间，同时存在于同一分子内的不同原子和基团之间。由于范德华力普遍存在且没有方向性，对于超分子主客体之间的选择性和络合性有限，但是在可极化的"软"物质之间，范德华力有时很重要。

4.3 代表性主客体识别体系、超分子功能体系

1948 年牛津大学的 H. M. Powell 最早提出了一个超分子笼状主-客体结构的正式定义。他选择了"clathrate（包合物）"这个词，并定义这是一种包合物（inclusion compound），其结构不是由两个或多个组分通过化学基团连接在一起，而是分子中的一个组分被完全包裹进另一个组分所形成的合适的结构里面。

在开始描述现代主-客体化学时，为便于研究，他们根据主体与客体之间的相对拓扑关系将主体化合物分成两类。cavitand 是一种拥有分子内空腔的主体，这种能与客体键合的空腔是主体分子的特有性质，不随主体分子是溶液还是固体而改变。相反，clathrand 是一种具有分子外空穴的主体（两个或更多主体分子形成的间隙），这种空穴只有在主体分子是晶体或者固态时存在。cavitand 形成的主-客体聚集体叫 cavitate，由 clathrand 形成的主-客体聚集体叫 clathrate。

根据主体和客体间的作用力还可以进一步细分。如果主-客体聚集体是由静电作用力结合在一起的（包括离子-偶极、偶极-偶极、氢键等），就用术语"complex（复合物）"表示。如果是由不具体的非定向的相互作用结合在一起，如疏水作用、范德华力或晶体紧密堆积等，则用"cavitate"或"clathrate"表示更恰当。表 4-2 表示了一些使用这种命名的例子。

表 4-2　中性主体的主-客体化合物的分类

主体	客体	相互作用	分类
冠醚	金属阳离子	离子-偶极	配合物(cavitand)
穴醚	烷基铵离子	氢键	配合物(cavitand)
环糊精	有机分子	疏水/范德华力	空穴化(cavitate)
水	有机分子、卤素等	范德华力/晶体堆积	包合物
杯芳烃	有机分子	范德华力/晶体堆积	空穴化(cavitate)
cyclotriveratrylene (CTV)	有机分子	范德华力/晶体堆积	包合(clathrate)

4.3.1 代表性主客体识别体系

主体化合物对客体分子具有高度的分子识别能力，它的应用为发展特异性、专一性、选择性高的生物相关分子分析方法提供了广阔的前景。近年来环糊精、冠醚、杯芳烃、卟啉、葫芦脲等新型主体化合物在生物相关物质识别分析方面的应用已逐渐成

为研究的热点。

环糊精(cyclodextrin，简称 CD)是直链淀粉在由芽孢杆菌产生的环糊精葡萄糖基转移酶作用下生成的一系列环状低聚糖的总称，通常含有 6～12 个 *D*-吡喃葡萄糖单元。其中研究得较多并且具有重要实际意义的是含有 6、7、8 个葡萄糖单元的分子，分别称为 alpha-环糊精、beta-环糊精和 gama-环糊精（图 4-2 及表 4-3）。作为一种半天然产物，环糊精良好的水溶性、低毒性和容易制备等内在优势是其他大环化合物没有的，因此在分子识别研究中有广泛应用。环糊精对客体底物分子的识别作用源于其空腔的尺寸、疏水性和手性，在水溶液中与客体分子形成配合物时，存在着以下几种分子间相互作用：①疏水相互作用；②范德华相互作用；③氢键；④包结底物后，环糊精空腔高能水的释放；⑤包合底物后，环糊精-水加合物张力能的释放。

由于边缘羟基间的氢键网络作用使得环糊精的空腔具有一定的刚性，因此，客体分子与空腔间的尺寸匹配在决定主-客体间所形成配合物的稳定性中起重要作用。常见 α-环糊精、β-环糊精和 γ-环糊精的空腔大小以及最佳包合客体物质列于表 4-3，可见 α-环糊精的空腔尺度适于包结单环芳烃(苯、苯酚等)，β-环糊精的空腔尺度与萘环的尺度相匹配，γ-环糊精与蒽、菲等三环芳烃结合最稳定。然而，β-环糊精空腔更适于与筒状或球状客体分子结合，而不是平面的芳香分子，它与金刚烷、二茂铁以及环状二烯的过渡金属配合物均能形成高稳定性的包合物，而 Kaifer 等人更将 β-环糊精用作对树枝状二茂铁衍生物的识别。

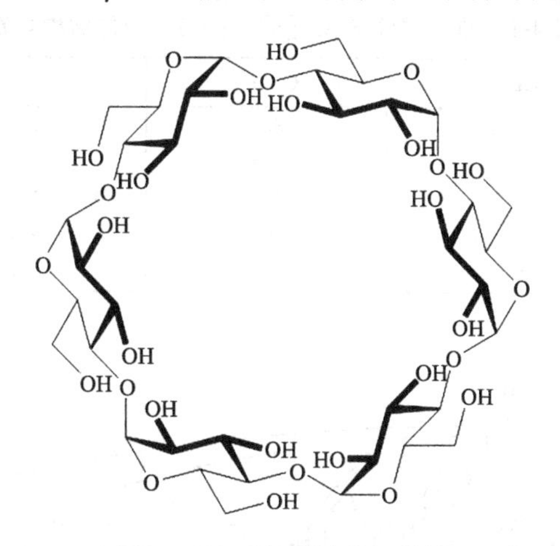

图 4-2　α-环糊精的分子结构

表 4-3　环糊精空腔尺寸(目前可得到的)和客体分子尺寸关系

环糊精	葡萄糖单元数	空腔内径/Å	适合的客体
α-环糊精	6	5～6	苯、苯酚
β-环糊精	7	7～8	萘、金刚烷、二茂铁
γ-环糊精	8	9～10	蒽、菲

葫芦脲（cucurbit[*n*]uril）是人工合成的大环分子，由甘脲和甲醛在酸性条件下缩合而成，分子式如图 4-3 所示。与环糊精类似，葫芦脲分子也有一系列由不等数目的甘脲单元组成的同族化合物（homologues)。由 5～8 个甘脲单元组成的葫芦脲分子已经被成功合成，简记作 CB[*n*](*n*=5，6，7 或 8)。其中，CB[6]是 1905 年被最先合成，1981 年确定结构的化合物。CB[5]，CB[7]和 CB[8]是 2000 年合成的。

葫芦脲空腔的两个端口是相同的，都是由甘脲基元的羰基排列而成。端口的直径小于腔

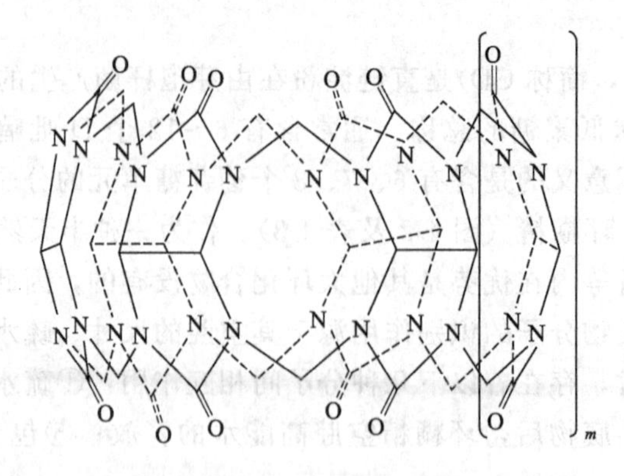

图 4-3 葫芦脲的分子结构（m=1，2，3，5）

体的赤道直径。无论端口还是腔体的直径，都随组成单元的数目变化而有规律的改变。分子的高度是 0.91nm，与组成基元的数目无关。分子尺寸的数值见表 4-4。葫芦脲分子的空腔具有疏水性质。腔体宽敞，端口狭窄的分子结构有利于葫芦脲分子与客体分子的紧密结合。葫芦脲与客体分子的结合由疏水作用、静电、离子-偶极作用等多种作用力共同驱使。氨基化合物、二茂铁、金刚烷、萘等客体分子都可以与葫芦脲分子进行识别。葫芦脲分子结合客体分子已二胺的作用示意如图 4-4 所示。

表 4-4 葫芦脲分子（CB[n]，n=5～8）的结构参数

项目	CB[5]	CB[6]	CB[7]	CB[8]
端口直径/Å	2.4	3.9	5.4	6.9
腔体直径/Å	4.4	5.8	7.3	8.8
腔体体积/Å	82	164	279	479
外径/Å	13.1	14.4	16.0	17.5
高度/Å	9.1	9.1	9.1	9.1

注：1Å=0.1nm。

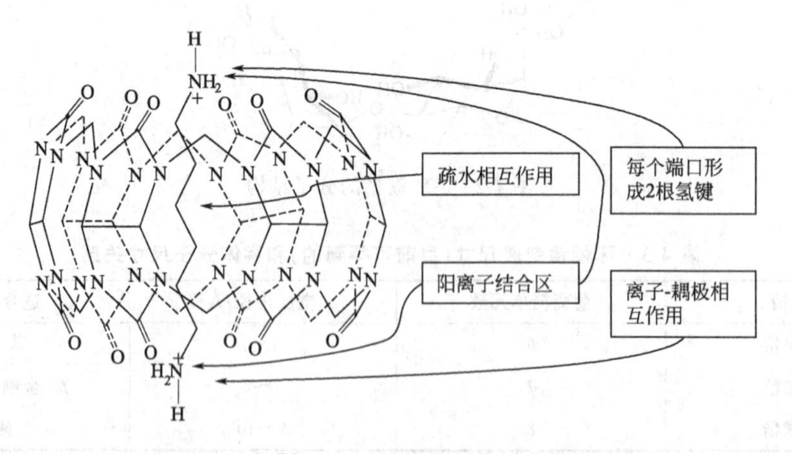

图 4-4 CB[6]与已二胺分子相互作用方式的示意

冠醚即冠状多元醚，是一类人工合成的受体，其结构示意如图 4-5 所示。自 1967 年美国杜邦化学公司的 C. J. Pederesn 首次合成了冠醚，并发表了其对碱金属、碱土金属离子具有独特络合能力的研究报告以来，人们对冠醚化学的研究方兴未艾。从最初的对称性冠醚到低对称性冠醚、穴醚、臂式冠醚、双冠醚，如何设计对单一金属离子具有高选择性的冠醚，即识别某一离子的冠醚，一直是人们所面临的具有挑战性的课题。

同环糊精等其他大环主体一样，尺寸匹配在冠醚选择性识别阳离子的过程中仍起主导地位，当金属离子与冠醚尺寸匹配时，一般给出较强的离子-偶极相互作用，并体现出较强的离子键合能力。

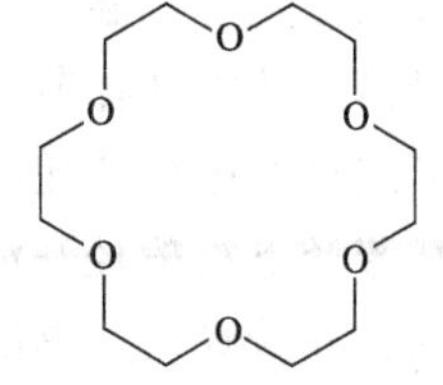

图 4-5 冠醚的分子结构示意

Inuoe 和刘育等定量地研究了 12-冠-4 到 36-冠-12 与碱金属阳离子的配位键合能力，结果 15-冠-5 对 Na^+、18-冠-6 对 K^+、21-冠-7 对 Cs^+ 的配位作用给出了高的热焓，表明尺寸匹配给出较强的离子-偶极相互作用，高的热焓抵消了由于冠醚-金属阳离子结构固化所带来的熵损失，直接贡献于配合物的稳定性。当冠醚环腔增大时，配合物变得松散了，但尺寸适合概念仍然起着重要作用。

Ouchi 等的研究表明，对于相对较小的大环化合物，低对称性冠醚在离子选择性和离子键和能力方面并不总低于对称性冠醚。刘育等利用溶剂萃取法和量热法研究了一系列低对称冠-4 与碱金属及重金属离子的配位选择性，发现由于 12-冠-4 的环上引入了亚甲基，降低了分子的对称性，同时增加了冠醚分子的柔性，从而改变了其对金属离子的配位选择能力。12-冠-4 的 Li^+/Na^+ 选择性为 0.16，加入两个亚甲基后，得到的 14-冠-4 的环腔扩大，同时 4 个供电子的氧原子的空间取向最佳，使得 14-冠-4 与 Li^+ 成最佳的尺寸匹配，Li^+/Na^+ 的选择性增加到 16.3。

杯芳烃是继冠醚、环糊精之后的第三代主体大环化合物，近年来引起了人们的广泛关注，其结构像一个酒杯而被称为杯芳烃，它的结构示意见图 4-6。它在模拟酶催化、金属离子的提取分离、有机分子的识别、离子及光控制开关以及 C_{60} 和 C_{70} 的提纯等诸多方面已显示出可观的应用前景。通过在杯芳烃的上、下沿引进各种功能团，可得到新型结构主体分子，如水溶性、手性空腔的杯芳烃等。把杯芳烃与冠醚结合起来的杯冠化合物对碱金属离子具有很高的选择性，已被用于生物体内 Na^+ 的测定和核废液中 Cs^+ 的回收，它在模拟酶催化方面也取得了很大进展。

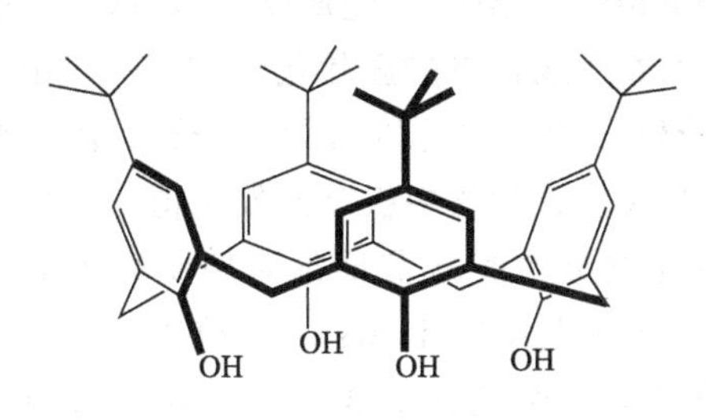

图 4-6 杯芳烃的分子结构示意

从杯芳烃的结构来看，其环状结构具有多种构象（如锥形、偏锥形等)。对于锥形而言，其底部（下沿）紧密而有规律地排列着数个亲水性的酚羟基，杯口部（上沿）带有疏水亲油性的取代基团，中间拥有一定尺寸的空腔，使得杯芳烃既可以输送阳离子，又可以与有机中性分子、阴离子借氢键等非共价键形成主客体分子的一类大环化合物。该类化合物具有如下特点；①空腔大小可人为调节，根据不同客体的要求控制苯酚单元的个数可获得不同尺寸的空腔；②构象可变，通过改变化学反应的条件及引入适宜的取代基可确立所需的构象；③易于化学改性与修饰，利用芳环上不同基团的活性及芳环不同部位的活性，通过置换、取代等化学反应导入或衍生出具有特殊功能的官能团，来改善杯芳烃的自身缺陷并增强整体分子的选择性；④便于合成且各项物理、化学性质稳定。

杯芳烃母体一般是苯酚或间苯二酚与甲醛或酮缩聚而成，近几年新型类苯酚-甲醛缩聚的人工受体层出不穷，使得杯芳烃家族日益兴旺。杯萘酚芳烃首先由 Andreetti 等人提出，1995 年 Georghiou 等人合成了羟基在外侧且类似于杯间苯二酚结构的杯[4]萘酚(calix[4]naphthatene)，1998 年他们报道了叔丁基杯[4]萘酚的合成，1999 年他们又合成了多个取代基的杯[4]萘酚。显然，萘环的导入既增加了大键电子共轭的离域程度，又扩展了空穴尺寸，同时多个取代基的引入有利于改善杯萘酚的性质，对于分子识别具有较大的意义。

杯吡咯(calixpyrrole)、杯吡啶(calyx-pyridine)是一类母体环内含有 N 的大环化合物，其合成往往是在低温(−5～0℃)或室温、酸性介质条件下将吡咯与酮类物质反应而得到的。醌式母体是功能性杯芳烃中值得注意的一个方面，它不仅能够构成新的氧化还原体系，而且也能形成具有电荷传递功能的新型化合物。

杯芳烃下沿酚羟基活性较大，通过一些化学反应可以方便地导入一些功能基团。大量实验表明，杯芳烃衍生物的分子识别选择性主要是由空腔大小和酚氧的取代所控制。通常情况是在缓和碱性溶剂存在下，杯芳烃与卤代物进行取代反应，从而导入各种基团，这些基团包括酯、胺和羧酸类衍生物并用于金属离子和铵离子的包合配位作用。Bell 合成了系列含有酮式结构的杯[5]衍生物并用于 Na^{+}、Rb^{+} 的分子识别。Grote Gansey 合成了系列含有不同个数的脂肪酸、脂肪酰胺的水溶性杯[4]衍生物作为 Ac^{3+} 的离子探针。Rudkevich 合成含有不同个数羧酸和羧酸酰胺结构的杯[4]衍生物，这些衍生物与 Eu^{3+}、Tb^{3+} 形成中性络合物并在甲醇介质中具有增强荧光、扩展荧光寿命的功效。Jin 利用杯芳烃羧酸酯化合物制作成磷脂膜用于碱金属的离子传输。Meier 等人分别研究了杯[8]羧酸酯衍生物和杯[4]乙酰胺衍生物的络合性能。Barboso 合成了具有 4 个氨基甲酰乙基氧化磷(CMPO)的杯[4]，Van Der Veen 先将杯芳烃甲基化后再导入(*N*，*N*-二甲基氨基羧酸)甲氧基，使得杯芳烃的下沿携带具有柔软性的光学离子探针，可以与 Pb^{2+}、Cd^{2+} 等金属离子络合。

4.3.2 代表性超分子功能体系

(1) 杂多酸类超分子化合物　杂多酸 (polyoxometalate) 是一类金属-氧簇合物，多酸是指多个金属含氧酸分子，如钼酸、钒酸等，通过脱水缩合成含氧酸簇状化合物，一般呈笼型结构，其结构示意见图 4-7。杂多酸是一类优良的受体分子，它可以与无机分子、离子等底物结合形成超分子化合物。作为一类新型电、磁、非线性光学材料极具开发价值，有关新型 Keg-gin 和 Dawson 型结构的多酸超分子化合物的合成及功能开发日益受到研究者的关注。杜丹等合成了 Dawson 型磷钼杂多酸对苯二酚超分子膜及吡啶 Dawson 型磷钼多酸超分子膜修饰电极，发现该膜电极对抗坏血酸的催化峰电流与其浓度在 0.35～0.50mol/L 范围内呈良好的线性关系。毕丽华等合成了多酸超分子化合物，首次发现了杂多酸超分子化合物溶于适当有机溶剂中可表现出近晶相液晶行为。

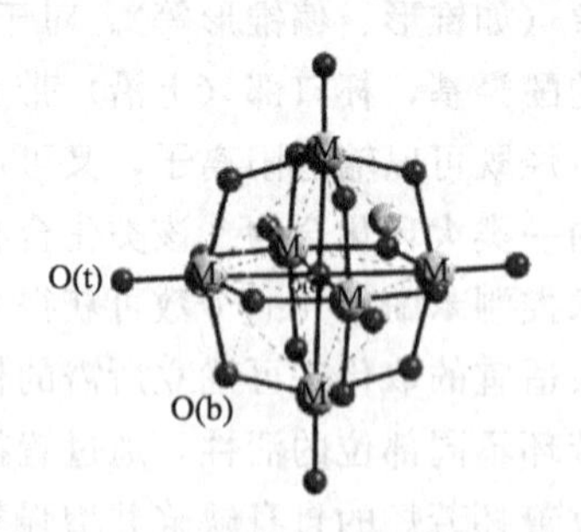

(a) 杂多酸结构示意　深色球—氧原子；浅色球—金属原子；黑色实线段—化学键

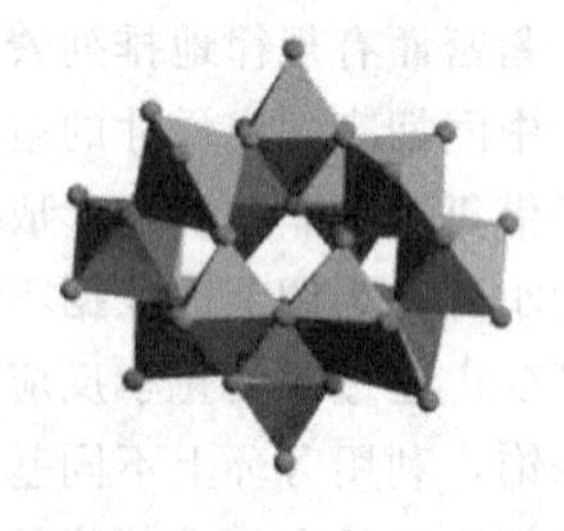

(b) 杂多酸骨架示意　深色球—氧原子

图 4-7　杂多酸示意

(2) 多胺类超分子化合物　二氧四胺可作为多胺类分子的代表。由于体系可有效地稳定如 Cu(Ⅱ)和 Ni(Ⅱ)等过渡金属离子的高价氧化态，若二氧四胺与荧光基团相连，则光敏物质荧光的猝灭或增强就与相连的二氧四胺配合物与光敏物质间是否发生电子转移密切相关，即通过金属离子可以调节荧光的猝灭或开启，起到光开关的作用 (图 4-8)。

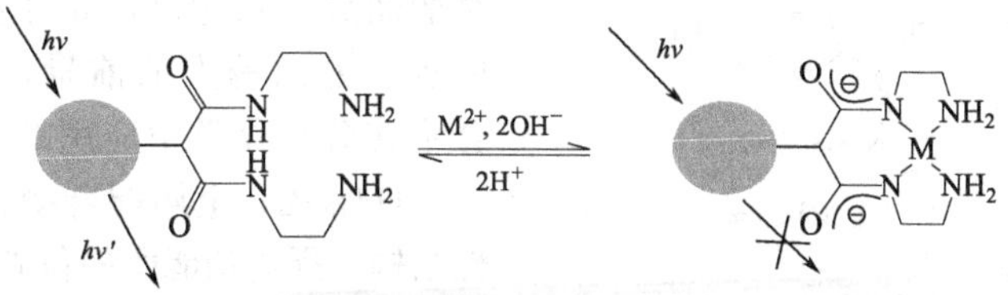

图4-8　二氧四胺与荧光基团相连，通过金属离子可以调节荧光的猝灭或开启，起到光开关的作用

(3) 树状超分子化合物　树状大分子（dendrimer，亦称树枝状化合物、树形聚合物）是20世纪80年代中期出现的一类较新的合成高分子，它是一种重复枝状分子，形状类似树枝，故此得名。一个树状分子围绕核心通常是对称的，而且往往采用了球形立体形态，其结构示意见图4-9。薄志山等首次合成以阴离子卟啉作为树状分子的核，树状阳离子为外层，基于卟啉阴离子与树状阳离子之间静电作用力来组装树状超分子复合物。镧系金属离子(Ln^{3+})如Tb^{3+}和Eu^{3+}的发光具有长寿命（微秒级）、窄波长、对环境超灵敏性等特点，是一种优良的发光材料，但镧系金属离子在水溶液中只有很弱的发光。

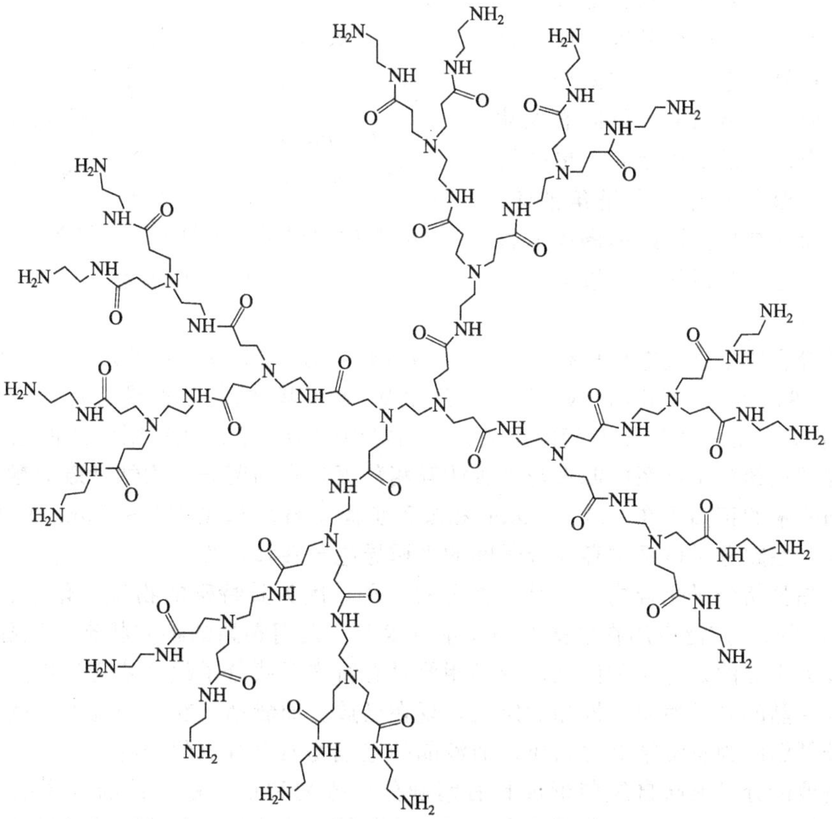

图4-9　乙二胺类树枝状大分子的分子构型示意

(4) 卟啉类超分子化合物　卟啉（porphyrin）是一类由四个吡咯类亚基的α-碳原子通过次甲基桥（=CH—）互联而形成的大分子杂环化合物。其母体化合物为卟吩（porphin，$C_{20}H_{14}N_4$），有取代基的卟吩即称为卟啉。卟啉环有26个π电子，是一个高度共轭的体系，并因此显深色，其结构示意见图4-10。“卟啉”一词是对其英文名称porphyrin的音译，其英文名则源于希腊语单词，意为紫色，因此卟啉也被称作紫质。卟啉及其金属配合物、类似

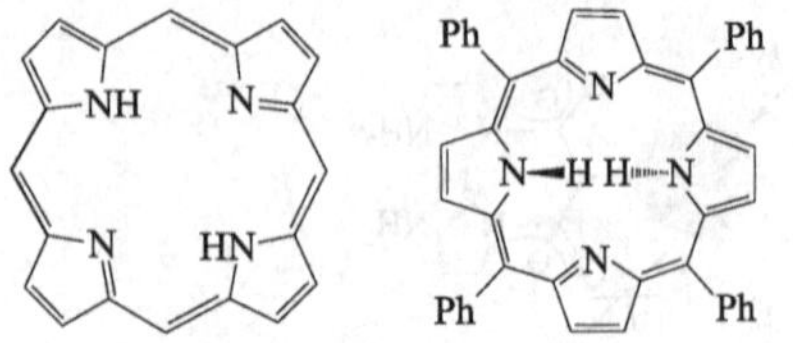

物的超分子功能已应用于生物相关物质分析，展示了更加诱人的前景，并将推动超分子络合物在分析化学中应用的深入开展。

(a)卟吩分子结构式 (b)苯基取代的卟啉分子的结构式

图 4-10 卟啉

卟啉及其金属配合物种类多，分子具有刚性结构，周边功能团的位置和方向可加以控制，且分子有较大表面，其轴向配体周围的空间大小和相互作用方向的控制余地较大。故作为受体有显著优点，按非共价键如氢键的方式处理。Shinkai 研究小组用 Zn(Ⅱ)-5-邻硼酸基苯基-10，15，20-三苯基卟啉识别了 D-葡萄糖-6-磷酸酯和 D-葡萄糖-1-磷酸酯。

金属卟啉作为手性分子的受体已有研究，Ogoshi 小组研究了通过配位、氢键和静电作用识别手性氨基酸。TPP 间位取代苯的山形卟啉以双重方式进行分子形状的识别，山形手性锌卟啉二聚体对 L-组氨酸苄酯有良好的对映选择性（80%），而对 L-赖氨酸苄酯有中等程度的对映选择性（80%），这两种底物为双齿配体，可进入受体手性空腔，同时与中心离子 Zn(Ⅱ)配位。

（5）酞菁类超分子化合物 酞菁（phthalocyanine）是一类大环化合物，环内有一个空腔，直径约 2.7×10^{-10}m，结构示意见图 4-11。中心腔内的两个氢原子可以被 70 多种元素取代，包括几乎所有的金属元素和一部分非金属元素。酞菁环的配位数是四，依金属的原子尺寸和氧化态，一个或两个（对部分碱金属而言）金属原子可以嵌入酞菁的中心腔内。如果金属趋向于更高的配位数，金属酞菁的分子会呈角锥体、四面体或八面体结构。锕系和镧系金属是八配位的，这两个系的金属酞菁呈现三明治型结构。

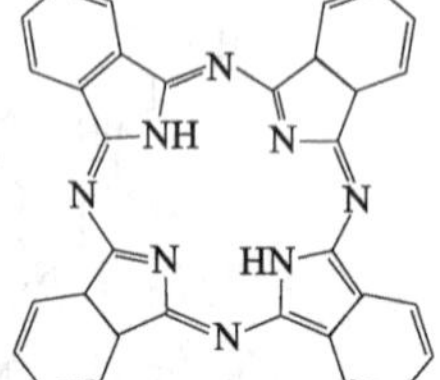

(a)酞菁分子的结构式 (b)酞菁分子与铜离子配位的结构式

图 4-11 酞菁

田宏健等合成了带负电荷取代基的中位四（4′-磺酸基苯基）卟啉及锌络合物和带正电荷取代基 2，9，16，23 四[(4′-*N*，*N*，*N*-三甲基)苯氧基]酞菁季铵碘盐及锌络合物，并用 Job 氏光度滴定的方法确定了它们的组成，为面对面的杂二聚体或三明治式的杂三聚体超分子排列。发现在超分子体系中卟啉与酞菁能互相猝灭各自的荧光，用纳秒级的激光闪光光解技术观察到卟啉的正离子在 600～650nm 和酞菁负离子自由基在 550～600nm 的瞬态吸收光谱。结果表明在超分子体系中存在分子间的光诱导电子转移过程。

（6）液晶类超分子化合物 液晶是相态的一种，因为其特殊的物理、化学、光学特性，20 世纪中叶开始被广泛应用在轻薄型的显示技术上。人们熟悉的物质状态（又称相）为气、液、固，较为生疏的是电浆和液晶。液晶相要具有特殊形状分子组合才会产生，它们可以流动，又拥有结晶的光学性质。液晶的定义，现在已放宽而囊括了在某一温度范围可以实现液晶相，在较低温度为正常结晶之物质。而液晶的组成物质是有机化合物。分子间的氢键等超分子作用是液晶分子能够自组装形成具有精确分子排列和很好稳定性的有序结构的重要因素，在设计构造液晶功能材料方面具有重要的不可替代的地位。分子形状是设计小分子热致液晶的一个主要考虑因素。

4.4 超分子作用的规律及特点

4.4.1 熵效应

熵增加有利于体系的稳定，因此超分子体系的熵增加对其稳定性是至关重要的，熵增加的方式有螯合效应、大环效应、疏水效应等。

(1) 螯合效应　螯合效应源于配位化学，是指螯合配体形成的配合物比相同配位数和相同配位原子的单齿配位体形成的配合物稳定的效应。这种稳定性的贡献可以从相同金属离子与二齿配位体和单齿配位体形成的配合物的稳定性上看出。对二齿配位体，第一个配位原子与金属离子的反应速率与单齿配合物的相当，但第二个配位原子的反应速率要快得多，因为第一配位原子配位后导致第二个配位原子的有效浓度大大增加。

螯合作用在超分子体系中有普适性，因为主体可能提供多个结合点与客体形成相互作用，类似于配位螯合作用。螯合效应的大小与环的大小有关，五元环张力最小，通常最稳定，也与金属离子的大小有关系。

(2) 大环效应　多齿大环配合物形成的配合物的稳定性比单纯的螯合效应要大得多，这种附加的稳定性被称为大环效应。大环效应使得环状主体（如单环冠醚配体）比类似的含有相同配位原子的开链冠醚配体形成的配合物更加稳定。

大环效应的稳定化作用来自焓和熵两个方面。大环不仅提供了多个配位点，而且“预组织”了配位点的空间排列，这样大环主体围绕在客体周围，不消耗客体的结合能，开链化合物在配体前采取伸展构象来减小氧原子孤对电子之间的排斥。配合过程中，配体构象重排，氧原子相互靠近，熵变不利；而对于大环配体，配位原子上孤对电子相互靠近造成的熵损失在大环配体的合成中得到了补偿。同时，大环构象柔韧性差，配合物形成后体系的自由度不会大幅减少。

(3) 疏水效应　疏水效应可以看作是非极性主体与非极性客体在极性溶剂中相互缔合的一种驱动力，可以更广泛地成为疏溶剂效应。这种驱动力来自非极性分子和极性分子间的排斥力，在互不相容的极性和非极性溶剂中更加明显。比如水分子间的相互作用很强烈地使非极性有机分子自然形成一个聚集体，从而被溶剂从溶剂分子之间挤出来。疏水效应常被看作熵增效应，在疏水空腔中，水分子通过氢键聚集在一起，是相对有序的，当疏水的客体分子进入空腔时，原来的水分子被挤了出来，呈现自由态，体系的无序度增加，是熵增的。当疏水的客体分子置换出水分子时，一方面主-客体相互作用增强，另一方面水分子进入大量溶剂中，与其他水分子相互作用从而增强体系的稳定性。

4.4.2 锁和钥匙原理

“锁和钥匙原理”(the lock and key principle) 早在 19 世纪就由德国化学家提出，他将酶和底物之间的键合选择性形象地描述为“锁和钥匙”的空间匹配，其中客体具有一定的形状和尺寸，恰好互补于受体或主体。现在“锁和钥匙”的概念用于描述预组织的主体通过一系列的互补相互作用结合客体的强度和专一性，涉及主-客体化学、分子识别、预组织和互补性、螯合和大环效应、热力学和动力学选择性、溶剂化效应等多方面的发展，成为超分子化学起源、发展的重要概念和推动力。

(1) 分子识别　分子识别起源于有效的选择性的生物功能，是指受体对底物的选择性键合并产生某种特定功能的过程，这种过程类似于生物过程中的酶与底物、抗体与抗原、激素与受体的相互作用。也就是说，分子识别是不同分子间的一种特殊的、专一的相互作用，一个底物和一个受体分子各自在其特殊部位具有某些结构，适合于彼此成键的最佳条件，相互选择对方结合在一起。这种相互作用既满足电子因素，即各种分子间作用力得到发挥；也满足几何因素，即分子的几何大小和形状相互匹配。

分子识别可分为静态分子识别和动态分子识别。静态分子识别是指一个主体分子和一个客体分子按 1∶1 的比例形成主客体复合物的过程。这个过程需要使主体的识别位点对客体具有专一性。动态分子识别过程中，第一种客体与主体第一的识别位点的结合会影响到第二种客体与主体作用位点的缔合。

(2) 主-客体化学　主客体化学是指一个由两个（或多个）分子（或离子）通过氢键、金属-配位作用、范德华力、离子配对等非共价键作用聚集在一起的具有独特的主体和客体结构关系的复合物。主体通常是一个大分子或聚集体，如酶或合成的大环；客体可以是单原子阳离子、简单阴离子，也可以是激素、抗体等复杂的分子。

如前面提到的，主-客体化合物起初被分为两类，一种称为插合物（calthrate），另一种被称为穴状物（cavitate)。如今主客体化合物已经从有机体系扩展到无机体系，沸石、多氧酸盐、金属-有机框架化合物等都可以看作主体，它们同有机主体具有相似的功能，可以识别、吸附、寄宿各种各样的客体分子。在无机晶体工程研究领域，控制和调整孔径的大小、形状和主体空穴的疏水性，了解主体和客体相互作用的本质及其在吸附、分离、存储方面的应用，是研究的主要目标。无机主客体的稳定性与有机插合物和穴状物类似。

(3) 预组织和互补性　预组织（preorganization）和互补性（complementarity）是决定分子识别过程的两个关键，前者代表了主客体络合自由能增加的一个主要因素，而后者决定识别过程的键合能力。合适的预组织确定了主体结合位点的正确部署，便于接受客体进行分子识别，主客体化合物的稳定性部分决定于预组织的程度，因为分子识别的驱动力在分子识别后依然存在。

主客体络合物的形成大致可分为两个阶段，第一阶段是活化过程，主体进行构象重排，以便与客体互补匹配，同时尽量减小结合点之间的不利影响，这个过程是吸收能量的过程。第二个阶段是主客体的络合过程，该过程是放出能量的，因为主客体之间互补的结合位点存在焓稳定的吸引作用。

4.4.3 协同效应

协同效应（syneristic effect or cooperativity）代表了一种采用原子对势能和多原子势能计算结果的差别，在超分子体系的稳定性方面具有重要意义，如 n 重氢键的排列比单个分离的氢键之和拥有更大的能量。这种非加和作用的产生是由于氢键给体和受体形成氢键的能力在聚集体中被氢原子的极化和孤对电子的密度进一步加强。在超分子体系的自组装过程中，由协同效应引起的加和甚至是乘法作用是非常重要的，这意味着只要有足够的可能的相互作用来稳定体系，就可以利用这些弱的非共价相互作用来构筑一个稳定的超分子。当由一种相互作用产生的小量的稳定能与其他相互作用产生的稳定能相加（加和作用）时，就会产生更加显著的稳定能（协同效应），从而增强超分子体系的稳定性；整个体系的协同效应大于部分的加和。

4.4.4 模板效应

模板效应是在冠醚化合物的合成过程中发现的，是指根据相应冠醚的空腔的大小，选用合适的金属离子作为模板剂，有利于合成大环冠醚化合物的效应。如在苯并-18-冠-6 的合成中，K^+ 可以利用与醚氧原子之间的静电作用力，把反应物聚氧乙烯链组织在其周围，使碳链定向旋转而有利于形成合环产物。实际上这是一种“动力学模板效应”，金属离子的作用可以认为是稳定了环状中间产物，因此显著提高了环化产物的合成速率。大环冠醚是动力学产物，不是热力学最稳定的产物。与“动力学模板效应”相对应，还存在“热力学模板效应”。热力学模板效应是指金属离子从产生的平衡混合物中选择与之互补的配体的能力，使反应平衡向产物移动而稳定，因此热力学模板剂主要用于提高产率。

4.4.5　多价相互作用

多价作用(multivalency 或者 polyvalency)普遍存在于自然界中，是复杂的生物体系的重要特征。多价作用是指一个粒子（细胞、纳米粒子、大分子等任何物体）上的多个配体(ligand)与另一个粒子上的多个受体(receptor)同时发生超分子作用的情况（如图 4-12 所示）。多价作用这一概念是由哈佛大学 G. Whitesides 教授于 1998 年提出的。此概念提出后，得到了超分子领域科学工作者普遍的关注与重视，是因为它建立了超分子作用从单个分子复合物到作用体系的桥梁。它无论是在人工合成的体系，还是在生物体系，都是广泛存在的。

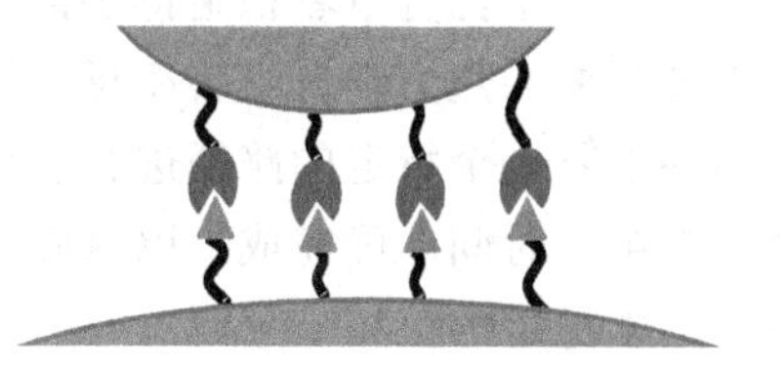

图 4-12　多价作用示意

研究多价作用的加和规律是一项具有挑战性的工作。目前学术界普遍接受的多价相互作用的加和规律是以“有效浓度”这个概念为核心的。以高分子 A 和 B 为例来说明多价作用理论的核心思想。A 分子具有 n 个主体官能团 a，能够与 B 分子上的客体官能团 b（每个 B 分子有 m 个 b 官能团）发生超分子结合。A 与 B 的结合分步进行，分为第一步分子间作用和第二步及以后的分子内作用（如图 4-13 所示）。第一个结合位点的建立概率符合经典超分子作用规律，即 $[A_1B_1]=K_{ab}\cdot n[A]\cdot m[B]$。([AB]是超分子复合物 AB 的浓度，[A]、[B]分别代表分子 A 和 B 的浓度。A_1B_1 中的数字脚标代表作用的位点数，即“价态”；n，m 是代表概率的常数，即在 n 个 a 主体官能团和 m 个 b 客体官能团中，只要有其中一个建立了作用，就可以形成$[A_1B_1]$复合物。)但是从第二个作用位点开始，经典的超分子作用公式不再适用。这是因为，第一个位点的建立将 AB 两个大分子联系到一起，从而，这两个大分子上的若干 a 或 b 官能团也被相互拉近，其碰撞的概率比在溶液本体大大增加，因此它们互相“感受”到的浓度增加。所以，[A]或[B]已经不能描述第二个位点建立时 a 或 b 官能团所“感受”到的对方的浓度。那么这时就需要引入“有效浓度”(c_{eff}，effective molarity)这一概念，来表示 a 或 b 官能团所“感受”到的其配体的浓度。一般来讲，多价作用中，c_{eff}的数值大于[A]或[B]中任意一个，这是由于建立第一个作用点后 a，b 官能团碰撞概率增加导致的；但也可能出现 c_{eff}小于[A]或[B]的情况，这是因为空间位阻的限制制约 a，b 的运动，降低结合概率所导致的。以上是多价作用理论的主要思想，其“有效浓度”概念也充分说明了分子的构型在多价作用体系中的重要性。

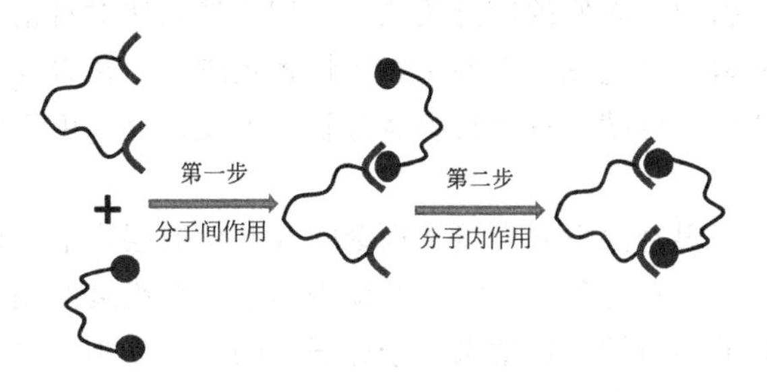

图 4-13　多价作用分步进行示意图

4.5　热力学和动力学影响

超分子体系的稳定性可能受热力学因素的影响，也可能受动力学因素的影响，因是来自两方面的贡献，因此，超分子体系的形成有时可能是热力学因素主导的，有时可能是动力学因素主导的。自组装经常被看作是一个从各组分自发形成超分子体系的过程，用来代表超分子合成相比于经典的共价合成技术的突出优点。这实际上是指“严格”的热力学自组装，应该注意到超分子体系的形成也可能是动力学控制的，这种情况在包含了大量分子间作用力和刚性成分的“大”超分子聚集体的形成中经常发生。在超分子配位化学领域，动力学惰性的金属离子也经常导致动力学自组装过程，或者自组装过程中形成某种溶解性低的中间产物，导致快速结晶。

严格的热力学自组装要求反应物和产物之间在任何时候、任何步骤都存在动力学快速的、热力学可逆的平衡。最终产物的份额由其相对热力学稳定性决定。由于平衡是可逆的，自组装过程是可“自我矫正”的，错误的键合方式可通过解离和再缔合修复。热力学自组装通常产生一个比竞争者稳定得多的唯一产物。

与严格的热力学自组装相反，不可逆自组装可能包括一系列不可逆串级反应，由动力学导向并沿着一个特定的路径进行。由于不存在平衡，“自我矫正”能力丧失，所以每步键合必须在第一时间准确完成，以保障自组装的成功。在不可逆自组装过程中，每步的产物应该是动力学稳定的。

4.6 超分子体系形成的方式——自组装

广义的自组装是指系统的单元在没有外来干涉的情况下自动组织成一定的结构，这种现象在大自然和工程技术中非常常见，小到原子或分子尺度，大到星系尺度，我们都能发现自组装现象。显然对于不同尺度的自组装现象，我们需要处理不同类型的相互作用，目前还没有统一的标准来处理自然界中这些尺度跨度巨大的自组装问题。

随着环境科学、材料科学和生命科学等引起了人们的广泛关注，人们自然而然对自组装产生兴趣：分子自组装技术、纳米自组装材料以其优良的性能正在悄悄地走进并变革着人们的生活；生命的起源、细胞的诞生和生物体的发育就是一个自组装过程，人类没有理由去忽视一个有可能揭示自己奥妙的科学研究。

自组装过程是组分通过自发的链接向空间限制的方向发展并逐渐在非共价键层次上形成连续的实体的过程。它的产生需要两个条件：一是过程中所需要的动力因素。自组装的动力为自组装过程提供能量，同时维持整个体系的稳定性，通常来自于分子间的协同作用；二是过程中需要的导向作用，它是指只有在空间尺寸及方向上达到分子重排的要求，才有可能发生分子自组装作用，即自组装需要分子在空间上具有的互补性。

自组装体系一般可分为 3 个层次：第一，结合成完整的中间分子体；第二，中间分子通过协同作用形成分子聚集体，而且这些聚集体的结构非常稳定；第三，由分子聚集体重复排列成为有序的分子组装体。由于在制备方法、结构和性能等许多方面，超分子材料都与传统的材料有很大不同，利用分子自组装技术构筑的超结构在多方面有着传统材料无法实现的功能和特性，因此在未来的材料开发中有着广阔的应用前景，因此通过超分子组装过程来设计和开发新型材料，成为人们关注的热点。

自组装的方式主要有静态和动态两种。静态自组装指的是自组装处于平衡态中，其过程本身不消耗能量。在整个过程中，构成有序结构时由于对容器的振荡可能需要能量，但是一旦形成有序结构，就会非常稳定。现阶段的大多数研究属于静态自组装。动态自组装过程需要消耗能量。各组分只有摄取一定的能量才能通过相互作用形成各种形貌。细胞的诞生、生物体的发育、树木、河流等大自然有序体的形成等具有更广泛意义的自组装均属动态自组装的范畴。

自组装方法主要有导向自组装、模板自组装、分子识别和形态学控制等。通过这些方法得到的产物有其独特的优点。

导向自组装主要出现在金属配位化合物中的原因在于金属配位构型的多样性及金属自身

的物理特性有利于构筑不同结构需求的功能材料。配位键中作为主体的金属离子可以与配体结合构筑平行四边形、正四面体及正八面体等不同的结构。而配位化合物中的配体也是丰富多彩：参与配位的原子具有多样性，如氮、氧和磷等原子具有不同的配位性能；配位取向具有多样性，如直线形配体、直角形配体和三角形配体等不同配位方向的配体；配体位点具有多样性，如双齿配体、三齿配体和四齿配体等。其模式可细分为对称交互作用模式、定向键合模式以及弱键合模式。其中定向键合模式的典型特征是将金属离子引入具有定向结构的配体中，其可以提供配位点与合适角度的配体键合。例如，通过氧化加成作用合成碳-铂键，并控制两个相关碳原子的角度可以合成各种构型的金属配合物。

模板法自组装最早是在 1992 年由美国的 Mobil 公司发明的，其以表面活性剂为模板，通过自组装合成介孔材料；随着研究的不断深入，不同类型的表面活性剂、聚合物、嵌段共聚物等都可以作为模板制备介孔材料，且其应用领域在不断地拓宽，具有光、电、磁等特殊性能的复合材料也可以通过模板自组装法制备。张以河等发明了一种模板自组装法制备的二氧化硅弯曲纤维材料的方法；其方法简单，首先将表面治性剂加入到水中，用盐酸调节 pH，搅拌均匀，得到模板水溶液，然后向水溶液中加入非极性的有机溶剂，制得油水混合物，然后向油水混合物中加入硅酸酯，混合均匀后在(25±3)℃静置 20～200h 进行自组装，然后离心洗涤，得到自组装二氧化硅弯曲纤维材料。这种材料具有良好的韧性，可用于有机-无机纳米复合材料的增强、增韧及吸附功能性材料。此外，张以河等还发明了一种自组装二氧化硅多孔材料的制备方法。该多孔材料的孔径在 2～100μm，孔的形状为蜂窝状。

4.7　超分子材料的应用

随着超分子化学的发展，超分子化合物及其组成的材料的应用也在不断地拓展，很多研究者将超分子做成分子器件、传感器等，实现了宏观器件与微观分子的有机结合。超分子材料的应用大致可以分为以下三个方面。

4.7.1　超分子催化

根瘤菌能够在常温常压下实现生物固氮作用，叶绿体内同样在常温常压下即实现高效率的光合作用，铁细菌和硫细菌在深海或高温温泉等极端环境下仍能生存，这些都是和生物酶的催化作用分不开的。生物酶催化其实是最典型与高效的超分子催化作用。酶是一种具有特殊功能的蛋白质（现在也发现某些 RNA 有催化功能)，具有底物特异性和反应专一性。而目前研究的超分子化学研究的最终目的之一也是能够模拟天然生物酶的催化能力的体系，以及设计新的、能够实现天然体系不能实现转换的人工酶。

超分子模拟酶是利用生物酶催化中那些起主导作用的因素，利用化学、生物化学和分子生物学等方法，设计一些较天然酶简单的分子，以及这些分子作为模型来模拟酶的催化过程。合成是通过化学转换完成的，有些转换是目前已知的，而有些需要人们去发现、改造和进行效率提高：利用廉价的原料高效率、高产率地合成某种化合物（原子经济性、副产品少、催化剂无毒易回收、溶剂无毒)，能够通过简单的分离来纯化目标化合物，对环境无污染，尽量在常温常压下反应以避免维持高温（或低温）和高压所需要的能量消耗。超分子催化解决的正是这个领域相关的难题。

超分子催化的机理主要包括趋近效应和定向效应、构象变化效应、酸碱催化机制、共价效应、微环境效应、自我剪切机制和自我剪接机制等。

（1）趋近与定向效应　超分子催化中一般有活性中心，活性中心上的基团可与底物互相接近，并使底物上的需要反应的基团按照正确的方位进行几何定向，从而有利于中间产物的形成和催化反应的进行。超分子催化中的趋近与定向效应游离于底物分子在酶活性中心的浓度提高，进而加速反应；超分子催化中心对底物有一定的轨道导向作用，从而减少反应所需的活化能；底物分子一般位于超分子主体内部，可形成中间产物，使分子间反应变成分子内反应，从而提高反应速率。

（2）构象变化效应　当底物分子与超分子主体化合物互相接近时，由于两者的相互作用，超分子主体化合物和底物分子都会发生构象变化，从而更有利于底物之间的互相结合和反应，使反应速率增加。1958 年 Koshland 提出了诱导契合学说，认为超分子主体的构象不是一成不变的，而是在底物分子接近超分子主体化合物时，超分子主体化合物也会受到底物的诱导，构象会发生小幅度变化使其有利于与底物结合。同时，当超分子主体化合物接近底物分子时，底物为了能和超分子主体化合物的活性中心更好地结合，在超分子主体化合物诱导下产生各种类型的扭曲变形和构象变化，更近似过渡态结构，使反应所需的活化能降低，加速反应。

（3）酸碱催化机制　超分子主体和底物之间可能存在质子的传递作用，即酸碱之间的互变，降低活化能。比如在超分子主体化合物设计时引入咪唑基，咪唑基可以作为质子供体，又可以作为质子受体，接受和释放质子的速度都很快。这样在与某些需要质子催化的反应中，可能会产生较强的催化作用。

（4）共价效应　在超分子催化过程中，首先超分子主体和底物先形成一种中间复合物，这种中间复合物由于主体分子中某些特定基团的存在而对底物有一定的诱导作用，共价效应可以分为亲电催化和亲核催化两种。如果超分子主体化合物中存在富电子基团（也是亲核基团）影响底物的缺电子基团（也是亲电基团），而形成共价中间产物，称为亲核催化。常见的亲核催化反应有亲核取代和亲核加成反应。亲电催化反应则是超分子主体化合物中存在缺电子基团（也是亲电基团）影响底物的富电子基团（也是亲核基团）而形成共价亲电中间产物。

（5）微环境效应　微环境指的是超分子主体化合物的活性中心的催化基团所处于一种特殊的疏水反应环境。由于这种特殊的疏水反应环境影响主体客体的结合，并影响催化基团的解离，使反应加速进行。

此外，超分子催化还可通过自我剪切机制和自我剪接机制来达到催化的目的。

4.7.2　超分子载体

某些超分子（如环糊精）具有良好的生物相容性，在药物控释、病毒载体等方面具有极其广阔的应用。

环糊精（cyclodextrins，CDs）在药学方面的应用已有四十余年的历史了。环糊精作为一种药物载体材料，主要是因为能与药物分子形成包合物。包合物的形成能显著改善药物的可溶性、稳定性及生物利用度等。一般药物与环糊精形成 1∶1 的包合物，其包合物过程表示为图 4-14(a)，是一种动态平衡，其包合物稳定常数 $K_{1:1}$，其值一般在 10000L/mol。药物分子与环糊精也可形成 1∶2 的包合物

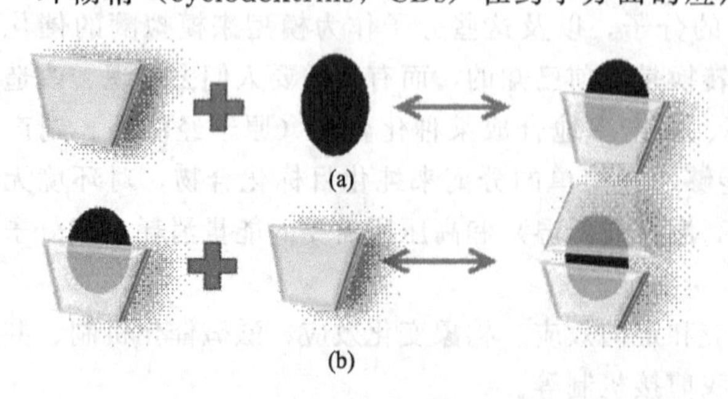

图 4-14　药物与环糊精相互作用示意

[如图 4-14(b)所示]，但这类结构的药物分子较少。

由于 CdS 与客体分子的作用是非共价键作用，因此包合物的形成与解离是一个动态过程。包合物的形成与解离具有较快的速度，包合物形成/解离半衰期远小于 1s。对于稳定常数不大的包合物，包合物不断形成与解离的速率非常接近扩散控制的极限。在溶液中，游离的药物分子，游离的 CD 分子及包合物之间是一个动态平衡过程，因此，药物分子从包合物中释放出成游离态主要有两种机理。一种是稀释机理，一种是竞争机理。

对于稳定常数不大的包合物，可通过稀释的办法就足以能使药物分子从包合物中释放出来，并且 $K_{1:1}$越小这种效果就越显著。对于稳定常数为 10000L/mol，当稀释 4700 倍时，已有 83.7%的药物从包合物中释放出来；但对稳定常数较大的包合物($K_{1:1}$ = 100000L/mol)，稀释同样的倍数后，仅有 37.2%释放出来。因此，对于稳定常数较大的包合物，采用稀释的办法，很难达到令人满意的释放程度。但使用竞争剂后，可以明显提高药物分子的释放量，并且竞争剂的用量越大其效果越显著。使用竞争剂的目的是通过竞争剂与 CDs 形成包合物使药物分子从包合物中释放出来。

众所周知，聚合物能改性药物释放行为。目前已有几种聚合物控释的药物剂型已取得临床及市场的成功。一般聚合物用作控释载体，其药物的控制释放主要依赖于控释体系的溶解性、渗透扩散性及被侵蚀性。将 CDs 引入到药物控制释放的聚合物基质中，使聚合物的药物控释行为明显受到影响，这些影响主要表现在，CDs 能改变药物的溶解性、扩散性及改善聚合物的水合作用，或促进溶液对聚合物基质的侵蚀。

目前，对 CD/聚合物共混物作为药物控释载体的研究较多，从释放效果来看，主要有促进药物释放机制和延迟药物释放机制两种。就促进药物释放机制而言，药物一般都是难溶于水的，而 CDs 可以增加聚合物基质中可扩散药物种的浓度。Guo 及 Cooklock 利用 CDs 来提高如止痛药丁丙诺啡（buprenorphine）这样水溶性较差的药物从由 PAAc、聚异丁烯、聚异戊二烯组成的药物释放体系中的释放。作者研究表明，α-CD 及 β-CD 的使用可以对丁丙诺啡碱及其盐酸盐起到较好的增溶作用。释放表明，含有 β-CD 的药片(drug：β-CD=1：1)在 24h 内的累计释放量可达 50%，这是具有相同载药量但不含 CD 释放系统的 2 倍。

对于具有较好水溶性的药物分子，当与溶解性较差的烷基化 CD 衍生物形成包合物时，可明显降低药物分子的水溶性，将这类包合物引入到聚合物基质中，可以明显降低药物的释放速率。Sreenivasan 研究了含 β-CD 的 PVA 水凝胶对水杨酸(salioyclic acid)的控释行为，发现 β-CD 的存在可以明显降低水杨酸的释放速率。

4.7.3 超分子表面改性

通过将环糊精、葫芦脲分子固定在表面，形成单分子层，可以对表面进行改性。改性后的表面可以选择性地识别目标客体分子。比如，利用环糊精单层膜修饰的表面可以用来固定纳米粒子、蛋白质等功能粒子。利用葫芦脲特定三元复合物修饰的表面可以固定多肽，形成生物活性表面；这种生物活性表面可以增强细胞的黏附，更有意思的是，当外界有电信号刺激时，该表面可以释放掉之前固定的肽分子，从而释放掉黏附的细胞。借助微电极体系，这种利用葫芦脲自组装修饰的表面可以在亚细胞的层次控制细胞的黏附与脱附行为，为医疗器械的开发提供新思路。

参考文献

[1] Steed J W，Atood J L. 超分子化学. 赵耀鹏，孙震译. 北京：化学工业出版社，2006.

[2] 罗勤慧．大环化学-主-客体化合物和超分子．北京：科学出版社，2009.
[3] 苏成勇，潘梅．配位超分子结构化学——基础与进展．北京：科学出版社，2010.
[4] 李文林，李梅兰．广东化工，2009，36：9.
[5] 张修华，王升富，崔仁发，杜丹．湖北大学学报（自然科学版），2002，24：52.
[6] 薄志山，张希，杨梅林，沈家骢．高等学校化学学报，1997，18：326.
[7] 郭忠先，沈含熙．分析化学，1998，26：226.
[8] 刘志斌，张新夷．田宏健等．发光学报，1994，15：233.
[9] 谌东中，万雷，方江邻，余学海．高分子通报，2002，3：5.
[10] 柴立和，彭晓峰．化学进展，2004，16：169.
[11] Russell Seidel S，Stang Peter J. Acc Chem Res，2002，35：972.
[12] 张以河，付绍云，李广涛等．中国：200410074660.0，2006.
[13] 付绍云，张以河，李广涛等．中国：200310116067.3，2005.
[14] 孙涛．功能型超分子体系的合成与自组装．济南：山东大学博士学位论文，2012.
[15] 刘郁杨．用于新型抗癌药物定向控制释放的高分子载体的合成与表征．西安：西北工业大学博士学位论文，2003.
[16] 代国飞，王明伟．中国新药杂志，2005，14，1262.
[17] Sreenivasan K J. Appl Polym Sci，1997，65．1829.
[18] Balzani V，Credi A，Venturi M. 分子器件与分子机器-通向纳米世界的捷径．田禾，王利民译．北京：化学工业出版社 2005.
[19] Jason Lagona，Pritam Mukhopadhyay，Sriparna Chakrabarti，Lyle Isaacs. Angew Chem Int Ed，2005，44：4844.
[20] Lanti Yang，Alberto Gomez-Casado，Jacqui F. Young，Hoang D. Nguyen，Jordi Cabanas-Danés，Jurriaan Huskens，Luc Brunsveld，Pascal Jonkheijm. J Am Chem Soc，2012，134：19199.
[21] Qi An，Jenny Brinkmann，Sven Krabbenborg，Jan de Boer，Pascal Jonkheijm. Angew. Chem. Int. Ed，2012，51：12233.

第5章 碳材料制备化学

5.1 碳材料简介

碳在整个宇宙中都大量存在。根据“大爆炸”理论，在宇宙诞生、膨胀、冷却过程中，最初的能量转化为物质、基本粒子形成并进一步产生氢，接着氢经过热核聚变形成氦，进而产生碳元素。在热核聚变及其他元素的形成过程中，碳具有不可或缺的作用。在整个宇宙中，碳的丰度列第6位，超过75%的已知星际分子中含有碳。表5-1列出了星际中已知的含碳分子的形态。同样，碳在地球上也广泛存在，其丰度列在第14位。地球上的碳大约90%以碳酸钙的形式存在。同时，碳是地球生命的基础，存在于所有动植物中，它们的腐化、分解形成了富碳物质如天然气、石油、泥炭、煤、合金碳等。地球上天然单质碳存在于金刚石、石墨、无烟煤矿中，但是天然优质金刚石、石墨矿非常稀少，大量的碳制品是人工合成的。

表5-1 宇宙中碳的形式

存在位置	分子结构	固态形式
星际环境	C^+、简单双原子分子、气象多环芳烃、短碳链	石墨、脂肪烃
富碳星云	CO、气象多环芳烃、C_2H_2	干冰(CO、CO_2、CH_3OH)
陨石	气象多环芳烃、C	碳化物、石墨粒子、洋葱碳、金刚石
红巨星、褐矮星	CO、含碳长链、复杂烃类	碳化硅、非石墨化碳、石墨

人工合成碳材料的出现大大丰富了碳材料科学的研究领域，随着我们对碳的物理、化学特性认识的深入以及现代工业发展的需求，除了传统的作为能源材料的煤、石油，以此为基础发展出来的许多碳材料已经成为现代工业中不可缺少的基本材料，如焦炭（冶金工业）、人造石墨（电极）、超纯石墨（核工业）、炭黑（轮胎、油墨）、热解石墨（航空、X射线衍射、导电、耐热件）、碳（石墨）纤维（航空、航天、体育用品）、活性炭（净化过程）、合成金刚石（电子、切削和磨具工业）、天然金刚石（珠宝）等。碳材料如此丰富，以致对其进行全面介绍几乎是不可能的，这里也只能针对性地进行描述。

5.1.1 焦炭

焦炭最初定义为生产电石灯的矿渣，随着工业上对焦炭应用的增多，其定义扩展到了对所有含碳物质高温裂解后得到的矿渣的定义，因此有石油焦炭、沥青焦炭等。含沥青的煤粉加湿后，在高温炉中缺氧加热到700～1000℃，其中20%～30%的质量变为气体排放出来，经过复杂的提纯工艺后，该气体成为主要组分为H_2、CH_4、CO的管道煤气组成部分；剩余的矿渣中，为碳90%，氢为1%，氧、氯合起来为4%，灰分约5%，其燃烧热为29～33MJ/kg。在冶金焦炭中的碳含量更高、灰分含量更少，是从所谓硬炭中提炼出来的。作为石化产业副产品的焦炭和沥青由于灰分含量更少而更为珍贵。另外，必要时可以将焦炭在1000～1400℃范围内灼烧以除去挥发性杂质。

焦炭主要用于冶金工业，起还原剂、发热剂和料柱骨架作用。炼铁高炉中采用焦炭代替木炭，为现代高炉的大型化奠定了基础，是冶金史上的一个重大里程碑。焦炭除大量用于炼铁和有色金属冶炼（冶金焦）外，还用于铸造、化工、电石，其质量要求有所不同。如铸造用焦，一般要求粒度大、气孔率低、固定碳高和硫分低；化工气化用焦，对强度要求不严，但要求反应性好，灰熔点较高；电石生产用焦要求尽量提高固定碳含量。

5.1.2 炭黑

炭黑通常是由小的球形颗粒组成的，主要利用燃烧的方法获得。由天然气制成的称“气黑”，由油类制成的称“灯黑”，由乙炔制成的称“乙炔黑”，此外还有“槽黑”、“炉黑”等。炭黑颗粒的大小按照制备方法不同在 10～500nm 之间。古代中国及印度很早就用木材不完全燃烧的方法来制造无法擦除的墨水，其主要物质就是炭黑。如今制备炭黑的方法是将火焰在水冷钢管内壁燃烧，得到的炭黑粒度约为 500～5000nm。同样，将芳香族石油火焰在锥形物下面不完全燃烧所制备的炭黑也是如此。但是这两种方法的产率只有 5%～10%。现在最广泛使用的方法为将碳氢有机物气体或液体不断加到正在燃烧的燃炉中不完全燃烧而成，通过控制空气和燃油的比例、燃烧温度及燃炉形状，可以制备得到粒度在 120～750nm 之间、产率为 25%～50%的炭黑。目前 80%的工业用炭黑是利用此方法获得的。该方法获得的炭黑小，大约 40%的粒度在 120～500nm。乙炔的分解为放热过程，利用乙炔作为原料时，只要在开始阶段将其加热到 800℃反应就可以自动进行。

炭黑中的颗粒由结晶程度很差的碳微粒组成，每个碳粒具有洋葱结构，中心为无序碳，外层可以层层剥离，层与层之间的距离为 0.35～0.36nm，即使经过 3000℃高温的热处理，层与层之间的距离仍大于 0.34nm，因此它们是非石墨化碳。在自身特性的作用下，通常炭黑或多或少聚集成一定大小、具有一定机械强度的刚性体。利用乙炔制备的炭黑尤其容易形成链状炭黑，并聚集得更大。炭黑的电学特征主要由粒子间的作用决定，因此无法获得单个炭黑颗粒的内在电学特性，在数十兆帕压力下，测得的电阻率值在 $10^4 \sim 10^{-1}\Omega\cdot cm$ 之间，温度升高，电阻率下降，具有半导体特征。炭黑的比表面积很大，具有大量表面自由基及自由团（多数被氧化）而具有极大的反应活性。

炭黑按用途不同，通常分为色素用炭黑、橡胶用炭黑、导电炭黑和专用炭黑。

5.1.3 膨胀石墨

将原子、分子、化合物等插入到石墨层间可得到石墨层间化合物，而石墨层间化合物经过高温处理后，会发生急剧分解，可将之称为可膨胀石墨。可膨胀石墨最早是在 1841 年由德国的科学家 Shafattl 将石墨浸在浓硝酸和浓硫酸中发现的，而后由美国 UCC 公司于 1963 年申请了制备密封材料的专利，于 1968 年投入生产并在 1970 年市场化。

当可膨胀石墨经过高温加热或微波辐射之后，吸附在层间点阵中的化合物会发生分解，相对于平面内石墨片层会沿着 c 轴方向大幅度的膨胀，膨胀度甚至可以达到数百倍，并在 1100℃左右体积达到最大值，生成蠕虫状的膨胀石墨。这种膨胀石墨具有低密度、耐高低温、高压缩回弹性、自黏性、自润滑性等特点，广泛应用于石油、化工、机械、冶金、轻纺、仪表、电子、核工业、宇航、军工、医药、交通、环保等很多领域。

5.1.4 热解石墨

热解石墨一般通过裂解碳氢有机物获得，用多晶石墨为衬底，在 800～2000℃的高温下裂解沉积得到，其性能与原材料、衬底温度、退火后处理等参数密切相关。由于热解石墨的沉积是非各向同性的，在衬底表面的锥形生长导致表面粗糙，其择优生长方向平行于衬底表面，从而获得高温石墨的物理性能具有强烈的各向异性，平行于表面的方向具有高的导热、导电能力，而在垂直方向很弱。热解石墨同时具有优良的气密性，它们的渗透性比人造石墨小 4～10 个数量级，因此沉积热解石墨薄膜可以有效地保护基材被腐蚀或氧化。热解石墨也用于作为碳纤维增强碳-玻复合材料的基材。

在大约 3000℃的高温下对热解石墨进行压力加工然后退火，能够大大提高石墨的各向异性，其 *f* 轴的取向误差小于 1°，晶粒尺寸提高到了微米级，尽管仍然属多晶结构，但是这种美国命名为 HOPG 的高度取向热解石墨的特性已经非常接近单晶石墨，而自然界的石墨单晶很少能到毫米级，因此 HOPG 被广泛用于基础科学研究。

5.1.5　人造金刚石

天然高品质金刚石矿非常稀少，因此天然金刚石一直是作为一种珍贵的珠宝和饰品而为人们所熟知的。但同时金刚石高硬度、良好的光学特性使其在工业应用中有着极大的发展潜力。因此人们一直在寻找制造人造金刚石的方法以替代天然金刚石。目前，人造金刚石的制造方法主要有两大类，分别为高温高压法和化学气相沉积法。高温高压法是 20 世纪 50 年代发展起来的，现在已经实现大规模工业化生产并且在磨料、磨具、切削等现代工业中占据了重要地位。高温高压法主要是模仿天然金刚石在自然界的形成过程，在一定温度下用冲击、爆炸等手段使无定形碳等原料受高压而改变分子结构，形成类似金刚石的构造。这种方法制备得到的金刚石的杂质含量较高而且只能生产粉状金刚石。化学气相沉积法是 20 世纪 80 年代开始为人们所重视和深入研究的，该方法可以实现大面积、高质量金刚石的制备，并正在工业化过程中，有望为金刚石在电子、光学、精密机械、半导体等领域的应用带来突破。

5.1.6　碳纤维及碳纳米管

早在 1879 年，以纤维素为前驱体制备得到的碳纤维已经商业化，当时的碳纤维作为灯丝来使用。后来，更耐用的钨灯丝的出现使得碳纤维的发展就此中断。直到 20 世纪 50 年代随着宇航、航空、原子能等尖端技术和军事工业的发展，碳纤维又重新以新型工业材料受到重视。碳纤维的制备方法主要分有机前驱体法和气相生长法两大类。前者是最先工业化的方法，采用有机纤维为原料，经纺丝、氧化、碳化、石墨化、表面处理、上胶、卷绕及包装，分别制得各种不同性能的碳纤维。在这种方法中，作为原料的有机纤维前驱体的质量对最终碳纤维的性能至关重要。气相生长碳纤维是利用低分子气态烃类在高温下与过渡金属(Fe，Co，Ni 或它们的合金)接触时通过特殊的催化作用从气相直接生成的一种碳纤维。气相生长碳纤维在拉伸强度、拉伸模量、延伸率、电阻率、耐蚀性、抗氧化性等方面都比有机纤维前驱体法制备的碳纤维优异。碳纤维是一种极具开发前景的新材料，被称为第四代工业原材料。其具有高冲击强度、高拉伸模量、低密度、耐高温、抗烧蚀、耐腐蚀、高电导和热导、低热膨胀、自润滑和生物相容性好等性能，在化工、轻纺、电子、原子能、宇航、军工、交通、环保等多个领域都有着广泛应用。

碳纳米管实质上就是纳米级的碳纤维，1991 年 Iijimas 首先在高分辨率电镜下发现在 C_{60}的产物中有纳米级碳的管状物存在，进而将其定义为碳纳米管。实际上，在气相生长法制备碳纤维的早期研究工作中就已经发现有直径很细（几十至几百纳米）的空心管状碳纤维，这些其实就是碳纳米管。但当时的注意力主要集中在更大尺寸的碳纤维上使得碳纳米管的发现被推迟了几十年。纳米碳管是继发现 C_{60}后的碳材料又一重大发现。目前，纳米碳管的制备多采用电弧放电法、催化裂解法、激光法、等离子喷射法、离子束法、太阳能法、电解法、燃烧法等多种方法。碳纳米管是一种具有高比强度、高比模量、高结晶取向度、高导电、高导热等性能的新型碳材料，有着一般有机系碳纤维所不能达到的性能和用途，既可作为复合材料的增强体，也可作为高附加值的功能材料使用，具有很大的工业应用潜力。被认为是今后极具发展前途的高性能、低成本、高附加值新型短纤维材料。

5.1.7 富勒烯

1970 年日本丰桥科技大学教授大泽映二发表了关于“超级芳香族”的文章，其中提到了以中央五元苯环的五苯并苯代替中央为六元苯环的六苯并苯，形成一种足球状的碳分子，论述了球面共轭的可能性。与此同时前苏联的科学家们也提出了 C_{60} 的结构及存在假设。到了 1985 年 Kroto 首次明确提出 C_{60} 的球形结构的文章，并将其命名为富勒烯（fullerence）。富勒烯是除了石墨和金刚石外碳的第三种同素异构体，实质上是一整个碳团簇 C_n 家族，家族成员包括 C_{20}、C[illegible]、C_{50}、C_{60}、C_{70}、…、C_{240}、C_{540} 等，上文提及的碳纳米管亦可以称为富勒烯家族的一员。

富勒烯家族中目前研究最多的是 C_{60}。C_{60} 有着非平面的 π 电子结构，这导致其方向性较小，有一定的反应活性，因而可进行氢化、氧化、卤化等多种反应，可以在其上接枝大分子、脱氢、改性，以便进一步利用。C_{60} 的电导率很低，近似于绝缘体，但同时也是 1.5eV 的直接跃迁式半导体。但是 C_{60} 在掺杂其他元素后常常表现出超导电的性质，是常温超导研究领域的希望所在。C_{60} 分子本身十分稳定，可在压力下变形并撤压后回弹，这使得 C_{60} 成为一种优良的润滑材料。

5.1.8 石墨烯

我们知道石墨是由石墨片层堆叠在一起形成的，石墨片层间由范德华力连接，因而很容易发生位移。在 2004 年以前，一个原子厚度的石墨薄片被认为是违反热力学定律而不可能存在的，而曼彻斯特大学的 Kemi 教授在实验室中制备出了一个原子厚度的石墨片层，并被命名为石墨烯。现在石墨烯指的是 5 个原子厚度以下的石墨片层，这些片层一直在做微观上的振动，因为其并不违反热力学定律而可以存在。一直以来，碳材料家族可以大体分为零维的富勒烯、一维的碳纳米管和三维的固态碳材料，二维的石墨烯一经发现就引起了极大的关注。石墨烯具有超出人们想象的优异性能，由于石墨烯表现出来的发展潜力，使得 Kemi 教授因此获得了 2011 年诺贝尔物理学奖。

5.2 一般碳材料制备化学

碳材料家族成员众多，其中包括宏观尺度的焦碳、金刚石、膨胀石墨、碳纤维及纳米尺度的碳纳米管、富勒烯和石墨烯。其中焦炭主要应用于高炉炼铁、机械铸造、电石生产、化肥化工制气等，真正用于材料制备的则是膨胀石墨、碳纤维及各种纳米碳材料。这些碳材料或作为填体成为复合材料的一部分，或者本身通过编织、模压等工艺成为密封材料、建筑材料等一系列生产生活中随处可见的产品。

5.2.1 碳纤维制备化学

碳纤维是一种比铝轻、比钢强、比人发细、含碳量大于 90％的纤维状碳材料。碳纤维具有高冲击强度、高拉伸模量、低密度、耐高温、抗烧蚀、耐腐蚀、高电导和热导、低热膨胀、自润滑和生物相容性好等优良性能。大多数碳纤维由不完全的石墨结晶沿纤维轴向排列而成，是由 sp^2 杂化组成的六角形网面层状堆积物，碳原子所组成的微晶是碳纤维的显微结构单元，层间距（d_{002}）约为 0.3360～0.3440nm，各平行层堆积不规则，缺乏三维有序排列，呈乱层结构；当碳纤维经过高温退火，经历 2500℃以上的高温，碳含量大于 99％，层间距随之减小，说明碳原子已出乱层结构向三维有序的石墨结构转化，形成类石墨结构。这两类纤维在中国和美国按热处理温度的不同分为碳纤维和石墨纤维，而在日本和欧洲则习惯统称为碳纤维。碳和石墨纤维层面主要是以碳原子共价键相结合，而层与层之间是以范德华力相连接，因此它们是各向异性碳材料。

碳纤维经过18世纪初被发明用来替代灯丝后，目前广泛应用于纺织、材料、军事、宇航、原子能等各个领域。自碳纤维伴随航天科技而开始大规模发展以来，其产量平均每年均以15%以上的速度增长，到1990年时统计世界碳纤维总产量为10496t。之后为了适应一般工业用碳纤维的需求，碳纤维产业转向大丝束方向发展并将生产规模从百吨级扩大至千吨级规模，其主要目的是降低成本，拓宽应用领域，这促使碳纤维成为一般工业用原材料。1998年统计的碳纤维总产能为37050t，其中聚丙烯腈基为33500t、沥青基为3550t(见表5-2和表5-3)。

表5-2　世界主要厂家聚丙烯腈基碳纤维生产能力

CF类型	生产厂家	碳纤维生产能力/(t/a)			
		1997年	1998年	1999年	2000年
小丝束(1K、3K、6K、12K)	东丽集团	3700	5500	7300	7300
	东邦集团	3700	5100	5100	5100
	三菱人造丝集团	1900	3400	3400	3400
	台湾塑胶	1000	2000	3300	3300
	Amoco	1210	1900	1900	1900
	Hexcel	1715	1800	1800	1800
	小计	13025	19700	22800	22800
大丝束(24K、48K、360K)	ZOLTEK	3600	8600	14600	18500
	AKZO FORTAFIL	2100	2100	3500	3500
	SGL	2400	2700	2700	2700
	ALDILA	0	400	1000	1000
	小计	8100	13800	21800	25700
总　计		21125	33500	44600	48500

表5-3　世界主要厂家的沥青基碳纤维生产能力

品种	生产厂家	生产能力/(t/a)	备注
各向异性碳纤维	三菱化学	500	长丝
	日本石墨纤维(NGF)	120	长丝
	Betoca	1300	短纤维
	Amoco(美)	230	长丝
	小计	2150	
各向同性碳纤维	吴羽化学	900	短纤维
	Donac	300	短纤维
	鞍山东亚碳纤维有限公司	200	短纤维
	小计	1400	
沥青基碳纤维	总　计	3550	

按照制造工艺和原料的不同，碳纤维可以分为有机前驱体法和气相生长法碳（石墨）纤维两大类；其中气相生长法中发现的碳纳米管由于其有异于一般碳纤维的特性而成为一种单独的碳纤维材料。

5.2.1.1　有机前驱体法制备碳纤维

有机前驱体法即采用有机纤维为原料，经过一系列前处理后将其碳化，收集得到碳纤维的方法，其工艺流程如图5-1所示。有机前驱体法制备碳纤维的质量、品种和成本80%取决于纤维前驱体，例如聚丙烯蜡基，20 世纪 60 年代开发初期采用民用均聚原丝，碳丝性能为通用级产品，其拉伸强度(σ)约为 1.0GPa，70 年代选用共聚专用原料，碳丝性能大幅度提高，拉伸强度达到 2.5～3.0GPa，80 年代原丝出现超纯、细化、高结晶、高取向、高强度的聚丙烯腈原丝，另外表面还经特殊处理，采用上述原丝为原料，碳纤维性能达高强型和高强、高模型系列。目前工业上主要应用的前驱纤维包括聚丙烯腈纤维、沥青纤维和黏胶纤维。

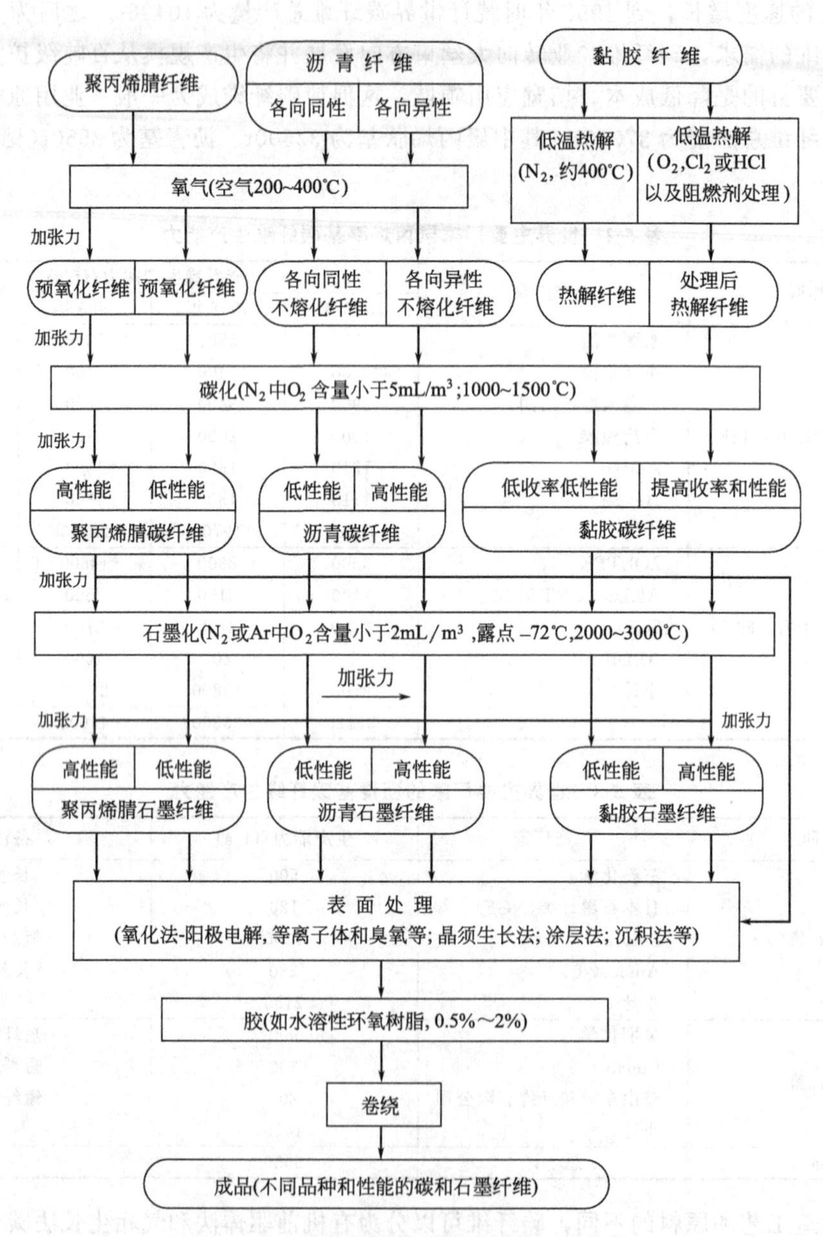

图 5-1 有机前驱体法制备碳纤维工艺流程

(1) 聚丙烯腈基碳纤维制备化学 聚丙烯腈基碳纤维制备的碳纤维化学反应历程及结构分述如下：聚丙烯腈纤维在小于 400℃的空气中氧化，使得线性高分子发生交联、环化、氧化、脱氢等化学反应，形成热稳定性好的梯形高分子结构，在氮气保护下，随着温度升高，进一步发生交联、环化、缩聚、芳构化等化学反应，形成芳环平面等规则的堆积体，呈乱层结构，见图 5-2。从最初的聚丙烯单体到最后的碳纤维，其中经过前驱体制备、改性、氧化及碳化等阶段。由于碳纤维的质量主要取决于前驱体的质量，因而前驱体的制备及改性就显得尤为重要。

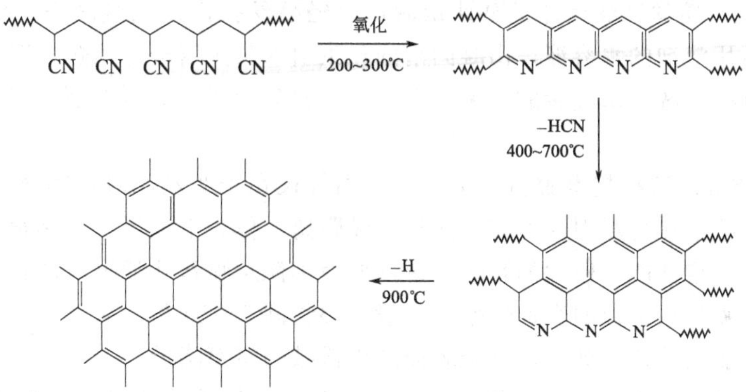

图 5-2　聚丙烯腈基碳纤维制备流程

①前驱体的聚合。目前民用的聚丙烯腈纤维多为均聚产物，均聚聚丙烯腈进行稳定化时，环化反应是自由基反应，反应迅速，大量反应热快速释放，不容易控制，甚至引起分子链断裂，导致碳纤维性能劣化，所以碳纤维用聚丙烯腈一般是丙烯腈的共聚体。

常用的碳纤维用聚丙烯腈在聚合过程中一般加入共聚单体，选择适当的共聚单体可降低稳定化环化反应的初始温度和活化能。共聚聚丙烯腈的环化反应由自由基反应转变为离子反应，降低了环化反应的初始温度，并减缓了反应速率。另外，稳定化时有酸或酸酐存在时，它们可作为增塑剂，减小纤维的屈服应力，增加纤维的可塑性，提高纤维的牵伸比，使纤维细化，提高最终碳纤维的强度、模量。碳纤维用聚丙烯腈添加第二、第三单体的目的主要是为了稳定化的顺利进行，促进氰基打开进行环化反应，从而使聚丙烯腈氧化过程的热效应缓和。常用的共聚单体有烯烃类酸（如丙烯酸、衣康酸、甲基丙烯酸等）、烯烃类酯（如甲基丙烯酸酯）、胺（丙烯酰胺）、铵盐（氨基乙基-甲基丙烯酸季铵盐）。三菱公司采用甲基丙烯基丙酮与丙烯腈共聚的树脂，经纺丝、氧化和碳化得到 5.34GPa 的拉伸强度的碳纤维；寺西伸秀、佐腾宏等人选用二丙酮丙烯酰胺与丙烯酸酯共聚的树脂纺制的原丝，经氧化碳化后可得到拉伸强度为 5.83～8.74GPa 的碳纤维；寺西伸秀还用乙烯基吡咯烷酮与丙烯腈共聚的树脂制得拉伸强度 6.80GPa 的碳纤维。

制备聚丙烯腈共聚物的聚合方法主要有两种。

a. 溶液聚合。溶液聚合是比较成熟的制备聚丙烯腈聚合物的一种方法，在民用聚丙烯腈纤维制备中广泛应用。它的优点是制备的聚丙烯腈纤维环化温度低，而且原丝分子缺陷少。另外，除去未反应的丙烯酸酯单体的溶液可以直接作为添加剂使用。溶液聚合的缺点是有时需要使用有机溶剂，所制备的聚丙烯腈共聚物分子量较低，影响最终碳纤维的力学性能。

b. 悬浮聚合。悬浮聚合是用溶剂和水的混合物作为聚合反应的介质，可以用偶氮二异丁腈（AIBN）作为引发剂，日本三菱人造丝公司就有相关专利。M. Minagawa 等研究发现提高聚合介质中水的含量有利于聚合物分子量的提高。悬浮聚合法聚合转化率高，聚合时间短，得到的聚丙烯腈聚合物分子量高，而且分子缺陷少，稳定化初始温度低，特别适合制备性能优异的碳纤维用聚丙烯腈原丝。

②聚丙烯腈纤维纺丝。由于聚丙烯腈聚合物的熔融温度高于分解温度，所以聚丙烯腈均

聚物不能用熔融方法纺丝。因此，聚丙烯腈纤维大多采用湿纺法。为进一步提高聚丙烯腈纤维性能，研究者不断改进湿法纺丝，发展了干喷湿纺法和干纺法。后来通过聚丙烯腈与其他聚合物共混实现了熔融纺丝。

a. 湿法纺丝。纺丝原液经计量泵计量后，再经喷丝孔而进入凝固浴，凝固浴一般为制备纺丝原液时所用溶剂的水溶液。出凝固浴的丝束引入预热浴进行预热处理和预牵伸，然后进入水洗槽中进行水洗，水洗后的丝束在牵伸浴中进行牵伸。牵伸后的丝束经上油浴上油，经干燥致密后成丝。

b. 干喷湿纺法。这种技术脱胎于湿纺，区别仅仅在于纺丝原液从喷丝板喷出后不直接进入凝固浴，在喷丝孔与凝固浴上方之间有一段距离，称为空气层，虽然很短（约 10mm），但对纺丝工艺和纤维性能有极大的影响。纺丝原液细流从喷丝孔喷出后，先经过空气层，这样就大大提高了喷丝头部位的牵伸倍率，一般比湿纺高 5～10 倍，从而使入口效应与法向效应叠加所产生的胀大效果降低，使纤维表面产生褶皱的概率降低。

c. 干纺法。干纺一般是将聚丙烯腈溶于二甲基甲酰胺或二甲基乙酰胺中，原液浓度控制在 25%～30%，经过滤、脱泡后被预热。已预热到规定温度的原液，经喷丝板喷入具有加热夹套的纺丝甬道中，甬道中通入一定流动速度的热空气并控制其温度，然后进行牵伸。干法纺丝的优点在于速度较快，而缺点是喷丝板孔数比湿纺少，一般为几百到几千孔，而湿纺可达到 10 万孔以上。

d. 熔融法。由于聚酰胺的熔点比分解温度要高，所以单纯的聚酰胺无法通过熔融的方法加工成型。但是如果向聚酰胺聚合物中加入增塑剂或共聚单元，降低聚合物的熔点，则可实现熔融纺丝。

③聚丙烯腈纤维改性。为了提高最终碳纤维的性能，需要对原丝进行处理改性，以进一步改善元素性能，改性方法如下：

a. 有机涂层改性。这种方法简单，早期应用较多。将润滑剂、抗静电剂、乳化剂等有机物涂在原丝表面，在原丝碳化过程中可以起到防止缠绕、熔并及金属黏附的作用，稳定和改善碳化工艺，进而增强碳纤维性能。

b. 化学试剂修饰。采用路易斯酸、有机碱、无机物等作为催化剂促进环化反应的进行。原丝化学修饰一般是将聚丙烯腈原丝浸渍在酸、碱、盐等溶液中，目的是通过降低稳定化反应活化能来缩短稳定化反应时间。不仅能改善聚丙烯腈环化动力学而且可以除去纤维中的缺陷，提高碳纤维力学性能。

④聚酰胺纤维稳定化。聚丙烯腈纤维是线性高分子，它的耐热性较差，将它放在高温下热处理会分解，不会得到碳纤维。若在温度较低的含氧气氛中加热（180～300℃），气氛中的氧会促进聚丙烯腈线性分子结构发生变化，生成带有共轭环的梯形结构，提高了聚丙烯腈热稳定性，使其能经得起高温碳化处理，得到碳纤维，达到稳定化的目的。

纤维的稳定化是在稳定化炉中进行，在含氧气氛中（空气、CO_2、SO_2、NO_2 等）缓慢加热，升温速度、处理时间及最终处理温度根据聚丙烯腈组成、纤度等严格控制。一般升温速度在 1～2℃/min，为了使纤维中形成的梯形结构进一步取向，在稳定化阶段带要施加张力。稳定化过程中发生了复杂的化学反应，包括环化降解、脱氢、氧化反应等，聚酰胺纤维稳定化示意如图 5-3 所示。脱氢反应在环化反应前和环化反应后都将持续进行。稳定化过程中纤维颜色由白变黄，最终变成棕黑色。

⑤碳化。碳化是碳纤维形成的主要阶段。稳定化后的聚丙烯腈纤维在惰性气体保护下通过碳化炉，碳化炉温度一般为 1300～1600℃，在此温度下，纤维中的非碳元素如 N、H、O

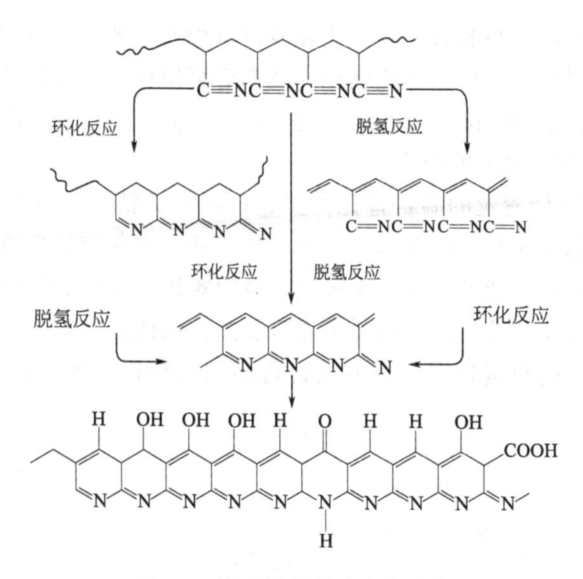

图 5-3　聚酰胺纤维稳定化示意

等从纤维中排出去。碳化温度可分为两个区域，即 600℃以下的低温区域和 600℃以上的高温区域，温度不同，发生的化学反应有所区别。在低温区，分子间产生脱氢、脱水而交联，生成碳网结构，末端链分解放出 NH_3。稳定化过程中未环化的—CN 也可产生分子间交联，生成 HCN 气体。在高温区，环开裂，分子间交联，生成 HCN、N_2，碳网平面扩大(图 5-4)。随着温度升高，纤维中的氮含量逐渐减少。

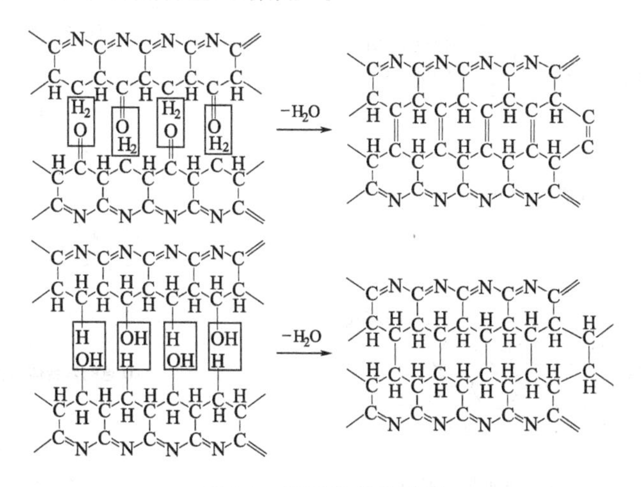

图 5-4　碳纤维碳化示意

⑥石墨化。聚丙烯腈碳化后所得到的碳纤维一般具有较高的强度，可以满足通用级碳纤维的要求。但如果要获得较高模量的碳纤维，还需要在更高的湿度下处理碳化后的纤维。一般将经 2000℃以上温度处理得到的碳纤维称为石墨纤维或高模碳纤维。碳化后的碳纤维结构中微晶较小，取向度低，而石墨化后晶体尺寸增大，取向度增加，因此模量提高，但强度降低。

(2) 沥青基碳纤维制备化学　沥青基碳纤维有着聚丙烯腈碳纤维所不具有的性能，尽管聚丙烯腈基碳纤维在模量 220GPa 时表现出很优异的拉伸强度，但强度随着理论模量的增加而降低，而拉伸模量的最高限为 700GPa 左右。沥青基碳纤维的拉伸模量可以达到石墨理论拉伸模量的 95%以上（理论拉伸模量 1020GPa），而且导热、导电性能优于聚丙烯腈基碳纤维。沥青基碳纤维与聚丙烯腈基碳纤维有着性能互补的作用，各自适用于不同商业需求。

沥青的原料来源丰富而且廉价，是石油及煤化工的副产品（如石油精制残渣、石油渣油、煤焦油、煤沥青及溶剂精制煤）及一些纯芳烃（如萘、蒽）。通过溶剂改性、加氢改性、热改性及催化改性，可以精制得到适宜软化点及良好可纺性的各向同性和各向异性沥青。然后，经过熔纺、稳定化、碳化、石墨化、表面处理及上胶，分别制得通用级碳纤维（GPCF）和高性能碳纤维（HPCF）。

① 前驱体的制备。沥青丝的制备首先需要进行沥青的精制。由于沥青是煤化工的副产品，通常含有一些固态杂质和一些喹啉不溶物。加热后，它很容易生成中间相，使得很难形成良好流变性和可纺性的连续各向异性大区域，也很难形成均质的各向同性沥青。含有这种中间相的纤维易生成裂纹和孔洞，导致纤维质量变差。因此，必须通过用溶剂精制、热过滤法，真空蒸馏法或(和)副膜蒸发器法等方法进行精制已获得主要由烃类分子构成的精制沥青，如图 5-5 所示。

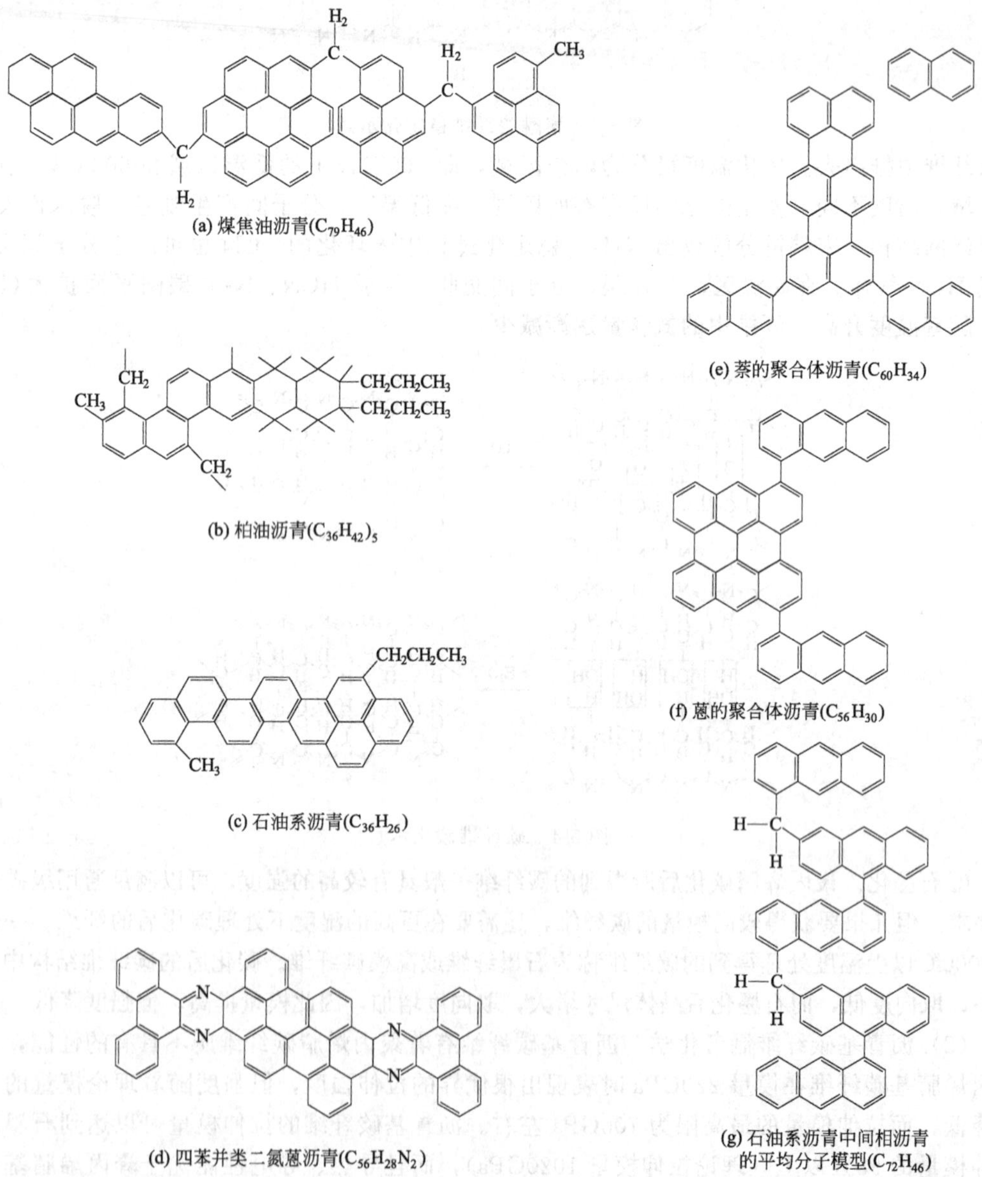

(a) 煤焦油沥青($C_{79}H_{46}$)

(e) 萘的聚合体沥青($C_{60}H_{34}$)

(b) 柏油沥青($(C_{36}H_{42})_5$)

(f) 蒽的聚合体沥青($C_{56}H_{30}$)

(c) 石油系沥青($C_{36}H_{26}$)

(g) 石油系沥青中间相沥青的平均分子模型($C_{72}H_{46}$)

(d) 四苯并类二氮蒽沥青($C_{56}H_{28}N_2$)

图 5-5 沥青基碳纤维制备示意

精制后的沥青经过改性，可以通过熔融法制备得到沥青丝。熔融纺丝是实现沥青成纤的过程，纺丝成型的好坏将直接影响沥青纤维的均匀性、细度和断面结构，沥青纤维越韧，而且具有洋葱皮结构，其产品拉伸强度越优。

② 稳定化。沥青是热塑性物质，未经稳定化不能在氮气中碳化，这是因为沥青纤维在高温下不能保持纤维形状而会软化、熔融。在碳化前，必须氧化处理将其从热塑性变为热固性，氧化可以在气相和液相中进行。气体可以是氧气、臭氧、空气、氧/氯（40/60）混合气及其他氧化气氛。液相可以是硝酸、硫酸、高锰酸钾、过氧化氢等氧化性液体。氧化处理的方法很多，但最普遍的是空气氧化法，它可以降低成本和减少污染。

在稳定化过程中，沥青发生了脱氢、交联、环化等化学反应，放出了 CO、CO_2、H_2O 及小分子烃类化合物，形成了耐热型的酸酐或碳基氧桥结构（如图 5-6 所示）。在稳定化完成后沥青纤维由热塑性变为热固性，因而沥青氧化纤维在碳化过程中方能保持纤维形态。

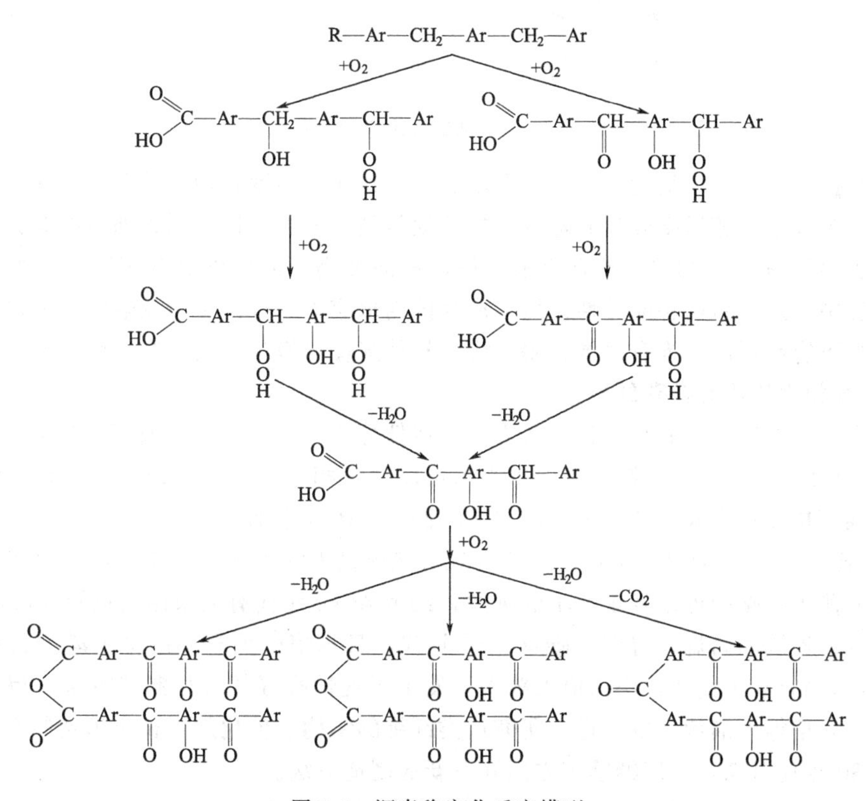

图 5-6　沥青稳定化反应模型

③ 碳化。稳定化之后的沥青纤维必须在氮气保护下继续加热，使纤维内部进一步发生交联、环化、缩聚以及芳构化等反应，脱除 H、O、N 等非 C 原子及放出 CO、CO_2、CH_4、水分、H_2、NH_3 以及重碳氢化合物，致使纤维中缩合芳环平面不断成长，形成主要由碳元素组成的芳环二维平面网状类石墨结构的沥青碳纤维，呈乱层结构。碳化的目的在于减去杂原子，形成碳含量大于 96%的乱层类石墨结构，以及提高最终制品的力学、电、热学性能。在碳化过程中，当温度<800℃时，纤维中芳香片层发生进一步交联、环化和缩聚，放出 H_2O、CO、H_2、CO_2，NH_3 焦油，即进一步脱除 H、N、O 等杂原子，稠环芳环片层增大。随着温度上升（1000～1600℃），非碳原子继续脱除，经过缩聚和芳构化形成乱层类石墨结构，其化学结构变化见图 5-7。

④ 石墨化。沥青基碳纤维的性能在 2000～3000℃热处理后有很大变化，中间相沥青基

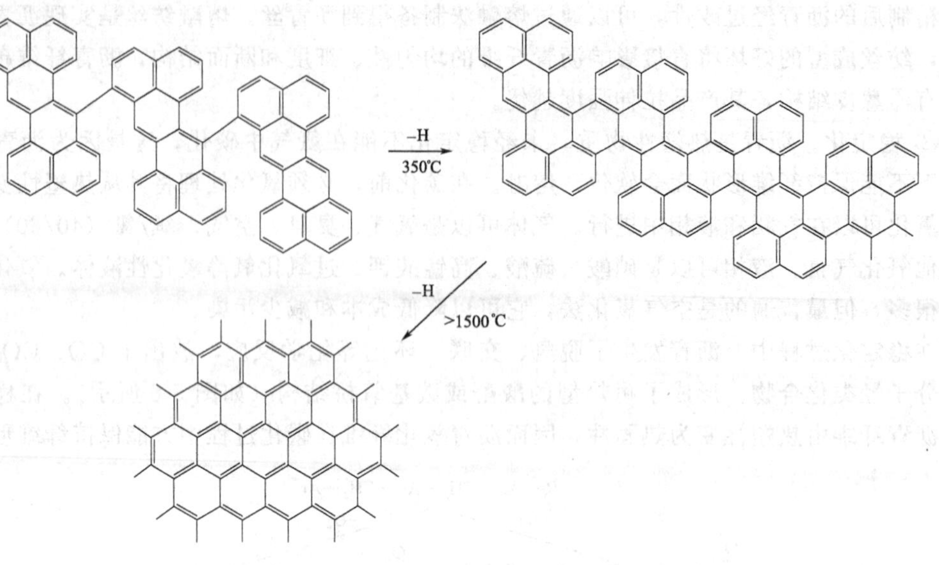

图 5-7 沥青基碳纤维稳定化示意

石墨纤维的拉伸强度和模量随温度升高而增加，但在相同温度处理条件下，各向同性沥青基石墨纤维的拉伸强度随温度升高而降低，拉伸模量稍为增加。这是因为沥青纤维芳环片层大且规整，当温度高于1800℃，芳香层堆积好，取向度高，因此微晶有序度迅速增加，在微晶生长过程中，片层结构各向异性扩展形成强的内部应力，致使位错及缺陷消失，微晶进行重排，沥青更容易形成三维有序类石墨结构，拉伸强度与模量随温度升高而上升。

5.2.1.2 气相生长法制备碳纤维

气相生长法是碳纤维的另一种制备方法，在低分子气态烃类的高温下与过渡金属如 Fe、Co、Ni 或合金接触时，通过特殊的催化作用可以从气相直接生成碳纤维。这种方法制备得到的碳纤维其拉伸强度和拉伸模量比前驱体法制备的碳纤维都要强。

19 世纪 80 年代人们研究甲烷、乙炔等烃类热解及 CO 的歧化反应时，发现在催化剂表面的炭黑或薄膜状碳中可以发现细小的碳丝，20 世纪 40 年代有人采用石英管反应器 1200℃下裂解甲烷、乙烷和丙烷，得到了碳丝。60 年代，日本信州大学小山恒夫教授进行了大胆的研究工作，到 70 年代初，小山恒夫等人开发了再现性很好的气相制造方法，得到的收率较高。远藤守信等人继续开发，重点研究这类纤维的结构、催化剂生长机理及制造方法的改进。直到 80 年代以来，人们继续多方面开发新的制造方法。

气相生长碳纤维是采用低碳烃类，单、双环芳烃等原料与催化剂、氢气及载气在 1100～1400℃下进行反应制备得到碳纤维，再经 2000～3000℃处理获得石墨结构。通常使用基板法。

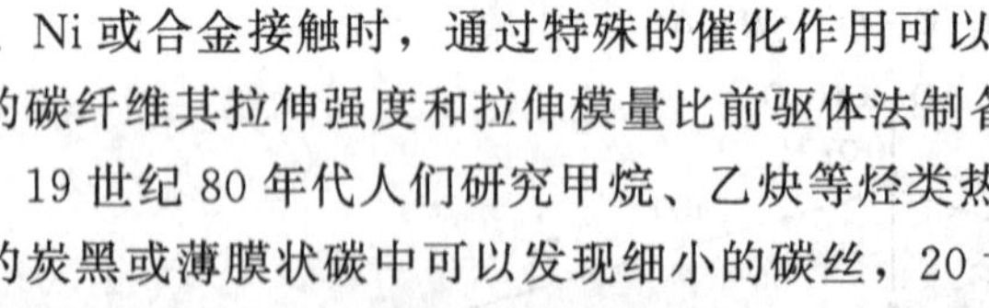

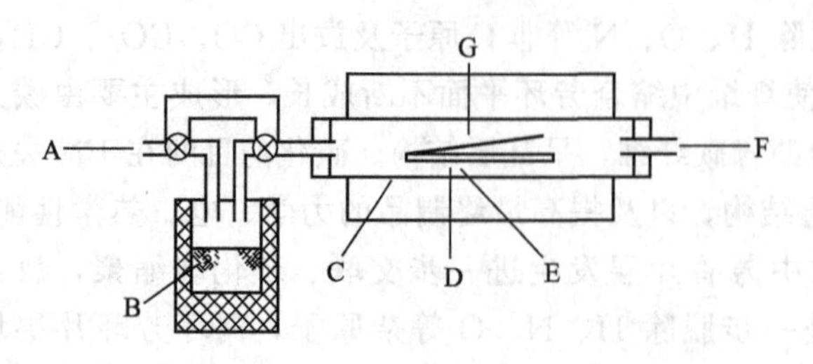

图 5-8 基板法气相生长制备碳纤维的装置

A—H_2；B—烃类；C—陶瓷管；

D—基板；E—加热炉；F—尾气；G—碳纤维

基板法气相生长制备碳纤维的装置如图 5-8 所示。

在这种制备方法中，基板一般为陶瓷板或石墨板，预先将催化剂分布在基板上，然后将基板放入反应器中，在温度 600～1100℃下将氢气和气相烃类混合物导入反应器中进行催化热解反应，催化剂上即可产生大量的碳纤维。

(1) 铁系催化剂　一般原料选用苯、甲苯、轻油等，载气选用氢气、氩气、氦气等，经充分干燥后在超微铁系金属微粒的催化下进行反应。微粒以乙醇调制成黏稠物涂抹在基板上，使得在反应过程中与烃类气体充分接触。铁系催化剂生成的一般为直线型碳纤维，生长速度一般为 1mm/min，直径为 1～100μm，长度在 200mm 以上。如采用活动基板可以实现连续化制备。

(2) 镍系催化剂　镍系催化剂与铁系催化剂类似，但镍系催化剂常常包括其他助催化剂，其中包括镍箔-PCl_3 体系、镍粉-噻吩体系。助催化剂的不同会导致生长速率的不同。而与铁系催化剂不同的是，镍系催化剂制备得到的是螺旋型碳纤维。

5.2.2　膨胀石墨制备化学

膨胀石墨是石墨层间化合物受热克服石墨层间作用力膨胀而形成的蠕虫状矿物材料，石墨层间化合物的膨胀是一个相转变的过程。根据热源不同，石墨层间化合物膨胀制备膨胀石墨可分为高温膨胀法、微波法、激光法和爆炸法。

(1) 高温膨胀法　高温膨胀法是一种传统的使石墨层间化合物膨胀的方法。此方法是将石墨层间化合物放入耐高温的石英烧杯中，置于预设温度的高温炉中处理十几秒后取出，高温膨胀法具有反应时间短、反应温度高的特点，采用高温膨胀法制备的膨胀石墨孔隙率高、孔径大。

(2) 微波法　微波法使石墨层间化合物膨胀的机理和膨胀效果不同于高温膨胀法。微波法是利用天然石墨较好的导电性能，通过微波处理在天然石墨内部产生很强的涡电流作用而产生很快、很强烈的热效应使得石墨层间化合物膨胀。此方法具有操作简单、设备成本低的特点，所制备的膨胀石墨孔径小(≤100nm)、孔径分布窄、结构均匀。

(3) 激光法　近几年，随着激光技术的飞速发展，其广泛应用于材料制备与结构表征等方面。激光法因具有较高的升温速率(10^4～10^8℃/s)而被应用于激发石墨层间化合物的膨胀。采用此法制备的膨胀石墨膨胀体积明显高于其他方法，而缺点在于仪器设备成本高，不易于普遍应用。

(4) 爆炸法　爆炸法是一种特殊的制备膨胀石墨的方法，与其他制备膨胀石墨方法相比，其明显的区别在于没有中间产物石墨层间化合物的生成。爆炸法是直接将天然鳞片石墨与氧化剂、插层剂和膨胀剂共混，然后在高温条件下发生爆炸式膨胀制备膨胀石墨。该方法虽然制备过程简单、可设计性强，但是对所需设备要求较高、膨胀石墨的产物纯度也较低。

5.3　碳纳米管纳米材料制备化学

碳纳米管是碳材料家族中一个重要的成员。1991 年，Iijima 首次在高分辨率电镜下发现在 C_{60}的产物中有纳米级碳管状物的存在，并将其定义为碳纳米管（CNT），随后在 1993 年又首次得到了单壁碳纳米管。这成为继 C_{60}后碳材料又一个重大发现，立即在科学界引起极大的轰动。此后的十多年间，碳纳米管被众多研究小组认为是一种新世纪的高性能材料而被广泛研究，用不同方法制备得到。

5.3.1　电弧放电法制备碳纳米管

通过石墨电极间直流放电是最初制备碳管的方法。后经过优化工艺，现在每次可以得到克量级的碳纳米管，工艺简图如图 5-9 所示。

在真空反应腔中充满惰性气体或氢气，采用较粗大的石墨棒为阴极，细石墨棒为阳极，

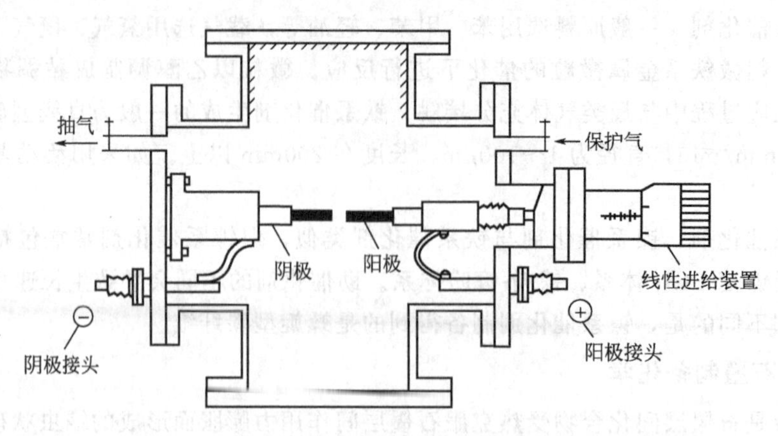

图 5-9 电弧法制备碳纳米管设备

在电弧放电的过程中阳极石墨棒不断被消耗，同时在石墨阴极上沉积出含有碳纳米管的产物。

在采用石墨电弧法合成碳纳米管时，工艺参数的改变将大大影响碳纳米管的产率。Smalley 等人把阴极改成可以冷却的铜电极，再接上石墨电极，避免了产物沉积时因温度太高而造成碳纳米管的烧结，从而减少了碳纳米管的缺陷及非晶碳在其上的黏附。Wang 认为，惰性气体在形成碳纳米管时主要起冷却作用，而氢气具有更高的热导率，且可以与碳形成 C—H 键，并能刻蚀非晶碳，因此他用氢气代替惰性气体，合成了更加纯净的碳纳米管。同时他还发现，生长碳纳米管所需的最低氢气分压小于采用氦气的分压。为提高碳纳米管的产率除了改变上述电弧反应条件外，改变阳极组成或直径，或在石墨电极中添加 Y_2O_3 等，也有很好的效果。在阳极石墨棒中间打洞，然后添加金属元素，如铁、钴、镍和铂等能有效地提高碳纳米管的产率。

除了改变电极外，改变不同的电弧介质可以起到简化工艺流程的作用。除了惰性气体之外，液氮和水溶液都曾被用来制备碳纳米管。

5.3.2 激光蒸发法制备碳纳米管

在碳纳米管之前，C_{60} 就是在激光蒸发石墨靶过程中被发现的。因此，在碳纳米管被发现后 Small 等人即尝试使用激光蒸发法制备碳纳米管，通过激光蒸发过渡金属与石墨的复合材料棒制备出多壁碳纳米管，他们还采用类似的实验设备，实现了单壁碳纳米管的批量制备。其主要设备如图 5-10 所示，在充满氩气氛围的环境中，在 1200℃下，由激光束蒸发石墨靶，流动的氩气使产物沉积到水冷铜柱上，从而得到碳纳米管。

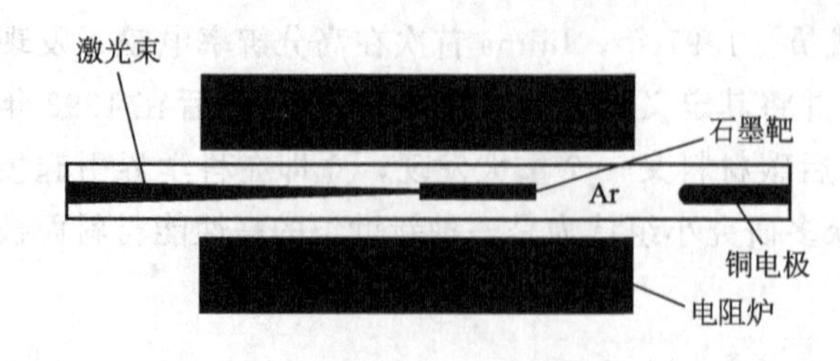

图 5-10 激光蒸发法制备碳纳米管装置

一般来说，碳纳米管要比相应的球状富勒烯稳定性要差，因此必须要在一定的外加条件才能生成，例如强电场、催化剂金属颗粒、氢原子或者低温表面，以使其一端开口而利于生长。实验结果表明，多壁碳纳米管是激光蒸发环境中纯碳蒸气的固有产物。在碳纳米管生长过程中，端部层与层之间的边缘碳原子可以成键，从而避免端部的封口，这是促使多壁碳纳米管生长的一个重要内在因素。

5.3.3　化学气相沉积法制备碳纳米管

化学气相沉积法制备碳纳米管和上文中气相法制备碳纤维的过程类似。Yacaman 等最开始采用铁和石墨颗粒作催化剂，在常压、700℃下分解体积分数为9%的乙炔/氮气(流量为150mL/min)，获得了长度50μm、微观结构和直径与 Injima 报道结果相类似的碳纳米管。另外，分解其他气体，如乙烯、苯蒸气等也成功地获得了碳纳米管。气相沉积法制备碳纳米管常用的工艺设备简图如图5-11所示。

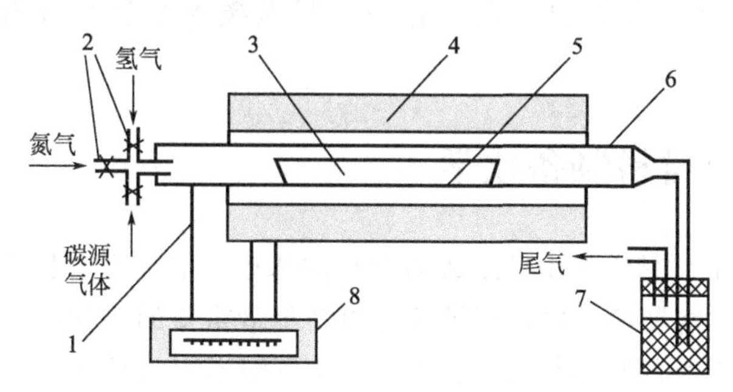

图5-11　气相沉积法制备碳纳米管装置简图

1—热电偶；2—流量计；3—石英舟；4—电阻炉；
5—催化剂；6—石英反应管；7—洗瓶；8—温度控制器

在催化裂解碳氢化合物气相沉积制备碳纳米管的工艺中，作为催化剂的金属元素有铁、钴和镍等。研究表明，多壁碳纳米管的直径在很大程度上取决于催化剂颗粒的直径，因此通过催化剂种类和粒径的选择及工艺条件的控制，可以获得纯度较高、尺寸分布均匀的碳纳米管。该工艺适于工业大批量生产，但制备的碳纳米管存在较多的结晶缺陷，常常发生弯曲和变形，石墨化程度较差，这些缺点对碳纳米管的力学性能及物化性能会有不良的影响。因此对这种方法制备的碳纳米管采取一定的后处理是必要的，如高温退火处理可消除部分缺陷，使管身变直，石墨化程度得到改善。

5.3.4　其他制备方法

(1) 热解聚合物法　通过热解某些聚合物或有机金属化合物也可得到碳纳米管。Cho 等人将柠檬酸和甘醇聚酯化，并将得到的聚合物在400℃空气中加热8h，然后冷却至室温，得到了碳纳米管。这种方法中热处理温度是关键因素，聚合物的分解可能产生碳悬键并导致碳的重组而形成碳纳米管。在420～450℃下用镍作为催化剂，氢气氛围中热解粒状的聚乙烯，也可合成碳纳米管。San 采用在900℃下的氩气和氢气中热解二茂铁、二茂镍和二茂钴，也得到了碳纳米管。这些金属化合物热解后不仅提供了碳源，同时也提供了催化颗粒，其生长机制与气相沉积法相似。

(2) 火焰法　通过燃烧低压碳氢气体可得到宏观量的 C_{60}/C_{70} 等富勒碳，同时也发现了碳纳米管及其他纳米结构。Richter 等人通过对乙炔、氧和氢气的混合气燃烧后的炭黑进行检测，观察到附着大量非晶碳的单壁碳纳米管。Daschowdhury 等人在苯、乙炔和乙烯同氧及惰性气体的混合物燃烧后的炭黑中也发现了纳米级的球状物和管状物。对火焰法中纳米结构的生长机理目前还没有很明确的解释。

(3) 离子(电子束)辐射法　Chemozatonskii 等人通过电子束蒸发覆在硅基体上的石墨合成了直径为10～20nm 的沿同一方向排列的碳纳米管。Yamamoto 等在高真空条件下(5.33×10^{-3}Pa)用氩离子束对非晶碳进行辐照得到了10～15层厚的碳纳米管。

(4) 电解法　Hsu 等人以熔融碱金属卤化物为电解液，以石墨棒电极，在氢气气氛中通过电解方法合成了碳纳米管及葱状结构。电解电压、电流、电极浸入电解液的深度和电解时间等是影响产物性质的几个重要因素。

(5) 金属材料原位合成池　在上述方法中，碳纳米管是在碳、碳氢气体和金属碳流的自由空间中合成的。俄罗斯的 Chemozatonskii 等人在检测粉末冶金法制备的 Fe-Ni-C、Ni-Fe-C 和 Fe-Ni-Co-C 合金时，在微孔洞中发现了富勒烯和单壁碳纳米管，并由此提出了相应的生长机制。该方法虽然奇特，但对金属基碳纳米管复合材料的研究具有重要的价值。

5.4 富勒烯纳米材料制备化学

富勒烯 (Fullerene) 是完全由碳组成的中空的球形、椭球形、柱形或管状分子的总称。其中 C_{60} 是最早发现的富勒烯，也是富勒烯类材料里最重要的一种。本节重点介绍 C_{60} 这种材料。碳纳米管也是典型的富勒烯材料。由于关于碳纳米管的研究非常广泛和重要，本教材将其独立为一节进行详细介绍。

5.4.1 C_{60} 简介

C_{60} 分子是一种由 60 个碳原子构成的分子，它形似足球，因此又名足球烯。它具有 60 个顶点和 32 个面，其中 12 个为正五边形，20 个为正六边形。其相对分子质量约为 720。

处于顶点的碳原子与相邻顶点的碳原子各用近似于 sp^2 杂化轨道重叠形成 σ 键，每个碳原子的三个 σ 键分别为一个五边形的边和两个六边形的边，整个分子为球状（如图 5-12 所示）。每个碳原子用剩下的一个 p 轨道互相重叠形成一个含 60 个 π 电子的闭壳层电子结构，因此在近似球形的笼内和笼外都围绕着 π 电子云。分子轨道计算表明，足球烯具有较大的离域能。C_{60} 具有金属光泽，有许多优异性能，如超导、强磁性、耐高压、抗化学腐蚀，在光、电、磁等领域有潜在的应用前景。

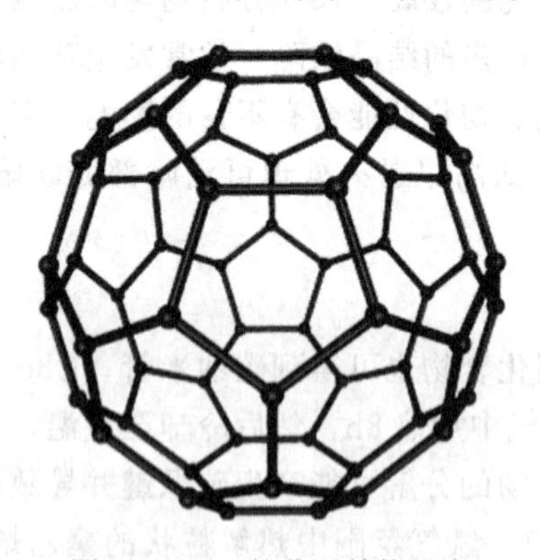

图 5-12　C_{60} 的分子结构示意

C_{60} 的发现最初始于天文学领域的研究，科学家们首先对星体之间广泛分布的碳尘产生了兴趣。这些尘埃土中包含着呈现黑色的碳元素粒子。后来英国的克罗脱为了探明红色巨星产生的碳分子结构，对星际尘埃中含有碳元素的几种分子进行了确认，最终发现了 C_{60} 并确定了 C_{60} 的分子结构。美国的柯尔、史沫莱和英国的克罗脱因在发现和确定 C_{60} 结构方面的贡献而获得了诺贝尔化学奖。

5.4.2 C_{60} 的制备

C_{60} 的首次人工合成是由美国休斯顿赖斯大学的史沫莱(Smalley, R. E.)等人和英国的克罗脱(Kroto, H. W.)于 1985 年利用烟火法实现的。他们用大功率激光束轰击石墨使其气化，用 1MPa 压强的氦气产生超声波，使被激光束气化的碳原子通过一个小喷嘴进入真空膨胀，并迅速冷却形成新的碳分子，从而得到了 C_{60}。除 C_{60} 这种足球烯外，还有 C_{70} 等许多类似 C_{60} 的足球烯分子也已被相继发现。现在已有多种方法可以人工制备 C_{60}。

大量低成本地制备高纯度的富勒烯是富勒烯研究的基础，自从克罗托发现 C_{60} 以来，人们发展了许多种富勒烯的制备方法。目前较为成熟的富勒烯的制备方法主要有电弧法、热蒸发法、燃烧法和化学气相沉积法等。

(1) 电弧法　一般将电弧室抽成高真空，然后通入惰性气体如氦气。电弧室中安置制备富勒烯的阴极和阳极，电极阴极材料通常为光谱级石墨棒，阳极材料一般为石墨棒，通常在阳极电极中添加镍、铜或碳化钨等作为催化剂。当两根高纯石墨电极靠近进行电弧放电时，碳棒气化形成等离子体，在惰性气氛下小碳分子经多次碰撞、合并、闭合而形成稳定的 C_{60} 及高碳富勒烯分子，它们存在于大量颗粒状烟灰中，沉积在反应器内壁上，收集烟灰提取。电弧法非常耗电、成本高，是实验室中制备富勒烯常用的方法。

(2) 燃烧法　将苯、甲苯在氧气作用下不完全燃烧的炭黑中有 C_{60} 或 C_{70}，通过调整压强、气体比例等可以控制 C_{60} 与 C_{70} 的比例，这是工业中生产富勒烯的主要方法。

5.5　石墨烯纳米材料制备化学

5.5.1　石墨烯简介

石墨烯是指单层的石墨片层，在片层方向呈准二维结构。1934 年，Peierls 就提出准二维晶体材料由于其本身热力学不稳定，在室温环境下会迅速分解。1966 年，Mermin 和 Wagner 提出了 Mermin-Wagner 理论，指出长的波长起伏也会使长程有序的二维晶体受到破坏（现代研究表明，石墨烯并非完美的二维晶体，而是表面有大量的起伏）。直到 1987 年，Mouras S 才首次使用 graphene 这个词来形容单层的石墨片层。2004 年，英国曼彻斯特大学的 Andre Geim 和 Konstantin Novoselov 首次在实验室得到了这种碳的同素异形体，引起了材料和凝聚态物理领域的广泛关注，获得了 2008 年诺贝尔物理学奖的提名，并因此获得了 2010 年诺贝尔物理学奖。

石墨烯是由一层 sp^2 碳原子组成的具有蜂窝状结构的二维晶体。狭义上讲，石墨烯即单片层石墨[图 5-13(a)]；广义上讲，石墨烯是由碳原子构成的具有几个原子层厚度（通常小于 10 层）的晶体。石墨烯是所有 sp^2 杂化碳材料的组成单元[图 5-13(b)]。例如，石墨可以看成是多层石墨烯片堆垛而成，碳纳米管可以看作是卷成圆筒状的石墨烯。当石墨烯的晶格中存在五元环的晶格时，石墨烯片发生翘曲，富勒球可以看成通过五元环和六元环按照适当顺序排列形成的（M. Taghioskoui，2009）。

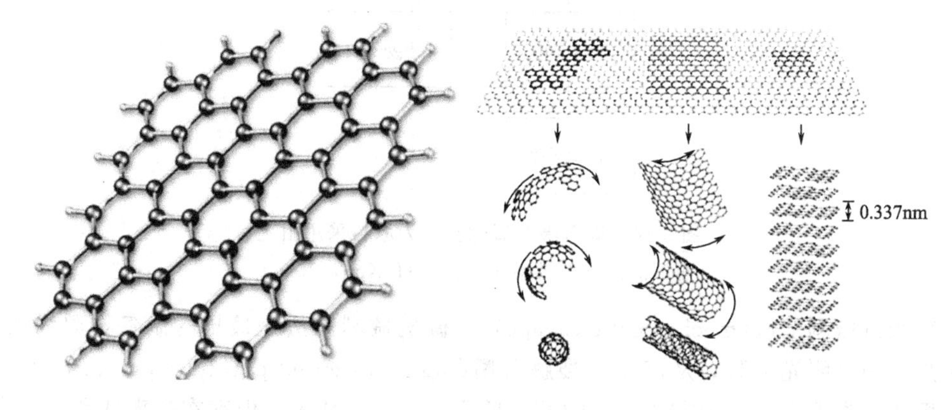

(a)单片层石墨烯　(b)石墨烯是构成碳纳米管、富勒烯、块体石墨的基本单元

图 5-13　石墨烯结构

石墨烯被誉为当今材料和凝聚态物理领域升起的一颗“新星”。由于石墨烯具有神奇的二维结构，所以石墨烯在电、光和磁等方面都具有许多奇特的性质，如室温量子霍尔效应、超导性、铁磁性和巨磁阻效应等。石墨烯具有完美的杂化结构，大的共轭体系使其具有很强的电子传输能力，这优于其他碳材料；另外，石墨烯本身就是一个良好的导热体，可以很快地散发热量，电子穿过几乎没有阻力，所产生的热量也非常少，这远远优于硅材料。所以用石墨烯制备的电子器件的运行速度可以得到大幅提高，这引起了科技工作者极大的研究热情。2004 年之后，关于石墨烯的报道在 Science、Nature 上就有 400 余篇，又一场碳研究的革命正悄然兴起。

5.5.2 石墨烯的制备

一般认为，石墨烯在热力学上是不稳定的，“热力学涨落不允许二维晶体在有限温度下自由存在”。薄膜熔点将随厚度的减小而急剧降低，当薄膜只有几十个原子层厚时，将变得极不稳定，从而分解或聚集在一起。但是 2004 年，英国曼彻斯特大学的 Andre Geim 教授领导的研究团队却采用一种简单的方法——微机械剥离法(mechanical exfoliation)制备出了 2～3 片层的石墨烯。这种方法制备的石墨烯量少，但是质量好，适合于实验室规模的基础研究，并不利于大规模的生产。在之后的短短几年内，石墨烯新颖的制备方法如雨后春笋般涌现出来。这些方法大体上可以分成两类：由下而上法(bottom-up approaches)和由上而下法(top-down approaches)。前者的原料是含碳小分子，后者的原料是石墨。其中由下而上法主要包括化学气相沉积法、SiC 表面石墨法、碳纳米管解压法和 CO 还原法。而由上而下法种类较多，主要有微机械剥离法、氧化石墨(graphite oxide)还原法、液相剥离法、超临界流体法、电化学法、直接超声法等，如图 5-14 所示。每种方法都有各自的优缺点。

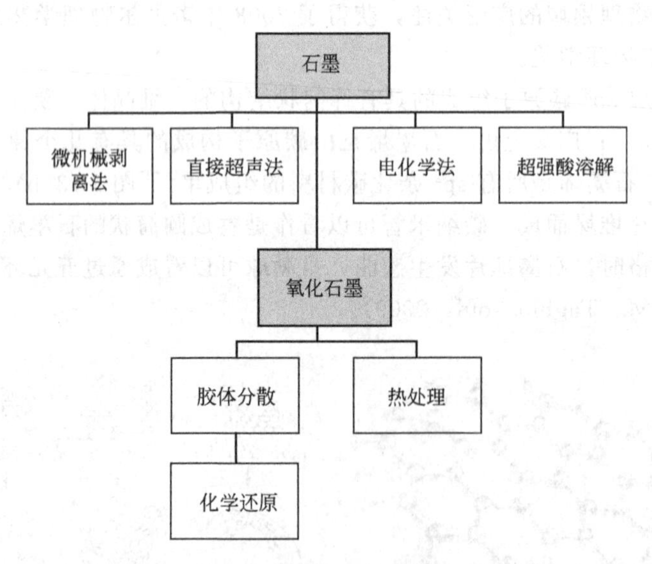

图 5-14 以石墨和氧化石墨为原料采用由上而下法制备石墨烯示意图（H. Kim，2010）

(1) 微机械剥离法(mechanical cleavage) 微机械剥离法是最早的制备石墨烯的方法，此方法是利用透明光刻胶，从高定向裂解石墨(highly oriented pyrolytic graphite)上一层层地将石墨烯撕裂下来。这种方法制备的石墨烯质量好，尺寸大，但存在产率低和成本高的缺点，不能满足工业化和规模化生产的要求，目前只能作为实验室小规模的制备，适合于基础研究。

（2）化学气相沉积法　化学气相沉积（CVD）是反应物质在高温气态条件下发生化学反应，生成固态物质沉积在固态基材表面，进而制得固体材料的技术，是一种制备纯度高、性能好的固态材料的新手段。利用CVD技术在活性Ni基材上制备薄石墨片层已经有40年的历史，化学气相沉积法被认为是最有潜力的大规模制备石墨烯的方法，工艺已经十分完善，能制出面积达若干平方厘米的样品。然而在制备过程中大量的碳原子容易沉积形成块状石墨而不是石墨烯。为了克服这个难题，Keun Soo Kim 研究小组将厚度小于300μm的Ni层沉积在SiO_2/Si基体上，然后在1000℃，Ar气氛下煅烧。最后通入CH_4：H_2：Ar为550：65：200的反应气体，再将它迅速降至室内温度。这一过程能够在镍层的上部沉积出6～10层石墨烯（K. S. Kim，2009）。Albert Dato 等报道了一种等离子体强化化学气相沉积法，他们将乙醇液滴作为碳源，利用Ar等离子体合成石墨烯，这种方法无需基体，缩短了反应时间（A. Dato，2008）。

（3）液相剥离法　Yenny Hernandez 等人发现，在某些特定的溶剂中，如NMP、GBL、DMEU等，石墨片层更容易分散（Y. Hernandez，2008）。将石墨分散于特定溶剂中，利用超声就可以破坏石墨间的范德华力，制备出片层小于5层的石墨烯。进一步研究表明，石墨烯的表面能和溶剂的表面张力存在一定的联系。如下式所示：

$$\frac{\Delta H_{\mathrm{Mix}}}{V_{\mathrm{Mix}}} \approx \frac{2}{T_{\mathrm{flake}}}\left(\delta_{\mathrm{G}}-\delta_{\mathrm{sol}}\right)^{2}\varphi$$

式中，ΔH_{Mix}为混合体系的焓差，即净能量差（net energetic cost）；V_{Mix}为混合体系的体积；T_{flake}为石墨烯的厚度；φ为石墨烯的含量，$\delta_i=\sqrt{E_{\mathrm{Sur}}^i}$是组分的表面能的平方根（J. N. Cdeman，2012）。上式表明只有两者的净能量差较小时石墨片层才可以剥离开，以上三种溶剂的表面张力都在40～50mJ/m^2之间。这种方法不像氧化还原法那样破坏石墨的结构，没有氧化和还原的过程，制备的石墨烯质量较高，缺点是产率低，限制了它的商业应用。

（4）氧化石墨还原法　氧化还原法是指将天然石墨在强酸和强氧化性物质的条件下氧化生成氧化石墨，经过超声分散制成氧化石墨烯（即单层氧化石墨，graphene oxide），加入二甲肼、对苯二酚、硼氢化钠和液肼等还原剂去除表面的含氧基团，如羧基、环氧基和羟基等，得到石墨烯（Stankovich，2007）。Sasha Stankovich 等人认为，氧化石墨烯在还原剂条件下的反应机理如下：

O + H_2N—NH_2 ⟶ HO NH H_2N $\xrightarrow{-H_2O}$ N—NH_2 $\xrightarrow{-N_2H_2}$

GO在水合肼的作用下，打开环氧键，形成含有肼的醇类物质，接着小分子水和肼相继脱去，从而实现了氧的去除。氧化石墨还原法自被发现后就受到人们的青睐。这种方法简单易行、成本低，便于大规模制备，而且氧化石墨易于形成稳定的分散液，这为以后的功能改性提供了可能。但是氧化石墨难以被完全还原，还原后石墨烯含有五元环、七元环等拓扑缺陷或含有—OH的结构缺陷，这将导致石墨烯导电性的不足。

（5）SiC热解外延生长法　这种方法通过加热单晶SiC来脱除Si，从而得到在其表面外延生长的石墨烯。首先，样品经过氧化或者氢气刻蚀处理，在超高真空条件下加热到1000℃来除去氧化物，然后加热升温至1250～1450℃，保温1～20min，形成石墨烯片层。石墨烯厚度和加热温度有关，整个过程用俄歇电子能谱（AES）监测，可通过AES中Si和C的峰强度测定石墨烯的厚度。这种方法可以制备单层和双层石墨烯，但是物理性质受SiC衬底的影响很大，石墨烯和衬底分离困难，难以大面积制备，而且条件苛刻，制备成本较高。

(6) 超临界流体法　超临界流体是指处于临界温度(T_c)和临界压力(p_c)以上，物理性质介于气体与液体之间的流体。在临界点附近，流体的黏度、密度、溶解度、热容量、介电常数等物理性质会发生剧烈的变化。超临界流体的密度接近于液体，黏度接近于气体，其密度可以随温度和压力的变化而变化，而且超临界流体的表面能低、润湿性强、黏度小、扩散系数大。因此，超临界流体技术在精制、提取、反应等方面被用来代替传统的有机溶剂，分离效果好。在超临界条件下溶剂更容易进入石墨层间从而将其剥离开。Dinesh Rangappa 小组的研究人员采用一步 SCFs 技术，以三种溶剂为介质（表 5-4），制备的石墨烯质量高、面积大、产率高，单层石墨烯的产率为 6%～10%，<8 层的石墨烯产率为 90%～95%，≥10 层的产率为 5%～10%。

表 5-4　实验所用溶剂的超临界温度

溶剂	临界温度/℃	临界压力/MPa	表面能/(mJ/m^2)
乙醇	241	6.14	22.10
N,*N*-二甲基甲酰胺	377	4.4	37.1
1-甲基-2-吡咯烷酮	445	4.7	40.1

(7) 有机合成法　在采用化学法合成石墨烯之前，与石墨烯结构类似的苯基有机超分子曾被广泛研究。这类多环有机分子就可以被用来合成石墨烯。目前，将有机超分子离子化，经质谱仪纯化后再沉积到衬底上，在一定条件下可以转化为规则的石墨烯超分子结构。Cai 等人通过分子前具体的表面辅助耦合，制备得到聚苯树脂，对其进行环化脱氢处理合成出具有原子精度的石墨烯纳米条带。

(8) 电弧放电法　电弧放电法是制备纳米碳材料的典型方法。以惰性气体或氢气为缓冲气体，在两个石墨电极间形成等离子电弧。随着放电的进行，阳极石墨不断消耗，在阴极或反应器内壁上沉积碳。Subrahmanyam 等人就利用这种方法，在氢/氦氛围中对石墨电极进行大电流（>100A），高电压（>50V）的电弧放电，进而在反应腔内壁中得到石墨烯产物。

除以上几种制备方法外，文献报道的石墨烯制备方法还包括溶剂热法、碳管拉直法、微波合成法等，表 5-5 是常见的石墨烯制备方法的比较。在选择石墨烯的制备方法时，石墨烯的质量、产率、成本、尺寸大小、化学修饰与后续工艺的兼容性等是考虑的主要因素。近些年来，石墨烯制备方法的研究有了较快的发展，但是如何实现规整石墨烯的大规模制备仍然是摆在科学家面前的难题。

表 5-5　不同方法制备石墨烯的对比

方法	质量	层数	片层大小	原料
微机械剥离法	高	单层、几层	10μm	石墨
氧化石墨还原法	低	单层、几层	几百纳米	氧化石墨
化学气相沉积法	高	单层、几层	>100μm	碳水化合物
SiC 热解外延生长法	高	单层、两层	>50μm	碳化硅
液相剥离法	高	单层、几层	几十微米	石墨
超临界流体法	高	单层、几层	2μm	石墨

5.6　活性炭材料制备化学

5.6.1　活性炭简介

活性炭又称活性炭黑，是孔隙结构发达、比表面积大、吸附能力强的黑色粉末状或颗粒状的无定形炭。活性炭的主要成分，除了炭以外还有氧、氢等元素。活性炭在结构上由于微晶炭是不规则排列，在交叉连接之间有细孔，在活化时会产生炭组织缺陷，因此它是一种多孔炭，堆积密度低，比表面积大。1900年，人们发明了生产活性炭的工艺，1909年以木炭为原料开始生产粉状活性炭，在经过一个多世纪的今天，对活性炭的研究和应用已经有了较大的发展。

活性炭种类很多，因其原料、用途、形状、制造方法、产品性能不同，其分类的方法也不同。按原料不同可分为植物原料活性炭、煤质活性炭、石油质活性炭、骨活性炭等。按制造方法不同可分为气体活化法活性炭（物理活化法活性炭）、化学活化法活性炭（化学药品活化法活性炭）、化学-物理法活化法活性炭；按形状不同可分为粉状活性炭、颗粒活性炭和纤维活性炭等；按用途不同可分为气相吸附活性炭、液相吸附活性炭、工业催化剂活性炭和催化剂载体活性炭等。

作为工业吸附剂诞生的活性炭，应用如此广泛的重要原因在于其既具有吸附作用又具有催化作用，还可以作为载体，并且其物理、化学性质稳定。与其他吸附剂如硅胶、沸石、活性白土等相比较，具有以下许多的特点。

（1）有较大的孔隙结构，比表面积大　活性炭之所以表现出其他的物质所没有的非常特殊的性质，重要的原因之一是其具有丰富的微孔结构，孔径范围为10^{-9}～10^{-5}m。凡作为催化剂用的物质大多较一般物质具有更高程度的微孔结构，活性炭就是其中微孔最为发达的催化剂。活性炭的这一特点和其他物质的比较见表5-6。

表5-6　各种催化剂的表面积、孔隙率和平均微孔半径

催化剂种类	比表面积/(m^3/g)	孔隙率/(cm^2/g)	平均微孔半径/10^{-10}m
活性炭	500～1500	0.6～0.8	10～20
硅胶	200～600	0～0.4	15～100
氧化铝-氧化铝催化剂	200～500	0.2～0.7	35～100
活性白土	150～225	0.4～0.5	0～150
活性氧化铝	175	0.388	45

（2）表面特性　活性炭表面性质因活化条件不同而不同，高温水蒸气活化的活性炭，表面多含碱性氧化物，而氯化锌活化的活性炭，表面多含有酸性氧化物，后者对碱性化合物的吸附能力特别大。活性炭具有的表面化学特性，孔径分布和孔隙形状不同，是活性炭具有选择吸附性的主要原因。

（3）催化性质　活性炭作为接触催化剂用于各种异构、聚合、氧化和卤化反应中，它的催化活性是由于炭的表面和表面化合物以及灰分等作用，一般在吸附过程中通常伴有催化过程。例如活性炭吸附二氧化硫经吸附催化氧化后变成三氧化硫。

（4）化学性质稳定、容易再生　活性炭化学性质稳定，能耐酸碱，所以能在较大的酸碱范围内应用；活性炭不溶于水和其他溶剂，能在水溶剂和其他溶剂中使用；活性炭能经受住高温高压的作用。正是由于活性炭化学性质稳定，活性炭在工业中常作为催化剂载体，将有

催化活性的物质沉积在活性炭上，一起用作催化剂。由于活性炭本身的催化活性，其作用并不限于催化剂载体，它对催化剂的活性、选择性和使用寿命都有重大的影响。

活性炭使用失效时，可用多种方法多次反复再生，使其恢复吸附能力，再用于生产。如果再生方法合适，可达到原有的吸附水平。

由于活性炭具有吸附力强、比表面积大、孔隙结构发达、表面尚有多种官能团、物理化学性质稳定、可以再生等特点，而广泛应用于国民经济众多领域中。如美国活性炭的应用遍及 17 个行业。特别是催化剂既有吸附剂的作用，又有催化作用，还可以作为催化剂载体，这是其他吸附剂无法比拟的。现在活性炭的吸附性能不仅应用于工业，而且还应用于环境污染治理领域，环境保护离不开活性炭逐渐成为人们的共识。

①水处理：在水处理方面，活性炭主要用于消除臭味，去除有色污染物质，游离酚、ABS 及其他有机物。而在处理工业废水中，活性炭主要用于石油精制废水、石油化工废水、印染废水、制药废水和其他工业废水等。此外，活性炭还可用于工业用水的处理和城市污水的处理。魏芳芳等使用褐煤活性炭及金属离子负载褐煤活性炭吸附处理 TNT 红水，对 TNT 红水中污染物具有非常好的去除效果。

②废气治理：活性炭在大气污染的防治，如生活环境的空气污染、烟气脱硫以及汽车尾气处理等方面，具有重要的作用。特别是活性炭作为一种催化剂及催化剂载体在大气污染方面受到越来越多的关注。

5.6.2 活性炭制备化学

目前对活性炭的制备研究十分广泛，各种不同种类的含炭材料都能用于制备活性炭。制备活性炭的原料可分为植物类和矿物类。

植物类：木材、竹子、椰壳、核桃壳、烟杆、稻壳等。植物类原料具有良好的天然结构，可制得微孔发达、比表面积很高的活性炭。此外，与煤质原料相比，植物系原料杂质少，灰分低，制得的活性炭可用于食品、制药等特殊要求的领域。

矿物类：煤类，如褐煤、烟煤和无烟煤及其混合物，我国有丰富的煤炭资源，价格较低，是目前生产活性炭的主要原料。石油炼制过程中含炭产品和废料(如石油沥青、石油焦等)也是制备活性炭的材料。

其他含炭废弃物：废水处理过程中产生的污泥、报废的轮胎等也可以作为制备活性炭的原料。

活性炭的制备方法主要分为物理活化法和化学活化法。活性炭的吸附性能不仅与原材料密切相关，还受制备工艺的影响。

化学活化法：化学活化法是将各种含炭材料与化学药品均匀地浸渍或混合后，同时进行炭化和活化。其原理是通过化学药品对原料产生润胀作用、脱水作用、芳香缩合作用、最终同时炭化，活化形成孔隙发达的活性炭。常用的活化剂是氯化锌、磷酸、氢氧化钾和氢氧化钠等。

物理活化法：物理活化法包括炭化和活化两个独立过程。炭化过程的实质是原材料中有机物的热解过程，包括热分解反应和缩聚反应。炭化过程去除有机挥发分，得到适宜于活化的初始孔隙和具有一定力学强度的炭化料。活化过程是采用水蒸气、烟道气(主要成分为 CO_2)、空气等含氧气体或混合气体作为活化剂，在高温下对炭化料进行活化。

物料在炭化过程中已形成了类似石墨的基本微晶结构，在微晶之间形成了初级的孔隙结构，不过由于这些初级孔隙结构被炭化过程中生成的一些无序的无定形炭或焦油馏出物所堵塞或封闭，因此炭化料的比表面积很小。活化过程就是通过活化气体与炭发生氧化还原反应，侵蚀炭化料的表面，同时去除焦油类物质及未炭化料，使炭化料的微细孔隙结构发达的过程。通过气化反应，使炭化料原来闭塞的孔开放、原有孔隙扩大及孔壁烧失，某些结构经选择性活化而产生新孔的过程。

(1) 煤基活性炭制备化学　随着活性炭的应用越来越广泛，植物类活性炭不能满足不断扩大的需求量，而煤基活性炭原料来源广泛，价格较低，品种多，因而煤基活性炭在活性炭总生产量中所占的比重不断增大，目前也是应用范围最广、最具前景的活性炭产品。

煤按其黏结性可分为不黏结煤、弱黏结煤、中等偏弱黏结煤、中等偏强黏结煤和强黏结煤。煤按煤化程度不同可分为褐煤、烟煤和无烟煤。其中，烟煤按照挥发分和黏结指数的不同，分为不黏煤、弱黏煤、长烟煤、1/2 中黏煤、气煤、气肥煤、1/3 焦煤、肥煤、焦煤、瘦煤、贫瘦煤和贫煤。

煤基活性炭的制备过程要经历复杂的物理、化学过程，大致分为炭化与活化两个阶段，煤的炭化实际上是煤的低温干馏过程，一般可分为以下几个阶段：①原料煤释放出外在水分和内在水分，同时伴随少量轻质组分挥发逸出的干燥过程，此时原料煤的外形无变化；②基本微晶结构形成过程，此过程中煤以侧链形式存在的大部分非炭元素以气态产物(如 CO、CO_2、H_2S 和水蒸气等)逸出，大量孔隙形成，但接着大部分孔隙又被填充；③炭化料骨架形成过程，微晶结构形成过程的自由基发生缩聚、缔合反应形成活性炭的基本结构；④多孔微晶结构形成过程，该过程即为活化过程。

许多研究者的研究结果表明，几乎所有的煤种都能制备活性炭。煤基活性炭的主要工艺如图 5-15 所示。

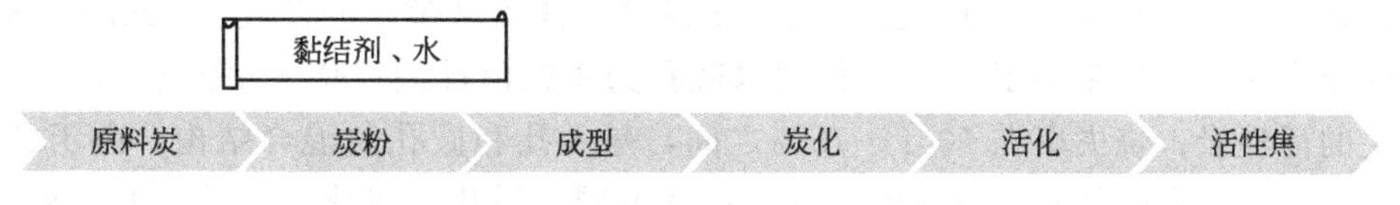

图 5-15　成型活性炭制备工艺流程

原料煤一般磨粉至 5～15μm，成型时常用的黏结剂有煤焦油、木焦油和各种沥青。Morgan 等提出了黏结剂的选择标准：炭化时能大量熔融，且结焦温度高。此外，他们认为，若用流动性低的物质作黏结剂，制得的活性炭的强度低，从产物强度的角度出发，煤焦油应该是颗粒炭的最佳黏结剂。董丹丹等以太西煤为原料，采用物理活化法制备活性炭，研究发现黏结剂是成型活性炭的重要影响因素，随着黏结剂添加量的增大，所制活性炭的密度和压缩强度呈现上升趋势，但比表面积和总孔容、微孔容积均降低。

Jankowska 等提出，炭化是生产活性炭过程中最为重要的一环，炭化中形成了初级孔隙结构，而活化不过是将炭化料的孔隙结构在同一方向上发展而已。许多研究者发现，要使炭化料获得所需的性质，可以通过调整炭化过程的工艺参数，这些参数包括炭化温度、炭化时间、炭化升温速率和炭化气氛等。Jankowska 等认为最重要的参数是炭化温度，并研究发现，升温速度越快，容易形成大孔，而且升温速度越快使得煤炭化反应和炭化产物间的反应重叠，不利于炭化结构孔隙的控制。Zygourakis 研究发现，炭化过程中加热速度越快，炭化料则具有更大的大孔，更开放的孔结构和较大的大孔面积，显然不利于高比表面积活性炭的制备，并认为是由挥发分的生成速度和气体逸出速度造成的。解强详细研究炭化升温速率、炭化低温区通入空气部分氧化对活性炭制备的影响，发现缓慢炭化、部分氧化可提高炭化料的得率，生成取向性差、难石墨化、无定形炭多的炭化料，有利于活化阶段孔隙的开发，可生产出优质活性炭。柳来栓等研究发现，低温炭化得到的活性炭比表面积、总孔容和中孔的比例高，压缩强度低；高温炭化得到的活性炭比表面积、总孔容和中孔的比例低，而压缩强度较高。化学添加剂对煤炭化过程也有很大的影响，在煤的炭化过程中研究最多的有$ZnCl_2$、KOH、H_3PO_4和K_2CO_3等。Lozano-castello等研究发现，煤与KOH或NaOH炭化时可阻碍中间相的生成，促进生成各向同性炭。Jolly研究发现，$ZnCl_2$对煤的炭化与K_2CO_3有相似的作用，碱金属化合物的使用使得活性炭中微孔大量增加。Hsu等以烟煤为原料，分别以$ZnCl_2$、H_3PO_4和KOH为活化剂制备活性炭，研究发现KOH制得的活性炭的得率小于$ZnCl_2$和H_3PO_4制备的活性炭的得率，但KOH制得的活性炭的最大比表面积为$3300m^2/g$，而$ZnCl_2$和H_3PO_4制备的活性炭的最大比表面积分别为$960m^2/g$和$770m^2/g$。对于烟煤来说，$ZnCl_2$和H_3PO_4不适合生产高孔隙率的活性炭，而KOH适合。Lozano-castello等以西班牙无烟煤为原料，分别以KOH和NaOH为活化剂制备活性炭，得到的活性炭比表面积分别为$3290m^2/g$和$2700m^2/g$，微孔容积分别为$1.45cm^3/g$和$1cm^3/g$，但NaOH更便宜，腐蚀性更小。邢宝林等以太西无烟煤为原料，以KOH为活化剂制备活性炭，比表面积达$3215m^2/g$，碘值达2884mg/g，亚甲基蓝吸附值548mg/g。

在炭化料的活化过程中，工艺参数对活性炭的性质影响很大，这些参数包括活化温度、活化时间、活化气体组成及分压、使用催化剂与否及催化剂种类等。适宜的活化温度一般在800～950℃，但Rist等推荐了更窄的活化温度的适宜范围为800～850℃。活化时间对活性炭的孔隙结构有很大影响，研究表明活化是分阶段进行的。第一阶段烧失率为10%～20%，无规则炭首先被选择性消耗，结晶体间闭塞的微孔被打开，把基本微晶表面暴露给活化气体。第二阶段，结晶体的炭被消耗，原有的细孔被扩大，相邻微孔间的壁完全烧掉并形成孔径大的细孔。在第一阶段大孔越发达，第二阶段就越能促进微孔的开发。Dubinin认为，在其他条件相当时，烧失率小于50%，得到以微孔为主的活性炭；烧失率大于75%，得到以大孔为主的活性炭；烧失率在50%～75%之间，是大孔和微孔的混合结构。由于各种活化气体（O_2、CO_2、水蒸气）的反应性、分子尺寸不同，活化时炭化料中孔的开发就会不同。一般地，用水蒸气活化可得到最好的孔结构，在较低的水蒸气分压下，较长的活化时间可提高微孔量，CO_2活化有利于中孔的形成。活性炭的灰分主要是Fe、Al、Ca、K、Na、Mg等的金属氧化物及少量的硫酸盐、碳酸盐和硅酸盐。灰分对活性炭的性质有很大的影响。Wigmans研究发现，Fe、Ca和碱金属化合物对水蒸气活化有催化作用，碱金属化合物对活性炭中狭缝状微孔的形成有促进作用。Capon等研究发现，灰分对炭与水蒸气反应的催化作用使得活性炭孔隙由小变大，结果造成中孔和大孔增大，活性炭比表面积下降。Skodras等以希腊褐煤为原料，进行HF-HCl溶液处理后制备活性炭，研究发现，HF-HCl溶液可以有效地去除灰分，脱灰处理后制得的活性炭具有更多的微孔结构。

（2）活性焦制备化学　活性焦是一种多孔的含炭物质，是没有得到充分干馏或活化的活性炭类吸附剂。与活性炭相比，活性焦的比表面积较小、强度较高。活性焦的结构和特性与活性炭相似。活性焦具有吸附性能，催化性能，具有物理和化学上的稳定性。除高温下同氧反应或同臭氧、氯气、重铬酸盐等强氧化剂反应外，在实际使用条件下都极为稳定。它不溶于水和其他的溶剂，且可很方便再生。

活性焦的制备以活性炭的制备技术为基础，借鉴炼焦技术，将两者结合起来，在工艺条件上改进，使制得的活性焦既具有活性炭的吸附特性，又具有焦炭的机械强度，通常以煤为原料，通过物理活化法制得活性焦。

世界上最早利用煤生产活性焦的是德国BF（Bershan-Forschung）公司，方法为使用相当细度的煤氧化处理后与黏结剂混合、成型，再通过炭化和活化。日本三井物产株式会社将煤经过低温干馏形成焦粉，与黏结剂混合成型后经炭化、活化后制得活性焦。

我国生产活性焦最早的厂家是伊东集团煤化公司，于 1999 年实现工业化生产。随后山西、宁夏和内蒙古等陆续建立了活性焦生产基地，都是以烟煤为主要原料。使用褐煤为原料制备活性焦的研究近几年才开始，褐煤经磨粉后与烟煤及黏结剂混合成型，炭化、活化后制得活性焦。张守玉等以陕西彬县煤、山西大同煤和晋城煤为原料，通过炭化、活化制得活性焦，研究发现炭化温度对活性焦的孔隙结构影响不大，炭化时间对活性焦的孔隙结构略有影响，随着炭化时间的增加，活性焦孔隙分布在 0.5～1.0nm 的范围内逐渐向更小的孔隙迁移。随着活化时间的增加，活性焦的比表面积、微孔容积也增加；随着活化温度的增加，活性焦的孔面积、微孔容积也明显增加。冯治宇等以褐煤为原料，将褐煤先炭化，炭化后磨粉与焦煤用煤焦油混合成型，最后活化得到活性焦，最佳配比为褐煤：焦煤：煤焦油＝65：20：15。

目前国内外生产活性焦主要以不黏煤、弱黏煤和无烟煤为原料，通过磨粉，使用煤焦油成型、炭化、活化等工艺制备活性焦，该工艺不但成本高，且污染环境严重。开发不用煤焦油黏结剂的新工艺已引起重视，特别是开发利用黏结性煤为原料，利用煤本身的黏结性，不用或少用外加黏结剂生产成型或破碎活性焦，达到降低成本，改善生产环境的目的。

5.7　生物炭材料制备化学

5.7.1　竹炭

竹材是可再生生物资源之一，具有生长快、成材早、产量高的优点。中国是世界上主要产竹大国，竹材经营利用的历史也最为悠久。据记载中国有竹类植物 39 属，约 500 余种，占世界竹类植物属和种的 50％(世界有 79 属，1200 多种)。中国有竹材面积 421 万公顷，占全国森林总面积的 2.8％，占国土陆地面积 0.5％。其中主要而且应用最广泛的竹种为毛竹，毛竹是我国竹类植物中分布最广、材质最好、用途最多的优良竹材。中国竹类资源中毛竹林资源有 250 万公顷，主要分布在长江以南的浙江、江西、福建、湖南、湖北、安徽、广东、广西和四川、贵州等省(区)。我国每年毛竹采伐量超过 4 亿株，约相当于 800 万立方米的木材量。另有各种杂竹约 300 万吨，生产鲜笋约 170 万吨，为中国开展竹类资源有效利用提供了十分有利的条件。

竹材是单子叶植物，属禾本科竹亚科，其维管束成不规则分布，没有径向传递组织，具有节间分生组织。所有细胞都轴向排列，其构造整齐、拉伸强度大，竹材的主要化学成分是纤维素（50％)、半纤维素（20％）和木质素（25％)。目前，我国竹材的传统用途是用来制作各种农具、家具、日用品、工艺品、工棚等。在工业利用方面，竹材一是用于竹浆造纸；二是生产各种竹材人造板，且广泛用于地板、家具、建筑模板等方面。但从总体上来看，竹材的实际利用率比较低。竹材经高温热解生产竹炭是有效利用竹材资源的最佳途径，也是竹材工业化利用的一个发展方向。而且，通过生产竹炭可使竹材全竹利用，因为竹材加工剩余物也可经收集、粉碎，专用设备挤压成型、高温热解、最后制成竹炭。

(1) 竹炭的分类　以干馏炭化的最终温度来区分炭的类型时，有的分为 3 种：低温炭 400℃，中温炭 600～700℃，高温炭 1000℃；也有的分为 2 种：将 400～600℃炭化的称为低温炭；800～1000℃炭化的称高温炭，又叫备长炭。

(2) 竹炭的组成及特性　竹炭的组成简单，主要成分是炭[75％～95％(质量分数)]，其次是灰分(2％～12％，包括 Na、K、Si、Ca、Mn 等金属的氧化物)和少量挥发分，拉曼光谱测定结果显示，在波长 400～1800cm^{-1}之间，1127cm^{-1}处有相对强度引起的单峰，可以判定是非常纯粹的碳，表明夹杂物对测定没有影响。竹碳是以石墨状微晶结构为基础的无定形碳结构。其结构类型是由基本微晶构成，类似于石墨的二相结构，由六角形排列的碳原子的平行层片组成，但结构与石墨有所不同，平行的层片对于它们的共同垂直轴并不是完全相同的，各片层的角位移紊乱和不规则地互相重叠。竹碳孔隙发达，兼具大孔、中孔和小孔，且以 200nm 左右大孔为主。

竹炭的孔隙结构接近于由五元环和六元环组成的洋葱状富勒烯碳(C_{60})和展开的碳纳米管结构，竹炭所具有的这种特殊结构使其具有优良的力学特性以及良好的加工性能和物质的传输能力。普通竹炭的比表面积可达 360m^2/g，优于普通木炭，是一种优良的吸附剂。

(3) 竹子的炭化过程　炭的形成过程主要是竹材这种天然高分子化合物的受热分解过程。竹炭制取的方法不同，竹材的受热分解情况会有差异。竹材在干馏制取木炭时的热解过程大体上划分为 4 个阶段。

① 干燥：这个阶段的温度在 150℃以下，热解速度非常缓慢，主要是竹材中所含水分依靠外部供给的热量进行蒸发，竹材的化学组成几乎没有变化。

② 预炭化：这个阶段的温度为 150～275℃，竹材的热分解反应比较明显，竹材的化学组分开始发生变化，竹材中比较不稳定的组分（如半纤维素）分解生成二氧化碳、一氧化碳和少量醋酸等物质。以上两个阶段都需要外界供给热量来保证热解温度的上升，所以又称吸热分解阶段。

③ 炭化：这个阶段的温度为 275～450℃，在这个阶段中，竹材急剧地进行热分解，生成大量的分解产物。生成的液体产物中含有较大的醋酸、甲醇和竹焦油，生成的气体产物中二氧化碳量逐渐减少，而甲烷、乙烷等可燃性气体逐渐增多。这一阶段主要是纤维素和木素分解放出大量的反应热，所以又称为放热反应阶段。

④ 煅烧：温度上升到 450～500℃，有的炭种甚至要求 1000℃以上。在这个阶段依靠外部供给热量进行竹炭的煅烧，排出残留在竹炭中的挥发物质，提高其中的固定碳含量。这时，生成的液体产物已经很少。

(4) 竹炭的烧制方法　竹炭烧制的原理并不复杂。但竹炭的烧制方法有很多。现根据当前竹炭生产的实际情况，作一概要介绍。

① 炭窑烧炭：炭窑烧炭，也叫土窑烧炭。窑的形式、构造种类很多。有就地挖掘，以泥土为材料筑造的，也有用砖、水泥砌成的。

② 泥窑：选资源丰富、运输方便、坡度较小的空敞地作窑址，靠近水源，土壤要坚实，最好是黏土。在选好的窑址上画一个等边三角形。在线内向下挖 1m 深左右，即为炭化室。筑好窑型后就可进行烘窑，烘窑时，在燃烧室点火，火力不要太猛。当烟气的颜色转青时，将烟孔盖上，打开烟道口，使烟气从烟道口冒出，烟气变青色时，即可闷窑，将所有孔口堵塞，经 2 天冷却后，在窑的侧面开一个出炭门，进行出炭。以后可以继续装竹烧炭，其过程和前面烘窑相同，只是烧炭时间较短，正常的烧炭周期约 7～10 天。

国内目前一般采用砖砌窑烧制竹炭，采用燃料直接加热方式，在窑口由燃料燃烧所产生的热烟气上升到窑顶后，向窑内扩散，其中大部分热气流在上层，有少部分热气流向四周辐射，由上往下缓慢干燥并达到预炭化。在炭化过程中，窑内部分竹材氧化燃烧，使窑内温度继续升高，除去挥发性物质，使窑内温度基本均匀，完成炭化和精炼阶段，得到竹炭。其基本工序由装窑、点火、使窑内温度升高至竹材开始自燃，然后控温、精炼，再封窑冷却、出窑等构成，一个操作周期约 20 天左右。

③ 炭化炉：竹材炭化炉目前主要是固定式炭化炉。固定式炭化炉的烧炭原理和主要结构与土炭窑相似。但工业化规模的固定炭化炉一般都附有烟气回收分离装置。回收分离的凝缩性物质——竹醋酸液和竹焦油可作其他工业原料，回收分离的不凝缩性气体竹煤气可作为炭化炉燃料循环使用。这种炭化炉炉内壁常采用耐火砖构成，外围以保温材料提高热效率。一般炉内容积较大，可大到 10～20m^3，一次可处理较多的竹材或挤压成型后的竹屑棒。

(5) 竹炭的利用　竹炭材料是一种新型的机能材料和环境保护材料，竹炭材料除了作燃料以外，竹炭在农林业上的应用具有改善土壤的透水性能和保持水分的性能；具有吸附过剩农药、肥料的调节作用；具有补充微量元素的作用；具有调节土壤酸碱度的作用。竹炭含有丰富的矿物质，经过高温（1000℃）炭化的竹炭还具有释放远红外线的作用，产生负离子，对电磁波有吸收作用等性能。竹炭具有良好的保健功能，它不仅能吸附室内的湿气和异味，且能释放出远红外线，所放出的远红外线能刺激人体经络穴道，遮挡对人体健康有害的电磁波辐射。

竹炭有特殊的孔隙结构，比表面积高达 300m^2/g 以上，所以它具有较强的吸附能力，竹炭在环境保护方面可用于水质净化，除去水中的有机杂质、各种臭味等。如：河流湖泊的水质净化、生活污水的净化、饮用水净化等。Kei　Mizuta 等利用粉末状竹炭去除饮用水中的氮，发现利用其处理含氮的地表水及地下水不仅处理效率高，且吸附过程受温度变化的影响小；付丹等以竹制品企业废弃物及边角余料制成的竹炭为吸附剂，处理 TNT 红水中的有机物。研究表明 Langmuir 吸附等温模型可以较好地描述天然竹炭对 TNT 红水中有机物的吸附行为；Dubinin-Radushkevich 吸附等温模型表明吸附反应主要以物理吸附为主；吸附动力学遵循准二级动力学规律；吸附机理主要为范德华力、氢键、电子供体/受体及静电力作用。

竹炭的主要用途表现在：空气和水的净化、湿度调节、卫生保健、果品保鲜、抗辐射、电磁屏蔽等。

5.7.2　植物类活性炭

近年来，随着矿物资源的减少，植物类原材料越来越受到研究者的广泛关注。果壳类原材料具有成本低廉、灰分低、优质的天然结构、较高机械强度等优势，成为制备高比表面积活性炭的良好材料。由于原材料的不同，相应的制备工艺和操作条件也不同。

(1) 炭化　炭化去除了有机及挥发成分，得到适宜于活化的初始孔隙和具有一定机械强度的炭化料。炭化实质是原材料中有机物的热解过程，包括热分解反应和缩聚反应。

植物类原材料（如椰壳、稻壳等）的炭化过程可大致分为三个阶段：①在 300～470K 温度范围内脱水；②470～770K 时初步热解，大部分气体和焦油挥发出来，形成基本炭框架；③770～1120K 时炭架结构强化，并有微小失重。随着炭化温度升高，烧失率显著增加，同时颗粒也在收缩，因此炭化料堆密度只是略有降低。在对炭化料进行表征时发现，利用 77K 对氮气吸附数据得出的比表面积在 100m^2/g 左右；而 90K 氮气吸附得出的比表面积为 500～600m^2/g；273K 时吸附二氧化碳，比表面积在 600m^2/g 左右。这是由于炭化后，形成微孔尺寸比较小，在 77K 低温下，氮气分子动能很低，很难扩散到这些微小孔道内。另外，不同表征方法之间也会存在一定的差异。

需要说明的是，由于原材料不同，热解开始的温度就不同，且各阶段没有明显界限。炭化温度、保温时间和升温速率都是影响炭化效果的主要因素。炭化温度较高时，颗粒变实、空隙度减小、反应能力降低，不利于活化反应进行；炭化温度过低，形成的微晶小、孔隙多，利于活化反应，但表观密度和机械强度降低。以较慢速度升温到炭化温度，挥发组分及反应生成的气体能够彻底地从组织内部逸出，不容易残留焦油类物质，有利于初始孔隙形成；升温速率过快，则不利于初始孔隙形成。在炭化温度下保温足够的时间，使原材料颗粒得到充分炭化，过短的炭化时间会造成原材料内部炭化不足；当然，原材料一旦得到充分炭化后，进一步延长炭化时间，炭化料孔隙结构基本不再发生变化。

（2）物理活化　物理活化法也称气体活化法，是指以二氧化碳、水蒸气及微量空气为活化剂制备活性炭，制备过程通常包括炭化与活化这两个基本步骤。炭化是指在 N_2、Ar 等惰性气氛中加热原料，使其转化为焦炭。炭化的目的是脱除原料中的 O、N、S、H 等杂原子，提高含碳量，为随后的活化过程提供良好的碳质材料。炭化一般应采用中等温度及较低的加热速率，这样更利于将原料转变成焦炭，而不是焦油和气体。活化是指让二氧化碳等气体与焦炭中的炭元素（主要是无定形炭）发生化学反应，从而在焦碳中产生孔隙。在过程中发生的化学反应如下所示：

$$C+H_2O \longrightarrow CO+H_2 \qquad -130.79kJ$$

$$C+CO_2 \longrightarrow 2CO \qquad -168kJ$$

$$C+O_2 \longrightarrow CO_2 \qquad +394.9kJ$$

$$C+0.5O_2 \longrightarrow CO \qquad +111.8kJ$$

氧气活化具有活化温度低、时间短、活性炭产率高等优点。但是其反应速率很快，大部分氧气分子来不及扩散到碳材料内部，就在表面与碳原子发生反应，致使外表活化速度远快于内部活化速度，造成严重的活化不均一。空气活化过程中，会生成一些官能团，这些官能团会阻碍活化进一步进行。因此，在实际应用中一般很少单独使用空气作活化剂。总之，如何充分利用氧气与碳原子反应速率快这一特点，有待于进一步研究。H_2O 与碳、CO_2 与碳的反应均为吸热反应，因此活化期间必须供热。由于二氧化碳分子直径大于水分子，其在炭颗粒孔道内扩散速度较慢，使二氧化碳与微孔表面碳原子的接近受到较大限制，因此，在给定活化温度下，水蒸气活化反应速率高于二氧化碳的。二氧化碳活化过程先是开孔，再扩孔，而在水蒸气活化初始阶段就开始扩孔。在相同烧失率下，水蒸气活化得到活性炭微孔体积小于用二氧化碳活化的，但将水蒸气用惰性气体稀释后，并提高活化温度，就可得到与二氧化碳活化微孔体积相同的活性炭，用水蒸气活化，产生较多中孔和大孔。

对于物理活化而言，比较重要的工艺参数有活化温度、活化时间、气流速率、气体种类、催化剂种类。较低活化温度利于得到孔径均匀的活性炭；比表面积在低活化温度时随活化时间延长而增大，而在较高活化温度时规律恰相反；微孔容积随流速的增大而减小；与用二氧化碳活化相比，用水蒸气活化易于得到更为发展的中孔和大孔，以及更为分散的孔分布；添加含 K、Na 的盐，利于制备微孔发达的高比表面积活性炭。

二氧化碳活化可以制备出高比表面积活性炭。但是，其活化反应速率很慢，耗时非常长，一般需要几十小时，甚至上百小时的活化时间。活化前，在原材料内加入一定量催化剂就可以显著提高活化反应速率，缩短活化反应时间。目前，文献中介绍的催化剂主要有钾盐、氧化钙和过渡元素（铁、钴、镍、钯）。大量的实验研究表明选用适宜催化剂，可以有效缩短二氧化碳活化时间。

虽然大多数碱性钾盐催化剂有着优良的催化效果，但在高温下容易引起设备腐蚀。同时，其用量较大，活化后需要清洗，复杂了后续生产工艺，提高了生产成本，并造成一定的环境污染。而过渡金属化合物用量比碱性催化剂要少得多，活化后炭颗粒内部催化剂对吸附量的影响很小，因此活化后不必清洗，这样就大大简化了生产工艺，降低了生产成本。总之，如何控制好催化反应速率成为活化过程的关键。

(3) 化学活化　化学活化法是将活化剂按一定的比例加入原料中，然后在惰性气体中加热，同时进行炭化和活化。在活化过程中，活化剂与原料中的碳材料发生反应，并使原料中 H 和 O 等元素以 H_2O、CH_4 等小分子形式逸出，同时抑制副产物焦油的形成，提高了活性炭的得率。化学活化法常用的活化剂有 KOH、H_3PO_4、$ZnCl_2$ 等，其炭化活化温度比物理活化法要低，所制得的样品具有较高的比表面积。

① 碱类试剂活化法：化学活化中，经常采用碱类化学试剂作为活化剂，如 KOH、NaOH。其中，KOH 活化应用最为广泛。利用 KOH 可以制备出高性能活性炭，国内外学者在这方面做了大量研究工作。一般认为，在 300～600℃时，主要发生分子交联或缩聚反应，该阶段除一些非炭元素挥发出来外，焦油类物质挥发也是失重的重要原因。加入 KOH，抑制了焦油形成，从而提高了活性炭产率。在较高温度下，KOH 与碳原子反应，从而在碳原子位置形成微孔。活化过程中，一方面通过生成 K_2CO_3 消耗碳使孔隙发展；另一方面，反应生成金属钾，当活化温度超过金属钾沸点（762℃）时，钾蒸气会扩散入不同的碳层，形成新的孔结构，气态金属钾在微晶的层片间穿行，撑开芳香层片使其发生扭曲或变形，创造出新的微孔。反应生成的金属钾在熔融状态下对炭表面具有很好的润湿性，从而降低了 KOH 在炭表面的表面张力，与炭表面能更充分接触并反应。KOH 与炭化料混合比例是影响活化效果的最主要因素；活化温度对孔隙发展也有着重要影响；活化时间、KOH 与炭化料混合方式、炭化料粒度也同样会影响活化效果。KOH 与炭化料适宜活化比例为4∶1。

与 KOH 活化相比，NaOH 活化的优点在于 NaOH 成本比较低，并且对设备腐蚀较轻。采用 NaOH 活化得到活性炭比表面积仍然可以达到 $2000m^2/g$ 以上。

② 磷酸活化法：H_3PO_4 是最常采用的酸类活化剂。我国自 1955 年湖州鹿山林场首次采用 H_3PO_4 法生产活性炭以来，H_3PO_4 法也已得到很大发展。H_3PO_4 在活化过程中既具有脱水作用也起到了酸催化的作用，磷酸可以显著增加木质素的热分解，进入原料内部与无机物生成磷酸盐，磷酸与碳材料结合形成稳定的 H_3PO_4-C 的结构，使孔径不易坍塌，使原料膨胀，碳微晶的距离增大，洗涤除去磷酸盐即可得到发达的孔结构。磷酸可以和纤维素等大分子产生交联作用，防止热解后的碎片裂解。H_3PO_4 法具有活化温度低、活化时间短、污染少且成本较低的优点。采用 H_3PO_4 活化，活化温度较低，一般都在 400～500℃，得到的活性炭具有丰富的中孔结构。

③ $ZnCl_2$ 活化法：$ZnCl_2$ 活化法是化学活化法中应用最广、最成熟的一种活性炭制备方法，是我国活性炭最主要的生产方法。$ZnCl_2$ 的作用主要体现在以下几个方面：a. $ZnCl_2$ 对原料中纤维素具有润涨作用，药液渗透到原料内部，溶解纤维素而形成孔隙；b. $ZnCl_2$ 在高温下具有催化脱水作用，使原料中的氢和氧以水的形式脱除，使更多的碳留在原料中，提高产率；c. $ZnCl_2$ 在炭化时起骨架作用，碳沉积在骨架上，当用酸或者水把氯化锌等无机成分溶解洗净之后，碳的表面便暴露出来，成为具有吸附力的活性炭内表面。$ZnCl_2$ 法活化温度较低，产品收率高，可以通过调节氯化锌用量，来调控所产活性炭的孔径。但是，活化过程中 $ZnCl_2$ 的大量挥发和洗涤时含锌废水的排放，会对环境造成极大的污染，并且重金属残留使产品用途受到一定的影响。

尽管选用恰当的化学活化剂会缩短活化时间，得到性能优良的活性炭，但是大量化学试剂的使用不仅造成设备腐蚀，还使后续处理工艺复杂化，活化后活性炭需要用大量水清洗，这些废水经过复杂处理工艺后才能达到环保排放要求，这些都使活性炭制备成本大大提高。

(4) 微波法　微波活化法是近几年来发展起来的一种制备活性炭的方法。与传统加热方式相比，微波加热显示了独特的优势：高效、节能、均一、有选择性、污染程度小、热效率高、能耗小、工艺及设备简单并且占地面积小、有利于自动化、炭损失小、可回收有用物质。关于微波炭化、活化的机理，一般认为，原料中的水、活化剂构成极性分子，具有强烈吸收微波的介电特性，随微波频率激烈碰撞摩擦，产生了大量的热，从而使水、改性溶液急剧挥发，并产生蒸气压，由原料内部向外部爆炸般压出。这种急剧的作用，使得原料的纤维空间在扩大的同时产生急剧干燥，进而形成无数的裂缝与微隙。微波辐射制备活性炭还主要处于实验室研究阶段，较少进行放大性的中试试验研究。这一新领域的许多理论性问题特别是微波加热机理需要进一步深入研究。

采用微波活化法又带来了新问题，主要是无法准确地测量和控制活化温度，只能依靠改变加热的功率来粗略控制活化温度。尽管利用红外技术可以测出炭颗粒表面温度，但用微波加热时，颗粒内部与表面之间存在极大温度梯度，根本无法得知颗粒内真实温度，同时活性炭的比表面积较低。微波法制备植物类活性炭有很大的研究空间，值得积极地去探索。

参考文献

[1] Henning T，Salama F. Science，1998，282，2204.

[2] Iijimas，Helical. Nature，1991，354，56.

[3] 大泽映二．化学（日），1970，25，854.

[4] Kroto W H，Heath J R，Smalley R E. Nature，1985，318，162.

[5] 角田敦．炭素纤维，1990，16，173.

[6] 罗益锋．高科技纤维及应用，1998，1，5.

[7] 沈曾民等．聚丙烯腈炭纤维鉴定会小试报告，中科院山西煤化工研究所，1978.

[8] Fitzer E，Muller D J. Carbon，1975，13，63.

[9] Bajaj P，Chavan B R，Manjeet B J. Sci Chem，1986，23，3.

[10] Minagawa M，Iwamatsu T J. Polym Sci. 1980，18，481.

[11] Baker R T K，Harris P S. Chem Phys Carbon，1978，14，83.

[12] Li Y Y，Bae S D，Sakoda A. Carbon，2001，39，91.

[13] 温永魁．微观螺旋状气相生长炭纤维的研究．北京化工大学，1998.

[14] 赵东林．炭纳米管、炭纤维及其复合材料的微波吸收性能的研究．北京化工大学，2001.

[15] Iijimas，Helical. Nature，1991，354，56.

[16] Cho W S，Hamada E，Kondo Y. Appl Phys Lett，1996，69，278.

[17] Richter H，Hernadi K，Caudano R. Carbon，1996，34，427.

[18] Daschowdhury K，Howard J B，Vandersande J B. J Mater Res，1996，11，341. Cai Nature，2010，466，470.

[19] Subrahmanyam. J Phys Chem C，2009，4257.

[20] Hsu W K，Terrones M，Hare J P. Chem Phys Lett，1996，262，161.

[21] Chemozatonskii L A，Val' chuk K P，Kiselev N A. Carbon，1997，35，749.

[22] Buseck P R，Tsipursky S J，Hettich R. Science，1992，257，215.

[23] Goroff N S. Acc Chem Res，1996，29，77.

[24] Braun T，Schubert A P，Kostoff R N. Chem Rev，2000，100，23.

[25] 张齐生．竹子研究汇刊，2002，21，12

[26] 朱江涛，黄正宏，康飞宇等．材料导报，2006，20，41.

[27] 侯伦灯，张齐生，陆继圣．福建林学院学报，2005，25，211.

[28] 华锡奇，李琴．竹子研究汇刊，2001，20，55-58

[29] Mizuta K，Matsumoto T，Hatate Y. Bioresource. Technol，2004，95，255.

[30] Fu D，Zhang Y H，Lv F Z，Chu P K，Shang J W. J Chem Eng，2012，39，193.

[31] Rodriguez-Reinoso F，Molina-Sabio. Carbon，1992，30，1111.

[32] 吴新华．活性炭生产工艺原理与设计．北京：中国林业出版社，1994.

[33] Bessant G A R，Walker P L. Carbon，1994，32，1171.
[34] Rodriguez-Reinoso F，Molina-Sabio M，Gonzalez M T. Carbon，1995，33，15-23.
[35] Paraskeva P，Kalderis D，Diamadopoulos E. J Chem Technol Biotechnol，2008，83，581.
[36] 解强，张香兰，李兰廷．活性炭材料，2005，20，183.
[37] 李梦青，范壮军，周亚平，周理．天津大学学报，2000，33，44.
[38] Huttinger K J，Minges R. Fuel，1985，64，491.
[39] Ahmadpour A，Do D D. Carbon，1997，35，1723.
[40] Chen Y，Zhu Y，Wang Z，Li Y，Wang L，Ding L，Gao X Y，Ma Y，Guo Y P. Colloid Interf Sei，2011，15，39.
[41] Laine J，Calafat A，Labady M. Carbon，1989，37，191.
[42] Toles C，Rimmer S，Hower J C. Carbon，1996，34，1419.
[43] Wang T H，Liang C H. Carbon，2009，47，1880.
[44] Ucar S，Erdem M，Tay T. Appl Surf Sci，2009，255，8890.
[45] Valente Nabais J M，Carrott P J M，Ribeiro Carrott M M L. Carbon，2004，42，1315.

第6章　稀土发光材料制备化学

6.1　从矿物发光性到稀土发光材料

6.1.1　矿物发光

近年来，矿物材料功能化的研究是我国乃至世界的一个研究热点。由于矿物材料来源广泛，因而，选择合适的矿物材料作为发光材料基质，一方面对于拓展稀土发光材料在照明、显示等高新技术领域的应用深度具有重要的影响；另一方面对于发挥我国非金属矿产资源优势，促进国民经济发展具有重要的意义。历史上，人类对发光的认识始于矿物的发光。成分和结构是矿物材料学研究的两大课题，同时也是发光学领域中影响材料发光性质的两大因素。矿物学所涉及的发光材料领域，包括以下三个方面：一是天然产出的能发光的矿物，如古代人们所发现的“夜明珠”；二是对天然矿物直接掺入激活剂而获得的发光材料；三是利用矿物原材料及其他化学原料，掺杂合成的发光材料。在对矿物发光性的研究中，人们逐渐认识到，天然矿物结构中所存在的缺陷，特别是外界引入的杂质元素所带来的缺陷是使得矿物产生发光的根源。如图6-1所示，发光材料通常是由基质晶格（H），以及掺杂其中的很小浓度的激活剂离子（A）所组成。激活剂离子受到紫外线、X射线、电子轰击、机械摩擦或其他激发方式作用时，会产生发光辐射这一种物理过程。天然无机矿物通常具有规则的晶体结构，即存在不同的晶体学格位，在这些不同格位上可以选择适当的离子进行掺杂、取代，进而可获得不同环境下掺杂离子的发光性质。人们近年来在萤石、硅灰石、磷灰石、长石、石榴石等矿物中可观测到光致发光、热致发光、阴极射线发光等。进一步的研究发现，矿物的晶体结构、化学成分决定了天然矿物不同的发光性，而天然矿物中的杂质离子，特别是稀土离子的存在，通常是使得矿物产生发光性的根本原因。

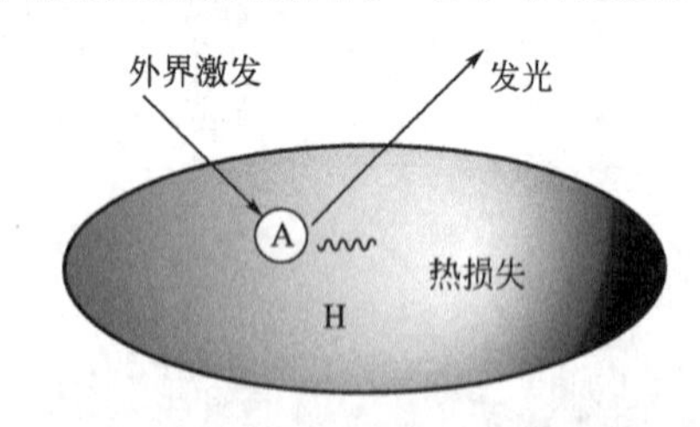

图6-1　发光材料的典型发光过程示意

6.1.2　稀土、稀土元素与稀土发光材料

稀土（rare earth，RE）是一族极为引人注目的元素，虽然其发现的历史很长，但只是在20世纪60年代，它们才能广泛地获得其高纯态元素。关于此类元素的分离，曾经一度认为是传统无机化学领域最为困难的事情之一。当人们在铀的裂变产物中发现了稀土元素后，获得其准确的物理数据，便成为日趋重要的事情。这也促进了现代分离技术的发展，而这方面的大部分工作也是在美国进行的。分离技术中的另一个巨大的突破在于，我们第一次能够相对较为容易地获得这类镧系元素。稀土元素是指镧系元素加上同周期表中ⅢB族的钪（Sc）和钇（Y）共十七种元素，镧系元素（lanthanide，Ln）包括元素周期表中原子序数从51～71号的十五种元素，即镧（La）、铈（Ce）、镨（Pr）、钕（Nd）、钷（Pm）、钐（Sm）、铕（Eu）、钆（Gd）、铽（Tb）、镝（Dy）、钬（Ho）、铒（Er）、铥（Tm）、镱（Yb）、镥（Lu）。表6-1中列出了稀土元素的同位素和相对原子质量。

我国是稀土资源大国，就稀土资源总量和稀土矿的工业储量而言，均占世界的 80%。目前我国已经成为世界上最大的稀土生产国和供应国。我国稀土产品已占世界总流通量的 65%～70%，是唯一能够大量供应不同等级、不同品种稀土产品的国家。稀土的特异性能来自于它们特异的电子构型。从镧到镥，随着原子序数从 57～71 的增大，在内层的 4f 轨道中逐一填充电子。这些 4f 电子被外层完全充满的 $5s^2$ 和 $5p^6$ 电子所屏蔽。4f 电子不同的运动方式，使稀土具有不同于周期表中其他元素的光、磁和电学等物理和化学性质。15 个镧系元素和钪、钇共 17 个稀土元素，无论它们被用作发光材料的基质成分，还是被用作激活剂、共激活剂、敏化剂或掺杂剂的发光材料，一般统称为稀土发光材料或稀土荧光材料。

表 6-1 稀土元素的同位素和相对原子质量

元素	符号	原子序数	相对原子质量	同位素
钪	Sc	21	44.956	45
钇	Y	39	88.905	89
镧	La	57	138.91	138,139
铈	Ce	58	140.12	136,138,140,142
镨	Pr	59	140.907	141
钕	Nd	60	144.24	142,143,144,145,146,148,150
钷	Pm	61	144.91	
钐	Sm	62	150.35	144,147,148,149,150,152,154
铕	Eu	63	151.96	151,153
钆	Gd	64	157.25	152,154,155,156,157,158,160
铽	Tb	65	158.924	159
镝	Dy	66	162.50	156,158,160,161,162,163,164
钬	Ho	67	164.930	165
铒	Er	68	167.26	162,164,166,167,168,170
铥	Tm	69	168.934	169
镱	Yb	70	173.04	168,170,171,172,173,174,176
镥	Lu	71	174.97	175,176

稀土元素原子的特异光学性能源于其特异的电子构型。它们一般的电子构型是(Xe)$(4f)^n(5s)^2(5p)^6$，随着原子序数逐渐增大，各个稀土元素原子在内层的 4f 轨道中逐一填充电子，且该 4f 电子层被外层完全充满的$(5s)^2(5p)^6$所屏蔽，从而为 4f 电子在不同能级的跃迁(f-f 和 f-d 跃迁)创造了条件，使稀土元素在发光和激光等光学材料中获得了广泛的应用。目前，已知在三价稀土元素 4f 组态中共含有 1639 个能级，不同能级之间可能发生的跃迁数目高达 192177 个，因此，稀土元素为人类研究和开发各种发光材料提供了巨大的宝库。近些年，世界各国都大力开展稀土应用技术和发光性质的研究，几乎每隔 5 年就有稀土应用技术的新突破，其中尤以稀土发光材料格外引人注目。可以预计的是，随着稀土分离、提纯等相关技术的进步，稀土发光材料的应用必将得到进一步的显著发展。

6.2 稀土发光材料简介

稀土是一个巨大的发光材料的宝库，近年来，稀土发光材料的研究热点主要包括照明用发光材料、显示用发光材料、长余辉发光材料、下转换（量子剪裁）发光材料、上转换发光材料、闪烁体材料、电子俘获发光材料、光放大材料（玻璃、光纤、波导薄膜）、OLED 与稀土/高分子杂化材料和纳米发光材料等。其中，照明与显示器件是稀土发光材料的主要应用领域，特别是照明用稀土发光材料一直是工业与科研领域的探索与研究的重点，我们也将做重点介绍。

6.2.1 照明用稀土发光材料

从远古至今，人类社会追求光明的脚步一刻也没有停止过。火的发明，这只是人们简单的利用从自然界得到的可燃物燃烧进行照明。1886年，爱迪生发明了白炽灯，开创了人类由火焰照明到电光源照明的新时代。然而，白炽灯消耗了大量能量发热，电光转换效率只有10%左右。1938年，荧光灯的发明使得发光效率得到了有效提高，它也使得照明技术获得了一次新的飞跃。人们可以让光源按照人们的需要发光。火和白炽灯都是通过加热提高物体的温度发光，而荧光灯是光致发光。它首先将汞气化，气化后的汞蒸气原子与高速运动的电子碰撞使汞原子被激发或电离，被激发或电离的汞原子发出紫外线，通过紫外线激发荧光粉，使得荧光粉发出可见光。荧光灯是目前照明光源领域的主要器件，与白炽灯相比，荧光灯具有使用寿命长、发光效率高、照光面积大、可调整成不同光色等优点。图6-2为典型的日用荧光灯及其结构示意，一般是一个长型的圆柱管，其中包括灯头、阴极和内壁涂有荧光粉的玻璃管组成，灯管内封有气压很低的水银蒸气和惰性气体。由于灯管内壁涂的荧光粉有多种不同的成分可供选择，因而荧光灯具有较大的光色、色温可调性。

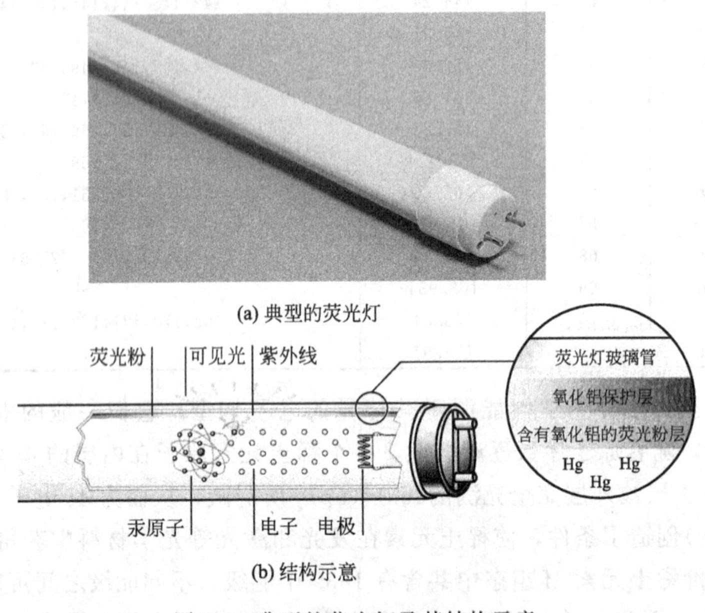

图6-2 典型的荧光灯及其结构示意

决定荧光灯特性的最重要因素是荧光粉的种类、成分及其发光性能。在荧光照明设备的应用初期（1938～1948），人们大多采用的是两种荧光粉的混合物作灯粉，即$MgWO_4$与$(Zn, Be)_2SiO_4 : Mn^{2+}$。然而，$Mn^{2+}$系列荧光粉在荧光灯中的耐候性较差，这是由于在紫外线辐射下，此类荧光粉容易与气体放电中产生的汞反应，以致发生分解。除此之外，由于Be的毒性非常大，导致其应用进一步受到限制。在1948年，上述荧光粉被一种能发出蓝色与橙色光的荧光粉所取代，它就是以Sb^{3+}与Mn^{2+}作激活剂的卤磷酸钙。这种卤磷酸盐荧光粉中有两种激活剂，主激活剂Sb^{3+}与次激活剂Mn^{2+}，相应地就有两个发射带，一个在蓝区，一个在红区。通过控制荧光粉的组成，用卤磷酸盐荧光粉可以制成色温2500～7500K的各种荧光灯。然而，卤磷酸盐类型荧光粉的一个致命弱点是，高亮度与较好的显色性不能同时获得。基于此，研究者开发出了稀土激活型荧光粉，这也就是目前依然在获得商业化应用的三基色荧光粉，由此制造的荧光灯也被称为三基色灯。色度学研究表明，将能分别发蓝色(B)、红色(R)、绿色(G)的三种荧光粉混合，可获得白色发光，并能得到效率为 100lm/W，显色指数(CRI)值为 80～85 的荧光灯。目前应用的典型三基色荧光粉包括：发红光的 $Y_2O_3:Eu^{3+}$，发蓝光的 $BaMgAl_{10}O_{17}:Eu^{2+}$，以及发绿光的 $Ce_{0.67}Tb_{0.33}MgAl_{11}O_{19}$。其中，由于红色荧光粉 $Y_2O_3:Eu^{3+}$ 的量子效率高，接近于 100%，并且有较好的色纯度和光衰特性，因而被作为稀土三基色灯中唯一的红色荧光粉，而人们的研究也主要集中于蓝色荧光粉、绿色荧光粉。表 6-2 总结了目前常用的三基色粉及其性能。

表 6-2　稀土三基色灯粉的开发进展

年　份	1974～1977	1978～1987	1988 至今
性能	高效率	节能	更环保与节省资源
三基色蓝粉	$BaMg_2Al_{16}O_{27}:Eu$	$BaMg_2Al_{16}O_{27}:Eu$ $(Sr,Ca)_{10}(PO_4)_6Cl_2:Eu$	$BaMg_2Al_{16}O_{27}:Eu$ $(Sr,Ba,Ca)_{10}(PO_4)_6Cl_2:Eu$ $BaMgAl_{10}O_{17}:Eu,Mn$ $Sr_4Al_{14}O_{25}:Eu$
三基色绿粉	$CeMgAl_{11}O_{19}:Tb$	$CeMgAl_{11}O_{19}:Tb$ $LaPO_4:Ce,Tb$ $GdMgB_5O_{10}:Ce,Tb$	$CeMgAl_{11}O_{19}:Tb$ $LaPO_4:Ce,Tb$ $GdMgB_5O_{10}:Ce,Tb$
三基色红粉	$Y_2O_3:Eu$	$Y_2O_3:Eu$	$Y_2O_3:Eu$ $3.5MgO\cdot0.5MgF_2\cdot GeO_2:Mn^{4+}$

自 20 世纪 60 年代末，首只 GaAsP 红色发光二极管(light emitting diodes，简称 LEDs)问世以来，经过近 50 年的努力，LED 的科研和产业得到迅速发展。其中，白光 LED 是 LED 用于照明的市场基础，白光 LED 的开发成功预示着人类照明光源一次新的变革。由于白光 LED 的光效不断提高，加之它体积小、耐振动、响应速度快、方向性好、寿命长达数万小时，光色接近白炽灯，可低压驱动，无汞和铅的污染。可以相信，白光 LED 半导体照明将成为未来最具有发展前景的高新技术领域，也必将取代白炽灯、荧光灯，成为新一代的绿色照明光源。使 LED 发白光可以通过三种途径：一是将分别发红、蓝、绿三种单色光的 LED 芯片组合在一起做成白光光源，这种方式无需荧光粉，结构复杂；二是将黄色荧光粉涂敷于发蓝光的 LED 芯片上，芯片发出的蓝光激发黄粉发光，蓝光与黄光混合成白光；三是在发紫光或紫外光的 LED 芯片上涂敷红、蓝、绿三基色荧光粉，由紫光或紫外光激发三基色粉发白光。这点与三基色荧光灯类似，只不过激发光源从汞改成了 LED，而且由于白光 LED 要求荧光粉在更低能量的紫光或紫外光激发下有较高的发光效率，不能沿袭三基色荧光灯的荧光粉，必须另辟蹊径设计合成最为适用的新荧光粉。一般来说，用做白光 LED 荧光粉包括以下一些要求：①在蓝光、长波紫外光激发下，荧光粉产生高效的可见光发射，其发射光谱满足白光要求，光能转化率高，流明效率高；②荧光粉的激发光谱应与 LED 芯片的蓝光或紫外光发射光谱相匹配；③荧光粉的发光应具备优良的温度猝灭特性；④荧光粉的物理、化学性能温和，抗潮，不与封装材料、半导体芯片等发生作用；耐紫外光长期轰击，性能稳定；⑤荧光粉颗粒均一，呈球形，粒度适中。

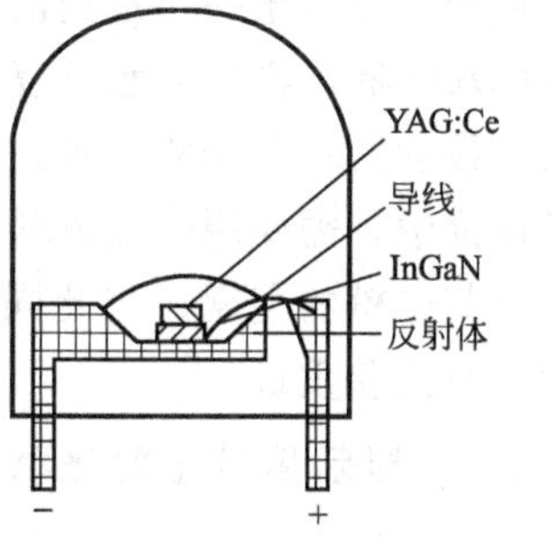

图 6-3 给出了采用 $Y_3Al_5O_{12}:Ce^{3+}$（YAG：Ce）作为光转换材料，与蓝光 InGaN 芯片匹配的白光发射装置的结构示意。该装置采用 InGaN 二极管为激发源，YAG：Ce 部分吸收二极管的蓝光发射，产生位于 540nm 左右的黄色宽带发

图 6-3　$InGaN+Y_3Al_5O_{12}:Ce^{3+}$ 白光发射装置结构示意

射光，与二极管的蓝光发射复合形成白光。

目前，应用于白光 LED 照明的荧光粉可从颜色上分为黄粉、蓝粉、绿粉和红粉共 4 类。其中，以“蓝光 LED+黄色荧光粉”模式的白光 LED 技术最为成熟，典型的黄色荧光粉即为上面提到的 YAG：Ce。除此之外，近年来还开发成功了硅酸盐系列黄色荧光粉，如 Me_2SiO_4：Eu 以及 Me_3SiO_5：Eu（Me=Ca，Sr，Ba）以及以 Sialon 为代表的氮（氧）化物黄色荧光粉。总结近些年在白光 LED 用荧光粉领域的研究进展来看，可被蓝光-近紫外光激发，并发射可见光的荧光粉可分为如下一些类别：①稀土石榴石；②碱土金属硫代镓酸盐；③碱土金属硫化物；④硫化锌型；⑤碱土金属铝酸盐；⑥磷酸盐；⑦硼酸盐；⑧硅酸盐；⑨氟砷（锗）酸盐；⑩稀土硫氧化物；⑪稀土氧化物；⑫钒酸盐；⑬氮（氧）化物。

上述照明用稀土发光材料，无论是荧光灯用荧光粉，还是近年来种类繁多的白光 LED 用荧光粉，一般采用高温固相反应法制备，通常由下列一些工艺步骤所组成：①原料的选择与分析；②配料；③混料；④焙烧；⑤后处理工艺；⑥洗涤；⑦质量评价。下面分别对这些制备工艺步骤做简要说明。在第①步骤，原料的选择与分析中，对于固相反应，原料的性质是决定反应温度和速率，以及产物的重要因素。因此，原料的选择与分析是十分关键的一步。有时候某些特定的原料可以决定固态反应的产物。此外，在生产过程中，一定要控制所选原料中的过渡金属的含量（一般在$\times 10^{-6}$级），因为这些金属离子会使荧光粉的发光猝灭，进而影响到最终得到的荧光粉产品的亮度和其他物化指标。在第②步骤的配料中，需要按配方精确称取每种原料组分。原料粒度也会对固相反应产生至关重要的影响。一般来讲，原料粒度愈细，对固相反应愈有利。通常还要求原料的粒度分布范围尽量小，切忌选择那些含有结块和聚团的原料。在第③步骤的混料中，可以选用回动式滚筒混料机或其他混料机进行原料混合。最常用的是锤磨机。首先在不锈钢筛板上用一个可以自由转动的锤子锤砸原料混合物，然后再轻轻地研磨，使其充分混匀，直至原料达到符合要求的细度。一般需要进行两次锤磨。在第④步骤的焙烧中，原料混合物的焙烧一般在敞口式方形炉或者封闭式隧道炉中进行。因为后者能够更好地控制炉内温度，因而被更加广泛使用。通过颠振使原料混合物在托盘或石英坩埚中密实填充，然后，放入高温炉中。按固相反应所需设定炉温，并需在反应温度下恒温焙烧一定时间后，取出灼热的坩埚（称为“热出料”），在空气中冷却至室温。如果荧光粉极易氧化，则荧光粉产物应在炉中于还原气氛中冷却。在第⑤步骤的后处理工艺中，通常包括下列工序：首先把荧光粉产物从坩埚中取出，然后在紫外光的照射下选粉，仔细检查粉块的表面发光亮度，去除不发光的物质，最后把整块荧光粉破碎成细小的颗粒。通常需要用筛网进行分级。筛分过程分为两步：第一步在 200 目的筛网中筛分，第二步在 325 目的筛网中筛分。最后除去粒径大于 44μm 的荧光粉颗粒。在第⑥步骤的洗涤工艺中，通常是把荧光粉置于一定量的清水中，然后加入酸溶液，搅拌，使粉末悬浮在溶液中，静置后倾泄掉水溶液，再加入水重复 3～4 次。然后，加入少量的碱溶液（如 NH_4OH）来中和过量的酸。最后，将荧光粉末置放在烘箱中于 110～125℃干燥 12h 左右。在第⑦步骤的灯粉的质量评价中，需要用荧光材料的标准物作参比，只要是能够提供紫外光源的简单设备均可用作测定荧光粉的亮度。与此同时，也需要测定荧光粉的粒径。最后，记录投料量、产物的亮度、粒径和重量。

6.2.2 显示用稀土发光材料

稀土发光材料除了在照明领域有着广泛的应用，显示领域是稀土发光材料的又一个重要应用场合。多年来 CRT（阴极射线管）一直占据显示领域主流地位，但是其体积笨重、耗能大、图像易扭曲和有 X 射线等致命弱点阻碍了 CRT 发展，而近年来发展起来的平板显示器件（FPD）是未来显示技术发展的主流。目前可以实现平板显示（FPD）的技术主要有四种：液晶显示（LCD），电致发光显示（EL），场发射显示（FED）和等离子体显示（PDP），其中 PDP 最被人们看好。

PDP 显示器是一种利用稀有气体在一定电压作用下产生气体放电（形成等离子体），直接发射可见光或者发射真空紫外光转而激发荧光粉间接发射可见光的一种主动发光型平板显示器件。单色 PDP 通常直接利用气体放电时发出的可见光来实现单色显示，彩色 PDP 则通过气体放电时发射的波长为 147nm 的真空紫外光激发 PDP 用荧光粉，从而实现彩色显示。彩色 PDP 的工作原理主要包括两部分：①稀有气体放电过程，即在一定电压作用下稀有气体产生放电，发射出真空紫外光。②气体放电时产生的真空紫外光激发荧光粉发射出红、绿、蓝三基色可见光，进一步通过红、绿、蓝三基色的调配以达到显示不同颜色的目的。真空紫外光（vacuum ultraviolet，VUV）激发的稀土发光材料已经在 PDP 显示中得到广泛的应用。真空紫外光是指波长小于 200nm 的紫外光，由于该波长范围的紫外光容易被空气所吸收，故对此波长范围光的应用均在真空中进行。目前，彩色 PDP 用红色荧光粉中，$(Y,Gd)BO_3:Eu^{3+}$ 的相对发光效率最高，色度坐标接近 NTSC（美国国家电视系统委员会，电视制式标准的一种）基色坐标，是目前性能最好的红色荧光粉。从综合性能来看，绿色 PDP 荧光粉中，以 $BaAl_{12}O_{19}:Mn^{2+}$ 为最佳。然而因 $Zn_2SiO_4:Mn^{2+}$ 发光效率高且价格低廉，该粉也被广泛用于彩色 PDP 器件的制造之中。对蓝色荧光粉而言，$BaMgAl_{10}O_{17}:Eu^{2+}$ 的相对发光效率较高，且其色坐标最接近 NTSC 基色坐标，是当前效果最佳的蓝色荧光粉。但 Eu^{2+} 不稳定，长期受真空紫外光的照射和稀有气体放电产生的电子、离子的轰击下，该粉光衰较剧烈，同时发射波长将会红移至绿色方向。

6.2.3　长余辉稀土发光材料

长余辉发光材料俗称“夜明粉”，属于光致发光材料的一种，是指经日光和长波紫外线等光源的短时间照射，关闭光源后，仍能在很长一段时间内持续发光的材料。1866 年，法国的 Sidot 首先制备了 ZnS：Cu，最早开展了这一系列长余辉发光材料的研究工作，而直到 20 世纪初，这一系列材料才真正实现工业化生产和实际应用。当时主要用于军事。从那时起一直到 20 世纪 90 年代，始终是硫化锌系列长余辉发光材料占统治地位。经过百余年工艺技术的不断改良和理论研究的不断探索，长余辉发光材料的基质材料不再局限于早期的单一硫化锌体系，已经发展到目前的其他硫化物、铝酸盐、硅酸盐、复合氧化物或硫氧化物等多种基质材料体系。尤其是进入 20 世纪 90 年代，具有良好发光性能和独特长余辉特性的稀土离子铕、镝激活的铝酸锶（$SrAl_2O_4:Eu^{2+},Dy^{3+}$）黄绿色长余辉发光材料的出现，受到业内专家的关注，相关研究成为热点课题，文献报道也随之增多，标志着超长余辉材料的研究与应用已进入一个逐渐趋于成熟的全新阶段。近年来，已被广泛应用于隐蔽照明和紧急照明设施，航空、航海和汽车等仪表显示盘和工艺美术涂料等领域。也可将它们掺入塑料、陶瓷和玻璃中，制成夜明塑料、夜明陶瓷和夜明玻璃等。目前国内已有多家生产夜明材料企业，它们先后研发了发光膜板、发光塑料、发光油墨和发光陶瓷等系列发光制品。

6.2.4　下转换发光材料

下转换（downconversion luminescence materials）型发光材料是指将一个高能量光子裁剪为多个低能量光子的一类稀土掺杂发光材料，也称为量子剪裁（quantum cutting）发光材料，其量子效率大于 100%。下转换发光是稀土发光材料获得高量子效率的重要途径，所以成为了当前光电功能材料研究中的一个热点。近年来，下转换发光材料在太阳光谱转换材料的开发中获得了足够的重视。这是由于一个标准太阳能电池大约40%的能量损失来源于晶格热损耗，即所吸收的光子能高于半导体禁带宽带部分通过声子辐射以热能形式耗散。从理论上分析，下转换光谱调制即吸收1个高能光子将其转换成不止1个低能光子的过程，是削弱此类损耗的有效途径之一。研究预测：采用下转换发光实现太阳光谱转换，可将太阳能电池的光电转化效率的理论极限从30%左右提高到40%以上。近年来，以荷兰乌德勒支大学的A. Meijerink为代表的发光材料研究专家在近红外量子剪裁发光领域做出了许多开创性的工作。他们通过设计Tb^{3+}-Yb^{3+}、Pr^{3+}-Yb^{3+}和Tm^{3+}-Yb^{3+}等共掺杂稀土离子，形成量子裁剪发光，即稀土离子（如Tb^{3+}）吸收一个高能光子，通过能量传递给Yb^{3+}后，Yb^{3+}辐射两个光子或两个以上低能光子的过程。他们还在$LiGdF_4$∶Eu^{3+}体系中，用真空紫外光激发基质的Gd^{3+}离子，经过两步$Gd^{3+}\rightarrow Eu^{3+}$的能量传递，实现了单光子激发、可见双光子的发射，量子效率接近200%，并在其他体系中也获得了类似的结果，无可争辩地证明了能量下转换对提高能量效率是十分有效的，是亟待开展的一个研究方向。

在针对太阳光谱转换应用的下转换型稀土发光材料研究中，针对于稀土离子的研究，目前的研究主要集中在Tb^{3+}-Yb^{3+}、Pr^{3+}-Yb^{3+}、Tm^{3+}-Yb^{3+}等为代表的双掺稀土离子对发光材料体系，这是一种稀土给体（敏化剂，如Tb^{3+}）和受体（激活剂，如Yb^{3+}）离子对的协同发光。近年来，研究者又开展了宽带吸收下转换发射材料的研究，主要以具有f-d跃迁Eu^{2+}，Ce^{3+}和Yb^{2+}等作为稀土给体实现宽带高效太阳光吸收，并以近红外发射的Yb^{3+}，Nd^{3+}和Er^{3+}作为稀土受体，通过稀土给体-受体之间的能量传递，最终实现宽带吸收/近红外发射的发光。在针对于基质体系的研究中，目前主要集中在如下4类：①氟化物和卤化物体系，如YF_3∶Nd^{3+}，Yb^{3+}、$LiYF_4$∶Pr^{3+}，Yb^{3+}和$Cs_3Y_2Br_9$∶Er^{3+}，Yb^{3+}等；②硼酸盐体系，如$GdAl_3(BO_3)_4$∶RE^{3+}，Yb^{3+}（RE＝Pr，Tb，Tm），Ca_2BO_3Cl∶Yb^{3+}，Ce^{3+}，Tb^{3+}以及Yb^{3+}，Ce^{3+}，Tb^{3+}共掺杂的硼酸盐玻璃等；③单一稀土氧化物、钒酸盐如Y_2O_3∶Yb^{3+}，Er^{3+}和YVO_4∶Yb^{3+}等；④Ce^{3+}-Yb^{3+}共掺杂$Y_3Al_5O_{12}$和Eu^{2+}-Yb^{3+}共掺杂$CaAl_2O_4$为代表的铝酸盐体系。

6.2.5 上转换发光材料

上转换材料(upconversion luminescence materials)是一种能将两个或两个以上的低能光子转换成一个高能光子的稀土掺杂发光材料，一般特指将红外光转换成可见光的材料，其特点是所吸收的光子能量低于所发射的光子能量。常用的上转换发光离子对包括Yb^{3+}/Er^{3+}，Yb^{3+}/Tm^{3+}，Yb^{3+}/Ho^{3+}等，Yb^{3+}通常作为上转换发光过程的敏化剂，其在近红外光(980nm)区域有较大的吸收截面，进而将能量通过一定的方式转移给激活剂离子。最常见的上转换发光机制可以归结为以下四种情况：激发态吸收（excited state absorption，ESA)、能量传递上转换（energy transfer upconversion，ETU)、合作上转换（cooperative upconversion，CU）以及光子雪崩（photon avalanche，PA)。一般来说，选择合适的基质材料是制备高效上转换材料的基础。合适的基质材料不但能为激活离子提供合适的晶体场，使其产生合适的发射，而且对阈值功率和输出水平也有很大的影响。因此，对基质材料进行深入的探讨是上转换发光材料研究的一项重要内容。

上转换材料根据不同基质材料可以分为三类，分别是氟化物体系、卤氧化物体系和氧化物体系。对于材料结构的稳定性来讲，氧化物＞氟化物＞氯化物，大多数氯化物和溴化物化学稳定性低，吸湿且易溶于水，因此实用性偏低。而从上转换光效率来讲，一般认为氯化物＞氟化物＞氧化物，这是单从材料的声子能量方面考虑的。声子能量的大小是选取上转换材料的一个重要依据，因为声子能量和多声子弛豫有关，声子能量越大，多声子弛豫的概率就越大，则导致发光效率降低。氧化物的声子能量比氯化物、氟化物的大很多。通过综合考虑，对基质材料的研究重点就是探索出可以达到实际应用水准的基质，既有高上转换效率，又兼有结构稳定性。

上转换主要的应用领域有全固态紧凑型激光器件（紫、蓝、绿区域）、上转换荧光粉、三维立体显示、红外量子计数器、温度探测器、生物分子的荧光探针、光学存储材料等。目前，纳米上转换发光材料则由于其在生物荧光探针上独特的优势而成为一个新的研究热点。

6.2.6　闪烁体材料

闪烁体（scintillator）和 X 射线荧光粉这两个术语通常可以互换使用。当它以多晶粉末的形式被应用（如粉末荧光屏）时，通常被称作“X 射线荧光粉”；而以单晶体的形式被应用时，则称为“闪烁体”。X 射线荧光粉的发光过程与光致发光材料不同：当荧光粉受到 X 射线激发时，基质晶格中会产生大量的二次电子，它们间接或直接地激发发光中心（相当于发光中心吸收了 X 射线），而后发光中心再将所吸收的能量有效地转化为紫外线或可见光辐射，因此，我们可以认为闪烁体是一种能将电离辐射的能量转换成光发射的发光材料。近年来，随着 X 射线计算机断层扫描成像仪（X-CT）和正电子发射计算机断层扫描成像仪（PET）之类辐射医疗仪器的发展和普及，以及高能物理实验中各种大型仪器的规划和建立，对闪烁体提出了越来越高的性能要求。因此，对光输出大、响应快、密度高、耐辐射的新型无机闪烁体的探索和研究十分活跃。早在 1896 年，即 X 射线发现一年后，Pupin 就提出了 $CaWO_4$ 这种材料，它用在 X 射线增感屏中已有 80 余年，可谓创下了发光材料使用时间的记录，此外也有 ZnS：Ag、CsI：Na^+ 和 $BaSO_4$：Pb 等也可用作 X 射线荧光粉。进一步的研究表明，采用稀土激活的发光材料制成的增感屏，可以降低 X 射线剂量的 1/200。属于此类荧光粉有：Y_2O_2S：Tb^{3+}、Gd_2O_2S：Tb^{3+}、LaOBr：Tm^{3+}、BaFCl：Eu^{2+}、$YTaO_4$：Nb^{5+}、Gd_2SiO_5：Tb^{3+} 等。目前，研究的热点主要集中在 Lu_2O_3、Lu_2SiO_5：Ce 等重稀土的含氧酸盐或氧化物透明陶瓷和单晶。

6.2.7　电子俘获发光材料

电子俘获光存储的本质是材料的光激励发光特性。该材料在光存储、红外探测、辐射剂量测定、光信息处理等许多领域展现了其应用潜力，并且对于一些以特殊基质，经适当方式引入稀土激活中心制得的电子俘获材料，利用其在室温下可接受高能辐照，在红外光激励下转换为可见光的特性，可实现在环境放射性防护方面的应用，如制备固体辐射剂量剂闪烁体。具有发光性能的闪烁体是构成闪烁计数器的主要部件，而闪烁计数器是辐射场探测的重要方法之一。利用放射发光和热释光的原理制作的剂量剂，在辐射剂量学中一直备受重视。对电子俘获材料的研究最早可追溯到 1866 年法国人 Sidot 制备的 ZnS：Cu。它是第一个具有实际应用意义的长余辉蓄光材料。20 世纪初，Lenard 制备出了 ZnS：M(M＝Cu，Ag，Bi，Mg 等)发光材料，并研究了荧光衰减曲线，提出了“中心论”。但由于该类发光材料固有的种种缺陷，人们将目光又投向了其他基质的发光材料领域。自 20 世纪 90 年代，出现了掺稀土的碱土铝酸盐 $SrAl_2O_4$：Eu^{2+}，Dy^{3+} 长余辉材料，它们比过去使用的 ZnS：Cu 具有更长的余辉时间和余辉亮度而备受瞩目，应用于暗处的弱光照明标识和信息存储。近年的研究表明，根据电子俘获机理，当符合上述条件时，在含有四面体结构 AlO_4 或 SiO_4 的碱土铝酸盐(Sr，Ba)Al_2O_4，$Sr_4Al_{14}O_{25}$ 或硅酸盐 $BaMgSiO_4$ 中，也可在高温空气下使掺入的 Eu^{3+} 还原成二价 Eu^{2+}，并作为电子俘获材料。

6.2.8 光放大材料

掺 Er 光纤放大器可为波长为 1.5μm 信号提供高增益，并具有噪声低、工作谱带宽等优点。与波分复用系统组合使光通信成千倍地提高了原有光纤系统的传输功率。因此，Er^{3+} 掺杂的各种玻璃在 980nm 泵浦下的荧光性质以及玻璃体系材料的研究成为一个热点。集成光路的基本组成部分是薄膜光波导，利用薄膜光波导通过刻蚀可以制作耦合器、分束器、光开关等无源器件，以及激光器、光放大器等有源光学器件。Er^{3+} 第一激发态的发射截面非常小，为了在几厘米长度上获得理想的增益，光活性 Er^{3+} 的含量要达到 0.1%～1%。如此高的掺杂浓度，需要选择有较大溶解度的基质材料，目前研究较为热门的是纳米硅和 Al_2O_3。

6.2.9 OLED 与稀土/高分子杂化材料

有机电致发光是指发光层为有机材料，而且属于在电场作用下（载流子注入）所产生的发光现象。大多数有机电致发光材料具有很宽的荧光发射光谱，带宽为 100～200nm，从而影响发光的单色性，不能很好满足实际显示对色纯度的要求，限制了有机电致发光器件的广泛使用。由于稀土配合物的发光属于受配体微扰的中心离子发光，发光波长取决于稀土离子，发光峰为尖锐的线谱。因此，研究者把注意力转向稀土配合物。人们对稀土配合物材料进行了一系列的研究，陆续合成和使用 Eu^{3+} 和 Tb^{3+} 的配合物作为发光材料，得到了窄谱带的红光和绿光 EL 器件。目前研究的焦点为如何提高器件的亮度。

6.2.10 纳米发光材料

纳米科学技术是 20 世纪 80 年代末期刚刚诞生并正在崛起的新技术。目前，普遍接受的纳米材料是指基本单元的颗粒或晶粒尺寸至少在一维上小于 100nm，而且与常规材料具有截然不同的光学、电学、热学、磁学、化学或力学性能的一类材料体系。最近几年来，以稀土离子为激活离子，以绝缘体为基质的纳米发光材料开始受到国内外许多学者的关注，人们发现某些掺稀土纳米材料优异的荧光特性可以弥补体材料之不足。对稀土掺杂的纳米发光材料的研究，已经观察到了一些很有意义的实验现象，比如，纳米相 Y_2O_3：Eu 中的猝灭浓度为 12%(摩尔分数)，远远高于体材料中的 6%(摩尔分数)。在实际应用上，掺稀土纳米发光材料在荧光粉、高分辨显示、零阈值激光器件、光放大、闪烁体等领域具有广泛的应用前景。

6.3 稀土发光材料结构设计与制备化学基础

6.3.1 基于矿物结构设计稀土发光材料

稀土发光材料的发光性能一方面取决于作为发光中心的激活剂离子；另一方面，掺杂发光离子的发光性能还与基质晶体结构密切相关，基质结构中的离子电荷、尺寸、极化率、共价性、电负性及电子构型等都能影响发光性能。可见，荧光材料基质对于稀土掺杂离子的发光行为具有重要影响。但是，在新型荧光材料基质及新型功能应用荧光粉开发研究工作中，一方面，已有的研究多是通过发光离子掺杂，在无机化合物数据库中对“不计其数”的化合物“trial and error”，期盼“发现”发光性能，缺少具体的理论指导，研究中也较少涉及深入理解基质材料结构的细节对其发光性能的影响；另一方面，在荧光材料“结构-性能”关系研究中，大多数的工作仅停留于基质中对单个离子或格位上的取代或掺杂以实现发光性能的调控。因此，新型荧光材料基质的开发及优化，对于解决稀土发光材料在功能应用中存在的某些问题，具有重要的理论研究与实际应用价值。

众所周知，人类对发光的了解始于矿物的发光，而成分和结构是矿物学研究的基础，也是影响荧光材料发光性质的重要因素。同时，很多已报道的矿物结构荧光粉，特别是石榴石、磷灰石和黄长石结构荧光粉在照明和显示领域已引起了广泛关注，例如商品化的白光 LED 照明用荧光粉 $Y_3Al_5O_{12}:Ce^{3+}$，其中的荧光材料基质即为石榴石结构。进一步地，图 6-4 给出了两种石榴石结构荧光粉基质 $Y_3Al_5O_{12}$ 和 $Ca_3Sc_2Si_3O_{12}$ 的晶体结构示意。由图 6-4 不难看出，它们具有相同的晶体结构，从 $Y_3Al_5O_{12}$ 到 $Ca_3Sc_2Si_3O_{12}$ 的变化在于，阳离子从 Y 变化为 Ca，而 $Y_3Al_5O_{12}$ 中两种 Al 的格位（一种形成[AlO_4]四面体，一种形成[AlO_6]八面体），这两种 Al 格位分别被 Si 替换形成[SiO_4]四面体，被 Sc 替换形成[ScO_6]八面体。因此，深入认识典型矿物晶体结构中的内在关联性，充分理解荧光材料基质结构中阴离子配位基团与阳离子、阴离子之间构建规律，对于探找新型稀土掺杂荧光材料具有重要的开拓意义。由此，突破常规地利用格位取代-离子掺杂实现发光性能调控的思路，在结构相关性的前提下，利用无机多面体模块结构的功能性替代，结合晶体化学规则设计合成具有上述典型矿物结构的无机固溶体和衍生结构新相，这一基于矿物学的结构设计思路，对于开发新型荧光粉具有重要的研究意义，也在近几年的研究中获得了研究者的广泛关注。

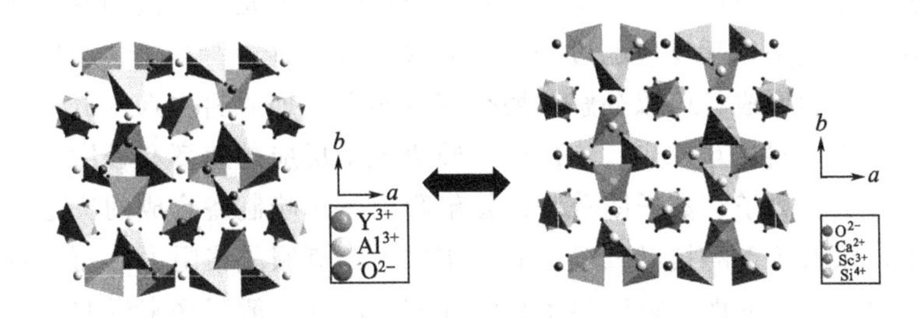

(a) $Y_3Al_5O_{12}$的(001)面投影结构　　(b) $Ca_3Sc_2Si_3O_{12}$的(001)面投影结构

图 6-4　典型石榴石结构与异质同构相转变示意

进一步地研究表明，几种典型的矿物结构在稀土发光材料的结构设计中已在近几年引起了广泛的关注。例如：石榴石的晶体化学通式为 $A_3B_2C_3X_{12}$，属立方晶系，其晶胞可看作是 A-X(8)十二面体、B-X(6)八面体和 C-X(4)四面体的连接网。在矿物晶体化学和材料学领域讨论最多的是钙铝石榴石 $Ca_3Al_2(SiO_4)_3$，从 $Ca_3Al_2(SiO_4)_3$ 还可衍生出一系列石榴石型化合物，如前面提到的石榴石结构荧光粉 $Y_3Al_5O_{12}:Ce^{3+}$ 和 $Ca_3Sc_2Si_3O_{12}:Ce^{3+}$。研究者还利用同为石榴石结构 $Y_3Al_5O_{12}$ 和 $Y_3Mg_2AlSi_2O_{12}$ 的结构相关性实现了 Ce^{3+} 掺杂发光性能调控。除此之外，磷灰石的晶体化学通式为 $A_{10}(TO_4)_6X_2$，属六方晶系，A 通常为以 Ca^{2+} 为代表的 2 价阳离子，A 离子位于上下两层的 6 个[TO_4]四面体之间并与 9 个角顶 X 离子连接，形成 *c* 轴的通道，附加阴离子 X 填充在通道中。在很长一段时间，研究者的工作主要集中于以 $M_5(PO_4)_3Cl:Eu^{2+}$（M＝Ca，Sr，Ba）为代表的磷灰石原型结构荧光粉。最近，研究者分别报道了 $Ca_2Gd_8(SiO_4)_6O_2:Ce^{3+}$，$Mn^{2+}$、$Ca_5La_5(SiO_4)_3(PO_4)_3O_2:Ce^{3+}$，$Mn^{2+}$ 和(Ca，Sr，Ba)$_5(PO_4)_2(SiO_4):Eu^{2+}$ 荧光粉，他们的工作也部分验证了采用无机多面体模块调控可获得新型磷灰石结构荧光材料。此外，黄长石的晶体化学通式为 $A_2B_3X_7$，属四方晶系，其中 A 通常为阳离子，B 中含有两种不同的四次配位位置，是无机多面体的中心原子，可为一种，也可为两种不同原子，分别占据单四面体位置和双四面体位置。X 为配位阴离子，通常为 O^{2-}，也可为 S^{2-}、N^{3-} 和卤素离子。具有黄长石结构的化合物包括硅酸盐、铝(镓)酸盐、硼酸盐及氮氧化物等，例如 $Ca_2Al_2SiO_7$、$Sr_2MgSi_2O_7$、$LaSrAl_3O_7$、$CaYAl_3O_7$、$CaBiGaB_2O_7$、$Bi_2ZnB_2O_7$、$CaLaGa_3S_6O$、$CaLaGa_3S_7$ 和 $Y_2Si_3O_3N_4$ 等。其中 $Ca_2Al_2SiO_7$：Eu^{2+} 可作为 w-LEDs 用绿色荧光材料，而 $Sr_2MgSi_2O_7$：Eu^{2+}，Dy^{3+} 是一种著名的蓝色长余辉材料。

总之，基于无机多面体模块结构调控类质同象型新材料，这是近年来在稀土发光材料设计中展示出的一种研究新思路，它一方面揭示了“晶体结构演变与稀土掺杂发光性能”之间的关系；另一方面对于利用无机多面体模块构建新型荧光材料的思路将对其他无机固体功能材料研究开发具有重要的借鉴意义。同时，为了解决无机多面体模块结构替换所造成的获得纯相困难的问题，一些新的材料制备方法，特别是软化学合成法，如溶胶-凝胶、微波作用下的溶液燃烧等材料合成新技术，他们将为实现对给定组成单相材料的控制合成提供可能，我们也将在后续章节对稀土发光材料的合成技术做详细介绍。

6.3.2 稀土发光材料固相合成化学基础

无机发光材料的制备化学一般应包括两层意思，其一是需要获得某种物相的物质，如 Y_2O_3、$SrAl_2O_4$ 等；另一方面是要将物质制备成特定形态，如球形颗粒、微米粉体、纳米颗粒、单晶、玻璃等。只有这些被制备成特定形态的物质才是可以使用的材料。材料的制备与合成过程，其本质就是化学反应的过程。从微观角度考察，所有化学反应的进行，包括新物质的合成、新物相的形成，可以分解成两个基本步骤，即原料质点（分子、离子、离子团等）的接触和原料质点间相互反应。这两个步骤决定了反应的速率和程度。对于同一反应来说，原料质点（分子、离子、离子团等）的接触程度是影响制备合成的决定因素。在传统的材料固相合成中，原料质点的接触依赖于固相扩散，并克服晶格阻力，而扩散速度的快慢取决于制备和合成的速度。下面，将以传统高温固相反应的一般程序来说明稀土发光材料的固相合成化学基础。

(1) 传统高温固相法及其制备化学　高温固相法是一种发展最早的合成技术，也是目前合成稀土发光材料最常用的制备工艺。固相反应通常取决于材料的晶体结构及其缺陷结构，而不仅是成分的固有反应性。通常地，固相中的各类缺陷越多，则其相应的传质能力就越强，与传质能力有关的固相反应速率也就越大。这种方法通常是将固体原料混合，并在高温下通过扩散进行反应。下面以采用 Y_2O_3 和 Al_2O_3 为原料，制备石榴石结构 $Y_3Al_5O_{12}$ 的反应作为例子，即 $3Y_2O_3(s)+5Al_2O_3(s)\longrightarrow 2Y_3Al_5O_{12}(s)$(石榴石型)，如图 6-5 所示，来比较详细地说明此类高温下发生的固相反应的机制和特点，以及作为合成反应时的有关问题。

从热力学上讲，$3Y_2O_3(s)+5Al_2O_3(s)\longrightarrow 2Y_3Al_5O_{12}(s)$完全可以进行。然而实际上在1000℃下反应几乎不能进行，1400℃下反应也需数小时才能完成。为什么这类反应对温度的要求如此高？这可从图 6-5 中得到初步说明。

在一定的高温条件下，Y_2O_3 和 Al_2O_3 的晶粒界面间将产生反应，即初次成核而生成产物石榴石型 $Y_3Al_5O_{12}$层，这种反应的第一阶段将是在晶粒界面上或界面邻近的反应物晶格中生成 $Y_3Al_5O_{12}$ 晶核，如图 6-5(a)所示。但是，实现这一步是相当困难的，因为生成的晶核与反应物的结构不同。因此，成核反应需要通过反应物界面结构的重新排列，其中包括结构中阴、阳离子键的断裂和重新结合，Y_2O_3 和 Al_2O_3 晶格中 Y^{3+} 和 Al^{3+} 的脱出、扩散和进入缺位。高温下有利于这些过程的进行，有利于晶核的生成。同样，进一步实现在晶核上的晶体生长也相当困难，如图 6-5(b)所示。因为对原料中的 Y^{3+} 和 Al^{3+} 来讲，需要横跨两个界面的扩散才有可能在核上发生晶体生长反应，并使原料界面间的产物层加厚。因此很明

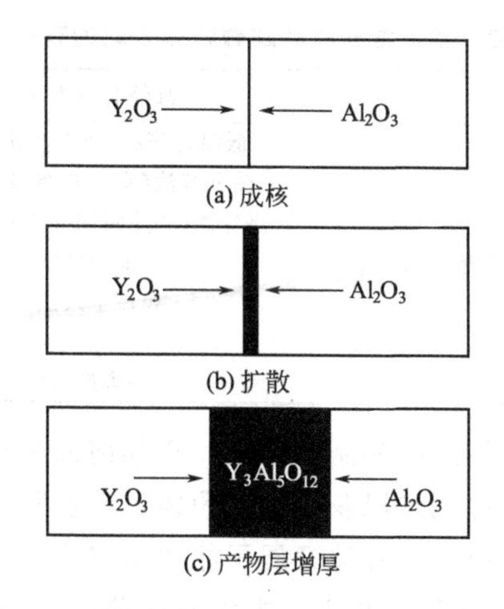

图 6-5　石榴石 $Y_3Al_5O_{12}$ 固相反应过程示意

显地可以看到，决定此反应的控制步骤应该是晶格中 Y^{3+} 和 Al^{3+} 离子的扩散，而升高温度是有利于晶格中离子扩散的，因而明显有利于促进反应。另一方面，随着反应物层厚度的增加，反应速率是会随之而减慢的，如图 6-5(c)所示。前人的研究表明，一般的固相反应均遵循如下的固相反应动力学关系，即阳离子 Y^{3+} 和 Al^{3+} 通过 $Y_3Al_5O_{12}$ 产物层的内扩散是反应的控制步骤，按一般的规律，它应服从下列关系：

$$dx/dt = kx^{-1}$$

$$x = k't^{1/2}$$

式中，x 为 $Y_3Al_5O_{12}$ 产物层的厚度；t 为反应时间；k 和 k' 为反应速率常数。实验验证 $Y_3Al_5O_{12}$ 的生成反应的确符合上述规律，同样，从实验结果来看 $Y_3Al_5O_{12}$ 的生长速率(x)的关系也符合上述规律。

综上所述，可以得出影响这类固相反应速率的主要因素，有以下三个：①反应物固体的表面积和反应物间的接触面积；②生成物相的成核速度；③相界面间特别是通过生成物相层的离子扩散速度。

从实验方法上来讲，高温固相法是将高纯的原料按一定比例称量，充分混合均匀之后装入坩埚中，然后放入高温炉中，在特定的条件下（温度、气氛、反应时间）进行烧结得到产品，具体流程如图 6-6 所示。利用该方法合成稀土发光材料的优点是：工艺简单，化学成本低廉，微晶的晶体质量优良，表面缺陷少，材料发光效率高，适合工业化生产。缺点在于粉体在高温下易于团聚，后期处理时需球磨以减小粒径，从而使发光体的晶形受到破坏，引起光衰而导致发光效率的降低；同时球磨过程难以保证产物颗粒的均匀性，容易引入杂相。

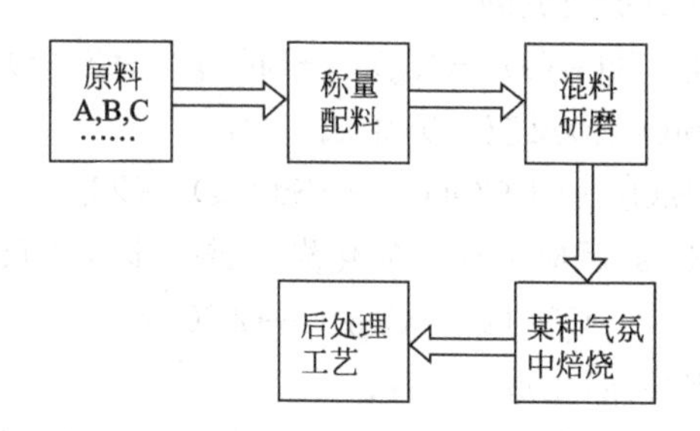

图 6-6　高温固相法合成稀土发光材料流程

表 6-3　稀土发光材料超微粉体合成的有关方法

类型	具体合成方法
固相法	低温粉碎法，超声波粉碎法 热分解法（有机盐类热分解） 爆炸法（利用瞬间的高温高压） 高能球磨法 超声空穴法 自蔓燃法 固态置换方法

（2）稀土发光材料超微粉体的固相制备化学　正如前面提到，上述传统的高温固相合成难以保证产物颗粒的均匀性，更加难以获得超微粉体，而实际应用中经常需要得到稀土发光材料超微粉体。因此，研究者也针对性地开展了相关研究工作，表 6-3 列出了稀土发光材料超微粉体固相制备过程中涉及的合成方法，主要有热分解法、固相化学反应法以及自蔓燃法，其中绝大多数均涉及化学问题。现在看来，要想合成超微的粉料从表 6-3 中是可以找到合适的方法的，但要做到少团聚或无团聚的粉料就不是易事了，规模化生产的难度更大。下面详细介绍其中几种合成方法。

①热分解法。它是加热分解氢氧化物、草酸盐、硫酸盐而获得氧化物固体粉料的方法。通常按下列方程式进行：

$$A(s) \longrightarrow B(s) + C(g)$$

热分解分两步进行，先在固相 A 中生成新相 B 的核，然后接着新相 B 核的成长。通常点分解率与时间的关系呈现 S 形曲线。

例如，$Mg(OH)_2$ 的脱水反应，按如下反应方程式生成 MgO 粉体，是吸热型的分解反应：

$$Mg(OH)_2 \longrightarrow MgO + H_2O$$

热分解的温度和时间，对粉体的晶粒生长和烧结性有很大影响，气氛和杂质的影响也是很大的。为获得超微粉体（比表面积大），希望在低温和短时间内进行热分解。方法之一是采用金属化合物的溶液或悬浮液喷雾热分解方法。为防止热分解过程中核生成和成长时晶粒的固结需使用各种方法予以克服。例如，在针状 γ-Fe_2O_3 超微粉体制备时，为防止针状粉件间的固结而添加 SiO_2。

②炭热还原法。这是制备非氧化物超微粉体的一种廉价工艺过程，20 世纪 80 年代曾用 SiO_2、Al_2O_3 在 N_2 或 Ar 下同炭直接反应制备了高纯超细 Si_3N_4、AlN 和 SiC 粉末。以 Si_3N_4 的炭热还原为例，它以如下反应方程式进行：

$$3SiO_2(s) + 2N_2(g) + 6C(s) \longrightarrow Si_3N_4(s) + 6CO(g)$$

反应方程式实际上是分四步完成的。

（ⅰ）首先生成一氧化硅：$SiO_2(s) + C(g) \longrightarrow SiO(g) + CO(g)$

（ⅱ）生成的 CO(g) 与 SiO_2(s) 反应，亦生成 SiO：

$$SiO_2(s) + CO(g) \longrightarrow SiO(g) + CO_2(g)$$

（ⅲ）生成的 CO_2 又与 C(s) 反应生成一氧化炭，进一步促进反应进行：

$$CO_2(g) + C(s) \longrightarrow 2CO(g)$$

（ⅳ）生成的 CO(g) 和 SiO(g) 生成 Si_3N_4：

$$3SiO(g) + 2N_2(g) + 3C(s) \longrightarrow Si_3N_4(s) + 3CO(g)$$

$$3SiO(g) + 2N_2(g) + 3CO(g) \longrightarrow Si_3N_4(s) + 3CO_2(g)$$

近年来，氮（氧）化物荧光粉越来越受到人们的重视，特别是其在白光 LED 光转换材料领域的应用促使研究者不断去探索炭热还原氮化法制备新型稀土发光材料，并可直接获得稀土发光材料超微粉体。

③自蔓延高温燃烧合成法。又称为 SHS 法。它是利用物质反应热的自传导作用，使不同的物质之间发生化学反应，在极短的瞬间形成化合物的一种高温合成方法。反应物一旦引燃，反应则以燃烧波的方式向尚未反应的区域迅速推进，放出大量热，可达到 1500～4000℃的高温，直至反应物耗尽。根据燃烧波蔓延方式，可分为稳态和不稳态燃烧两种。一般认为反应绝热温度低于 1527℃的反应不能自行维持。1967 年，前苏联科学院物理化学研究所 Borovinskaya、Skhio 和 Merzhanov 等人开始用过渡金属与 B、C、N_2 等反应，至今已合成了几百种化合物，其中包括各种氮化物、炭化物、硼化物、硅化物、金属间化合物等；不仅可利用改进的 SHS 技术合成超微粉体乃至纳米粉末，而且可使传统陶瓷制备过程简化，可以说是对传统工艺的突破与挑战。

自蔓延高温合成方法的主要优点有：a. 节省时间，能源利用充分；b. 设备、工艺简单，便于从实验室到工厂的扩大生产；c. 产品纯度高、产量高等。张宝林等人详细研究了硅粉在高压氮气中自蔓延燃烧合成 Si_3N_4 粉。认为：a. 在适当条件下，硅粉在 100～200s 内的自蔓延燃烧过程中可以完全氮化，产物含氮量达 39%(质量分数)以上，氧含量为 0.33%(质量分数)，生成 β-Si_3N_4 相；b. 在硅粉的自蔓延燃烧反应中，必须加入适量的 Si_3N_4 晶种；c. 硅粉的 SHS 燃烧波的传播速度随氮气压力升高、反应物填装密度减小而增大，但与反应物组成无关。文献提出采用预热方法可解决：

$$SiO_2(s)+C(s)\xrightarrow{\triangle}SiC(s)+O_2(g)$$

弱放热反应热量不足，当预热温度 $T_0>750℃$时，预热 SHS 可直接合成出 SiC 粉末；且在反应过程中 Si 以液相形式参加反应。在 $p_{N_2}=0.1MPa$ 条件下，燃烧波阵面前的热影响区有 β-Si_3N_4 生成。当燃烧波阵面通过时，因燃烧温度高于 Si_3N_4 的分解温度，使 β-Si_3N_4 很快分解，最终产物中氮含量很少。

近些年来，AlN 基荧光粉在场发射显示、阴极射线荧光粉领域日益受到重视，从而对 AlN 粉末的 SHS 合成技术日感兴趣。研究表明，其反应机制是 Al 蒸发后，以蒸气形式与氮反应的气固反应（VC），不同的氮气渗透条件将生成不同特征的 AlN 粉末。

6.4　稀土发光材料软化学制备方法

传统的无机材料的合成和制备很多都是在常压高温或高压高温的条件下，通过固体粉末中的扩散而完成的。随着人们对无机材料的要求越来越高，如希望发光粉体颗粒均匀、形貌规则、具有一定的尺寸匹配等。传统的高温反应法很难满足这些新的要求，为此研究者发明了一系列新颖的制备方法，如溶胶-凝胶法、水热合成法、微乳液法等。用这些方法制备的材料在某些性能或微观形貌上比以传统方法制备有了很大的改进，甚至还可以得到传统方法不能获得的物相。与传统方法相比，这些方法的反应条件较为缓和，因而被称为“软化学”方法，与此相对，传统的无机材料的制备方法被称为“硬化学”方法。在软化学方法中，制备和合成一般是在溶液中进行，原料质点初始状态就在离子、分子水平上混合均匀，因此软化学方法条件一般比较缓和。实际上，大多数一般意思上的化学合成都是在较为缓和的条件下进行的，也就是说，一般的化学合成就是软化学的。

随着各种新型稀土发光材料基质的不断涌现，其制备方法逐渐趋于多样化。此外，与其他学科的交叉融合以及新技术的开发，也使得稀土发光材料在合成方法上有了更多的选择余地。目前，针对各种基质的不同特点，研究较多的软化学方法包括：溶胶-凝胶法（sol-gel method）、微波辐射合成法（microwave synthesis）、水热合成法（hydrothermal synthesis）、沉淀法（deposition synthesis）、燃烧合成法（combustion synthesis）等。这些软化学合成方法的共同特点在于其具有反应温度低、粉体颗粒尺寸小、形貌均一的优点，在制备稀土发光材料过程中也得到了广泛的研究与应用。同时，这些软化学制备方法的基本原理有着显著的差别，适用性也有所不同。下面，笔者将结合自身的科研工作，对上述合成方法举例逐一加以介绍。

6.4.1 溶胶-凝胶法

溶胶-凝胶（sol-gel）法是制备材料的湿化学方法中新兴起的一种方法。其初始研究可追溯到 1846 年，J. J. Ebelmen 用 $SiCl_4$ 与乙酸混合后，发现在湿空气中发生水解并形成了凝胶。然而，这个发现在当时未引起足够的重视。直到 20 世纪 30 年代，W. Geffcken 证实了用溶胶-凝胶法，即金属醇盐的水解和胶凝化，可以制备氧化物薄膜。1971 年，德国人 H. Dislich 通过金属醇盐水解得到溶胶，经胶凝化，制备了 SiO_2-B_2O_3-Al_2O_3-Na_2O-K_2O 多组分玻璃，引起了材料科学界的极大兴趣和重视。1980 年以来，溶胶-凝胶技术在玻璃、氧化物涂层、功能陶瓷粉料、传统方法难以制备的复合氧化物材料、高 T_c 氧化物超导材料的合成中均得到成功的应用。目前，该法在合成稀土发光材料中已经得到了较广泛的应用。

溶胶-凝胶法的基本原理包括：以金属醇盐或其他金属无机盐的溶液作为前驱体溶液，在低温下通过溶液中的水解、聚合等化学反应，首先生成溶胶，进而生成具有一定空间结构的凝胶，然后经过热处理或减压干燥，在较低温度下制备出各种无机材料或复合材料。它可以根据需要调节各个过程中的影响因素，可以获得各种具有特殊性能或其他方法难以合成的材料。溶胶亦称胶体溶液，是指尺寸在 1～100nm 之间的胶体颗粒或其交联体分散于介质中形成的多相体系。在整个溶胶-凝胶过程中最关键的步骤是配制稳定的溶胶，因此有必要对溶胶的性质进行讨论。溶胶具有以下两方面的基本特性。①动力学的稳定性：在溶胶中，胶粒具有热运动，即布朗运动；同时又会在重力作用下沉降。②热力学的不稳定性：溶胶粒子是热力学的不稳定体系，因为它有巨大的表面能和强烈的聚合倾向。胶粒间的吸引力 f_A 随粒子间距离的变小而加大。然而另一方面，在电解质胶体溶液中，胶粒从介质中选择性地吸附某种离子，在自身表面形成了一个荷电层。因而，通过控制胶粒的运动动能（温度）、胶粒间距离（浓度）以及电性（电解质的种类及浓度），就可以控制胶体溶液的稳定性。

根据溶胶-凝胶法的定义，可以将溶胶-凝胶法分为以下几个过程：①溶胶制备过程；②凝胶形成过程；③陈化过程；④干燥过程；⑤热处理过程。下面分别介绍。

（1）溶胶制备过程　由于在溶胶-凝胶法中，最终产品的结构在溶胶中已经初步形成，而且后续工艺与溶胶的性质有直接的关联，因此溶胶制备的质量十分重要。具体来说要求溶胶中的聚合物分子或胶体粒子具有能满足产品性能要求或加工工艺要求的结构和尺寸，分布均匀，溶胶外观澄清透明，无浑浊或沉淀，能稳定存放足够长的时间，并且具有适宜的流变性质和其他理化性质。盐的水解反应和缩聚反应是均相溶液转变为溶胶的根本原因，控制盐类水解、缩聚反应条件是制备高质量溶胶的前提。

（2）凝胶形成过程　溶胶向凝胶的转变过程，最简单地可描述为：缩聚反应形成的聚合物或粒子聚集长大为小粒子簇，小粒子簇在相互碰撞下，连接成为大粒子簇，胶体颗粒就链接成三维网状的凝胶。完成从溶胶到凝胶转变过程所需的时间叫胶凝时间(gel point)。在实验室，胶凝时间可用倾倒容器液面失去流动性的简易方法判定。凝胶网状结构的物理性质是由颗粒的大小、胶凝前连接的程度决定。凝胶形成以后，黏度增加，形成具有模具形状的固态物质，对于许多实际应用来说，制品的成型就是在此时完成的，如成纤、涂膜、浇注等。

(3) 陈化过程　胶体的陈化过程又叫脱水收缩作用，凝胶在放置过程中，在微热或微真空的条件下，将产生收缩，在此期间，缩聚反应继续进行。同时，凝胶网络的局部范围有部分的再沉淀反应，这些反应，使网络的空隙减少，颗粒间的接触增加，凝胶的力学强度加强。

(4) 干燥过程　在低温下（70～80℃）长时间的加热，可除去留在相互关联网络空隙中的液体（如乙醇、水）。可见，干燥过程往往伴随着很大的体积收缩，因而很容易引起开裂。这一点就要求形成块状或薄膜材料时，需要选择合适的干燥条件，避免引起开裂。

(5) 热处理过程　除去湿凝胶中的液体后，凝胶将会收缩，最后形成所谓的干凝胶。一般来说，将凝胶加热到 100～180℃，胶中物理吸收的水分全部被排除后，干凝胶即可形成。加热到 265～300℃，发生—OR 基的氧化，300℃以上则脱去结构中的—OH 基，由于热处理过程伴随较大的体积收缩，各种气体的释放（CO_2、H_2O、ROH），加之—OR 基在非充分氧化时还可能炭化，在制品中留下炭质颗粒，所以升温速度不宜过快。

溶胶-凝胶法作为一种应用前景非常广阔的软化学合成方法，其主要优点有：①粉末活性高，可降低发光材料的烧结温度，减少热辐射，节约能源；②化学均匀性好，尤其是多组分制品，其均匀度可以达到分子或原子水平，使激活离子能够均匀地分布在基质晶格中，有利于寻找发光体发光最强时激活离子的最低浓度；③使带状发射峰窄化，同时提高发光体的相对发光强度和相对量子效率；④产物纯度高，粉料在制备过程中无需机械混合，不易引入杂质。目前，溶胶-凝胶法仍存在一些缺点，诸如化学原料成本高、消耗有机溶剂量多、处理周期长等等，这些在一定程度上限制了该法的应用。

本课题组曾利用该法合成了白光 LED 用 $Sr_2Ca_{1-2x}MoO_6$: xEu^{3+}，xNa^+ 红色荧光材料，具体合成工艺为：按 $Sr_2Ca_{1-2x}MoO_6$: xEu^{3+}，xNa^+ 化学计量比称取 $Sr(NO_3)_2 \cdot 6H_2O$（分析纯）、$Ca(NO_3)_2 \cdot 6H_2O$（分析纯）、$(NH_4)_6Mo_7O_{24} \cdot 4H_2O$（分析纯）、$Na_2CO_3$（分析纯）和 Eu_2O_3（光谱纯）。将 Eu_2O_3 溶于稍过量的硝酸中，在电炉上缓慢蒸干，以除去多余硝酸，再加入适量去离子水溶解。将 $Sr(NO_3)_2 \cdot 6H_2O$、$Ca(NO_3)_2 \cdot 6H_2O$、$(NH_4)_6Mo_7O_{24} \cdot 4H_2O$ 和 Na_2CO_3 溶解于适量去离子水中。将上述两种溶液混合均匀后再加入适量柠檬酸，控制总金属离子和柠檬酸的摩尔比为 1∶1.5，经过搅拌均匀，液相中的金属离子 Sr^{2+}、Ca^{2+}、Na^+ 等与柠檬酸发生螯合反应，进而形成溶胶。在此过程中，还要通过滴加氨水控制溶液的酸度，使其 pH 值保持在 7～8 左右。将溶胶置于 80℃恒温水浴中加热 3h 形成湿凝胶，然后在 130℃下烘干，老化 48h 得到质地疏松的棕褐色干凝胶。将干凝胶放入马弗炉中，600℃焙烧 12h 以得到前驱体粉末。将前驱体在 800～1100℃不同温度下焙烧 8h，最终得到无需球磨、质地疏松的目标产物。

为了研究 Sr_2CaMoO_6 : Eu^{3+}，Na^+ 前驱体的受热分解和固相反应形成基质晶格的反应历程，图 6-7(a) 和图 6-7(b) 给出了经老化的干凝胶及 600℃焙烧后 $Sr_2Ca_{0.8}MoO_6$: $0.10Eu^{3+}$，$0.10Na^+$ 粉末的热失重-差热分析图。如图 6-7(a) 中的热失重曲线（TG curve）所示，随着温度升高，$Sr_2Ca_{0.8}MoO_6$: $0.10Eu^{3+}$，$0.10Na^+$ 前驱体的重量急剧减小，至反应温度为 604℃时，热失重曲线出现一个明显的拐点。对应于差热曲线（DTA curve），位于 274℃处存在一个较明显的吸热峰。在该阶段中，基质前驱体重量的急剧减少可能源于前驱体中过量有机络合剂（柠檬酸）的分解和燃烧反应。此后，在差热曲线中，位于 745℃处也存在一个小的放热峰。对应于热失重曲线，该区域内也有明显的重量损失，其可归因于前躯体中碱土金属硝酸盐的受热分解。最后，在差热曲线中，951℃处附近区域存在一个小的吸热峰，但对应的热失重曲线中，并没有出现明显的重量损失，这表明 $Sr_2Ca_{0.8}MoO_6$ ：0.10Eu^{3+}，0.10Na^+ 在该温度范围内已最终成相。如图 6-7(b)所示，我们又给出了 600℃下焙烧的 $Sr_2Ca_{0.8}MoO_6$ ：0.10Eu^{3+}，0.10Na^+ 的热失重-差热分析图。经分析对比可知，图 6-7(b)与图 6-7(a)具有相似的前躯体重量减少及基质晶格形成的反应历程。据此，我们认为 $Sr_2Ca_{0.8}MoO_6$ ：0.10Eu^{3+}，0.10Na^+ 荧光材料的最佳合成温度位于 900～1000℃范围内。

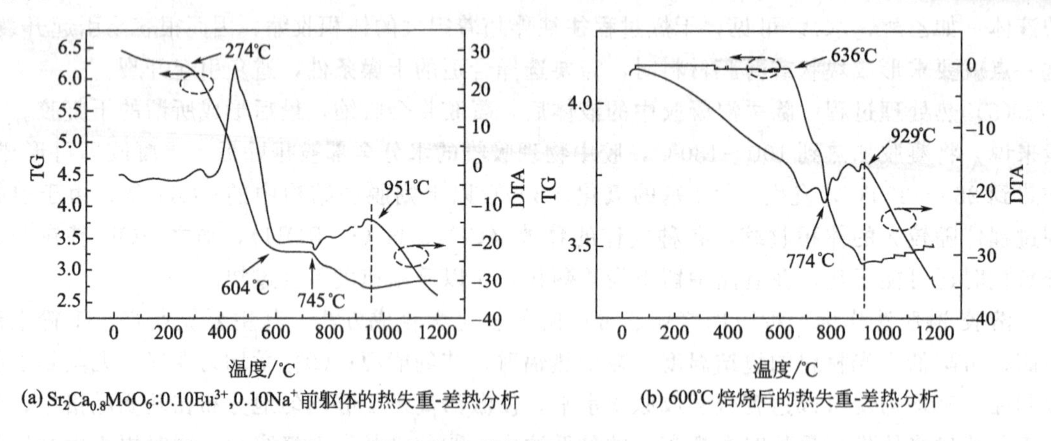

(a) $Sr_2Ca_{0.8}MoO_6$:0.10Eu^{3+},0.10Na^+前躯体的热失重-差热分析　　(b) 600℃焙烧后的热失重-差热分析

图 6-7　热失重-差热分析(Xia，et. al.，2010)

结合热失重-差热分析结果，图 6-8 是不同合成温度(600℃，800℃，900℃，1000℃，1100℃)下 $Sr_2Ca_{0.8}MoO_6$ ：0.10Eu^{3+}，0.10Na^+ 的 X 射线衍射图。如图所示，前躯体在焙烧温度为 600℃ 时，$Sr_2Ca_{0.8}MoO_6$ ：0.10Eu^{3+}，0.10Na^+ 的 XRD 衍射峰强度较弱，且杂峰比较多，其中含有 $SrMoO_4$、$CaMoO_4$ 和 Sr_2CaMoO_6 相。当合成温度为 800℃时，除了在 27.7°仍存在 $SrMoO_4$ 杂相的衍射峰外，其余特征衍射峰均可归属为 $Sr_2Ca_{0.8}MoO_6$ ：0.10Eu^{3+}，0.10Na^+ 相。此后，随着合成温度的不断升高，$Sr_2Ca_{0.8}MoO_6$ ：0.10Eu^{3+}，0.10Na^+ 特征衍射峰的强度逐渐增强，位于 27.7°的 $SrMoO_4$ 杂峰逐渐降低。当合成温度为 1000℃时，$SrMoO_4$ 杂相衍射峰已经消失，样品的结晶性较好，对应的 XRD 特征衍射峰强度大，且与 Sr_2CaMoO_6 的标准卡片匹配良好。因此，我们认为高于 1000℃的温度是适合 Sr_2CaMoO_6 基质的成相温度，这与热失重-差热分析所得到的结论一致。

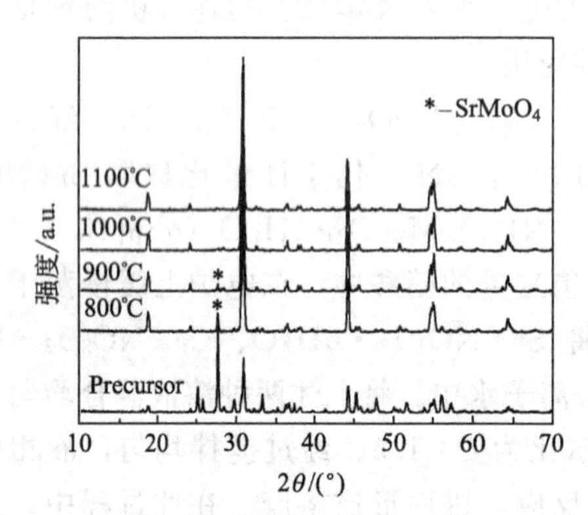

图 6-8　$Sr_2Ca_{0.8}MoO_6$ ：0.10Eu^{3+}，0.10Na^+ 在不同合成温度下的 X 射线衍射图(Xia，et. al.，2010)

对比传统的高温固相方法合成 Sr_2CaMoO_6：Eu^{3+}，Na^+ (1200℃，焙烧 24h)，采用溶胶-凝胶法合成 Sr_2CaMoO_6：Eu^{3+}，Na^+ 可以使反应物在分子水平上达到均匀混合，提高混合物的化学反应活性，从而有效地降低合成温度，减少团聚现象的产生。为了研究 $Sr_2Ca_{0.8}MoO_6$ ：0.10Eu^{3+}，0.10Na^+ 在不同合成温度下的颗粒形貌变化对发光性能的影

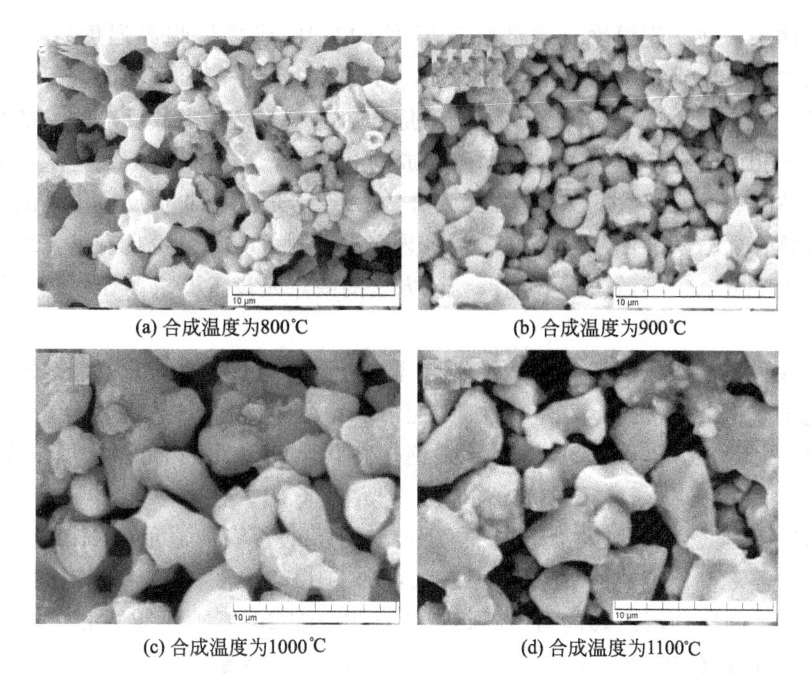

(a) 合成温度为800℃　(b) 合成温度为900℃

(c) 合成温度为1000℃　(d) 合成温度为1100℃

图 6-9　$Sr_2Ca_{0.8}MoO_6$ ：0.10Eu^{3+}，0.10Na^+ 前躯体在不同合成温度下的扫描电镜(Xia，et. al.，2010)

响，图 6-9 给出了 $Sr_2Ca_{0.8}MoO_6$ ：0.10Eu^{3+}，0.10Na^+ 在不同合成温度下的扫描电镜图片。如图 6-9 所示，800℃下合成的 $Sr_2Ca_{0.8}MoO_6$ ：0.10Eu^{3+}，0.10Na^+ 粉体粒径较小（1～2μm），且颗粒形貌不均一。900℃下焙烧的样品粉体，颗粒形貌逐渐均一，粉体粒径约为 2～3μm。当合成温度升至 1000℃时，$Sr_2Ca_{0.8}MoO_6$ ：0.10Eu^{3+}，0.10Na^+ 粉体颗粒形貌更加均一，粒径在 3～5μm 左右。当合成温度变为 1100℃时，粉体颗粒形貌因合成温度较高产生团聚而变得相对不规则且粒径较大，约 5μm 左右。由此可见，与传统高温固相法合成的较大粒径的粉体相比，溶胶-凝胶法合成的 $Sr_2Ca_{0.8}MoO_6$ ：0.10Eu^{3+}，0.10Na^+ 粉体粒径更细（3～5μm），形貌更均一。

图 6-10 给出了不同合成温度下 $Sr_2Ca_{0.8}MoO_6$ ：0.10Eu^{3+}，0.10Na^+ 的发射光谱。在 396nm 或 412nm 激发下，$Sr_2Ca_{0.8}MoO_6$ ：0.10Eu^{3+}，0.10Na^+ 荧光材料可发出峰值波长位于 594nm 和 615nm 的特征线状发射峰，分别归属于 Eu^{3+} 的 $^5D_0$-$^7F_1$ 磁偶极跃迁和 $^5D_0$-$^7F_2$ 电偶极跃迁，而且 594nm 处的磁偶极跃迁的相对发射强度大于 615nm 处的电偶极跃迁的相对发射强度。1000℃ 下合成的 $Sr_2Ca_{0.8}MoO_6$ ：0.10Eu^{3+}，0.10Na^+ 的发射光强度最高。

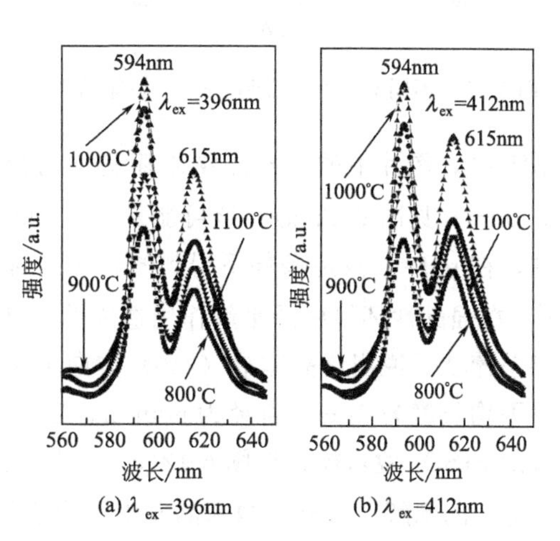

(a) λ_{ex}=396nm　(b) λ_{ex}=412nm

图 6-10　$Sr_2Ca_{0.8}MoO_6$ ：0.10Eu^{3+}，0.10Na^+ 在不同合成温度下的发射光谱(Xia，et. al.，2010)

6.4.2　水热合成法

水热合成法（hydrothermal synthesis）是指在特定的反应容器（高压釜）中，以水溶液为反应体系，在一定温度（水的临界温度 647.2K 或接近临界温度）和水的自身压强下，以液态水或气态水作为传递压力的介质，在体系中产生高压环境而进行无机合成与粉体材料制备的一种有效方法。该法的主要原理是：在高压下绝大多数反应物均能溶于水而使反应在液相或气相中进行。近年来，在水热合成的基础上，以有机溶剂代替水，采用溶剂热反应来合成粉体材料是水热法的一项重大改进，可用于合成某些非水反应体系的粉体材料，从而扩大了水热合成技术的使用范围。采用水热合成法制备的荧光粉具有发光均匀、颗粒度细小、分布范围十分窄、不需研磨等优点。该方法的缺点是设备要求耐压，较昂贵，且反应周期较长。

我们曾探讨了水热法制备 $SrSO_4$: Sm^{3+} 微纳米晶体，研究发现其制备条件温和，不使用任何催化剂、有毒试剂或表面活性剂，且易于操作。初始原料为分析纯 $Sr(NO_3)_2$、$(NH_4)_2SO_4$ 和无水乙醇，未经过进一步提纯。将化学计量比的 Sm_2O_3 用浓 HNO_3 溶解并蒸发完 HNO_3，用去离子水配制 $Sm(NO_3)_3$ 溶液备用。在本实验中，将一定量分析纯 $Sr(NO_3)_2$溶于去离子水，加入给定量 $Sm(NO_3)_3$，并缓慢滴加适量$(NH_4)_2SO_4$ 溶液，持续搅拌，成为悬浮液。该溶液的 pH 值用 H_2SO_4 和 NaOH 溶液控制，持续搅拌，随后将混合液转移到 40mL 的聚四氟乙烯内衬不锈钢反应釜中，在 200℃下反应 20h，自然冷却至室温。用去离子水将制备的 $SrSO_4$ 沉淀过滤、洗涤数次，并将制备的 $SrSO_4$ 沉淀干燥后得到 $SrSO_4$: Sm^{3+} 晶体。

图 6-11 给出了不同 pH 值条件下制备的 $SrSO_4$ 晶体的 XRD 图。由图 6-11 可知，所有 XRD 曲线都与 $SrSO_4$ 标准卡片 No. 05-0593 数据一致，属正交晶系。没有杂质峰出现，说明所得样品为纯相。但是，经过仔细比对可知，在 pH＝12 的条件下制得的样品衍射峰强度要比其他样品更强。这说明在 pH＝12 的条件下制得的样品结晶性较其他 pH 下制得样品更好。

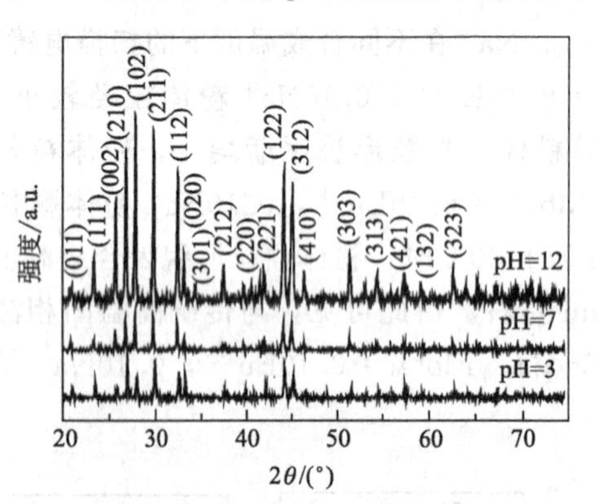

图 6-11　不同 pH 值下得到 $SrSO_4$ 晶体的 XRD 图

在不同 pH 下水热反应制备样品的 SEM，见图 6-12。从图 6-12 中可以看到，所有样品都呈一定长径比（L/D）的棒状结构，且晶粒尺寸随 pH 值的增长而增长。当 pH＝3，图片中的 $SrSO_4$ 纳米棒呈均匀分布，长度很短，有些甚至为球状，平均粒径约为 350nm，见图 6-12(a)。这可能是由于 SO_4^{2-} 在酸性环境中强烈的水解作用造成的。研究发现，在 pH＝3 反应条件下得到的 $SrSO_4$ 晶体数量比在其他反应条件下得到的少。这是由 SO_4^{2-} 在强酸性环境中的水解作用造成的。此外，在 pH＝7 和 pH＝12 的条件下，$SrSO_4$ 晶体都呈棒状，说明该晶体沿（210）方向生长，见图 6-12(c)内插图。当 pH＝7，$SrSO_4$ 纳米棒的平均长度为 2μm，直径为 600nm。当 pH＝12，晶体逐渐长大，成为形貌明显，结晶性良好的 $SrSO_4$ 微米棒，见图 6-12(c)和(d)。这可能是由于现在的碱性环境（pH＝12）抑制了 SO_4^{2-} 的水解，$SrSO_4$ 纳米晶发生了聚合作用。总的离子反应方程式可写为：

$$Sr(NO_3)_2 + (NH_4)_2SO_4 \longrightarrow SrSO_4 + 2NH_4NO_3$$

$$NH_4^+ + OH^- \longrightarrow NH_3 \cdot H_2O$$

$$SO_4^{2-} + 2H_2O \longrightarrow H_2SO_4 + 2OH^-$$

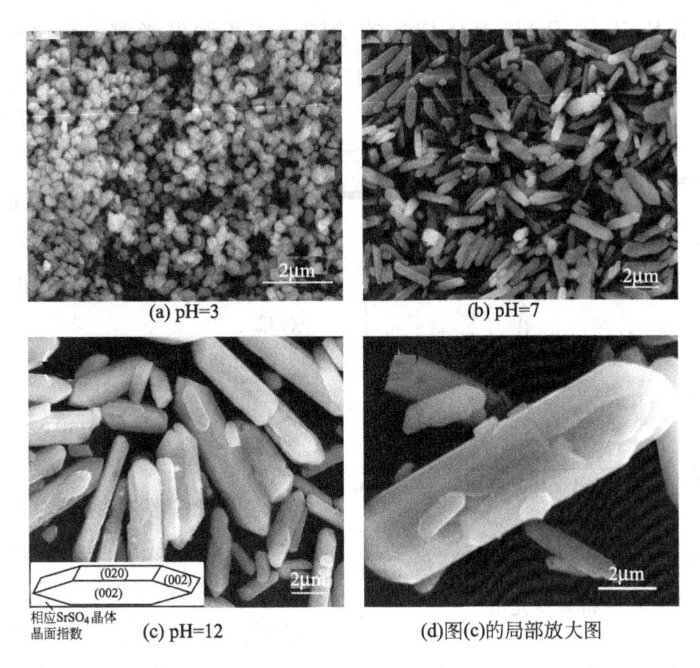

图 6-12　在不同 pH 值条件下水热法制备 $SrSO_4$ 晶体的 SEM 图(Sun，et. al.，2012)

$$SO_4^{2-} + 2H^+ \longrightarrow H_2SO_4$$

根据实验，pH 值的变化极大地影响了 $SrSO_4$ 的结晶过程，包括晶核的形成、生长和制备的 $SrSO_4$ 晶体的形貌。在本实验中，将反应溶液 pH 值调节为强碱性，$SrSO_4$ 纳米晶发生聚合反应并生长为 $SrSO_4$ 微米棒。这是由 $SrSO_4$ 晶核之间的氢键作用增强所导致的。具体来讲，在低 pH 值时，形成的 $SrSO_4$ 晶核在表面上吸附 NO^{3-}。相反地，在高 pH 值时，$SrSO_4$ 晶核表面吸附较少 NO_3^-，而吸附的 OH^- 则较多，OH^- 可增强晶核间的氢键作用，因此聚合并生长为微米棒。

由 SEM 观察可知，本研究制备 $SrSO_4$ 微米棒的形成是一个聚合过程。该过程通过调节温度、时间和 pH 值这三个影响因素，以改变 $SrSO_4$ 纳米晶之间的氢键作用而实现。这三个影响因素其中任何一个发生改变，都会极大地影响 $SrSO_4$ 微米棒的尺寸和粒径分布。$SrSO_4$ 微米棒可能的形成过程见图 6-13。本研究中，$SrSO_4$ 微米棒的形成符合奥斯特瓦尔德（Ostwald）熟化过程。$SrSO_4$ 晶核在悬浮液中生成，并进行晶体生长。$SrSO_4$ 晶体的进一步长大与 $SrSO_4$ 纳米晶的聚合作用有关，见图 6-12(d)。最初，调节过饱和溶液 pH 为 12，形成 $SrSO_4$ 纳米晶。随后，$SrSO_4$ 纳米晶生长为微米尺寸棒状晶体。这是由于 $SrSO_4$ 晶核表面吸附大量 OH^-，吸附的 H_3O^+ 迅速减少，因此发生聚合反应，生成大的微米棒，以降低表面能。据推测，$SrSO_4$ 微纳米晶体的生长应为多因素共同作用，包括静电作用，受极性影响的氢键作用，比表面积和范德华瓦尔斯力（van der Waals forces）。

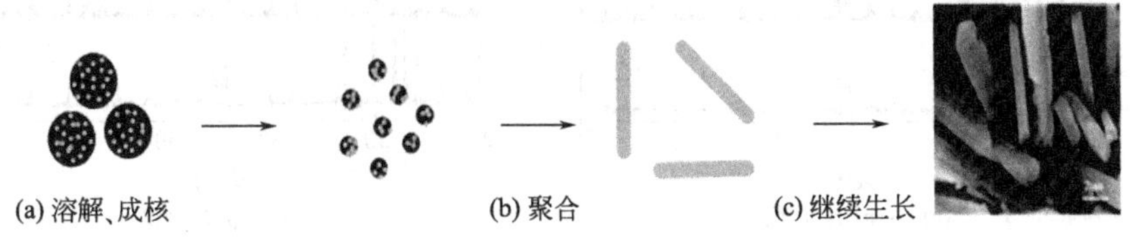

图 6-13　$SrSO_4$ 微米棒生长机理(Sun，et. al.，2012)

图 6-14 为典型 $SrSO_4$ ：Sm^{3+} 晶体样品的发射光谱和激发光谱。$SrSO_4$ ：Sm^{3+} 的 PL 光谱监测波长 375nm，在可见光区包括三个发射峰，在 561nm，597nm 和 642nm，对应$^4G_{5/2}$-^6H_J（J 分别为 5/2，7/2，和 9/2）跃迁。这三个峰属 Sm^{3+}，没有 Sm^{2+} 的峰出现。激发光谱监测波长为 642nm，与 Sm^{3+} 的$^4G_{5/2}$-$^6H_{9/2}$跃迁相对应。激发光谱与 Sm^{3+} 的$^6H_{5/2}$到高能级的跃迁相对应。

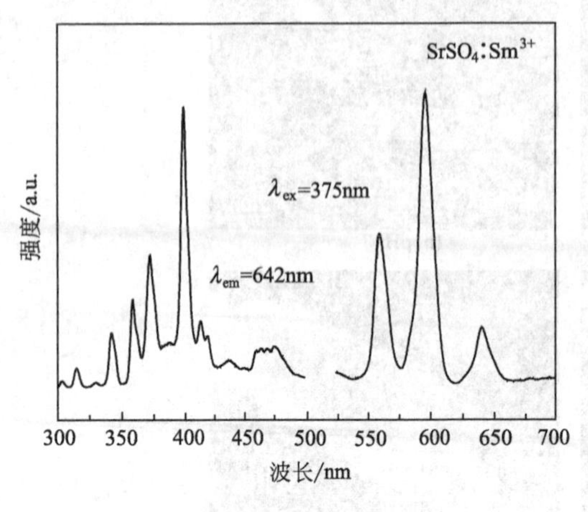

图 6-14 $SrSO_4$ ：Sm^{3+} 样品的发射和激发光谱

6.4.3 沉淀法

沉淀法（deposition synthesis）有时也称为“前驱化合物法”，“化学沉积法”。它是利用水溶性物质为原料，通过液相化学反应，生成难溶物质从水溶液中沉淀出来。沉淀物经洗涤、过滤后送入马弗炉中进行热分解而合成出高纯度超细稀土发光粉体。该方法需要注意的关键就是液相中沉淀条件的控制，要使不同的金属离子尽可能同时生成沉淀，以保证粉体化学组分的均匀性。

沉淀法有许多种，其基本原理相同，常用的可分为缓冲溶液沉淀法、共沉淀法和均相沉淀法等。例如：林元华等人将铝、锶、铕和镝的可溶性盐配制成一定浓度的溶液，利用缓冲溶液作为沉淀介质，在一定条件下进行混合、沉淀、洗涤、干燥，再加入少量添加剂，在一定温度下的还原气氛中焙烧，最后合成了性能较好的 $Sr_2Al_2O_4$ ：Eu^{2+}，Dy^{3+} 稀土长余辉发光材料。沉淀法的优点是：①操作简单，流程短。②原料混合均匀，可以精确地控制粒子的成核与长大，进而得到粒度可控、分散性较好的粉体材料。③合成温度较低，可有效减少热辐射，节约能源，利于环保。该法的缺点是产物性能比高温固相合成的差，易引入杂质，反应过程控制较难。

我们曾探讨了沉淀法法制备 $SrSO_4$ ：Sm^{3+} 微纳米晶体，通过极其简单的操作步骤获得了各种形貌的稀土发光材料。在该实验过程中，我们以分析纯 $SrCl_2$、Na_2SO_4 和无水乙醇作为初始原料。取一定量 $SrCl_2$，向其中加入 $SmCl_3$ 和无水乙醇（或不加入无水乙醇），持续搅拌至形成均质溶液。向该混合溶液中迅速加入 Na_2SO_4 溶液，室温下搅拌 10min。然后将 $SrSO_4$ 沉淀陈化，离心并洗涤数次，干燥后得到 $SrSO_4$ 晶体。图 6-15 为典型 $SrSO_4$ 晶体

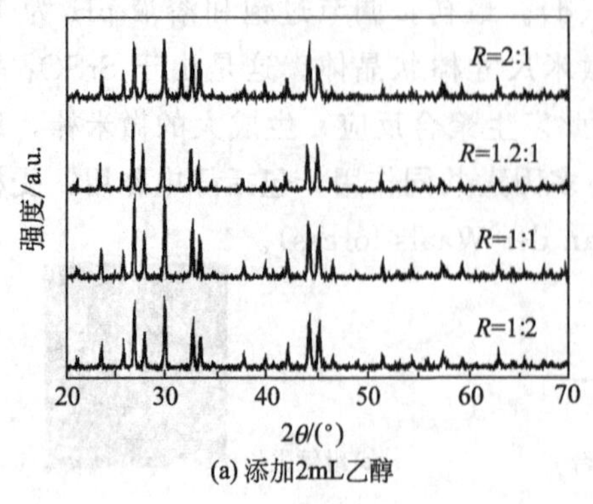

(a) 添加2mL乙醇

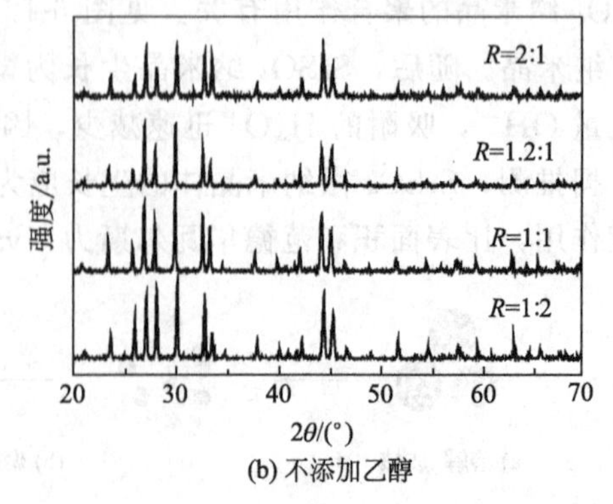

(b) 不添加乙醇

图 6-15 $SrSO_4$ 晶体的 XRD 衍射图（Sun，et. al.，2012）

的 XRD 衍射图，其中 R 代表$[Sr^{2+}]/[SO_4^{2-}]$（物质的量比）。与 $SrSO_4$ 晶体的标准卡片 No. 05-0593 对比可知，实验结果如下。所有制备 $SrSO_4$ 晶体的 XRD 衍射图都与标准卡片一致。虽然$[Sr^{2+}]/[SO_4^{2-}]$（物质的量比）不一样，XRD 的线状峰表明样品结晶性良好。

$SrSO_4$ 晶体的形貌变化取决于$[Sr^{2+}]/[SO_4^{2-}]$(物质的量比)(R)。图 6-16 和图 6-17 显示了不同 R 值下制备 $SrSO_4$ 晶体的 SEM 图。由图 6-16 和图 6-17 可知，样品形貌多种多样，

(a) R=1:2　(b) R=1:1　(c) R=1.2:1　(d) R=2:1

图 6-16　不同条件下制备 $SrSO_4$ 晶体的 SEM 图（加入乙醇）
(Sun, et. al., 2012)

从棒状、球形、六角盘状到花状分层结构。图 6-16 为加入 1mL 乙醇，不同样品的形貌变化。当$[Sr^{2+}]/[SO_4^{2-}]$(物质的量比)(R)为 1∶2 和 1∶1，$SrSO_4$ 晶体为纳米球，粒径约 400μm。其中 R=1∶2 时[图 6-16(a)]，粒径分布比 R=1∶1 时[图 6-16(b)]更均匀。当$[Sr^{2+}]/[SO_4^{2-}]$(物质的量比)(R)从 R=1∶1 略增加到 R=1.2∶1，$SrSO_4$ 纳米晶的形貌从纳米球变化到纳米棒[图 6-16(c)]。当$[Sr^{2+}]/[SO_4^{2-}]$(物质的量比)(R)为 2∶1，均一的纳米棒完全形成，平均长度为 1μm，宽度为 200nm[图 6-16(d)]。图 6-17 为不添加乙醇时不同样品的形貌变化。当 R 为 1∶2 和 1∶1，可以观察到许多微米六角盘，宽度为 1μm，分别见图 6-17(a)和(b)。当 R 从 1∶1 略增加到 1.2∶1，$SrSO_4$ 纳米晶形貌从六角盘变化到花状分层结构，平均长度为 4μm，宽度为 1.5μm[图 6-17(c)]。当 R 进一步增加到 2∶1，微米棒完全形成[图 6-17(d)]。特别地，通过聚合作用，形成许多花状结构微米晶，晶粒尺寸为 6μm，见图 6-17(e)和(f)。由此可知，$[Sr^{2+}]/[SO_4^{2-}]$物质的量比(R)和乙醇的添加会影响制备样品的形貌和晶粒尺寸。添加 1mL 乙醇后，制备的 $SrSO_4$ 为纳米尺寸，粒度均匀。但是，在水溶液中合成的 $SrSO_4$ 为微米尺寸，发生了聚合反应。可以观察到，水溶液中合成的 $SrSO_4$ 粒度比乙醇-水溶液中合成的不均匀。这可能是由于乙醇的溶解度小于水的缘故。因此，向溶液中加入乙醇降低了 $SrSO_4$ 的溶解度，从而降低了成核的临界过饱和水平。当 $SrSO_4$ 浓度相同，会导致更高的成核率和更多的晶核，易于生成均一、单分散纳米晶。

6.4.4　微波辐射合成法

微波是频率大约 300MHz～300GHz，即波长在 0.1m～100cm 范围内的电磁波。它具有

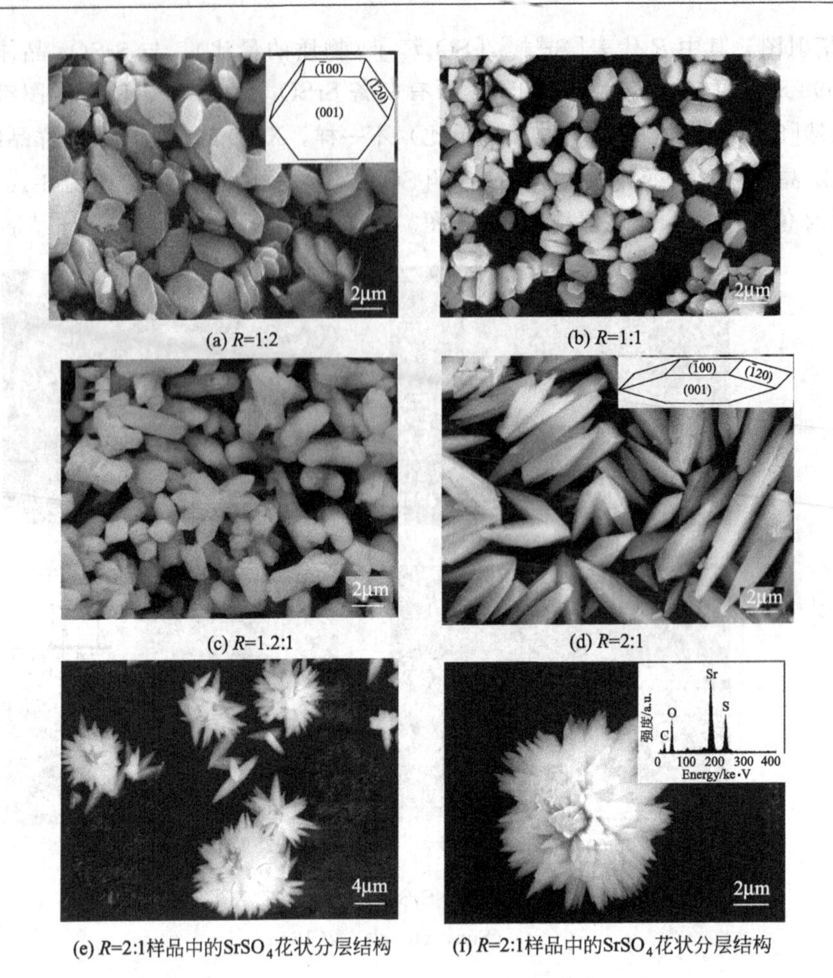

(a) R=1:2 (b) R=1:1

(c) R=1.2:1 (d) R=2:1

(e) R=2:1样品中的$SrSO_4$花状分层结构 (f) R=2:1样品中的$SrSO_4$花状分层结构

图 6-17 不同条件下制备 $SrSO_4$ 晶体的 SEM 图（不加入乙醇）

（Sun，et. al.，2012）

反射、透射、干涉、衍射、偏振等现象。微波应用极为广泛，为了避免互相间的干扰，供工业、科学及医学使用的微波频率段是不同的，目前最常用的频率是 915MHz 和 2450MHz。微波能是一种非离子化的辐射能，介质在微波场中主要发生离子传导和偶极子转动。在一定条件下，微波可方便地穿透某些材料，如玻璃、陶瓷、某些塑料等，因此可用这些材料作为家用微波炉的炊具、支架和窗口材料等。微波也可被一些介质材料，如水、炭、橡胶、食品、木材和湿纸等吸收而产生热，因此微波也可作为一种能源而在家用、工业、科研和其他许多领域获得广泛的应用。

微波有物理、化学、生物学效应，可用于各种目的，但应用最广泛的是微波加热。微波技术具有加热速度快、热效率高、不产生逸散影响环境、无滞后效应、无温度梯度及不需要加热介质等优点。采用传统方法加热固体物料，必须使之处于一个加热的环境中，先加热物体表面，然后热量由表面传到内部，获得热平衡的条件，这就需要较长的时间。加热环境一般不可能很严格的绝热封闭，用很长的时间加热，就可能对环境散发了很多的热量。而微波功率是全部封闭状态，以光速渗入物体内部，即时转变为热量，节省了长时间加热过程中的热散失，可对物体内外部进行“整体”加热，这就是微波加热的节能原理。微波加热具有选择性，根据对微波的接受程度不同，物质可以大致分成三类：微波导体、微波绝缘体和微波吸收体。但由于加热速度太快和电磁场的空间分布，用微波加热可能会出现局部过热现象。

目前微波合成技术（microwave synthesis）在化学领域的应用已经非常广泛，特别是在无机材料的合成方面，微波辐射显示出较大的优越性。国外在无机固体合成方面发展迅速，其主要包括两种方式。一是微波燃烧合成和微波烧结，二是微波的水热合成。许多无机化合物，如炭化物、氮化物、复合氧化物、硅化物、沸石等都可以用微波技术合成，这类无机物在工业生产上有重要的意义。作为一种新的合成技术，采用微波加热合成稀土发光材料具有反应速率快、受热均匀、热惯性小、能耗低、污染少等优点，此外，它由于具有不会对环境产生高温的特点，可以有效改善工作环境和工作条件，因此利于环保。

目前，采用溶胶-凝胶法和微波辐射法相结合的合成方法，成为近年来合成稀土发光材料的一种先进技术。研究者曾利用溶胶-凝胶辅以微波辐射技术合成了 $Sr_3Al_2O_6:Eu^{2+}$ 新型红色荧光粉，所得样品纯度高，粉体粒径小（0.5～1μm），发光效率高。我们也曾探索性采用了溶胶-凝胶辅以微波辐射技术，成功合成 $Ba_2Mg(BO_3)_2:Eu^{2+}$ 红色稀土发光材料。经分析对比可知，采用溶胶-凝胶法-微波法合成 $Ba_2Mg(BO_3)_2:Eu^{2+}$ 具有有效降低其固相反应的合成温度，粉体粒径更细（约 2μm），形貌更均一，发光强度更高的优点。其具体合成工艺包括：按 $Ba_{2-x}Mg(BO_3)_2:xEu^{2+}$ 化学计量比称取 $Ba(NO_3)_2$（分析纯）、$Mg(NO_3)_2\cdot 2H_2O$（分析纯）、H_3BO_3（分析纯）和 Eu_2O_3（光谱纯）。将 Eu_2O_3 溶于稍过量的硝酸中，在电炉上缓慢蒸干，以除去多余硝酸，再加入适量去离子水溶解。将 $Ba(NO_3)_2$、$Mg(NO_3)_2\cdot 2H_2O$ 和 H_3BO_3 溶解于适量去离子水中。将上述两种溶液混合均匀后再加入适量柠檬酸[$HOC(CO_2H)(CH_2CO_2H)_2$]，控制总金属离子和柠檬酸的物质的量比为 1∶1.5，搅拌均匀后，利用柠檬酸的羧基基团对铵离子的稳定作用，再通过配体的 N 原子给出电子形成电子对，与金属离子 Ba^{2+}、Mg^{2+} 等进行络合形成柠檬酸络合盐，进而形成溶胶。在此过程中，还要通过滴加氨水控制溶液的酸度，使其 pH 值保持在 7～8 左右。在 80℃恒温水浴中加热搅拌 3h 后，溶胶体系由于加热蒸发脱去一部分水，形成湿凝胶。然后将湿凝胶快速移进刚玉坩埚中，再将坩埚放入微波反应器，以 800W 功率进行微波辐射加热。几分钟后，即可观察到刚玉坩埚内的湿凝胶剧烈沸腾、膨胀发泡，膨胀物的顶端最先开始燃烧，其后可见明显的自上而下的燃烧蔓延现象，并伴有大量烟雾产生。整个过程在 5min 内完成。燃烧完成后，坩埚内的产物即为目标产物 $Ba_2Mg(BO_3)_2:Eu^{2+}$ 的前驱体，为棕褐色片状粉末。再将此前躯体粉末置于马弗炉中，空气气氛下 600℃焙烧 12h，得到质地疏松的白色粉末。该白色粉末置于马弗炉中，在还原气氛中分别在 700～1000℃不同温度下焙烧 6h，最终得到目标产物。

图 6-18 给出了 $Ba_{1.95}Mg(BO_3)_2:0.05Eu^{2+}$ 在不同合成温度下的扫描电镜图片。如图 6-18 所示，700℃下合成的 $Ba_{1.95}Mg(BO_3)_2:0.05Eu^{2+}$ 粉体粒径较小（约 1μm），且颗粒形貌不均一。800℃下焙烧的样品粉体，椭圆球状颗粒与形貌不规则的颗粒互相混杂。当合成温度升至 900℃时，$Ba_{1.95}Mg(BO_3)_2:0.05Eu^{2+}$ 粉体颗粒形貌更加均一，椭圆球状颗粒占大多数，粒径在 2μm 左右。当合成温度变为 1000℃时，$Ba_{1.95}Mg(BO_3)_2:0.05Eu^{2+}$ 粉体颗粒形貌因合成温度较高产生团聚而变得相对不规则，粒径在 5μm 左右。由此可见，与传统高温固相法合成的较大粒径粉体（约 20μm）相比，溶胶-凝胶-微波辐射法合成的粉体粒径更细（约 2μm），形貌更均一，分散度更高。

图 6-19 为采用溶胶-凝胶辅以微波辐射法及传统的高温固相法合成 $Ba_{1.95}Mg(BO_3)_2:0.05Eu^{2+}$ 所测得的发射和激发光谱。经分析可知，在相同的测试条件下，采用溶胶-凝胶辅以微波辐射法合成的 $Ba_{1.95}Mg(BO_3)_2:0.05Eu^{2+}$ 荧光材料在 365nm 激发下，其发射光强度

图 6-18　$Ba_2Mg(BO_3)_2$：0.05Eu^{2+} 前躯体在不同合成温度下的扫描电镜图片（Sun，et. al.，2009）

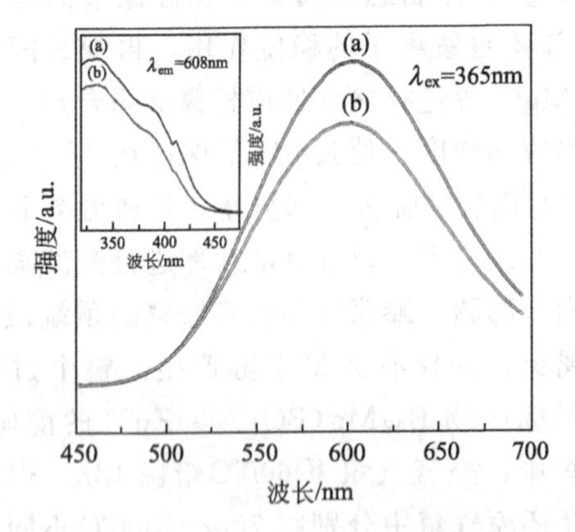

图 6-19　采用不同方法合成 $Ba_{1.95}Mg(BO_3)_2$：0.05Eu^{2+} 的发射光谱（λ_{ex}＝365nm）和激发光谱（λ_{em}＝608nm，内附插图）（Sun，et. al.，2009）

（a）溶胶-凝胶-微波法

（b）高稳固相法

是采用高温固相法合成的 1.3 倍，而且合成温度也相应降低了 100℃。这些都充分体现了溶胶-凝胶辅以微波辐射法作为一种新型合成技术所具有的不可比拟的优势。

6.4.5　燃烧合成法

燃烧合成法（combustion synthesis）最早是在前苏联专家研究火箭固体推进器的燃烧过程中研制出来的，当时命名为“自蔓延高温合成法”（self-propagating high-temperature synthesis，SHS）。近年来，由于其独有特性，燃烧合成法在国际上日益受到重视，并已经成为合成无机化合物耐高温粉体材料的一种新兴方法。该法的原理为：高放热化学体系经外部能量诱发局部化学反应而形成燃烧，反应过程中依靠原料燃烧持续放出热量，来维持反应体系处于高温状态，并使化学反应持续蔓延直至整个反应体系，反应结束后所得的燃烧产物即为目标产物。

利用该法已合成的稀土发光材料有：(Ce，Tb)$MgAl_{12}O_{20}$，$SrAl_2O_4$：Eu^{2+}等。其中，合成(Ce，Tb)$MgAl_{12}O_{20}$时，可先将铈、铽的氧化物配制成硝酸盐溶液，再将硝酸铝和硝酸镁溶液按一定比例混合，加入适量尿素后置于瓷坩埚中，移入已预先加热至 450℃的马弗炉中，燃烧后即可得到(Ce，Tb)$MgAl_{12}O_{20}$ 发光材料。我们也曾探索性采用了溶胶-凝胶辅以燃烧合成技术制备了新型黄色荧光粉 Ca_2BO_3Cl：Eu^{2+}。其工艺过程如下：所用到的原料为 $Ca(NO_3)_2$·

$4H_2O$，$CaCl_2$，H_3BO_3，Eu_2O_3 以及燃烧剂尿素。首先，称取给定量的 Eu_2O_3，并用硝酸溶解；再按照化学计量比称量 $Ca(NO_3)_2 \cdot 4H_2O$ 和 $CaCl_2$，将上述原料溶于去离子水获得澄清溶液，之后将燃烧剂尿素加入上述溶液，并搅拌均匀获得溶液 A。之后，再将一定化学计量比的 H_3BO_3 溶于去离子水，搅拌均匀获得溶液 B。将溶液 A 和溶液 B 混合搅拌均匀，并在 60℃蒸发水分获得透明溶胶，之后在 120℃下烘干获得前驱体干凝胶。将干凝胶置于 500℃高温炉中，前驱体立即发生燃烧反应，大约 10min 之后燃烧结束获得蓬松样品，进一步将样品研磨后在 600℃的 CO 气氛中烧结 2h 获得最终的样品 $Ca_2BO_3Cl : 0.03Eu^{2+}$。

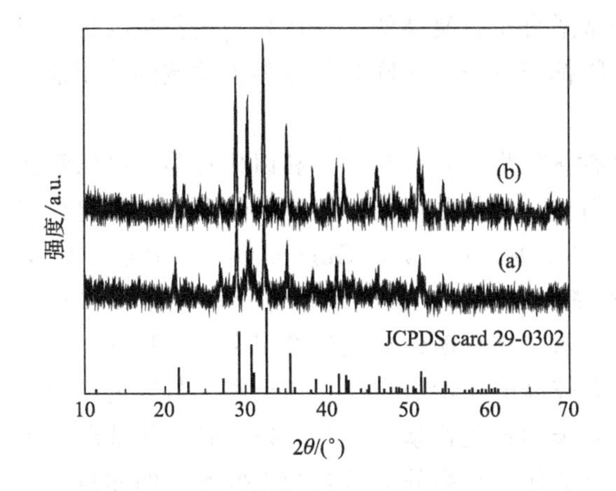

图 6-20　XRD 图谱（Xia，et. al.，2012）
(a) $Ca_2BO_3Cl : 0.03Eu^{2+}$ 在燃烧后的前驱体的 XRD 图谱；
(b) 600℃烧结后的样品的 XRD 图谱

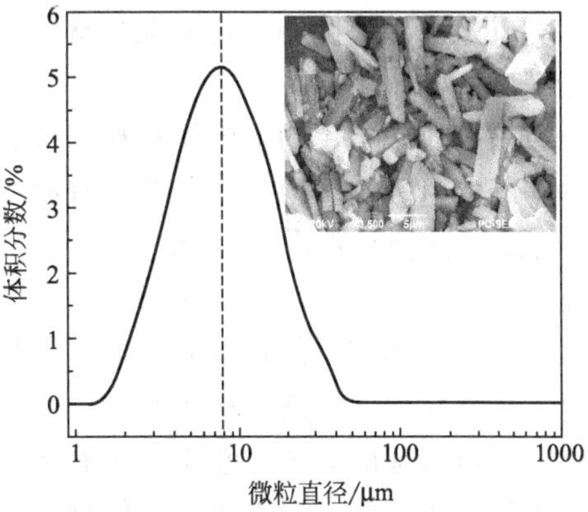

图 6-21　燃烧法获得 $Ca_2BO_3Cl : 0.03Eu^{2+}$ 样品的粒度分布图及 SEM 图片（Xia，et. al.，2012）

图 6-20 给出了 $Ca_2BO_3Cl : 0.03Eu^{2+}$ 在燃烧后的前驱体和 600℃烧结后的样品的 XRD 图谱，由图 6-20 可以看出，$Ca_2BO_3Cl : 0.03Eu^{2+}$ 样品在 500℃燃烧后即可获得纯相，与 600℃烧结后的样品的 XRD 图谱一致。上述 XRD 结果证明了溶胶-凝胶辅以燃烧合成技术可以获得纯相荧光粉样品。相对于固相法通常要在 800℃以上获得样品，采用燃烧法获得样品的合成温度大为降低。图 6-21 给出了燃烧法获得 $Ca_2BO_3Cl : 0.03Eu^{2+}$ 样品的粒度分布图及 SEM 图片，由图 6-21 中粒度分布范围可以看出，燃烧法获得的样品粒径处于 8μm 左右，这一点也获得了 SEM 图片的证实。图6-22给出了燃烧法获得 $Ca_2BO_3Cl : 0.03Eu^{2+}$ 样品的紫外-漫反射，激发(PLE，λ_{em}＝569nm)和发射(PL，λ_{ex}＝373nm)光谱。由图 6-22 可以看出，样品在紫外-可见光区（300～500nm）有较强的吸收，这也与激发光谱的测试结果一致。$Ca_2BO_3Cl : 0.03Eu^{2+}$ 样品在 365nm 紫外光激发下，样品产生发射主峰为 569nm 的黄色发射。

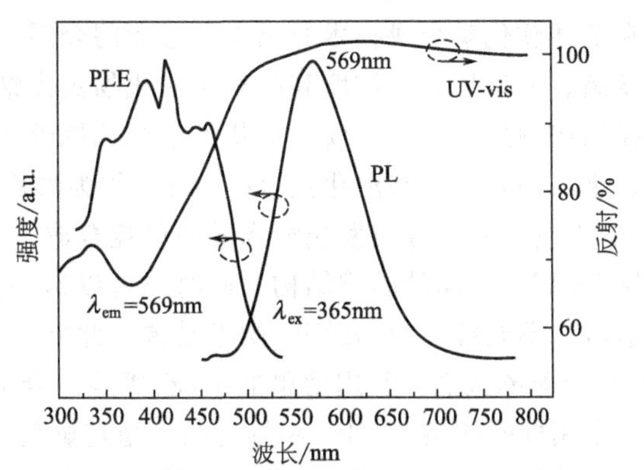

图 6-22　燃烧法获得 $Ca_2BO_3Cl : 0.03Eu^{2+}$ 样品的紫外-漫反射，激发(PLE，λ_{em}＝569nm)和发射(PL，λ_{ex}＝373nm）光谱（Xia，et. al.，2012）

总的来说，燃烧合成法是一种先进的无机功能材料合成方法，具有获得样品粒度小、分散性好、反应温度低、反应速率快等优点，但该法也具有对物料的处理较复杂，反应不易控制等缺点。

6.5 氟化物基质纳米发光材料的制备化学

正如在稀土发光材料简介中展示的，稀土掺杂的无机基质纳米发光材料具有优良的发光性能，在许多应用领域中具有广泛的应用前景。近年来，由于稀土发光材料根据掺杂不同的离子能够发射出不同颜色的荧光；同时又具有良好的化学稳定性和光稳定性，其荧光性能几乎不受外界温度、湿度及酸度的影响，因此非常适合于在复杂的生物体系中用作生物标记材料。尤其是纳米尺度的上转换发光材料，在生物标记及医学诊断分析等相关领域的应用前景是十分广阔的。

目前，比较常用的上转换材料的基质主要有氧化物、复合氧化物和卤化物等。虽然氧化物的声子能量较高，但是由于其具有制备工艺简单、力学强度高、热稳定性和化学稳定性好等优点，也受到了广泛关注。基于 Y_2O_3、Gd_2O_3、Lu_2O_3、$Gd_3Ga_5O_{12}$、ZrO_2、ZnO、TiO_2、Y_2O_2S、$LuPO_4$ 和 $La_2(MoO_4)_3$ 等多种基质材料的上转换纳米晶体已有很多文献报道。卤化物晶体声子能量普遍较低，但是大多数氯化物和溴化物化学稳定性低，吸湿且易溶于水，所以实用性很低。相比而言，氟化物具有较高的化学稳定性，稀土离子与氟离子间的作用呈现出很强的离子键性质，能够很容易地掺杂到氟化物基质中；另外，氟化物基质材料的声子能量也较低，稀土离子在氟化物基质中能够保持较高的上转换荧光效率，例如对于共掺杂 Yb^{3+}/Er^{3+} 或 Yb^{3+}/Tm^{3+} 离子对的上转换发光材料，$NaYF_4$ 是目前已知的上转换发光效率最高的基质材料之一，因此，氟化物为基质的上转换纳米材料一直是相关领域的研究热点。尤其是随着近年来纳米材料制备技术的蓬勃发展，有关氟化物基质的稀土发光纳米晶的各种合成方法也大量涌现。常用的稀土氟化物发光纳米晶，人们已经利用水热和溶剂热法、有机/无机前驱体热分解法、微乳液法、超声辅助方法等多种物理化学方法，合成出了不同尺寸、不同形貌和不同稀土元素掺杂的氟化物纳米发光材料，并借助各种表征手段对其形貌、结构、组成以及光学特性进行了较为全面的研究。本节将对氟化物基质纳米发光材料的制备化学作为一个专论进行简要介绍。

6.5.1 水热/溶剂热合成方法

水热/溶剂热制备技术是目前合成稀土氟化物荧光纳米材料的一种高效方法。水热合成的定义在前述软化学合成技术介绍中有过专门介绍，这种方法可以在较温和的合成条件下生成结晶度高、分散性好、纯度高的稀土氟化物荧光纳米材料，通过改变实验条件还可以较为容易地控制产物的尺寸和形貌。清华大学李亚栋院士课题组采用水或乙醇等普通溶剂作为反应介质，十六烷基三甲基溴化铵（CTAB）作为形貌控制剂，以 EDTA 等作为粒度控制剂，对 $NaYF_4$ 为基质的上转换发光纳米晶的可控合成进行了详细的研究。通过改变溶剂热条件，可以控制 $NaYF_4$ 产品的晶型结构；同时还可以选择性地合成出具有球形、线状、支化结构等不同形貌、不同粒径的 $NaYF_4$ 纳米晶体。此外，国内外其他课题组还分别采用聚乙烯亚胺（PEI）为配体试剂，利用简单的水/乙醇溶剂合成出水溶性的 α-$NaYF_4$ 基质上转换发光纳米晶；采用柠檬酸钠或 EDTA 等为晶体稳定试剂，对 $NaYF_4$ 晶体在溶剂热反应条件下的形貌和结构控制进行了研究。值得一提的是，最近还有报道利用溶剂热法合成 $NaYF_4$ 纳米管的工作，该方法是首先合成出 $Y(OH)_3$ 纳米管，在体系中加入 NaF/HF 后，就会在 $Y(OH)_3$ 纳米管上发生原位的离子交换反应而逐渐生成 $NaYF_4$ 纳米管。

李亚栋课题组还在 2005 年的 Nature 杂志上（Wang，et. al.，*Nature*，2005，437，

121.)提出了一种“液体-固体-溶液”（LSS）相转移、相分离的反应模式，通过对不同界面处化学反应的控制，建立了合成单分散纳米晶的通用方法。他们成功地利用这种方法制备出了不同晶型、不同形貌的稀土氟化物发光纳米晶。以 $NaYF_4$ 基质发光纳米材料的合成为例，在相对温和的水热条件下，可以得到晶体结构为立方晶型（α-$NaYF_4$）的纳米颗粒；通过改变溶剂热反应条件，又可以得到六角盘状、短柱状、棒状等规则几何外形的 β-$NaYF_4$ 纳米晶体。如图 6-23 所示，采用 LSS 多相溶剂热法，他们可以合成得到不同形貌及尺寸的 $NaYF_4$ 基质上转换荧光材料。类似的，近年来国内外研究中利用溶剂热反应体系也制备出了尺寸均匀的 β-$NaYF_4$ 纳米盘、纳米棒及纳米管等。这种多相溶剂热制备工艺最大的特点是特别适于生长具有规则取向、晶形完好、粒径均匀的高质量氟化物纳米晶，对产物形貌、尺寸和结构的控制相比传统的水热/溶剂热方法也更加容易。

以下给出的是合成 $NaGdF_4$: Yb^{3+}/Er^{3+} 纳米晶的一个典型实例。将化学计量比的 Gd_2O_3、Yb_2O_3、Er_2O_3 用浓 HNO_3 溶解并蒸发完 HNO_3，并用去离子水配制成 0.2mol/L 的 $RE(NO_3)_3$(RE=Gd、Yb、Er)离子溶液；将化学计量比的 NaF 溶解于水配制 1mol/L 溶液。以合成 $NaGd_{0.78}F_4$: 0.2Yb^{3+}/0.02 Er^{3+} 纳米棒为例：先将 12mL 乙醇，4mL 水，10mL 油酸，6.09g 油酸钠充分混合均匀，约 30min，搅拌下加入 0.5mmol 的 $RE(NO_3)_3$(RE=Gd、Yb、Er=78 : 20 : 2)离子溶液，搅拌均匀后，逐滴加入 2mL NaF(1.0 mol/L)水溶液，再继续搅拌约 15min。然后将搅拌均匀的白色乳状液转入到 40mL 带聚四氟乙烯内衬的不锈钢反应釜中，在 160℃条件下加热 12h。然后在室温下自然冷却，倒去上层清液后，釜底的白色固体用环己烷分散后倒入烧杯中，再向其中加入适量乙醇，使纳米晶胶体沉淀，然后在 4500r/min 的速率下离心 5min，得白色固体，即得到 Yb^{3+}/Er^{3+} 离子对共掺杂的 $NaGdF_4$ 上转换发光纳米晶。图 6-24(a)～(d)所示为在不同温度条件下 $NaGdF_4$: Yb^{3+}/Er^{3+} 的透射电镜(TEM)图片。体系在 160℃反应了 12h 后，纳米晶平均直径约为 12nm，长度约为 50nm，呈短棒状，长径比约为 4，纳米晶分布较为均匀，如图 6-24(a)所示。当体系温度升高到 180℃，六边形状和纳米棒状的纳米晶共存，其中纳米棒长度要稍短于 160℃合成的样品，平均直径约为 12nm，长度约为 35nm；六边形状的纳米晶平均直径约为 30nm，如图 6-24(b)所示。当反应温度升高至 200℃，产物不再出现纳米棒，而是统一的六角片状纳米晶，形貌规整，分散性较好，尺寸均一，平均边长约为 30nm，如图 6-24(c)所示。随着

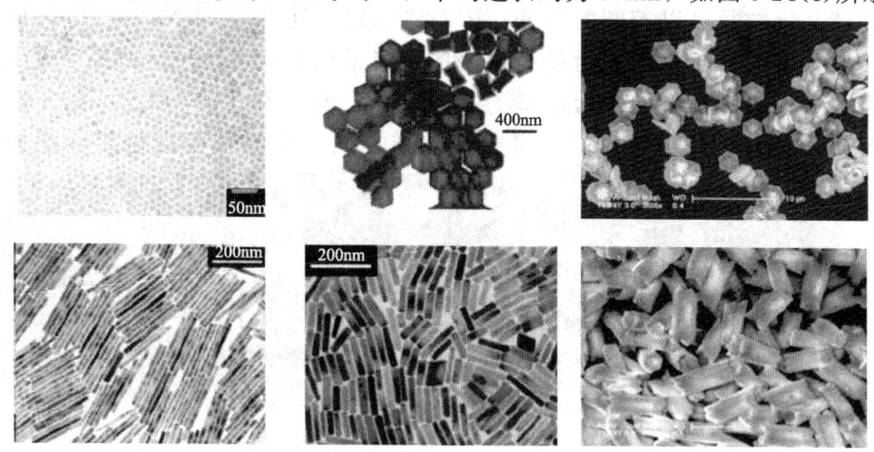

图 6-23　LSS 多相溶剂热法合成的不同形貌及尺寸的 $NaYF_4$ 基质上转换荧光材料

(Wang et. al., 2006, 2007; Liang, et. al., 2007)

温度继续升高到 220℃，产物全部为不规整的纳米晶，平均粒径为 55nm，如图 6-24(d) 所示。

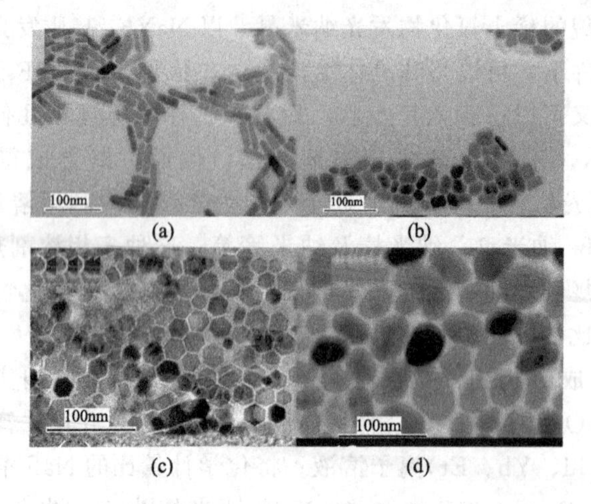

(a) (b) (c) (d)

图 6-24 不同温度下 $NaGdF_4$：Yb^{3+}/Er^{3+} 纳米晶的透射电镜照片（Sun，et. al.，2011）

6.5.2 有机/无机前驱体热分解法

这种有机/无机前驱体热分解法制备稀土氟化物纳米晶的合成方法是北京大学严纯华院士课题组提出并发展建立的，也被称为高温热解三氟乙酸盐法。2005 年，该研究组报道了在高沸点有机溶剂中高温热解三氟乙酸镧合成 LaF_3 三角形单晶纳米盘的研究成果。在该研究成果的基础上，许多课题组迅速开展了跟进研究，相继独立报道了利用高温热解三氟乙酸稀土盐/三氟乙酸钠反应前驱体，制备 $NaREF_4$（RE 代表各种稀土离子）等为基质的稀土发光纳米晶的成果。例如：在油酸/十八胺/十八烯的混合溶剂体系中加热分解碱土金属得到碱土金属氟化物纳米晶，并且通过改变反应时间和温度，三者的比例得到形貌各异的碱土金属氟化物纳米晶；通过先制备碱土金属三氟乙酸盐前驱物，然后采用十八烯作溶剂和稳定剂，加热分解碱土金属三氟乙酸盐前驱物制备出碱土金属氟化物纳米晶。以合成 $NaYF_4$ 纳米晶为例，在相对温和的条件下可以制得立方相的产品，粒径可以控制的较小[图 6-25(a)]；而六方相 $NaYF_4$ 的合成需要相对苛刻的反应条件，易于生长成为规则形貌的纳米晶[图 6-25(b)]。加拿大的 Capobianco 研究小组也通过热解三氟乙酸盐制备了共掺 Yb^{3+}/Er^{3+} 和 Yb^{3+}/Tm^{3+} 的 α-$NaYF_4$ 为基质的上转换荧光纳米粒子，他们通过改变加样方式，将三氟乙酸盐溶液缓慢滴加至高

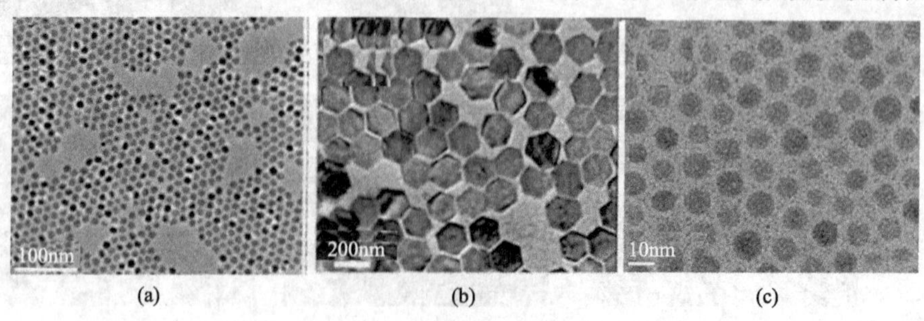

(a) (b) (c)

图 6-25 有机/无机前驱体热分解法合成的不同形貌及尺寸的 $NaYF_4$ 基质上转换荧光材料

（Yin，et. al.，2006；Liu，et. al. 2009.）

温反应体系中，得到了粒径分布更为均匀的产物，如图 6-25(c)所示，产物的平均粒径在 11nm 左右，在生物标记领域有很好的应用前景。

这种有机/无机前驱体热分解法制备氟化物纳米晶的合成工艺虽然于 2005 年才由严纯华课题组提出并发表了第一篇报道，但是在之后短短几年时间内便得到了迅速发展，目前已发展成为可控合成单分散、高质量氟化物发光纳米晶的一条新的有效途径。但是也应注意到，该方法也存在制备条件较为苛刻、毒性较大等不足，实验操作方面要求较为严格。

6.5.3 沉淀合成方法

基于溶度积原理的共沉淀类合成方法包括了诸如室温溶液共沉淀法、多元醇法及加热条件下的液相共沉淀法等多种合成手段。这类方法有一些共同的特点：基本都是以稀土氯化物或硝酸盐为原料，氟源由 NaF、NH_4F 或 HF 提供，基于溶度积原理，反应物混合后会迅速发生共沉淀反应而生成相应氟化物纳米粒子。对于这类方法，合成过程中往往需要加入一种或几种合适的配体试剂，配体试剂一般会与稀土离子发生络合，一方面可以控制结晶速度来调控粒子的粒径，另一方面可以调控产物的表面性能而使颗粒能够根据需要分散在不同极性的介质中。国外一个研究小组分别采用双十八烷氧基二硫代磷酸铵（ADDP）及柠檬酸等多种不同类型的配体对稀土氟化物尤其是 LaF_3 为基质的发光纳米晶进行了一系列较为详细的研究。在此基础上，其他研究者采用 ADDP 作为粒度控制剂成功合成了约 5nm，粒径均匀的 LaF_3 基质上转换发光纳米颗粒，产物在非极性有机溶剂中有很好的分散性。还有研究者则采用 *N*-（2-羟乙基）乙二胺（HEEDA）为配体合成出了 15nm 左右的 Yb^{3+}/Er^{3+} 及 Yb^{3+}/Tm^{3+} 共掺杂的 α-$NaYF_4$ 上转换纳米粒子，并对其进行了表面处理，使其能够分散在二甲亚砜及水中。

沉淀合成方法用于制备氟化物基纳米荧光材料具有操作简单、成本较低等优点，因此获得了广泛应用。但是由于反应速率较快，得到的氟化物产品结晶度相对较差，对于上转换发光材料，一般需要后续的热处理过程才会有较强的荧光。另外，作为最有效的可见上转换发光基质材料之一的 $NaYF_4$，其六方相 β-$NaYF_4$ 的上转换发光效率要比立方相（α-$NaYF_4$）高得多，是目前已知效率最高的上转换发光基质材料。但是，使用本类合成方法很难得到 β-$NaYF_4$ 产品，一般只能获得发光效率相对低很多的 α-$NaYF_4$ 纳米粒子。

6.5.4 微乳液法

微乳液法又称反相胶束法，是由表面活性剂、助表面活性剂、油和水组成的热力学稳定体系。2003 年，胡长文研究组在微乳液体系中首次制备了一维氟化物纳米晶体，并对 BaF_2 纳米晶须的合成机理进行详细地探讨，他们所选择的是一种四元的微乳体系，由 CTAB/水/环己烷/正戊醇组成，通过微乳反应及随后的水热反应过程，可获得 BaF_2 纳米晶须。此后，秦伟平研究组也成功地利用这种方法制备出了 YF_3 : Yb^{3+}/Tm^{3+} 上转换发光纳米晶须。

6.5.5 模板合成法

模板法是以模板为主体构型去控制、影响和修饰材料的形貌，控制尺寸进而决定材料性质的一种合成方法。根据所用模板的性质不同，该方法分为以共价键维持其特定结构的硬模板（hard template）和以分子间或分子内的弱相互作用维持其特定结构的软模板（soft template）两类。模板合成是一种很有吸引力的方法，通过合成适宜尺寸和结构的模板为主体，在其中生成作为客体的纳米粒子，可望获得所期望的窄粒径分布、粒径可控、易掺杂和反应易控制的超分子纳米粒子。在纳米材料领域，模板合成是一种简便有效的方法，可以合成各种纳米材料。我们也曾采用介孔 SiO_2（SBA-15）作为一种硬模板，合成了分散性好、颗粒

细小且均匀的 CaF_2 纳米粒子，图 6-26 给出了相应的电镜照片。

(a)SBA-15模板的TEM照片　(b)模板法获得CaF_2纳米粒子的SEM照片

图 6-26　介孔 SiO_2 合成 CaF_2 纳米粒子的电镜照片

（Xia，et. al.，2010）

参考文献

[1] Gaft M，Renata R，Gerard P. Modern Luminescence Spectroscopy of Minerals and Materials，Springer-Verlag Berlin Heidelberg，2005.

[2] 李殿超，吴长锋，于立新，曹林．矿物学报，2001，21：209.

[3] 夏志国，廖立兵，杜鹏．矿物学报，2010，增刊，140.

[4] 苏锵．稀土化学．郑州：河南科学技术出版社，1993.

[5] 洪广言．稀土发光材料——基础与应用．北京：科学出版社，2011.

[6] Ronda C. Luminescence：From Theory to Applications，Weinheim：WILEY-VCH Verlag GmbH & Co. KGaA，2008.

[7] 徐叙瑢，苏勉曾．发光学与发光材料．北京：化学工业出版社，2004.

[8] Blasse G，Grabmaier B C. Luminescent materials，Berlin：Springer-Verlag，1994.

[9] 孙家跃，杜海燕．固体发光材料．北京：化学工业出版社，2005.

[10] Zhang Q Y，Huang X Y，Prog Mater Sci.，2010，55：353.

[11] 肖志国，石春山，罗昔贤．半导体照明发光材料及应用．北京：化学工业出版社，2008.

[12] 郭海．稀土离子掺杂的纳米氧化物上转换发光与稀土氧化物功能薄膜研究．合肥：中国科学技术大学博士学位论文，2005.

[13] 余泉茂．无机发光材料研究及应用新进展．合肥：中国科学技术大学出版社，2010.

[14] Xia Z G，Liu R S，Huang K W，Drozd V. J Mater Chem，2012，22：15183.

[15] Xia Z G，Zhuang J Q，Liao L B. Inorg Chem，2012，51：7202.

[16] Xia Z G，Luo Y，Guan M，Liao L B. Opt Express，2012，20，A722.

[17] Xia Z G，Li J，Luo Y，Liao L B. J Am Cera Soc，2012，95：3229.

[18] 徐如人，庞文琴，霍启升．无机合成与制备化学（上下册）．北京：高等教育出版社，2009.

[19] 徐如人，庞文琴．分子筛与多孔材料化学．北京：科学出版社，2004.

[20] 邓少生，纪松．功能材料概论——性能、制备与应用．北京：化学工业出版社，2012.

[21] 孙家跃，杜海燕．无机材料制造与应用．北京：化学工业出版社，2001.

[22] Xia Z G，Sun J F，Du H Y，Chen D M，Sun J Y. J Mater Sci，2010，45：1553.

[23] Luo Y，Xia Z G，Liao L B. Cera Intern，2012，38：6907.

[24] Sun J Y，Sun R D，Du H Y. J Alloys Compd，2012，516：201.

[25] Sun J Y，Sun R D，Xia Z G，Du H Y. CrystEngComm，2012，14：1111.

[26] Xia Z G，Chen D M，Yang M，Ying T. J Phys Chem Solids，2010，71：175.

[27] Xia Z G，Jin S，Sun J Y，Du H Y，Du P，Liao L B. J Nanosci Nanotech，2011，11：9612.

[28] 金帅，夏志国，赵金秋．无机化学学报，2011，27，25.

[29] 赵金秋，夏志国，余静，包婷婷．化工新型材料，2011，39，39.
[30] Xia Z G，Du H Y，Sun J Y，Chen D M，Wang X F. Mater Chem Phys，2010，119，7.
[31] Du H Y，Sun J F，Xia Z G，Sun J Y. J Electrochem Soc，2009，156：J361.
[32] Xia Z G，Liao L B，Zhang Z P，Wang Y F. Mater Res Bull，2012，47：405.
[33] Wang L Y，Li Y D. Nano Lett，2006，6：1645.
[34] Wang L Y，Li Y D. Chem Mater，2007，19：727.
[35] Liang X，Wang X，Zhuang J，Li Y D. Adv Funct Mater，2007，17：2757.
[36] Mai H X，Zhang Y W，Si R. J Am Chem Soc，2006，128：6426.
[37] Sun J Y，Xian J B，Xia Z G，Du H Y. J Nanosci Nanotech，2011，11：9607.
[38] Yi G S，Chow G M. Adv Funct Mater，2006，16：2324-2329.
[39] Liu C H，Wang H，Zhang X R，Chen D P. J Mater Chem，2009，19：489.
[40] Xia Z G，Du P. J Mater Res，2010，25：2035.

第7章　非线性光学晶体材料制备化学

7.1　非线性光学晶体材料概述

非线性光学及其晶体材料的发展与激光技术的发展密切相关。1960年，Maiman成功地制造出世界上第一台红宝石激光器。1961年，Franken首次发现了水晶激光倍频现象，这一现象的发现，不仅标志着非线性光学的诞生，而且对激光材料的发展产生了重大的影响，同时强有力地促进了非线性光学晶体材料的迅速发展。

激光倍频现象的发现使得激光材料发射的激光光谱覆盖从红外到紫外整个光谱范围的可能性大大增加。随着非线性光学的深入研究和新材料的不断发展，使得非线性光学晶体材料在信息通信、激光二极管、图像处理、光信号处理及光计算等众多领域都具有极为重要的作用而且发展潜力巨大，这些研究与应用对非线性光学晶体又提出了更多更高的理化性能要求，同时许多应用也还在层出不穷地发展中，正是由于非线性光学晶体有着如此广阔的应用前景以及这些应用可能带来的光电子技术领域的重大突破，从而促进了非线性光学晶体材料的迅速发展。近30多年来，人们在研究与探索非线性光学晶体材料方面作了大量工作，取得了丰硕的研究成果，涌现出一批又一批性能优良的非线性光学晶体。到目前为止，人们已将非线性光学晶体的性能与其内部微观结构联系起来，有意识地通过分子设计，即晶体工程等科学方法来探索与研制各种新型的非线性光学晶体材料，向科学的更深层次的方向发展，所以寻找与合成性能优异的新型非线性光学晶体一直是一个非常重要的课题，成为该领域人们关注的热点之一。而我国在非线性光学晶体的研究方面起步较早，做了大量开创性的研究，在这一领域处于世界领先水平。

7.1.1　非线性光学晶体材料

非线性光学晶体的理论基础是非线性光学。当光波在非线性介质中传播时，会引起非线性电极化，导致光波之间的非线性作用，高强度的激光所导致的光波之间的非线性作用更为显著。这种与光强有关的光学效应，称为非线性光学效应。

非线性光学晶体是对于激光强电场显示二次以上非线性光学效应的晶体。从非线性光学晶体与其非线性电极化的关系以及外电场对晶体光学性质的影响出发，或更具体地说，从晶体的折射率变化出发，我们将具有频率转换效应、电光效应和光折变效应等的晶体统称为非线性光学晶体。本节主要介绍频率转换非线性光学晶体。

非线性光学频率转换晶体主要用于激光倍频、和频、差频、多次倍频、参量振荡和放大等方面。以便拓宽激光辐射波长的范围，并可用来开辟新的激光光源等。

当今已发现的非线性光学频率转换晶体，若按其透光波段范围来划分时，可分为下述三类。

(1) 红外波段的频率转换晶体　现有的性能优良的频率转换晶体，大多适用于可见光、近红外和紫外波段的范围。红外波段，尤其是波段在5μm以上的频率转换晶体，至今能得到实际应用的较少。过去已研究过的红外波段的晶体，主要是黄铜矿结构型的晶体，诸如

$AgGaS_2$、$AgGaSe_2$、$AgGa(Se_{1-x}S_x)_2$ 等晶体。这些晶体的非线性光学系数虽然很大，但其能量转换效率大多受到晶体光学质量和晶体尺寸大小的限制，从而得不到广泛的应用。

(2) 可见光波段的频率转换晶体　在此波段内，人们对频率转换晶体研究得最多，目前也有很多实用的可见光非线性光学材料，如磷酸盐、碘酸盐等非线性光学晶体。

(3) 紫外波段的频率转换晶体　紫外波段的频率转换晶体，研究最早的是五硼酸钾($KB_5O_8 \cdot H_2O$)晶体，虽然它的透光波段可达真空紫外区，但它的倍频系数甚小，仅为 ADP 晶体的 1/10，因此在应用上受到很大的限制。20 世纪 70 年代通过分子设计等研究方法，发现了尿素[$CO(NH_2)_2$]晶体是具有优良性能的紫外频率转换材料，但这种晶体生长周期长，且极易潮解，因此在应用上受到了一定的限制。长期以来，人们在固体激光器研究领域中，不少科学家一直希望能够获得一种较理想的紫外频率转换晶体材料，但在国际上总未能得到实现，因而，便将紫外倍频的愿望转向气体激光器上。但气体激光器的体积庞大，使用也不方便，就在这时，中国科学院福建物质结构研究所，在晶体结构与性质相结合的学术思想指导下，对硼酸盐系列晶体的结构、相图和晶体生长等进行了系列的研究工作，提出了非线性光学晶体的阴离子基团理论，到 20 世纪 80 年代相继成功地发现了性能优良的紫外频率转换材料，即偏硼酸钡（β-BaB_2O_4）与三硼酸锂（LiB_3O_5）等晶体，这一重要的科研成果，改变了一些科学家过去的观点，在国际学术界引起了很大的反响，美国、日本、西欧等曾一度掀起一场研究与购买偏硼酸钡晶体的高潮。

根据以上所述，我国在探索与研制新型紫外频率转换晶体方面，无疑地已处于国际领先地位，为非线性光学晶体材料科学的发展作出了不可磨灭的贡献。

7.1.2　非线性光学晶体的分类

(1) 按晶体光学分类　可分为下述 3 类。

①光学均质体：立方晶系晶体。

②单（光）轴晶体：三方晶系、正方晶系、六方晶系晶体，其特征为只有唯一的一个高次（$n>3$）对称轴。此轴与光轴重合。

③双轴晶体：斜方晶系、单斜晶系、三斜晶系晶体。其特征为无高次对称轴，并有两个光轴。

(2) 按非线性光学晶体所产生的效应分类　可分为下述 3 类。

①频率转换（倍频、和频和差频等）晶体。

②电光晶体（线性电光晶体）。

③光折变晶体（信号处理晶体）。

(3) 按化学角度分类　可分为下述 2 类。

①无机非线性光学晶体：无机盐类晶体，其中包括磷酸盐、碘酸盐、硼酸盐、铌酸盐、钛酸盐等盐类晶体，半导体型非线性光学体，无机化合物晶体等。

②有机非线性光学晶体：有机化合物、有机盐类、金属有机配（络）合物和某些晶态的高聚物等晶体。

无机与有机非线性光学晶体汇集成整个非线性光学晶体的研究领域，本书是从化学的角度来进行分类的，并且主要介绍无机非线性光学晶体。

7.1.3　非线性光学晶体材料的性能

在 7.1 中已经谈到了非线性光学晶体应包括激光频率转换晶体、电光晶体和光折变晶体等，由于本书只研究频率转换非线性光学晶体，因此非线性光学性能即指频率转换性能。

激光频率转换晶体在当代光电子技术中的应用占有重要地位。它们是固体激光技术、红外技术、光通信与信息处理等领域发展的重要支柱，在科研、工业、交通、国防和医疗卫生等方面发挥越来越重要的作用。

当前，直接利用激光晶体所能获得的激光波段有限，从紫外到红外谱区，尚存有激光空白波段。利用频率转换晶体，可将有限激光波长的激光转换成新波段的激光。这是获得新激光光源的重要手段。实现激光波长的高效率转换的关键问题是能否获得高质量、性能优良的频率转换晶体。优良的激光频率转换晶体应具有如下的性质。

①晶体的非线性光学系数要大。

②晶体能够实现相位匹配，最好能够实现最佳相位匹配。

③透光波段要宽，透明度要高。

④晶体的激光损伤阈值要高。

⑤晶体的激光转换效率要高。

⑥物化性能稳定、硬度大、不潮解，温度变化带来的影响也要小。

⑦可获得光学均匀的大尺寸晶体。

⑧晶体易于加工，价格低廉等。

评价和选用激光频率转换晶体时，对晶体性能要进行综合分析，实际上，全面符合上述各项条件的晶体很少，要根据制作器件的具体要求来加以选择，并尽量满足某些最基本的要求。

7.2 非线性光学晶体材料结构设计及制备方法

7.2.1 非线性光学晶体材料结构设计

随着社会的发展，现有非线性光学材料已满足不了现实的需求，仍要探索新型非线性光学材料，尤其是优良的紫外深紫外非线性光学材料。探索新型非线性光学材料的一个重要方面就是材料设计，即通过晶体结构的设计及优化，特别是功能基元的筛选和组合以达到所要求的性能，这是发展新材料的必由之路。为了进行有效的材料设计、合成，必须深入地分析研究已有材料的组成、晶体结构及其性能之间的关系和规律，使这些规律逐步发展为理论，并用于指导实践。非线性光学材料能在紫外波段应用至少需要具备两个基本条件：紫外波段高的透过率和能在紫外波段实现相位匹配。在新型紫外非线性光学材料的探索工作中，硼酸盐具有一定的优势，阴离子以硼氧功能基元为基础，其带隙较大，双光子吸收概率小，激光损伤阈值较高，利于获得较强的非线性光学效应。形成非线性光学晶体的先决条件是该化合物具有非对称中心的结构基元。具有二阶 Jahn-Teller 效应的金属阳离子基团是一类重要的非线性光学晶体选择的功能基元。二阶 Jahn-Teller 效应发生在金属空的 d 轨道与配体化合物全充满的 p 轨道之间的杂化，形成 MO_6（M 为高价态过渡金属离子）的八面体基团。同时发生二阶 Jahn-Teller 效应的阳离子使得配位多面体发生畸变，导致离子偏离多面体的中心，使得这类化合物中的中心结构基元变成非中心对称的结构基元，从而有利于获得非中心对称性结构的化合物，并导致大的倍频效应。前期 Shiv Halasyamani，P.，Norquist，P. A.，Mao，J. G. 和 Gopalakrishnan，J. 等研究小组在这一研究方向做了大量的研究工作。还有一类基团主要是 d^0 电子构型的过渡金属离子，如 Nb^{5+}、Ti^{4+}、V^{5+}等，金属阳离子与氧形成的配位八面体由于二阶 Jahn-Teller 效应而沿八面体的 C_2、C_3 或 C_4 轴发生扭曲，导致偶极矩的产生，从而引起晶体倍频效应的产生；具有孤对电子构型的基团，如 Bi^{3+}、Pb^{2+}、Se^{4+}、Te^{4+} 等，也易于发生二阶 Jahn-Teller 畸变而与氧形成不对称的配位多面体构型。因此，将硼氧功能基元和具有二阶 Jahn-Teller 效应的金属阳离子结合起来，是探索新型的硼酸盐非线性光学材料的一条可行之路。值得注意的是，虽然这些结构基元有利于产生大的倍频效应，但是这使得非线性光学晶体的紫外截止边红移。

为了使晶体的紫外截止边能够紫移，首先需要晶体在紫外波段没有吸收。硼与氧的电负性差异比较大，B—O 键的结合非常牢固，束缚在该键上的电子不易跃迁，使得硼氧阴离子基团对于紫外光（包括部分深紫外光）的吸收很小，从而透光范围较宽，且在紫外波段具有高的抗激光损伤阈值。其次要求晶体中的阳离子必须限制在元素周期表中的第一、第二两个主族中，阴离子基团[MO_n]中的 M 必须以较轻的主族元素为主。阴离子选择硼氧基团与其他基团相比有可能会产生比较大的微观倍频系数，另外由于 BO_3 基团的对称性为 D_3h，该基团具有较大的观倍频系数；BO_4 基团的对称性为 Td，该基团的能隙很高，因此，BO_4 基团有利于硼酸盐化合物吸收边的紫移。由这些基团出发，保持它们的硼-氧骨架不变，去寻找新型紫外倍频材料就比较有效。基于以上的设计思想，已合成出一系列的紫外非线性光学晶体。

由于 Be 原子具有较大的光学禁带宽度，而且又可以形成 BeO_3、BeO_4 和 BeO_3F 等多种配位构型进而形成金属酸盐，因此通过阴离子四面体基团 BeO_4 和 BeO_3F 对 BO_4 的替换所形成的硼铍酸盐具有较好的深紫外光透过能力，同时又可以丰富硼酸盐的结构类型，特别是当在体系中引入半径与电荷均不相同的碱金属和碱土金属离子做复合阳离子时，发现了很多结构新颖和性能优秀的新型化合物，为新型紫外深紫外非线性光学晶体的探索提供了新的方向。

非线性光学晶体研究流程如图 7-1 所示。

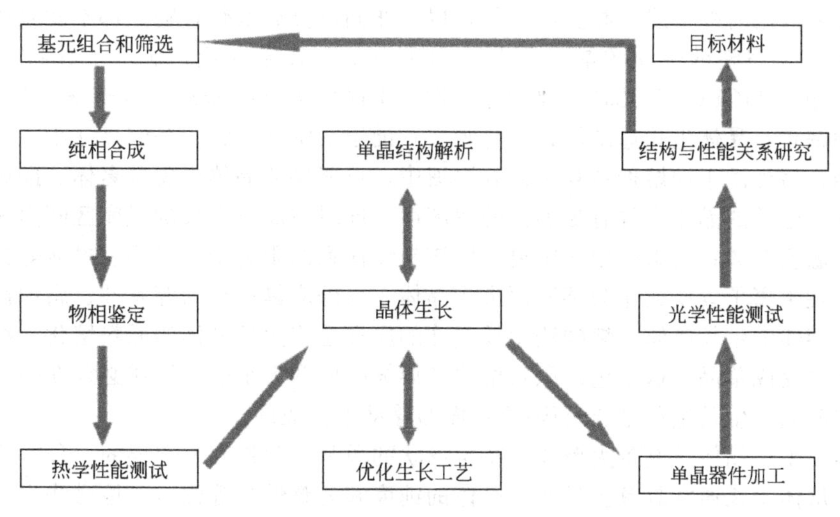

图 7-1　非线性光学晶体研究流程

7.2.2　非线性光学晶体材料制备方法

晶体生长的必要条件是生长晶体的原料、生长晶体的设备和晶体生长工艺。依据晶体的不同的性质、特点，应该采取不同的生长方法。常见的晶体生长方法有溶液法、熔体法和汽相法。

(1) 从溶液中生长晶体　溶液法是指从溶液中生长晶体，它是生长晶体历史最悠久，应用也最为广泛的一种生长方法。这种方法的基本原理是将原料（溶质）溶解在溶剂中，采取适当的措施造成溶液的过饱和状态，使晶体在其中生长。从溶液中生长晶体又可以分为水溶液法、水热法和高温熔液法。

溶液法生长晶体具有以下优点：晶体可在远低于其熔点的温度下生长。有许多晶体不到熔点就分解或发生不希望有的晶型转变，有的在熔化时有很高的蒸汽压，溶液使这些晶体可以在较低的温度下生长，从而避免以上问题。有些晶体在熔化状态时黏度很大，冷却时不能形成晶体而成为玻璃体，溶液法可以降低体系的黏度。利用此方法也比较容易生长成大块的、均匀性良好的晶体，并且有较完整的外形。另外晶体在低温下进行，使晶体生长的热源和生长容器也较容易选择。溶液法的缺点是组分多，影响晶体生长的因素比较复杂，生长速度慢，周期长（一般需要数十天乃至一年以上），并且晶体生长对控温精度要求较高。

水热法又称高压溶液法，是利用高温高压的水溶液使那些在大气条件下不溶或难溶于水的物质通过溶解或反应生成该物质的溶解产物，并达到一定的过饱和度而进行结晶和生长的方法。水热法生长过程的特点：生长过程是在压力与气氛可以控制的封闭系统中进行的；生长温度比熔融法和熔盐法低很多；生长区基本处于恒温和等浓度状态，温度梯度小；属于稀薄相生长，溶液黏度低。水热法生长晶体的优点：可以生长熔点很高、具有包晶反应或非同成分熔化而在常温常压下又不溶解或者溶解后易分解且不能再次结晶的晶体材料。生长那些熔化前后会分解、熔体蒸汽压较大、高温易升华或者只有在特殊气氛才能稳定的晶体。得到的晶体热应力小、宏观缺陷少、均匀性和纯度高。现在已进行工业生产的部分晶体就是通过水热法生长出来的。生长的缺点：理论模拟与分析困难，重现性差；装置的要求高；难于实时观察；参量调节困难。

高温熔液法，又叫助熔剂法。高温熔液法是生长晶体的一种重要方法。高温下从溶液中生长晶体，可以使溶质相在远低于其熔点的温度下进行生长。这种方法生长晶体的优点是适用性强，只要能找到适当的助熔剂或助熔剂组合，就能生长出单晶。许多难熔化合物和在熔点极易挥发或高温时变价或有相变的材料，以及非同成分熔融化合物，都不能直接从熔体中生长或不能生长完整的优质单晶，而助熔剂法由于生长温度低，显示出独特能力。当前BBO、LBO和$KTiOPO_4$等几种重要的非线性光学晶体大都是采用高温熔液法生长出来的。生长晶体的缺点：晶体生长速度慢；不易观察；助熔剂常常有毒；晶体尺寸小；多组分助熔剂相互污染，另外由于助熔剂本身引入到溶液中，可能导致晶体出现包裹体。助熔剂的选择原则：对于要生长的晶体来说有足够大的溶解度，同时在晶体生长的温度区间内还应该有适度的溶解度温度系数；助熔剂中的阳离子应该与该体系的阳离子从半径、电荷等方面有大的差异，防止发生离子置换或作为杂质而进入晶体。另外应具有小的挥发性、腐蚀性和毒性。

(2) 从熔体中生长晶体　熔融法生长晶体的原理是将生长晶体的原料熔化，在一定条件下使之凝固，变成单晶。这里包含原料熔化和熔体凝固两大步骤，熔体必须在受控制的条件下实现定向凝固，生长过程是通过固-液界面的移动来完成的。

从熔体中生长晶体是制备大单晶和特定形状的单晶最常用和最重要的一种方法，与其他方法相比，熔体生长通常具有生长快、晶体的纯度和完整性高等优点。熔融法生长晶体有多种不同的方法和手段，如：提拉法、坩埚下降法、泡生法、水平区熔法、焰熔法、浮区法等。电子学、光学等现代技术应用中所需要的单晶材料，大部分是用熔体生长方法制备的，如单晶硅、氮化镓、铌酸锂、掺钕的镱铝石榴石、蓝宝石等化合物。

7.3 半导体型非线性光学晶体材料制备化学

自20世纪60年代起，人们就发现了很多具有半导体特性的晶体，同时也具有非线性光学性能(包括电光与光折变性能)，它们分布的范围甚广，从单质、二元化合物发展到三元化合物等，从块状晶体到具有量子阱结构的薄膜晶体，而且这一科学领域的发展十分迅速。

从当前整个非线性光学晶体材料的发展情况来看，现有的性能优良的非线性光学晶体大多适用于紫外-可见近红外光波段范围，在长波段端适用于 5μm 以上的红外波段的性能优良的非线性光学晶体材料为数甚少。

半导体型非线性光学晶体的最突出的特点是，透光波段宽，有的可达远红外光区，所以在光电子技术方面，有着重要的应用前景。当前，现有的半导体型非线性光学晶体，不是由于存在着光吸收，就是由于单晶体生长技术尚未完全过关，从而使晶体存在着各种各样的缺陷，因此，使这些晶体在应用上受到了一定的限制。

现仅以较典型的半导体型非线性光学晶体为例进行如下扼要的阐述。

7.3.1　单质半导体型制备化学

(1) Te(碲)单晶体　Te 单晶的点群为 D_3-32，空间群为 D_3^4-P$3_1$21，密度：6.25g/cm^3，熔点：452℃；沸点：1390℃；硬度：2～2.5；透光波段：3.9～32μm。

有效非线性光学系数

$$d=d=d_{11}\cos\theta\cos3\varphi$$

$$d=d_{11}\cos^2\theta\sin3\varphi$$

非线性光学系数

$$d_{11}(10.6\mu\text{m})=(16.5\pm0.3)\times10^{-10}\text{m/V}$$

$$d_{11}(28\mu\text{m})=(5.7\pm1.9)\times10^{-10}\text{m/V}$$

由于 Te 单晶存在着双光子吸收所造成的饱和效应，从而使其对 10.6μm 激光的激光转换效率仅为 5%左右，加之生长高质量的晶体存在着一定的困难，因此，便限制了碲单晶的应用。

Te 单晶是最早用于红外二次谐波发生的材料之一，它可采取熔体法进行生长。

(2) Se(硒)单晶体　Se 单晶的点群为 D_3-32，空间群为 D_3^4-$P3_1$21；熔点：221℃；透光波段：0.7～21μm。

有效非线性光学系数

$$d=d=d_{11}\cos\theta\cos3\varphi$$

$$d=d_{11}\cos^2\theta\sin3\varphi$$

非线性光学系数

$$d_{11}(10.6\mu\text{m})=(9.7\pm2.5)\times10^{11}\text{m/V}$$

$$d_{11}(28\mu\text{m})=(18.4\pm8.8)\times10^{11}\text{m/V}$$

Se 单晶一般用熔体法生长。

7.3.2　二元化合物半导体型制备化学

二元化合物半导体型非线性光学材料包括 GaAs、ZnSe、CdS 等，下面仅就研究得比较多的 GaAs、ZnSe 晶体为实例进行简要的概述。

(1) GaAs 晶体　GaAs 晶体是继硅(Si)单晶以后的第二代最重要的半导体材料，主要用途包括：可用于制作低噪声的微波器件；高效叠层太阳电池材料；光相位与放大调制器材料；多量子阱材料；良好的光导材料。它在熔点温度时，具有较高的分解蒸汽压，因此，GaAs 单晶的生长工艺比硅单晶的更为复杂。当 GaAs 晶体作为非线性光学材料时，尤其是对掺质超晶格 GaAs 的非线性、异质结构 GaAs/AlAs、AlGaAs/GaAs 量子阱二次谐波发生等方面应用，对 GaAs 晶体的完整性要求得更高。实验证明，用 GaAs 晶体所制成的器件，其使用寿命和发光效率均与晶体的完整性有关，因此，生长高质量、大直径的 GaAs 晶体仍是发展 GaAs 晶体的非线性光学器件的一个关键问题之一。

GaAs 晶体的点群为 T_d-$\bar{4}3$，空间群为 T_d-F$\bar{4}3$m；晶胞参数为 $a=(5.653\pm0.0002)$Å，$Z=4$；熔点 1238℃；密度 5.34g/cm^3；透光波段 0.9～17μm。

非线性光学系数

$d_{14}=165d_{36}$ (KDP)　　($\lambda=0.69\mu m$)

$d_{14}=560\pm100d_{36}$ (KDP)　($\lambda=1.06\mu m$)

$d_{14}=295\pm100d_{36}$ (KDP)　($\lambda=10.60\mu m$)

GaAs 晶体主要用水平法进行生长。由于 GaAs 熔体中的 As 组分有较高的挥发性，而且它的蒸气压受温度变化的影响很大，因此，水平法生长晶体是在密封的石英管内进行，为了能生长出光学均匀性好的晶体，必须严格控制熔体温度，以使在固-液-气三相平衡中具有稳定的 As 蒸气压，这可在一个三温区的加热炉中实现。高温区控制熔点温度，低温区控制相应的平衡 As 蒸气压的 As 源温度，在高温区和低温区之间，设置一中温区，以便抑制 GaAs 熔体与石英舟之间的作用，避免 Si 对晶体与熔体的沾污。固-液界面应具有适当的温度梯度，以使晶体具有适宜的生长速度。

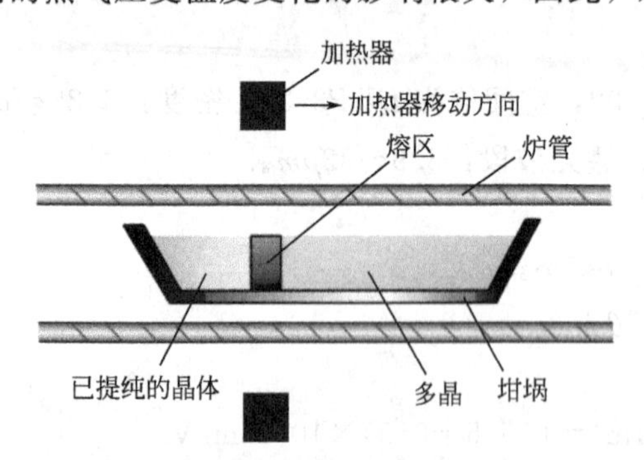

图 7-2　水平法生长 GaAs 晶体的实验装置

水平法生长 GaAs 晶体的实验装置如图 7-2 所示。

(2) ZnSe 晶体　ZnSe 单晶具有直接跃迁型能带结构，它是一种很好的蓝色发光材料，并具有较高的发光效率和对 0.6μm 波长的光吸收系数小等优点。可作为 CO_2 激光器所用的非线性光学材料。ZnSe 晶体的主要用途包括：蓝色发光材料；激光变频材料，可用寸氦氖激光变濒和大功率激光器。在这个领域中，这种晶体是一种很有应用前景的材料；红外电光调制材料；ZnSe 是一种制备 ZnSe 系列超晶格和多量子阱结构的材料。

ZnSe 晶体的点群为 T_d-$\bar{4}3$m，空间群为 T_d^2-F$\bar{4}3$m；晶胞参数 $a=5.667$Å；熔点 1520℃；透光波段 0.5～22μm。

要想生长出高质量的 ZnSe 单晶体。人们常用的方法是升华法。因为这种方法操作简单，且能控制组分分压，以抑制化学计量比的偏离，为获得高质量 ZnSe 单晶提供了保证。但真正要想获得高光学质量的 ZnSe 单晶仍需具备其他一些条件。首先要求结晶原料的高纯化。称取高纯单质 Zn 和 Se 在高温下直接反应，便可得到 ZnSe 单晶原料。所得到的 ZnSe 原料的化学计量比往往是偏离的，且仍含有一定量的杂质。因此还要对 ZnSe 原料进行提纯，提纯的方法是，把所得到的淡黄色 ZnSe 粉末封入纯化装置中，然后加热进行精炼提纯。提纯温度为 950℃左右。尾管的温度为 450℃，ZnSe 原料与再结晶部分间温差为 10K 左右，并通常要提纯两次，最后便可获得用于 ZnSe 单晶生长的高纯结晶原料。把经过两次提纯的 ZnSe 多晶原料封入如图 7-3 所示的生长装置中。

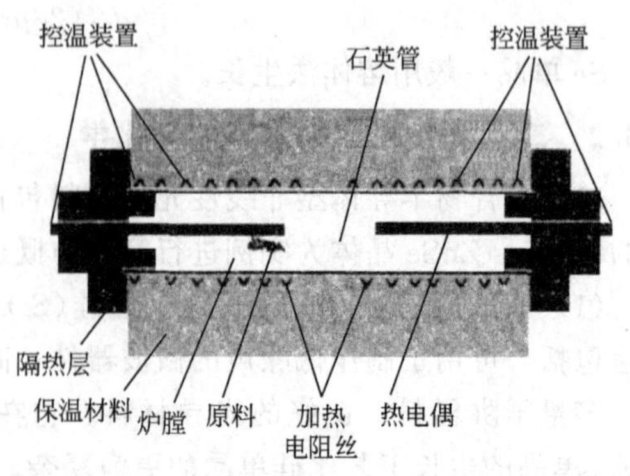

图 7-3　ZnSe 晶体升华法生长装置

晶体生长前，首先进行 5～10h 的逆输运，即把温度控制在比晶体生长温度(950℃)高出 5～10℃。逆输运的目的，一是为了消除黏附在成核室内管壁上的 ZnSe 微粒，以免它起成核作用；另一作用是它可使易于挥发的杂质输运到温度较低的分压管中，然后调整温差 10℃，待成核室内半充满晶体后，再调节温差，源区的温度为 450℃，分压管底的温度为 445℃，在晶体生长期间，由于晶体不断地长大，温差逐渐变小，为保证淀积速率相同，应不断地调节生长体系与加热炉间的相对位置，以保持生长温度恒定在高 4℃左右，经一周左右时间，可得到长度为淡绿色近透明的六棱柱形单晶体。

7.3.3　三元化合物半导体型制备化学

目前能用于非线性红外频率转换的三元化合物晶体主要有：硫镓银($AgGaS_2$)、硒稼银($AgGaSe_2$)、硫砷银(Ag_3AsS_2)、磷锗锌($ZnGeP_2$)、碲镉汞($HgCdTe_2$)等晶体。就当前研究与应用的情况来看，由于这类晶体组成复杂，在进行晶体生长时，晶体的化学计量比难于控制，蒸气压较大，加之有的有毒等原因，因此，这类晶体生长的难度较大，一般所生长的晶体质量较差，从而限制了这类晶体的应用。本节主要以研究得比较多的 $AgGaS_2$ 等晶体为实例进行简要的概述。

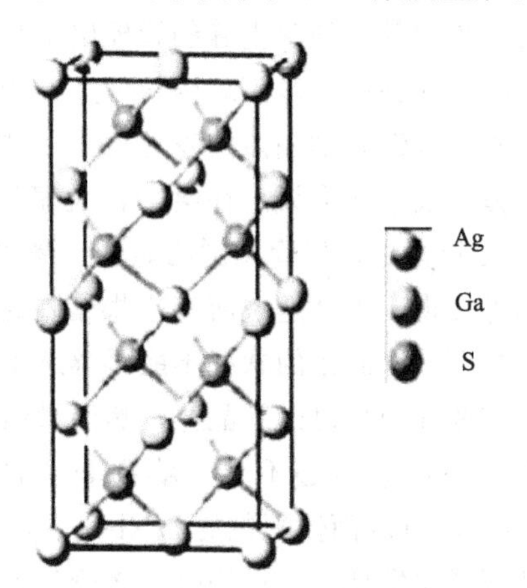

图 7-4　硫镓银 ($AgGaS_2$) 晶体结构模型

硫镓银 ($AgGaS_2$) 晶体可作为红外波段的激光倍频、混频和参量振荡等器件的材料。$AgGaS_2$ 晶体熔点为 1020℃，不潮解；透光波段0.5～13μm。

有效非线性光学系数

$$d=d_{36}\sin\theta\sin2\varphi$$

$$d=d_{36}\sin2\theta\cos2\varphi$$

非线性光学系数

$$d_{36}\ (10.6\mu m)=(0.15\pm0.03)\ d_{36}\ (GaAs)$$

$$=(1.34\pm0.25)\times10^{-11}m/V$$

它属于黄铜矿型结构，晶体结构模型如图 7-4 所示。

$AgGaS_2$ 晶体一般采用垂直的坩埚下降法来生长。将高纯的按化学计量比称量的 Ag_2S 和 Ga_2S_3 原料，放置于石英坩埚中。在密封条件下将压力拍空到 10^{-6} Torr(1 Torr＝133.322Pa)，再把封口的双层的石英坩埚加热到 1050℃，恒温 3～5d，然后逐渐冷却至室温，便可得到 $AgGaS_2$ 多晶。再将此多晶封入具有圆锥状底部的石英坩埚内，放置于下降法生长炉内，该炉内有高温区与低温区，晶体生长之前，生长炉的温度梯度约为 40℃/cm，$AgGAS_2$ 的熔点为 1020℃。坩埚以 6mm/d 的速度下降。当通过这一温度梯度区后，晶体便开始生长，等生长过程结束后，再以 100℃/h 的速率降温，当温度降至室温时，便可取出晶体。

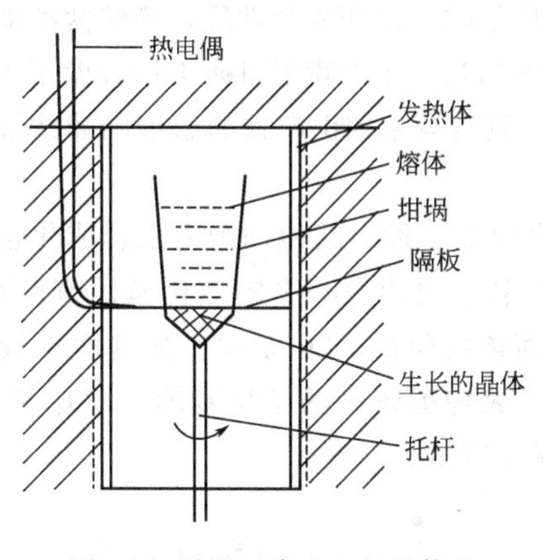

图 7-5　坩埚下降法生长晶体的实验装置示意

坩埚下降法生长晶体的实验装置原理如图 7-5 所示。

7.4 含氧酸盐型非线性光学材料制备化学

含氧酸盐非线性光学材料在发现的非线性光学材料中占有很大的比例，其中包括硼酸盐、磷酸盐、碘酸盐、铌酸盐以及钛酸盐等等，本节将就这几种含氧酸盐逐一进行介绍，其中由于硼酸盐数量较多，又由于在紫外深紫外波段有重要应用，因此将对硼酸盐做重点介绍。

7.4.1 硼酸盐非线性光学晶体材料制备化学

我国非线性光学晶体的研究始于福州的中国科学院华东物质结构研究所，从1965年开始，随着国家经济形势的好转，研究所的科研设备也开始陆续到位，于是卢嘉锡教授领导课题小组开始了非线性光学晶体的研究。由于当时的历史原因使得该所的研究受到了一定的冲击，但是科研工作者们克服了种种困难将研究进行了下去，在该期间做了大量的理论和计算研究。由当时卢嘉锡教授的学生陈创天提出了晶体非线性光学效应的阴离子基团理论。这一理论的提出，使我们能够按照基团结构的分类方法，系统地进行新型非线性光学晶体的探索，从而为今后硼酸盐非线性光学晶体的发现打下了理论基础。1974年，中国晶体学界在福州召开第三次全国晶体生长学术会议。在会上，大家认真讨论了我国晶体学界所面临的一个最大问题：就是到1974年为止，尽管我国已能生长激光和非线性光学晶体中的重要品种，但所有这些品种均由国外发现，也就是说所有这些晶体的专利权均被国外控制。因此，在会上大家一致认为，这种跟在国外后面走的状况不能再继续下去了，在激光非线性光学晶体领域，一定要走自己的路，一定要发现自己的新晶体，然而虽然从政治角度可以下这个决心，但真正要实现这一目标，大家还是有些信心不足。就拿非线性光学晶体为例，当时两大类非线性光学晶体——具有(NbO_6)氧八面体配位的$LiNbO_3$、$KNbO_3$等晶体是由Bell实验室发现的，而KTP族晶体是由杜邦公司发现的。在当时，无论从人员的水平还是实验设备、化学合成等方面来说，国内都与国外有很大的差距。因此我国把发现新型的非线性光学晶体材料，发展有中国特色的非线性光学晶体材料研究作为工作的重点。1976年华东物质结构研究所恢复正常科研工作，正式开始了新型的非线性光学晶体材料的研究，由于硼酸盐优越的理化和光学性质，硼酸盐类晶体被选作我国新型非线性光学晶体材料的基体材料，在随后的几十年中我国科研工作者做了大量的研究工作，先后研发出了BBO、LBO、KBBF等先进的具有自主知识产权的新型的非线性光学晶体材料，成为非线性光学晶体材料领域的强国。

硼酸盐化合物现已超过千种，其中天然化合物约200种，其他均为人工合成化合物。硼酸盐晶体中的硼氧基团的结构多种多样，但这些硼氧基团的最基本的结构基团有两种类型，一种是平面三角形配位的BO_3基团，另一种是四面体配位的BO_4基团。从这两种最基本的结构基团出发，由于氧原子具有桥联的特性，可形成种类繁多的结构基团。BO_3和BO_4可以形成通过不同的方式桥联形成多聚基团，如图7-6所示。

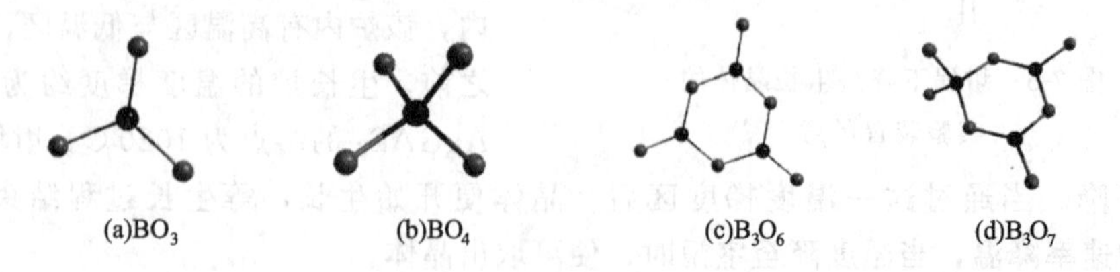

图7-6 常见硼氧基团的示意

正是由于硼酸盐晶体结构的多样性使硼酸盐具有特殊的理化性质，所以在硼酸盐的大家庭中发现了一些性能优异的功能晶体材料，这些晶体共同的特点就是均存在着硼氧基团。此外由于硼氧基团联结方式的多样性，导致了该类化合物具有多型性。例如 BaB_2O_4 晶体就有高温相 α-BaB_2O_4 和低温相 β-BaB_2O_4。

硼酸盐晶体结构中的硼氧键有利于紫外光波的透过，而且硼氧化物的基团结构丰富多样，因此硼酸盐化合物为研究紫外非线性光学晶体的微观结构与其宏观性能之间相互联系的规律提供了一个十分有利的物质条件。正是由于硼酸盐晶体的上述结构特点使得硼酸盐晶体具有了成为性能优良的非线性光学晶体巨大的潜力。这也正是我国科研工作者大力研究硼酸盐晶体的原因。

目前世界上实现商用化的非线性光学晶体主要有 4 种：BBO、LBO、KBBF、KTP（$KTiOPO_4$），其中除 KTP 是由美国杜邦公司发明的外，其余 3 种都是由我国独立研发而成，可以说我国在硼酸盐非线性光学晶体的研究方面处于世界领先水平。

(1) BBO（BaB_2O_4）晶体　20 世纪 70 年代末，中科院物质结构研究所研制出新型非线性光学晶体——低温相硼酸钡（β-BaB_2O_4，简称 β-BBO），该晶体有适中的非线性光学系数、不潮解、抗激光损伤能力强，透过波段较宽（190～3500nm），对 1064nm 激光可进行四、五倍频，获得 266nm、213nm 的紫外激光输出。BBO 晶体的主要用途有：用于产生紫翠玉、Nd 玻璃等激光器的二次谐波。还应用于 Nd：YAG 激光系统的二倍频、三倍频以及四倍频泵浦的光参量振荡器和光参量放大器等。β-BaB_2O_4 单晶的空间群为 C43-R3；单胞参数：$a=b=12.532$Å；$c=12.717$Å；$z=18$ 属于单轴晶体。它的结构是由（B_3O_6）平面环状基团有序排列而成的，因此具备了产生大的倍频效应的结构条件。经初步测试它的倍频系数约比 KDP 的 d_{36} 大 4～7 倍，同时该晶体的吸收边在 189nm 附近。它的光损伤阈值大于 $10GW/cm^2$（$\lambda=694.3$nm），因而具有高的抗光损伤能力。同时由于 BBO 是定比化合物，不存在高温非线性光学晶体中所经常遇到的因组分变化所产生的光学不均匀性问题，所以该单晶具有良好的光学质量。该晶体的力学性能也相当好，可以承受各种机械加工，也不存在潮解问题。根据对该晶体的分析，在 20 世纪 80 年代陈创天等认为 BBO 晶体可能会具有较大的实用价值，在被研制之初是一种很有发展前途的新型非线性光学晶体。

生长 β-BBO 晶体有多种方法，例如提拉法、激光加热基座法、移动区域熔融法等。由于 BBO 存在高温 α 相和低温 β 相，相变温度为 925℃，为了避免生长高温相以及由 α-β 相变引起的问题，所以通常采用助熔剂法来生长 β-BBO 单晶，即需添加适当的助熔剂以使其生长温度降低到相变温度以下。助熔剂法又分为熔盐籽晶法和熔盐提拉法。熔盐籽晶法是目前生长实用大晶体最主要的方法，其中顶部籽晶法（TSSG）是目前生长大尺寸、高质量 β-BBO 晶体的最好方法。但该方法存在晶体生长速度慢、周期长等问题。采用助熔剂法生长晶体，助熔剂的选择至关重要。适合于 β-BBO 晶体生长的相关助熔剂体系很多，如有氧化物体系、氟化物体系、氯化物体系以及偏硼酸钠体系等。大量研究表明，Na_2O 和 NaF 是两种适宜的助熔剂。除此之外，人们还尝试过自熔剂，即 BBO 在过量的 BaO 或 B_2O_3 中生长，但实际上体系的黏度很大，很难生长出优质大尺寸的晶体。BaF_2 和 $BaCl_2$ 作助熔剂虽然也有很理想的生长温度，但由于它们本身有挥发物产生，随着晶体生长的进行，温度下降，温场不够稳定，晶体中容易出现包裹体，并且挥发物对人体的健康有害，因而不大被人们所采用。

江爱栋等研究了 β-BBO 晶体的生长过程。按预定配比的各组分经称量后，研磨混合均匀，分几次加料装入铂坩埚中。盛满原料的坩埚在生长炉中，在高于液相线温度大约50～100℃的温度下恒温5～24h，使熔液完全熔融，均匀混合。然后经几次尝试下籽晶，测得精确的饱和温度，在饱和温度以上大约20℃的温度下生长籽晶并恒温0.5h，熔去生长在籽晶表面的薄层，然后降至生长起始温度，开始缓慢降温。生长周期中，籽晶以5～30r/min的转速单向转动。生长结束时，提起晶体，随炉子以50℃/h左右的速率降至室温，最后成功生长出了β-BBO晶体。生长装置如图7-7所示。助熔剂法生长晶体存在助熔剂作为大量杂质对生长的晶体造成污染、降低晶体纯度以及生长周期长的问题，而由于β-BBO可以在亚稳态生长，即在高于相变温度时生长，因此不少研究者都积极开展了提拉法在纯熔液中生长β-BBO单晶。与助熔剂法相比，提拉法具有以下优点：生长速率快（生长速率为助熔剂法生长速率的十几倍到上百倍）、可避免助熔剂杂质的污染、能在较小的坩埚中获得较粗的晶体。如图7-8所示。

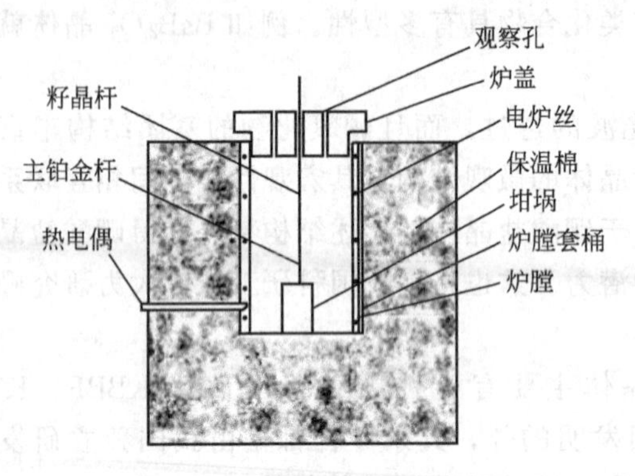

图7-7 β-BBO晶体生长装置

但采用提拉法生长β-BBO晶体存在以下问题：

① 在生长过程中，为避免相变的发生，通常会采用大的温度梯度，由于大的温度梯度不可避免的在晶体中产生大的应力，导致晶体有严重的开裂现象，进而导致光学不均匀性以及低的SHG值，并难以生长大尺寸的β-BBO晶体。

② 籽晶问题。由于提拉法的生长温度高于相变温度，为避免籽晶的相变，人们通常采用铂金丝为籽晶。

③ 受晶体生长习性的影响，晶体外形难以控制。

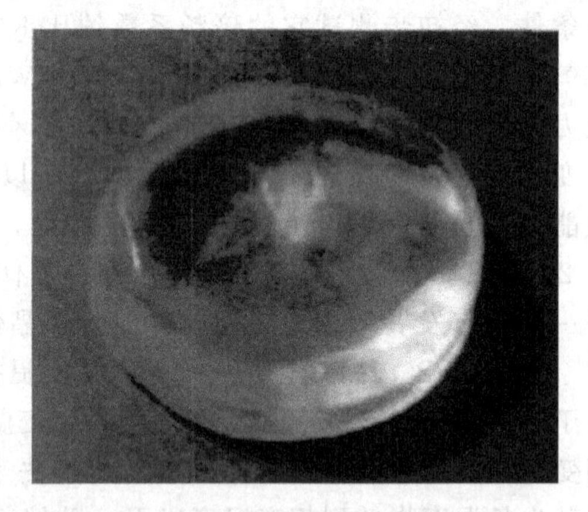
图7-8 提拉法生长的β-BaB_2O_4晶体

(2) LBO(LiB_3O_5)晶体 1987年，中科院物构所又研制成功新型变频晶体三硼酸锂(LiB_3O_5，简称LBO)。空间结构如图7-9所示。该晶体的激光损伤阈值达26GW/cm^2，非线性光学系数虽比BBO略小，但在高功率辐照下变频效果相当好，该晶体最适合做上百瓦大功率1064nm的激光变频。此时物构所吸取了KTP晶体研发的教训，LBO研制成功后即申请了发明专利，因此在产业化过程中进行得比较顺利，到2008年为止，LBO变频器的销售值已超过10亿元。

由于LBO晶体具有宽的透光波段，高的光学均匀性，大的有效SHG系数和角度带宽，小的离散角，高的激光损伤阈值和优良的物化性质等，因此，它广泛应用在高平均功率的SHG、THG、FOHG等领域。同时LBO晶体在参量振荡、参量放大、光波导以及在电光效应等方面也具有很好的应用前景。

Li_2O-B_2O_3二元相图指出$Li_2O·3B_2O_3$在(834±4)℃时出现非同成分熔解。所以上述的分解温度对于LBO晶体成长有着重要的影响，大大限制了LBO晶体的生长温度。要成长LBO只能在其分解温度（834℃）以下进行。同时因为LBO存在非同成分熔解现象，那么就不可能用同成分固化的方法(如坩埚下降法或传统的提拉法)来制备该晶体。生长包晶体的方法有二：一是包晶反应，另一个是助熔剂法。因为包晶反应是一个十分缓慢又难以进行到底的过程，实用意义不大，目前工业上主要采用助熔剂法来生长该晶体。

郝志武等采用助溶剂籽晶生长法研究了LBO晶体的生长过程。根据LiO_2和B_2O_3相图，将原料配比设置在$B_2O_3/LiO_2=1/(3.8\sim4.2)$，使生长点低于LBO的分解温度(834℃)。原料配制在电阻炉中进行。首先将铂坩埚放入电阻炉中，温度升高至500℃以上，分批将HBO_3加入铂坩埚进行脱水，待坩埚中不再有水汽上升后，将炉温升温至900℃以上缓慢加入$LiCO_3$，两种原料充分反应后，最后加入KF，使$Li_2O/KF=1/(0.1\sim0.5)$。将配制好的原料升温1000℃以上，恒温24h，使原料充分混合。然后降温至830℃左右生长晶体。生长晶体前采用自发成核方式，找出最佳生长点，再下入籽晶。每天降温0.5～1.0℃，10～14d即可生长LBO晶体。最近，中国科学院理化技术研究所晶体中心胡章贵研究组在LBO的生长取得重大进展。他们采用新的生长技术和助溶剂体系，解决了大尺寸、高品质LBO晶体生长的关键技术问题，突破了LBO晶体难以长大的瓶颈，成功地生长出尺寸达$146\times145\times62mm^3$、质量为1116.8g的LBO单晶。超过了现有文献报道的国际上最大质量LBO单晶质量在500g以上。图7-9为助溶剂所生长的LBO单晶照片。

图7-9　助溶剂法生长出的LBO晶体

(3) KBBF($KBe_2BO_3F_2$)晶体　BBO和LBO两种晶体由于结构的原因，不能实现使用直接倍频的方法产生深紫外(波长短于200nm)谐波光。BBO晶体的基本结构单元$(B_3O_6)^{3-}$基团的能隙比较窄，从而使该晶体的紫外截止边只能达到185nm，限制了此晶体在深紫外光谱区实现倍频光输出的能力，而LBO晶体则由于$(B_3O_7)^{5-}$基团在空间形成一个$(B_3O_5)_\infty$的无穷链，此链与Z轴方向的夹角几乎成45°，从而使该晶体的双折射率只有0.04～0.05，于是尽管LBO晶体的截止边可达到150nm左右，但是太小的双折射率，使此晶体不能用倍频方法实现深紫外谐波光输出，它的同族晶体CBO(CsB_3O_5)和CLBO($CsLiB_6O_{10}$)也因同样的原因不能使用直接倍频方法实现深紫外谐波光输出。鉴于BBO和LBO基本结构所存在的问题，为了探索新型深紫外非线性光学晶体，陈创天等人提出了4条深紫外非线性光学晶体的结构判据：①晶体的基本结构单元应为$(BO_3)^{3-}$基团；②$(BO_3)^{3-}$基团的3个终端氧必须和其他原子相连结，以便消除$(BO_3)^{3-}$的3个悬挂键；③$(BO_3)^{3-}$基团应保持共平面结构；④在晶格中，$(BO_3)^{3-}$基团的密度应尽可能大，因为此基团是产生非线性光学效应的基本结构单元。按照这一空间结构要求，从数据库中，很快发现$KBe_2BO_3F_2$(KBBF)晶体结构可能满足上述结构判据。经化学合成，粉末倍频效应测试，也确认 KBBF 晶体具有较大的非线性光学效应。

氟硼铍酸钾分子式为$KBe_2BO_3F_2$，简写为 KBBF，是在阴离子基团理论指导下提出的一种非线性光学晶体。这种晶体曾于 1968 年由苏联科学家合成。KBBF 属三方晶系，点群为 D_3，空间群 $R32(R)$，晶胞参数为 $a=b=0.4427(4)$nm，$c=1.8744(9)$nm，$z=3$，晶胞体积 $V=0.3183\text{nm}^3$，其晶胞结构见图 7-10。

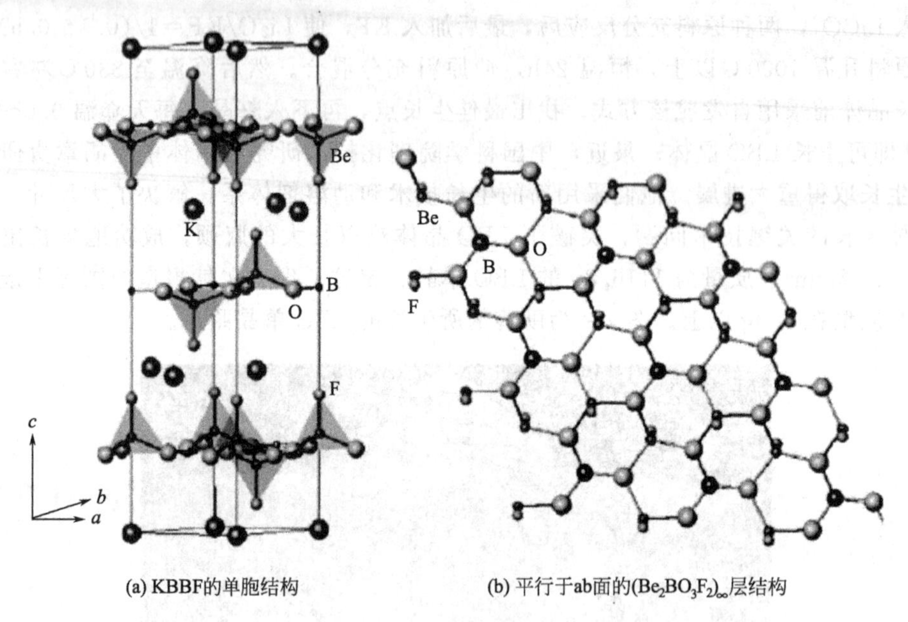

(a) KBBF的单胞结构　(b) 平行于ab面的$(Be_2BO_3F_2)_\infty$层结构

图 7-10　晶胞结构

KBBF 是现今唯一可以实现深紫外光输出的非线性光学晶体。利用该晶体，在国际上首次实现了 1064nm 激光的 6 倍频，即可获得 177.3nm 的深紫外激光。日本东京大学物性所使用我国研制的 KBBF 晶体建成的真空紫外激光电子能谱仪，电子态能量分辨率达 0.36meV，用这台仪器首次直接观察到超导材料在超导态时超导能隙和 Cooper 电子对的形成。用该晶体变频产生的深紫外激光，对大规模集成电路光刻技术的发展、化学动力学的研究以及光电子发射显微镜的制备都有极大的推动作用。但是由于此晶体显示出很强的层状习性，晶体在 Z 方向的厚度最长不超过 0.8mm，因此在 20 世纪 90 年代中期，我们还无法利用此晶体来实现 Nd：YAG 激光的 6 倍频，而且也不可能得到深紫外倍频光的有效功率输出。这就促使科研人员在 90 年代中期继续探索新的紫外非线性光学晶体，此外还有一些科研人员开始重点研究该晶体新的生长方法以克服 KBBF 晶体的层状习性。

KBBF 晶体是非一致共融化合物，在 830℃以上分解。因此助熔剂法仍然是 KBBF 晶体生长的主要手段。张建秀等采用助熔剂法生长了 KBBF 晶体，原料为 K_2O、BeO，B_2O_3 和 KF 等。由于 BeO 很轻，且是一种对人有极大毒害的氧化物，在晶体生长中尽量避免直接使用 BeO。一般是先合成多晶 KBBF 原料，再按需要选取适当的助溶剂与其按适当的比例配制原料生长 KBBF 单晶。采用 BeO、KBF_4 和 B_2O_3 在 700℃左右灼烧。获得 KBBF 多晶料，其反应方程式为：

$$6BeO+3KBF_4+B_2O_3 \longrightarrow 3KBe_2BO_3F_2+2BF_3$$

以原始配比为 KBBF、KF 和 B_2O_3 分别为 1.5mol、5.0mol 和 0.8mol 配料，磨细混匀

后升温至 780℃熔化，搅拌 48h，直至溶液透明清澈，将坩埚封闭后，置炉中，升温至 780℃，恒温 4h 以上，缓慢降温至该配比下估计的饱和结晶点 730℃，恒温一段时间，以期形成若干晶核；然后以 1～5℃/天的降温速度降至室温，持续一段时间后取出。此时，在熔体表面，熔体内部各处均可能生长大小不一的 KBBF 晶体。

助熔剂法制备的 KBBF 晶体具有良好的光学质量、结晶性和非线性光学性质，然而其强烈的叠层生长趋势导致很难通过助熔剂法获得大尺寸 KBBF 晶体。采用助熔剂生长 KBBF 晶体，从 1989 年初开始至今已有 18 年之久。在助熔剂法生长中已尝试了许多助熔剂并进行了大量实验工作，但始终未能克服上述的主要困难。而水热法因其可以在较低的温度条件下进行合成反应受到广泛关注，所以为解决上述问题，近年科研工者们又开发出了通过水热法合成 KBBF 晶体的方法。

唐鼎元等研究了水热法合成 KBBF 晶体的过程，分析了 KBBF 晶体的生长特点以及应用上的要求，认为面间距大的层状结构化合物不一定不能长成块状晶体，不同的生长方法，生长出来的晶体的习性可能不同。同时他们注意到 KBBF 晶体在应用上的尺寸不是很大，所以选择了水热法。认为采用水热法生长 KBBF 晶体可能是一条克服助熔剂法生长中遇到的困难的可行之路。

生长方法如下：称取 5g KBBF 原料，装入容积为 37mL 的高压釜内。随后加入 25～30mL 含有 0.8～2.5mol KF 和 1.0～3.0mol H_3BO_3 的水溶液。釜内有挡板将釜体分隔成下部溶解区与上部生长区。将籽晶悬挂在生长区内。紧闭高压釜并放入带有二区加热的炉中，按程序上部加热到 300～400℃，下部加热到 350～420℃后一直恒温到停止生长。二区加热造成 10～50℃的温差，生长周期为 20～100d，得到 KBBF 晶体。

2011 年，中科院理化所王晓洋等使用 KF-B_2O_3 作助溶剂，通过利用“局域自发成核技术”在高温溶液中成功生长出厚度 3.7mm KBBF 晶体，并切割出厚度 2.8mm 晶体器件。如图 7-11 所示。

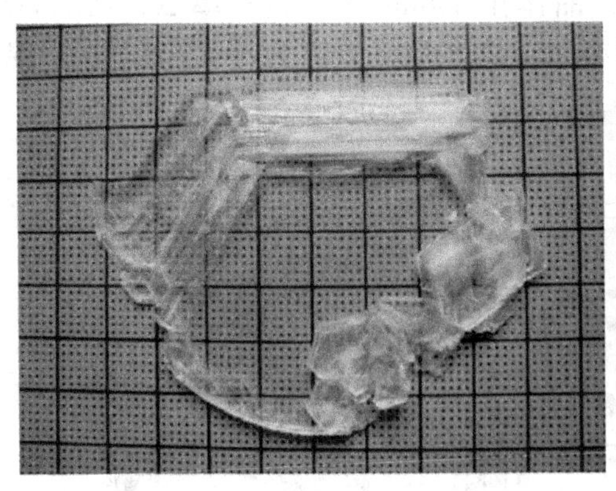

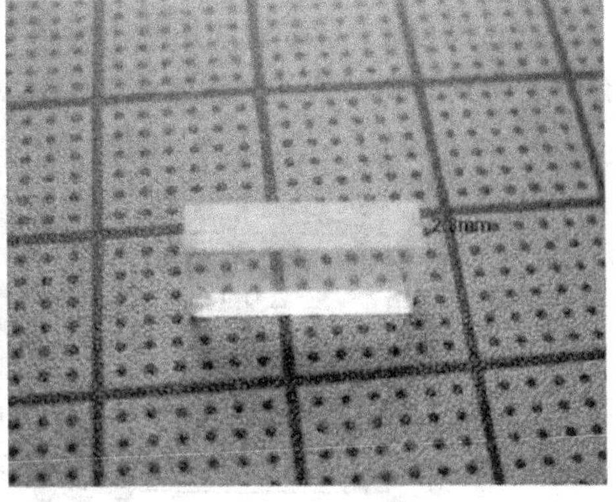

图 7-11　助溶剂法生长厚度 3.7mm KBBF 晶体以及切割出的晶体器件（Wang，et. al.，2011）

（4）SBBO（$Sr_2Be_2B_2O_7$）晶体　$Sr_2Be_2B_2O_7$ 晶体，简称 SBBO，属六方晶系，空间群 P62c。单胞参数为 a=4.683(3)Å，c=15.311(6)Å。透光范围为 155～3780nm。有效倍频系数 d_{11}=2.0～2.48pm/V，双折射率 Δn=0.062。它用氧取代氟离子，使（BeO_3F）四面体基团变成（BeO_4）四面体基团，从而使两层之间通过氧桥相互连接形成一个双层，但双层之间仍是由与 Sr 离子形成的离子键相连接，其单胞结构如图 7-12 所示。使用 SrB_2O_4 为助熔剂成功生长出一定尺寸的单晶，但发现此单晶的完整性不好，光学均匀性差，不能精确测量该晶体的相位匹配角。

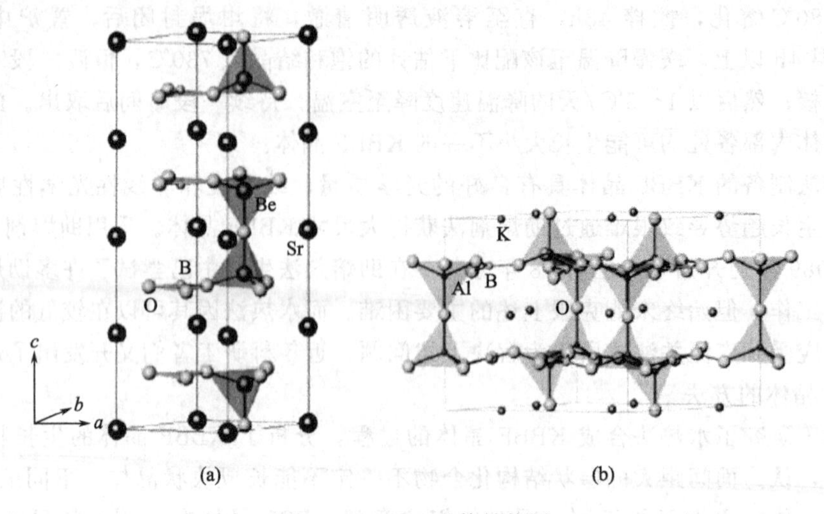

图 7-12　SBBO 晶体结构图

（5）$NaSr_3Be_3B_3O_9F_4$ 晶体　$NaSr_3Be_3B_3O_9F_4$ 晶体是 2011 年由黄洪伟等人发现的，它属于三方晶系，R3m 空间群，$a=10.4466$Å，$c=8.3093(6)$Å，晶体中基本阴离子基团为 $[Be_3B_3O_{12}F]^{10-}$（图 7-13）。$NaSr_3Be_3B_3O_9F_4$ 晶体 $[Be_3B_3O_{12}F]^{10-}$ 基团可以看作是利用三个 $[BeO_3F]^{5-}$ 四面体取代 $[B_6O_{13}]^{8-}$ 基团中的三个 $[BO_4]^{5-}$ 四面体得到的；每个 $[Be_3B_3O_{12}F]^{10-}$ 基团都通过共用顶角氧原子与另外六个 $[Be_3B_3O_{12}F]^{10-}$ 基团相互连接构成 $NaSr_3Be_3B_3O_9F_4$ 晶体的三维骨架，由于其具有较大的共轭结构且在三维空间整齐排列而表现出大的微观非线性效应，粉末倍频测试显示该晶体能够实现相位匹配，且其倍频信号强度约为 KDP 的 5 倍。又由于每个 $[Be_3B_3O_{12}F]^{10-}$ 中的 BO_3 三角形相互之间的夹角只有约 25.9°，故 $[Be_3B_3O_{12}F]^{10-}$ 基团有利于产生较大的双折射率，从而能够实现更短波长的倍频输出。理论计算的结果表明 $NaSr_3Be_3B_3O_9F_4$ 晶体在 800nm 的双折射率 $\Delta n=0.0567$，此外，$NaSr_3Be_3B_3O_9F_4$ 晶体的紫外截止边为 170nm。这些性质表明 $NaSr_3Be_3B_3O_9F_4$ 晶体是一种有应用前景的新型紫外非线性光学晶体。

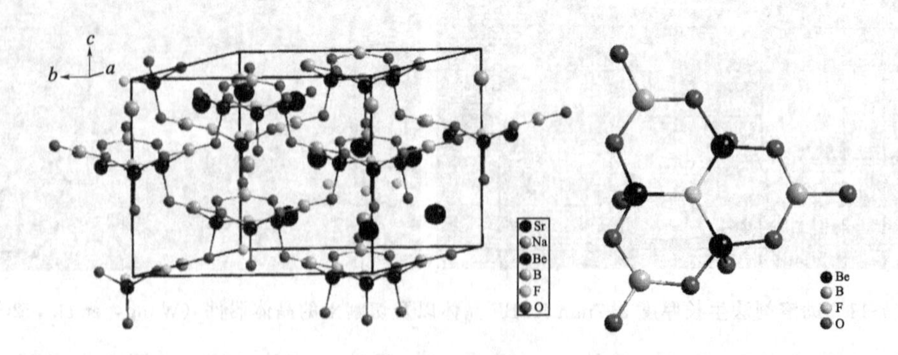

图 7-13　$NaSr_3Be_3B_3O_9F_4$ 的晶体结构图与 $[Be_3B_3O_{12}F]^{10-}$ 基团

$NaSr_3Be_3B_3O_9F_4$ 晶体是使用自发成核技术进行生长的，生长体系为 $SrO-BeO-B_2O_3-NaF-SrF_2$ 五元体系，按 $SrO:BeO:B_2O_3:NaF:SrF_2=1:1:2:6:1$ 的物质的量比例称取总重约 100g 的反应物，研磨均匀后加入到 ϕ60mm 的铂金坩埚中，将铂金坩埚置于自制的晶体生长炉中，设定程序后缓慢升温至 950℃，保持 10h 待物料全部融化后，快速降温至饱和点，之后缓慢降温进行晶体生长，保持降温速率为 0.5～2℃/d，降温区间约为 50～80℃，生长周期约为 30～80d，待晶体生长结束后用热水溶解助熔剂得到晶体。图 7-14 所示为一块生成态 $NaSr_3Be_3B_3O_9F_4$ 晶体，晶体尺寸达到 $20\times20\times10mm^3$。

7.4.2　磷酸盐非线性光学晶体材料制备化学

(1) KDP(KH_2PO_4)晶体　KDP(KH_2PO_4)晶体是 20 世纪 40 年代发展起来的一种非常优良的电光非线性光学晶体材料。KDP 晶体由于具有较大的电光和非线性系数以及较高的激光损伤阈值的特点，已被广泛应用于激光技术中的变频、电光调制和光快速开关等高科技领域，特别是大截面 KDP 晶体是目前可以在激光受控热核聚变技术中作为普克尔斯盒二倍频和三倍频转换的唯一非线性光学晶体材料，因此对 KDP 晶体的研究已引起各国科学家的广泛关注。

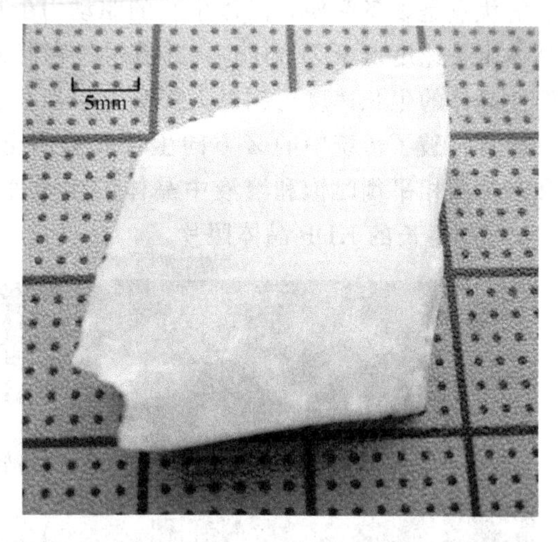

图 7-14　生长的 $NaSr_3Be_3B_3O_9F_4$ 晶体照片

晶体的特质由其特殊的晶体结构所决定，所以了解晶体结构对晶体材料的认识具有极其重要的作用。West 等人最早利用 X 射线和中子衍射技术对不同温度及生长条件下 KDP 晶体的内部结构进行了研究，1956 年 P. Hartman 用 PBC 理论对 KDP 晶体的理想外形进行了预测，近年来王坤鹏和仲维卓等人从晶体化学角度对 KDP 晶体的内部结构进行了详细的解释。KDP 晶体属于四方晶系结构，点群为 42，空间群为 d-142d，晶胞参数：$a=b=7.4528\text{Å}$，$c=6.917\text{Å}$，$Z=4$，它的理想外形是一个四方柱和一个四方双锥的聚合体（见图 7-15）。KDP 晶体是以离子键为主体的多键型晶体，四面体$[PO_4]^{3-}$是晶体的基本结构基元，四面体之间是由氢键连接在一起的，形成$[H_2PO_4]^-$结构基元，在 K 周围有 8 个氧原子与 8 个$[PO_4]^{3-}$四面体相连。如果把 KDP 晶体看成是由络合阴离子基团$[H_2PO_4]^-$和阳离子 K^+ 组成，KDP 晶体可以视为离子晶体，阴离子基团$[H_2PO_4]^-$的内部主要为共价键，而外部为离子键，阴离子基团的振动频率主要取决于内部的共价键，同时也受到外界晶体场环境的影响。

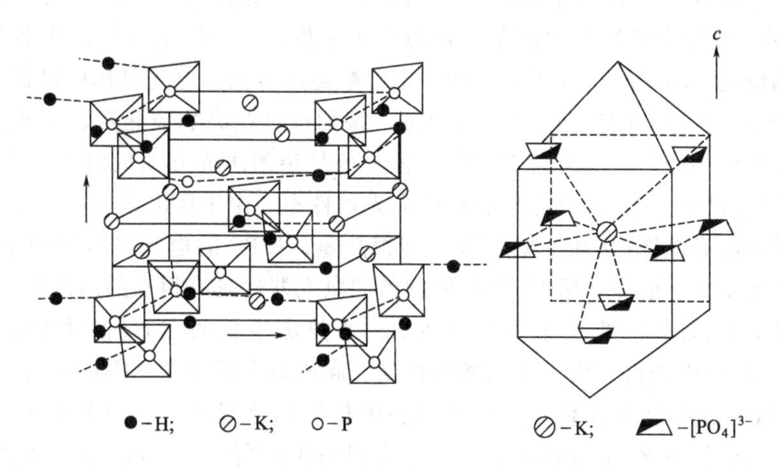

图 7-15　KDP 晶体结构

KDP 晶体的生长过程包括结晶质点从溶液中扩散到生长界面和界面的溶质进入到晶格

点阵位置两个过程。KDP 晶体的生长过程是一个极为复杂的过程，生长条件不仅影响到晶体的生长速度和晶体的外形，而且会影响晶体光学质量的高低。目前用于 KDP 晶体生长的技术主要有降温法生长和恒温循环流动法生长两种。

降温法中根据晶体生长速度不同又可分为传统慢速生长和点籽晶快速生长技术。传统降温法的优点是设备简便，晶体生长的驱动力由单一参数确定；缺点是晶体生长速度太慢（一般晶体生长速度低于 2mm/d)，并受生长容器的限制。点籽晶快速生长技术采用“点籽晶”，不但使晶体的生长速度得到极大提高（一般生长速度超过 20mm/d)，缩短了晶体的生长周期，而且打破了传统中的 Z 方向生长而采用全方位生长技术。点籽晶生长速度（根据在溶液和晶体两相平衡时饱和溶液中晶体的生长速度）主要取决于溶液的过饱和度和生长温度 T。点籽晶生长的 KDP 晶体照片。

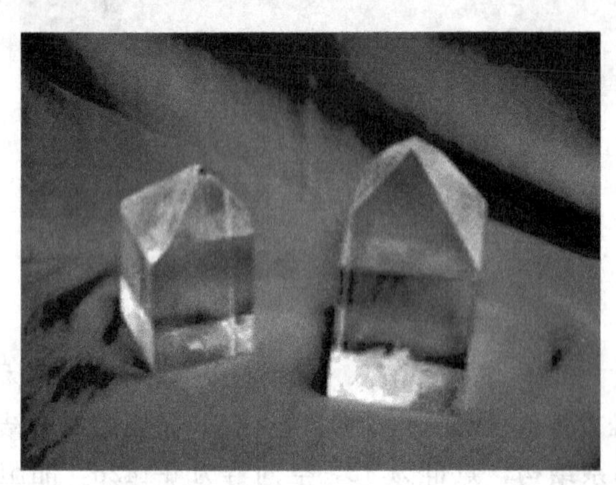

图 7-16 点籽晶生长的 KDP 晶体照片

(2) KTP($KTiOPO_4$)晶体　磷酸氧钛钾(KTP)晶体具有优良性能的非线性光学特性，是一种新型的高效激光倍频晶体材料（图 7-16）。它具有非线性光学系数大，透光波段宽，耐高温，热导率高，失配度小及小的走离角，不潮解，化学、力学性能稳定等特点，广泛应用于中小功率 Nd：YAG 和 Nd：YVO_4 激光器输出的 1064～532nm 激光倍频的晶体材料，现已广泛地被用于激光频率转换领域。近些年来，随着光电子技术的发展，人们对掺杂 KTP 型晶体进行了多方面的研究，已形成了一系列 KTP 晶体家族。掺入有价的稀土离子并使其符合发光要求，可获得激光自倍频晶体。

20 世纪 70 年代中期发现的非线性光学晶体 $KTiOPO_4$(KTP)具有优异的倍频性能：非线性系数大，不潮解，光损伤阈值可达 GW/cm^2 量级，相位匹配条件随温度的变化很小。根据实践经验，具有大的非线性系数的晶体往往也具有优秀的电光性能，于是人们把探寻新型电光晶体的重点放到了 KTP 晶体上。具有大的非线性系数的晶体往往也具有优秀的电光性能，KTP 的电光综合特性名列前茅，它的电光系数大，半波电压低，几乎无压电耦合效应，光损伤阈值高，不吸潮。此外，它的介电常数是所有已知电光晶体中最低的，用其制成的电光器件分布电容小，响应速度远小于 1ns，特别适合在高响应速度、高峰值功率、高重复频率的激光系统中使用，具有替代制作工艺十分复杂的声光开关的潜力。除了 500kHz～10MHz 这一区域以外，用 KTP 晶体制作的电光器件不会由于压电耦合而产生寄生振荡，而这种振荡在其他电光晶体(例如 LN)器件中却很严重。KTP 的电光系数随频率的变化不大，热滞后效应比 LN 要小很多，用 KTP 晶体制备的电光器件具有很高的温度稳定性。

目前生长 KTP 晶体的方法主要为水热法。水热法生长的 KTP 晶体要在 1600 个大气压、600℃的高压釜中进行。由于生长条件苛刻、高压釜内径不能作得很大(目前只到 3in[1]、生成态 KTP 晶体中还包含籽晶，所以水热法生长的晶体尺寸小、可利用率低、产品成本高，尽管水热法生长的 KTP 晶体质量好、激光损伤阈值高(GW/cm^2 级)、电导率低，但因

[1] 1in=0.0254m。

为考虑到长出的晶体中并不是所有的部位光学质量都能满足应用要求，所以水热法生长的KTP晶体的应用在很大程度上受到尺寸不够大的限制，生产成本高，在中小功率激光倍频领域，竞争不过熔盐法生长的KTP晶体产品。普通熔盐法又分为两种：籽晶浸没法和顶部籽晶法。籽晶浸没法是把KTP籽晶浸没到熔体中进行生长，故长出的KTP晶体中包含籽晶，且生成态KTP晶体是双晶，利用率相对较低；顶部籽晶法的籽晶仅与熔体表面接触，长出的KTP晶体中不含籽晶，且生成态KTP晶体是单晶，晶体的利用率最高。与水热法比较起来，普通熔盐法是在大气中生长，坩埚可以作得很大，可以长得很大(70mm×80mm×30mm或更大)，成本低，但缺点是生成态KTP晶体的激光损伤阈值较水热法KTP的低(600～800MW/cm^2级)、电导率大(10^{-6}～$10^{-7}\Omega\cdot cm$量级)，再加上调制电压后，晶体会发黑失透，不能使用。水热法生长的KTP晶体的电导率在10^{-9}～$10^{-11}\Omega\cdot cm$量级，所以不存在这个问题。

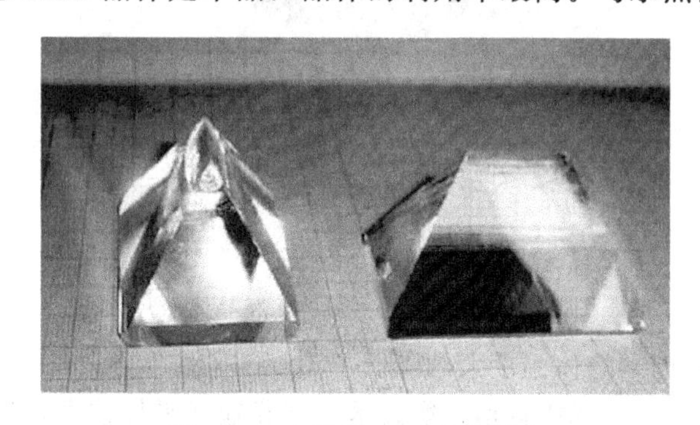

图 7-17　生长的 KTP 晶体照片

生长的KTP晶体照片如图7-17所示。

7.4.3　铌酸盐非线性光学晶体材料制备化学

本节主要介绍铌酸锂($LiNbO_3$)晶体。铌酸锂简称LN，是一种集压电、铁电、热释电、非线性、电光、光弹、光折变等性能于一体的多功能材料。它具有良好的热稳定性和化学稳定性，可以利用提拉法生长出大尺寸晶体，而且易于加工、成本低，是少数经久不衰、并不断开辟应用新领域的重要功能材料。目前已经在红外探测器、激光调制器、光通信调制器、光学开关、光参量振荡器、集成光学元件、高频宽带滤波器、窄带滤波器、高频高温换能器、微声器件、激光倍频器、自倍频激光器、光折变器件（如高分辨的全息存储）、光波导基片和光隔离器等方面获得了广泛的实际应用，被公认为光电子时代光学硅的主要候选材料之一。基于准相位匹配技术的周期极化铌酸锂，可以最大程度地利用其有效非线性系数，广泛应用于倍频、和频/差频、光参量振荡等光学过程，在激光显示和光通信领域具有广阔的应用前景，因而成为非常流行的非线性光学材料。

铌酸锂属三方晶系，钛铁矿型（畸变钙钛矿型）结构，ABO_3型晶体结构的一种类型。其原子堆积为ABAB堆积，并形成畸变的氧八面体空隙，1/3被A离子占据，1/3被B离子占据，余下1/3则为空位。此类结构的主要特点是：A和B两种阳离子的离子半径相近，且比氧离子半径小得多。分子式为$LiNbO_3$，相对分子质量为147.8456。相对密度4.30，晶格常数$a=0.5147$nm，$c=1.3856$nm，熔点1240℃，莫氏硬度5，折射率$n_0=2.797$，$n_e=2.208$($\lambda=600$nm)，介电常数$\varepsilon=44$，$\varepsilon=29.5$，$\varepsilon=84$，$\varepsilon=30$，一次电光系数$\gamma_{13}=\gamma_{23}=10\times10$m/V，$\gamma_{33}=32\times10$m/V，$\Gamma_{22}=-\gamma_{12}=-\gamma_{61}=6.8\times10$m/V。非线性系数$d_{31}=-6.3\times10$m/V，$d_{22}=+3.6\times10$m/V，$d_{33}=-47\times10$m/V。铌酸锂是一种铁电晶体，居里点1140℃，自发极化强度50×10C/cm。经过畸化处理的铌酸锂晶体是具有压电、铁电、光电、非线性光学、热电等多性能的材料，同时具有光折变效应。

铌酸锂的生长主要有以下三种方法。

(1) 双坩埚连续加料法　20世纪90年代初，日本国立无机材料研究所采用了双坩埚连续加料技术生长化学计量比铌酸锂晶体。将烧结好的多晶料放于同心双坩埚中，外坩埚中的熔体可以通过底部的小孔流入内坩埚中，晶体生长装置配备粉末自动供给系统。根据单位时间内生长的晶体质量向外坩埚中加入与晶体组分相同的铌酸锂粉料，避免了生长过程中由于分凝造成的熔体组分的改变，从而可生长出高质量和光学均匀性的单晶。

图 7-18　助熔剂法生长的 LN 晶体照片

(2) 助熔剂法　以氧化钾为助熔剂从化学计量比 $LiNbO_3$ 熔体中生长 SLN 晶体。助熔剂的引入，降低了 SLN 的熔点，当氧化钾的含量达到 6%(质量分数)时，熔体温度大约降低了 100℃ (图 7-18)。

(3) 气相输运平衡技术　气相输运平衡技术是把薄的晶片放在富锂的气氛中进行高温热处理，使 Li 离子通过扩散进入到晶格中，从而提高晶片中的锂含量。Bordui 等利用这一技术获得了具有不同组分的单晶。该方法只能制备薄的晶片，很难获得大块单晶。

7.4.4 碘酸盐、钛酸盐非线性光学晶体材料制备化学

(1) 碘酸盐非线性光学晶体　目前具有非线性效应的碘酸盐数量较多，最具有代表性的是 $LiIO_3$、KIO_3 等晶体。这些晶体都是以 IO_3 基团作为结构基元堆积而成的，而阳离子居于 IO_3 基团的间隙中，但不同的碘酸盐晶体，IO_3 基团的堆积方式不同。由于 IO_3 基团具有一对孤对电子轨道，因此 IO_3 基团具有较大的微观倍频系数。

α-$LiIO_3$ 晶体点群为 6，空间群为 P6，为负光性单轴晶，熔点为 420℃，密度 4.5g/cm^3，透光波段 0.3～5.5μm。它是一种具有旋光、热释电、压电、非线性光学等效应的极性晶体，但不是铁电体；它虽是水溶性晶体，但它不易潮解，能够承受较高的激光功率密度；它的非线性光学系数约比 KDP 晶体的大一个数量级；晶体的光学均匀性优良；并具有较宽的透光波段；易于从水溶液中生长出优质大尺寸晶体等。因此 α-$LiIO_3$ 是一种有实用价值的非线性光学晶体。碘酸锂有两种同质异构体，即 α-$LiIO_3$ 和 β-$LiIO_3$ 两种异构体。由于 α-$LiIO_3$ 晶体不具有对称中心，因此，通常所指的非线性光学碘酸锂晶体是指 α-$LiIO_3$ 晶体。

碘酸锂在水中的溶解度较大，但它的溶解度温度系数却比较小，而且为负值，故 α-$LiIO_3$ 晶体宜采用恒温蒸发法来生长。

溶液恒温蒸发法生长晶体的基本原理是，将溶剂水不断地从溶液中蒸发出去，使溶液处于过饱和状态。根据晶体生长的具体情况，严格地控制溶液中溶剂水在单位时间内的蒸发量，就可保持溶液具有一定大小的过饱和度。当 α-$LiIO_3$ 晶体生长时，总是表现出沿 Z 轴的一端生长速度较大，而 Z 轴的另一端生长速度较小。如果生长速度较大的一端定为 Z 轴的正方向，则生长速度较小的一端便为 Z 轴的负方向。当晶体生长温度为 70℃，溶液 pH 值为 7，若采用晶体静止法生长时，则三个方向的生长速度之比为 20∶4∶1。通过不断的试验，总结生长优质大尺寸 α-$LiIO_3$ 晶体的条件如下：

①采用高纯结晶原料，溶剂为无菌水。

②优选完整的晶种和最佳切型。

③晶体生长朝下，并作周期性的正-停，反转动。

④严格而精确地控制水的蒸发量和恒定的生长温度。

溶液法生长的 α-$LiIO_3$ 晶体照片如图 7-19 所示。

图 7-19 溶液法生长的 α-$LiIO_3$ 晶体照片

(2) 钛酸盐非线性光学晶体 钛酸盐产品种类繁多，按其组成可分为碱金属钛酸盐、碱土金属钛酸盐、稀土金属钛酸盐等，有着十分卓越的物理、化学和光学性能，在当代材料科学领域中占有重要位置。我国钛资源丰富，蕴藏量为世界之首，为发展我国钛酸盐工业创造了有利条件。但我国对钛酸盐类产品的研究和生产与发达国家相比还很薄弱，与我国这样一个钛资源大国极不相称，因此对钛酸盐功能材料的开发研究显得极为迫切和重要。$BaTiO_3$ 晶体是一种性能优良的多功能材料，它是一种有代表性的铁电体，这种晶体同时还具有优良的压电、电光和非线性光学性能，当前它又是属于最适用的光折变晶体。$BaTiO_3$ 晶胞参数为 a=3.9928Å，c=4.0388Å，空间群为 P4mm，熔点 1612℃，密度 6.06g/cm^3。

自 1954 年 Remeika 等用 KF 作助溶剂的熔盐法首次生长出四方相 $BaTiO_3$ 以来，人们先后用 KCl、KF 和 $BaCl_2$ 等作为助溶剂生长了 $BaTiO_3$ 晶体，由于其结晶习性的制约，用这种方法所生长出来的晶体都是厚度为 1mm 以下的片状孪生晶体，同时，由于采用 KF 作助溶剂，因晶体掺入了大量的钾离子而受到污染，这对 $BaTiO_3$ 晶体的物理性质带来了影响。在 20 世纪 70 年代，Ling 等首次采用顶部籽晶高温溶液法生长出了 10～20mm 的 $BaTiO_3$ 晶体。顶部籽晶溶液法生长 $BaTiO_3$ 晶体，所采用的坩埚为铂金坩埚，炉温为 1450℃左右，晶体提拉速度为 0.5～1mm/d，晶体转速为 0～150r/min 的范围内连续可调，籽晶取向一般为[001]或[110]方向，气氛可在大气中，晶体原料为高纯的 TiO_2 和 BaO 试剂，并要按要求精确称量、混合、高温烧结，以进行固相化学反应。生长时，处在高温下充分熔融的高温溶液，当温度逐渐降低，而通过液相线时，溶液便达到饱和状态，此时的温度为溶液的饱和点温度。当温度低于饱和点时，过饱和的溶质（$BaTiO_3$）开始析出，这时如能创造一个合适的温场和适当的晶体生长条件，在溶液中引入籽晶，使析出的 $BaTiO_3$ 溶质能逐渐地沉积到籽晶上，并随着晶体的长大，不断地降温，以使溶液始终保持着合适的过饱和度，晶体就能沿籽晶既定的方向不断生长，随着晶体不断长大，以合适的速度向上提拉晶体，并保持溶液界面的稳定性，直至晶体生长结束，这就是顶部籽晶溶液法生长 $BaTiO_3$ 晶体的基本原理（见图 7-20）。

图 7-20 顶部籽晶溶液法生长 $BaTiO_3$ 晶体照片

7.5 有机非线性光学材料制备化学

从 20 世纪 60 年代中期起，人们就发现一些有机分子（主要是体系两端分别连有拉电子基团和给电子基团的大 π 共轭分子）具有很强的倍频效应，其倍频系数值往往比无机材料高得多，其倍频光强度可以是无机物的几百甚至上千倍。而且和无机物相比，有机物的分子结构具有多变、可“裁剪”的特点。因此，十多年来国际上对于有机非线性光学材料（包括有机晶体和有机高分子材料）从理论和实验两方面进行了大量的研究。不过，大多数有机化合物在成为实用型倍频晶体材料方面并不顺利，主要缺点是不易生长出大尺寸的、光学均匀的、各项综合物化性能均好的单晶体。但另一方面，由于有机分子有特别强的倍频效应，即使在薄膜状态亦如此，因此人们正大力研究如何用有机薄膜作为光波导材料，以期在集成光路中发挥作用。

7.5.1 有机晶体的结构特点

有机晶体多属于分子晶体，结构基元为有机分子，有机分子的内部的结合力为具有饱和性与方向性的共价键，而在有机分子间的结合力为较弱的 Van der Waals 键和氢键。因此使有机晶体的熔点一般都较低，硬度较小，有的易于潮解和解离等。

有机分子的键长和键角是有机晶体结构的重要参数。根据有机分子的键长和键角，可以给出分子的空间构型。这种构型关系到晶体结构中分子的排列方式、晶胞大小、晶体的对称性及其相关性质等。

当有机分子构成晶体时，遵循晶体紧密堆积的原理，即各个有机分子力求堆积得最紧密，为了形成紧密堆积。在堆积时往往是一个分子的凸起部位尽量和另一个分子的凹下位置堆积相连在一起，因此有机晶体中分子的排布，可以看成是不规则图像的密堆积，从而促成了有机晶体的对称性较低。

7.5.2 有机晶体的分类

有机化合物种类繁多，并逐年增加。最常见的有机化合物有脂肪族化合物、芳香族化合物以及各种高分子（聚合物）化合物等。有机化合物若按其所含有的官能团来进行分类时，则名目更多，官能团被认为是有机分子中易于发生反应的部分，它是化合物性质的活性基团，诸如烯烃化合物$\left[\begin{matrix} R & & R \\ & C{=}C & \\ R & & R \end{matrix}\right]$的官能团为 $\gt C{=}C\lt$ 、醇（R—OH）的官能团为—OH，醛的官能团为 $\overset{\overset{\large O}{\|}}{—C—H}$ 等。由于这些不同的官能团的存在，又形成了各类化合物的衍生物，从而构成了各类有机化合物体系。

近些年来，人们为了在有机化合物中寻找非线性光学材料，企图将有机非线性光学材料引向工业化的应用，为此作了大量的研究工作。所研究的晶体品种日益增多，但所研究过的有机化合物晶体数目与有机化合物总的品种数相比，仍占少数。因此，有机非线性光学材料的研究领域仍十分广阔。

已研究过的有机非线性光学晶体遍及有机盐类、酸胺类、烯炔类、吡啶类、酮类、嘧啶类…金属有机配合物类和高分子聚合物晶体等。

7.5.3 有机晶体的生长方法

有机分子的种类繁多，有机非线性光学晶体的研究范围也越来越广，生长有机晶体的典型方法仍是溶液法、熔体法和气相生长等方法，在这些方法中，以溶液法生长块状晶体使用得最为广泛，发展历史也最为悠久。

溶液法生长有机晶体，可分为缓慢降温法、恒温蒸发法和温梯法等，这些生长方法与生长无机晶体的水溶液法相比，生长设备及其生长原理均无大的差异，一般来讲，生长设备简使易行，晶体生长的驱动力来源于溶液的过饱和度，在晶体生长过程中，严格地控制溶液恒定的过饱和度，仍是生长优质大尺寸有机晶体的关键性问题。所不同的是，大多数有机晶体不溶于水，因而所使用的溶剂多为各种不同的有机溶剂。采用挤液法生长有机晶体，优选有机溶剂是十分重要的，这不仅关系到所生长出来的晶体形态及其完整性，而且也关系到能否生长出尺寸足够大的晶体等问题。在过去较长时期中，对这方面的研究工作做得很少，自20世纪60年代以后，人们为了从有机晶体中寻找非线性光学材料才逐步地重视起来。

熔体法生长有机晶体，又可分为提拉法（即Czochralski法）和定向凝固法（即Bridgman和Stockbarger法）等方法，这些方法与相应的无机晶体的生长方法相比，其生长原理也无大的差异，晶体生长的驱动力来源于熔体的过冷度，所不同的是，由于有机晶体具有熔点低、遇热易分解等性质，所以对有机晶体的生长炉体的设计、温场选择和晶体生长质量评估等要适合有机晶体的生长特点。一般来说，由于有机晶体易于热分解，严格地控制炉体的温区温度、选择合适的晶体生长速度等，对生长优质晶体均是十分重要的。在提拉法中，严格地控制熔体的过冷度，以避免晶体生长界面出现组分过冷，这对生长优质完整的有机晶体也是一个关键性问题之一。

气相生长块状有机单晶，多采用升华法，这种方法易于生长优质完整的有机晶体，但生长大尺寸晶体就比较困难，采用板片升华技术可获得1cm^{3}尺寸的晶体。

另外，由于光波导能使光波在介质薄膜内无衍射传播，实现光束的限制，从而保证了介质薄膜中高的功率密度，为光波与物质的相互作用提供了较理想的条件，或借波导结构来产生倍频效应。近几年来，人们开始对有机单晶光波导薄膜进行生长或制备。单晶光波导薄膜可用作激光倍频材料，其突出的优点是基频光与倍频光的相位匹配是厚度匹配，它克服了块状晶体材料的双折射对倍频光的影响，相互作用长度也比块状材料大大增加。还有聚合物非线性光波导器件可望在光纤通信、光信息处理、光计算机和光纤传感等领域中能够获得应用，正因为这个原因才使人们对有机光波导薄膜的研制十分重视，且发展也十分迅速。

一水甲酸锂（$HCOOLi \cdot H_2O$）晶体（monohydrate lithium formate crystal）简称LMF晶体。一水甲酸锂(LFM)是甲酸盐系列中研究最早，相对较为成熟的晶体。主要用于激光变频方面，用于制造倍频、和频和光参量振荡等器件。在国际上，用LFM晶体做成的倍频器件早在20世纪80年代初已成为商品出售。

LFM晶体的点群 $C_{2v}-mm2$，空间群 $C_{2v}^9-Pbn2_1$，晶胞参数：$a=6.483\text{Å}$，$b=9.973\text{Å}$，$c=4.847\text{Å}$，$Z=4$；密度1.4878g/cm^3；透光波段0.25～1.2μm。

有效非线性光学系数

XY平面：$d=d=d_{31}\sin^2\varphi+d_{32}\cos^2\varphi$

YZ平面：$d=d=d_{31}\sin\theta$

XZ平面：$\theta<V_z d=d_{32}\sin\theta$

XZ平面：$\theta>V_z d=d=d_{32}\sin\theta$

非线性光学系数

$$d_{31}=+0.3d_{11}(\alpha\text{-}SiO_2)=+1.0\times10^{-13}\text{m/V}$$

$$d_{32}=-3.5d_{11}(\alpha\text{-}SiO_2)=1.16\times10^{-12}\text{m/V}$$

$$d_{33}=+5.1d_{11}(\alpha\text{-}SiO_2)=-1.68\times10^{12}\text{m/V}$$

Singh等人从水溶液中生长出5cm×1cm×1cm的单晶，发现LFM是非常有效的二倍频材料。Klapper、Bhat和Naito等证实了LFM的非线性光学性能，并展示了可用LFM获得230～300nm的相干辐射。1975年Ito等根据不同波长的3个主折射率计算出基波为1.06μm

激光产生二次谐波时的相位匹配曲线，也给出了相位匹配的晶体取向与有效非线性系数的关系曲线图。Thomas 等人研究了晶体中晶胞内原子的分布状态。后来使用自发光参数散射和核磁共振研究了 LFM 晶体的电光、压电性能及晶格点阵中的结构缺陷。

LFM 晶体一般采用水溶液缓慢降温法来生长。利用高纯的甲酸（HCOOH）、氢氧化锂（LiOH）或炭酸锂（Li_2CO_3）和高纯水，通过下列反应合成晶体原料：

$$Li_2CO_3+2HCOOH \longrightarrow 2HCOOLi+H_2O+CO_2\uparrow$$

或

$$Li_2CO_3+2HCOOH+H_2O \longrightarrow 2HCOOLi\cdot H_2O+CO_2\uparrow$$

或

$$LiOH+HCOOH \longrightarrow HCOOLi\cdot H_2O$$

一水甲酸锂单晶在 YJ-120 型育晶器中生长。成套的育晶器由两部分组成，一是能调控的恒温水浴，二是晶体生长室，详见图 7-21。

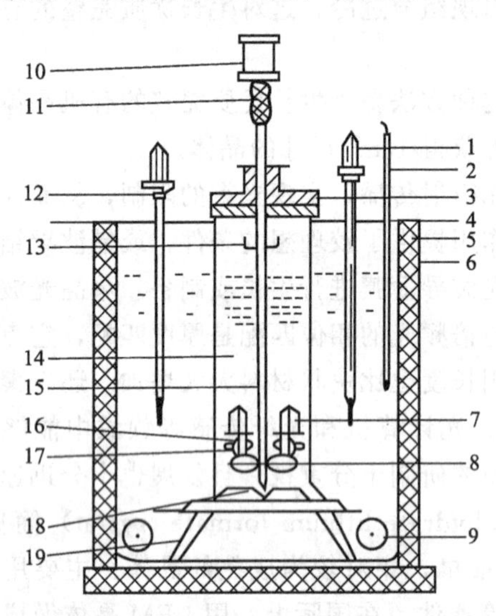

图 7-21　YJ-120 型育晶器示意

1—温度控制导电表；2—温度计；3—能加热的育晶室上盖；4—水浴盖；5—玻璃水浴缸；6—泡沫塑料；7—晶体；8—搅拌翅；9—电热器；10—搅拌电动机；11—连接胶管；12—超温预报控制表；13—挡油碗；14—育晶室；15—母子架；16—子托；17—子托的顶针；18—十字架；19—托架

育晶器一般用玻璃制成，当生长温度不高时也可用有机玻璃制成。调控的恒温水浴主要由加热器、水银导电表和继电器构成。它能控制恒温水浴温度小于±0.05℃，而育晶缸内的溶液温度可恒温在±0.01℃以下。育晶室主要由能转动的带有搅拌翅的母子架和 30～60r/min 的可逆电动搅拌机连接，使温度均匀，晶体生长匀称。籽晶黏在带有三个翅和一个圆挡板的子托上，它可以随着母子架公转的同时还能自转。育晶室上盖温度控制在稍高于溶液的温度，防止产生冷凝水回滴。此外，恒温水浴还附有超温断电的警报装置。底部垫有保温、防振的泡沫塑料。

向温度稍高于室温、pH＝7±1、恒温的饱和溶液中撒入少许晶种，密封，稍微降温维持其溶液稍微过饱和，一周后便可获得一些 2mm×2mm×4mm 以上尺寸的籽晶，如果想生长大块单晶可继续培养，2～3 周后籽晶长大到 5mm×5mm×10mm。另外，在实际单晶的生长过程中常常有个别的小晶体颗粒沉入育晶室底部，也伴随单晶一起生长，一个周期后，也可以挑选出满意的籽晶。LFM 溶液的 pH 值为 6～7.0，籽晶选择：$+Z$ 向切割优质晶锥。LFM 晶体生长的温度区间为 50～30℃，晶体透明生长期间，要把溶液的过饱和度严格控制在 1%以下。

单晶的生长是微过饱和溶液中的溶质按其晶格点阵的特性长程有序地排列的过程。所以，制备出适宜的过饱和溶液并维持这个适宜的过饱和溶液是晶体生长过程的关键。根据甲酸锂在水中的溶解度，来初步选定晶体生长的合适的温度、浓度。

参考文献

[1] Maiman T H. Nature，1960，187：493.

[2] Franken P A，Hill A E. Peters C W，Weinreich G. Phy Rev Lett，1961，7：119.

[3] 张克从，王希敏．非线性光学晶体材料科学．北京：科学出版社，1996.

[4] Waner J. Appl Phys Lett，1968，12：222.

[5] Janty W，Koidl P. Appl Phys Lett，1977，31：99.

[6] 朱世富，李正辉等．人工晶体学报，1993，22：296.

[7] Yokotani A，et al. J Appl Phys 1987，61：4696.

[8] 王希敏，刘富强，张克从．人工晶体学报，1992，21：286.

[9] Zumsteg F C，et al. J Appl Physics，1976，47：6.

[10] 江爱栋，陈荣，林绮等．人工晶体，1986，15：103.

[11] Ye N，Zeng W R，Wu B C et al. Z Krist NCS，1998，213：452.

[12] Quder J L，Hierle R. J Appl Phy，1977，48：2699.

[13] Günter P，Voit E，Zha M Z，Alkers H. Opt Commun，1985，55：210.

[14] Hu Z G，Yoshimura M，Mori Y，Sasaki T. J Cryst Growth，2005，275：232.

[15] Chen C T，Ye N. Adv Mater，1999，11：1071.

[16] Zhang W L，Cheng W D，Zhang H，et al. J Am Chem Soc，2010，132：1508.

[17] Huang Y Z，Wu L M，Wu X T，et al. J Am Chem Soc，2010，132：12788.

[18] Sykora R E，Ok K M，Halasyamani P S，et al. J Am Chem Soc，2002，124：1951.

[19] Ok K M，Chi E O，Halasyamani P S，et al. Chem Soc Rev，2006，35：710.

[20] Kong F，Huang S P，Sun Z M，et al. J Am Chem Soc，2006，128：77501.

[21] Chang H Y，Kim S H，Ok K M，et al. J Am Chem Soc，2009，131：6865.

[22] Jiang H L，Kong F，Fan Y，et al. Inorg Chem，2008，47：7430.

[23] Huang H W，Yao J Y，Lin Z S，Wang X Y，He R，Yao W J，Zhai N X，Chen C T. Angew Chem Int Ed，2011，50：9141.

[24] Huang H W，Yao J Y，Lin Z S，Wang X Y，He R，Yao W J，Zhai N X，Chen C T. Chem Mater，2011，23：5457.

[25] Huang H W，Chen C T，Wang X Y，Zhu Y，Wang G L，Zhang X，Wang L R，Yao J Y. J Opt Soc Am B，2011，628：2186.

[26] Huang H W，Yao W J，Wang X Y，Zhai N X，Chen C T. J Alloys Compd，2013，558：136.

[27] Huang H W，Yao W J，He R，Chen C T，Wang X Y，Zhang Y H. Solid State Sci，2013，18：105.

[28] Huang H W，Yao W J，He Y，Tian Na，Chen C T，Zhang Y H. Mater Res Bull，2013.

[29] Huang H W，He R，Yao W J，Lin Z S，Chen C T. J Cryst Growth，2013.

[30] Nakatsuka M，Fujioka K，Kanabe T，et al. J Cryst Growth，1997，171：531.

[31] Byrappa K，Yoshimura M. Handbook of hydrothermal technology：a technology for crystal growth and materials processing，WilliamAndrew，2001.

[32] Liu B，Zeng H C. J Am Chem Soc，2003，125：4430.

[33] Jacco J，Loiacono G，Jaso M，et al. J Cryst Growth. 1984，70：484.

[34] Hu Z G，Higashiyama T，Yoshimura M，et al. J Cryst Growth，2000，212：368.

[35] Kitamura K，Yamamoto J，et al. J Cryst Growth，1992，116：327.

[36] Bhar D E. Appl Opt，1976，15：305.

[37] Levine B F. Bathea C G. Appl Phys Lett，1972，20：293.

[38] Davíes T J. J Appl Phys，1957，28：1217.

[39] Blakemore J S，et al. J Appl Phys，1960，31：2226.

[40] Day G W. Appl Phys Lett，1971，18：347.

[41] Sherman G H，et al. J Appl Phys，1973，44：238.

[42] Lovell L C，et al. Acta Mve，1958，6：716.

[43] Lvons M H，Mernadier，et al. Phys Rev Lett，1988，60：1338.
[44] Feldmam J，Sattmann R，et al. Phys Rev Lett，1989，62：892.
[45] Piper W W，et al. J Appl Phys，1961，32：278.
[46] Huang X M，et al. J Cryst Growth，1986，78：24.
[47] Niwa E，Masumoto K. J Cryst Growth，1998，192：354.
[48] Becker P. Adv Mater，1998，10：979.
[49] Chen C T，Wu B，Jiang A，You G. Sci Sin B，1985，28：235.
[50] 陈伟，江爱栋，王国富．人工晶体学报，2004，33：227.
[51] 江爱栋，林绮，陈祖生．人工晶体学报，1986，15：106.
[52] Chen C T，Wu Y。C，Jiang A，Wu B，You G，Li R K，Lin S. J Opt Soc Am B，1989，6：616.
[53] 赵书清，张红武，黄朝恩．人工晶体学报，1989，18：11.
[54] 郝志武，马晓梅．人工晶体学报，2002，31：125.
[55] Chen C T，Luo S Y，Wang X Y，Wang G L，Wen X H，Wu H X，Zhang X，Xu Z Y. J Opt Soc Am B，2009，26：1519.
[56] 刘丽娟，陈创天．中国材料进展，2010，29：17.
[57] 张建秀，张承乾，黄庆杰．人工晶体学报，2008，37：1322.
[58] Yu J Q，Liu L J，Jin S F. J Solid State Chem，2011，2：790.
[59] 唐鼎元，叶宁，浦小阳．人工晶体学报，2008，37：1322.
[60] Chen C T，Wang Y B，et al. Nature，1995，373：322.
[61] Belouet C，Prog. Crystal Growth Charact，1981，3：121.
[62] 王坤鹏，房昌水，张建秀．人工晶体学报，2004，33：262.
[63] 苏根博，贺友平，李征东．人工晶体学报，1996，25：348.
[64] Masse R，Grenier J C. Bull Soc Fr Mineral Cristallogr，1971，94：437.
[65] 张国春，王国富．无机材料学报，2001，16：669.
[66] Jia S Q，et al. J Cryst Growth，1990，99：900.
[67] Abrahams S C，et al. J Phys Chem Solids，1967，28：1685.
[68] 陈万春，马文漪，刘道丹等．人工晶体，1987，16：126.
[69] Rosenzweig A，Morosin B. Acta Cryst，1966，20：758.
[70] Muradyan G G，et al. J Cryst Growth，1981，52：936.
[71] 张克从．近代晶体学基础（上册），北京：科学出版社，1987.
[72] Remeika J P. J Am Ceram Soc，1954，76：940.
[73] Belrus V. Kalinajs J，Ling A，et al. Mater Res Bull，1971，6：899.
[74] Williams D J. Nonlinear Optical Properties of Organic and Polymeric Materials，ACS Symp. Ser，No233，Washing-tonD. C，1983.
[75] Chemla D S，Zyss J. Nonlinear Optical Properties of Organic Molecules and Crystals，Academic Press，Orlando，1987.
[76] Gautam R，Desiraju. Crystal Engineering—The Design of Organic Solids，Elsevier-Amsterdam. Oxford. New York，1989.
[77] Arend H. Hulliger J. Crystal Growth in Science and Technology，Plenum Press-New York and London，1989.
[78] Singh S，Bonner W A，Potopowicz J R. Nonlinear Optical Susceptibility of Lithium Formate Monohydrate Appl Phys Lett，1970，17：292.
[79] Klapper H. Z Naturforsh Teil A，1973，28：614.
[80] Bhat S V，Muthukrishnan K，Ramakrishna J，et al. Phys Status Solidi A，1972，11：K109
[81] Naito H，Inaba H. Opto-electronics，1973，5：256.
[82] Ito H，Naito H，Inaba H. J Appl Phys，1975，46：3992.
[83] Thomas J O，Tellgren R，Almlof J. J Acta Cryst，1975，B31：1946.
[84] Szewczyk J，Karniewicz J，Kolasinski W. J Cryst Growth，1982，60：14.

第 8 章　无机/无机复合材料制备化学

8.1　概述

20 世纪 60 年代以来，随着科学技术的不断发展，人类对材料的性能要求越来越高。在这一背景下，传统的单相材料已不能满足实际的需求，因而从提高材料性能的角度出发，研究制备出多相组成的复合材料成为材料科学领域的热点问题。根据国际标准化组织（international organization for standardization，ISO）的定义，复合材料是由两种或两种以上物理和化学性质不同的物质组合而成的一种多相固体材料。在复合材料中，通常有一相为连续相，称为基体；另一相为分散相，称为增强材料。其中分散相以独立的相态分布在整个连续相中，两相之间存在着相界面。分散相可以是纤维状、颗粒状或是弥散的填料。复合材料的组分材料虽然保持其相对独立性，但复合材料的性能却不是组分材料性能的简单加和。复合材料的特点之一是它不仅能保持原组分的新特点，而且产生原组分所不具备的新性能；另外，复合材料还具有可设计性，它可以通过对原材料的选择、各组分分布的设计和不同的工艺条件等，以便各组分材料的优点互相补充，同时利用复合材料的复合效应使之出现新的性能，最大限度地发挥优势。

根据基体材料相的不同，复合材料可分为聚合物基复合材料、金属基复合材料和无机非金属基复合材料三大类。本书第 8 章和第 9 章将分别从两个方向，即无机/无机复合材料制备化学和无机/有机复合材料制备化学，介绍复合材料的制备化学。进一步地，矿物材料是无机材料中研究的最早、应用最广，同时也是极具有代表意义的复合材料第二相。因而，无机矿物/无机复合材料是运用矿物与无机物质进行复合制备所产生的一种新型的复合材料。本章将以实例介绍一些典型的无机矿物/无机复合材料，进而使读者对无机/无机型复合材料的制备化学有全面的认识。

8.2　超细炭酸钙及其无机复合材料制备化学

8.2.1　超细炭酸钙

超细炭酸钙是指原生粒子粒径在 0.02～0.1μm 之间的炭酸钙。炭酸钙是一种重要的无机化工产品。由于价格低、原料广、无毒性，广泛地用作橡胶、塑料、纸张、涂料、牙膏等的填料。全世界每年炭酸钙在纸张中的用量约 1100 万吨，占炭酸钙填料总量的 60%以上，用于塑料的约 150 万吨以上。

炭酸钙主要是作为填料来应用的，普通炭酸钙作为填料使用时，主要能增加制品的体积和重量，从而达到减少制品成本的目的，而当超细炭酸钙用于制品中时，它还能起到功能材料的作用。

（1）橡胶行业　炭酸钙是橡胶加工业中应用最早、用量最大的浅色填料。在橡胶制品中加入超细炭酸钙，不仅可以增加制品体积，节约昂贵的天然橡胶和降低成本，使得橡胶易于混炼，压出加工性能和模型流动性好，硫化胶表面光滑，耐撕裂强度高。它能起到补强和半补强的作用，可用于输送带、胶管、胶板、胶布、胶鞋和医用橡胶制品等。

(2) 塑料行业　在塑料行业，超细炭酸钙可以在降低产品生产成本的同时，起到散光和消光的作用，能提高塑料制品的尺寸稳定性和拉伸强度，对透明或半透明材料能增加透明度，提高制品的表面光泽和平整性，还可以提高制品的强度，改善塑料的加工成型性，提高制品的耐热性。

(3) 造纸行业　炭酸钙在中性造纸业中主要用作纸张的填料和涂料。而超细炭酸钙的使用，不但降低了纸张的成本，同时可使纸张具有以下优点：提高白度，纸的紧度低，可制造高松厚度纸，纸质具有耐久性，提高了印刷油墨吸收性，提高纸张光泽度和平整光滑性，赋予纸张良好的折曲性和柔软性，提高透光度，使用轻钙填料生产的卷烟纸能控制卷烟纸的燃烧性。在卷烟纸、杂志纸、字典纸、新闻纸、书籍纸中，炭酸钙的填充量达5%～30%；在定量涂布纸、无光泽铜板纸等特殊纸制品中，超级炭酸钙填料用量甚至高达80%以上。

(4) 涂料行业　在涂料行业中，炭酸钙是用量较大的填料。超细炭酸钙还可以部分取代价格较贵的钛白粉，不仅可作为增白的优质颜料，降低成本，提高涂料油漆的光泽，提高产品的光泽度、干燥性和遮盖力，同时还具有补强作用。粒径小于80μm的超级炭酸钙因具有良好的触变性而应用于汽车底盘防石击涂料及面漆，市场容量达7000～8000t/a，在国际市场的售价高达1100～1200美元/t，堪称炭酸钙家族的“贵族”。

(5) 油墨行业　炭酸钙在油墨中应用可以降低成本，增加容积。印刷油墨市场要求高性能的超级炭酸钙。超细炭酸钙用于油墨产品中，表现出优异的分散性、透明性、极好的光泽和遮盖力、优异的油墨吸收性和干燥性。用于油墨的超级炭酸钙必须经过活化处理，晶形最好为球形或立方形。目前国内高档油墨填料大都采用超级炭酸钙，生产历史悠久的北京建树化工厂占据了国内油墨钙2/3左右的市场。

(6) 其他行业　此外，炭酸钙可用作高档化妆品、香皂、洗面奶、儿童牙膏等日化产品的填料；在制药工业中，是培养基中的重要成分和钙源添加剂，在止痛药和胃药中也起一定的药理作用；在食品业中主要用作食品加工中疏松剂和钙质补充剂，在饲料中用作钙的补充剂。炭酸钙还常用于绝缘材料、密封胶填料、油毡、沥青、油灰、玻璃等产品中作填料。

8.2.2 超细炭酸钙制备方法

超细炭酸钙的生产方法有物理方法和化学方法两种。

(1) 物理方法主要是机械粉碎法　物理方法是对炭酸钙含量高的天然方解石、白垩石等进行机械粉碎，得到称为重质炭酸钙的产品。日本细川粉体工学研究所研制的超细工业制造系统，可以得到粒径小于1μm，平均粒径为0.5～0.7μm，比表面积为8.8m^2/g的微细炭酸钙。

我国采用颚式破碎机—雷蒙磨干磨—球磨，或振动磨、搅拌磨进行干磨—湿磨联合流程，70%～90%的产品细度可达2μm。现正尝试使用新的生产工艺，在降低能耗和成本的情况下，生产高细度产品。另据报道，哈尔滨康特超细粉体工程有限公司已研制出最细可达$d_{97} \leqslant 0.5\mu m$的WXQF型超细气流分级机。

(2) 化学方法主要是炭化法和复分解法　炭化法是超细炭酸钙(粒径小于0.1μm)的主要生产方法。将精选的石灰石矿石煅烧，得到氧化钙和窑气。使氧化钙消化，并将生成的悬浮氢氧化钙在高剪切力作用下粉碎，多级旋液分离除去颗粒及杂质，得到一定浓度的精制的氢氧化钙悬浮液。通入CO_2气体，加入适当的晶形控制剂，炭化至终点，得到要求晶形的炭酸钙浆液。最后进行脱水、干燥、表面处理，得到所要求的超细炭酸钙产品。由炭化法得到的产品，统称为轻质炭酸钙。其生产工艺流程如图8-1所示。

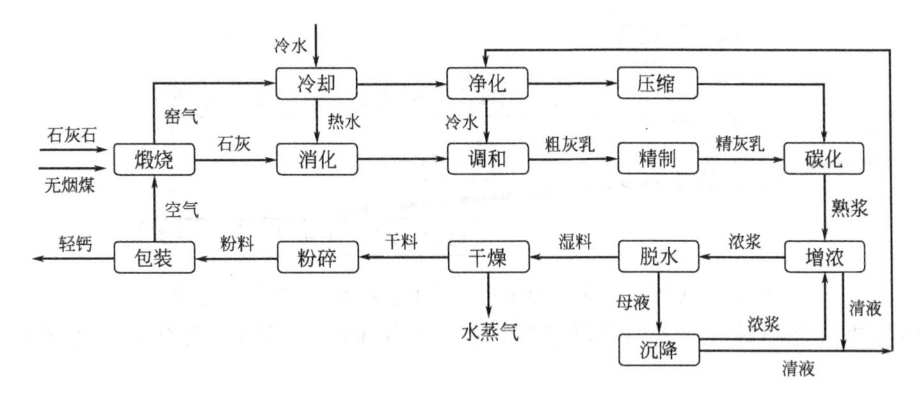

图 8-1 化学法生产超细炭酸钙工艺流程

其炭化反应式为：

$$CO_2 + H_2O \longrightarrow H_2CO_3$$

$$Ca(OH)_2 + H_2CO_3 \longrightarrow CaCO_3 + 2H_2O$$

炭化法按不同的生产工艺及其炭化设备，分为间歇鼓泡法、喷雾炭化法、超重力反应结晶法、喷射吸收法和自吸式搅拌法等几种。

复分解法是水溶性钙盐（如氯化钙）与水溶性炭酸盐（如炭酸铵），在适宜的条件下反应而制得。这种方法可通过控制反应物的浓度及生成炭酸钙的过饱和度，加入适当的添加剂，得到球形的粒径极小、比表面积很大、溶解性很好的无定形炭酸钙。

8.2.3 超细炭酸钙化学包覆钛白制备化学

钛白粉具有优良的物理化学性质，在涂料、塑料、橡胶、日化等领域被广泛应用。同时钛白粉具有的高遮盖力、高消色力、高光洁度、高白度和强的耐候性，使其成为性能最好的白色颜料。随着世界经济的发展和人类科技的进步，钛白粉的应用领域越来越广，钛白粉的市场需求量也与日俱增。而另一方面，由于世界优质钛资源日趋短缺，产品生产工艺复杂，技术难度大，环境保护要求越来越高，这些都导致钛白粉生产成本越来越高，因此钛白粉的有效替代品（复合钛白粉），成为降低成本克服资源短缺的重要途径。

炭酸钙具有价格低廉、原料广、无毒性等优点，运用机械力化学的方法，在炭酸钙颗粒表面形成一层致密、均匀并且牢固的二氧化钛壳层，最大限度地表现二氧化钛的固有特性的同时大幅度降低成本，制备高性能的白色复合粉体来替代钛白粉，可取代钛白粉应用于造纸填料或涂料领域，可提高纸张的白度和不透明度。

现在研究的二氧化钛包覆超细炭酸钙的方法主要有以下四种。

(1) 采用简单的混合方式制备复合制品 这种方法 TiO_2 包覆较差，复合制品只能在一定的范围内简单模拟钛白粉的部分性质，还不能满足涂料等大宗用户的要求。并且其应用是以比较低的比例替代钛白的方式加以应用的，其降低成本的效果是十分有限的。

(2) 以无机沉淀反应-热处理晶化工艺制备复合制品 将钛盐水解生成的水合二氧化钛沉淀包覆在超细炭酸钙的表面，然后通过焙烧的方式使二氧化钛晶体化，形成表面具有晶体二氧化钛改性层的复合颜料。吉林大学王子忱等将粉碎成 300～2000 目的炭酸钙，置于含钛盐的溶液中进行预处理，然后在一定的温度下将 NaOH 溶液加入到预处理中，并不断搅拌，待钛沉淀完全，复合钛白沉淀在母液中陈化一段时间后，经离心、洗涤、烘干、焙烧制备纳米复合钛白。其工艺流程如图 8-2 所示。

(3) 干法粒-粒包覆改性方式制备钛白代替品 该方式包核基体与 TiO_2 的分散程度较

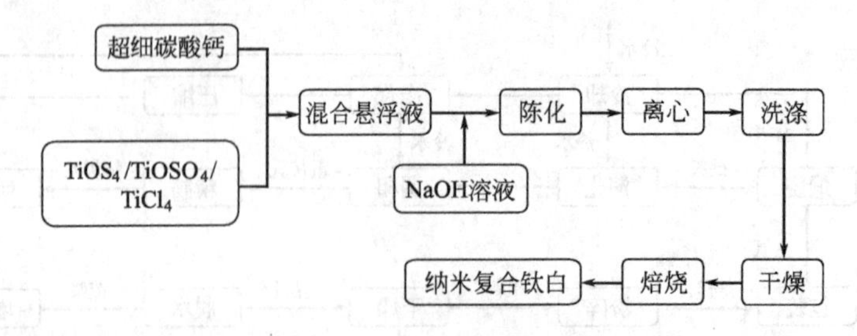

图 8-2　无机沉淀反应-热处理晶化工艺制备复合制品工艺流程

差，基体与钛白之间缺少产生牢固作用的激发外力和键合基团，复合颜料性能有限且不稳定。

（4）液相机械力活化的方法制备二氧化钛包覆超细炭酸钙　该方法通过超细研磨使炭酸钙颗粒产生机械力活化效应，促进与 TiO_2 之间的反应结合，炭酸钙颗粒和 TiO_2 在反应体系中各自形成表面官能团，通过官能团间的化学键合实现两颗粒间的反应，使 TiO_2 牢牢包覆在炭酸钙的表面，形成一种炭酸钙/TiO_2 复合颗粒材料，具有二氧化钛的性质且成本低廉。檀倩等运用此方法成功制备出了一种炭酸钙/TiO_2 复合颗粒材料，其制备工艺如图 8-3 所示。

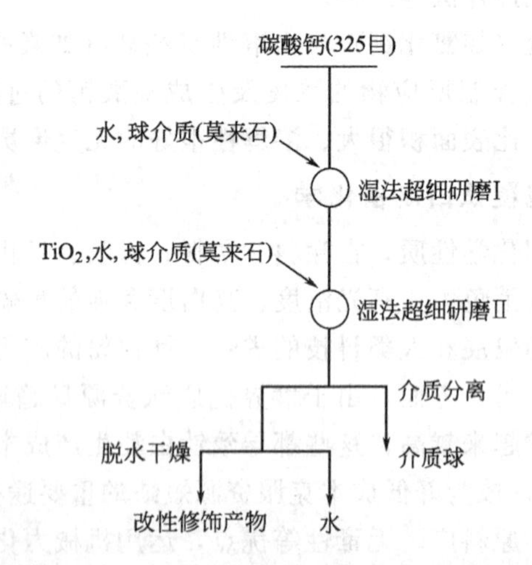

图 8-3　液相机械力活化的方法制备二氧化钛包覆超细炭酸钙工艺流程

8.2.4　超细炭酸钙无机复合材料制备化学

超细炭酸钙无机复合材料主要在涂料行业得到了非常广泛的应用。这主要是由于炭酸钙不仅可作为增白的优质颜料，具有非常好的光泽度、干燥性、遮盖力和补强性，同时其又是一种良好的表面修饰剂，能够使由于机械破碎而形成的锐利的棱角钝化，使平整的晶体解理面变得粗糙，粗糙度较大的平面能使接触角减小，同时也会更容易被偶联剂浸润，从而更倾向于与聚合物基体形成良好的界面黏结。

郝增恒等运用超细炭酸钙包覆硅灰石的研究，包覆的炭酸钙粒子可提高硅灰石的白度，使其适用于白色或浅色制品中。由于表面包覆的炭酸钙为纳米级，所以包覆粒子的比表面积大为提高，粒子表面能和化学活性都有所提高，使得无机填料粒子与有机高分子能更好地黏结，形成良好的界面，之后运用于涂料中。其制备过程如图 8-4 所示。

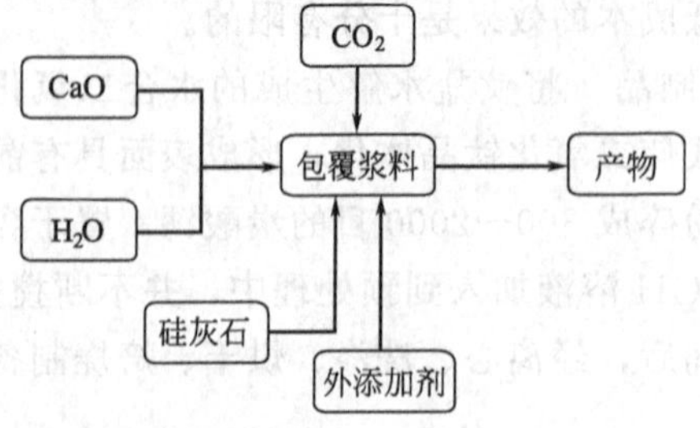

图 8-4　超细炭酸钙包覆硅灰石工艺流程

施晓旦等发明了一种复合白色颜料及其制备方法。通过这种方法使炭酸钙和钛白粉相互混合均匀，钛白粉颗粒被炭酸钙所隔开，因此可以避免钛白粉颗粒之间发生的团聚，提高钛白粉的应用性能，同时能大大降低成本，如应用在造纸填料，可提高留着率和纸张的不透明度等。其具体制备方法如图 8-5 所示。

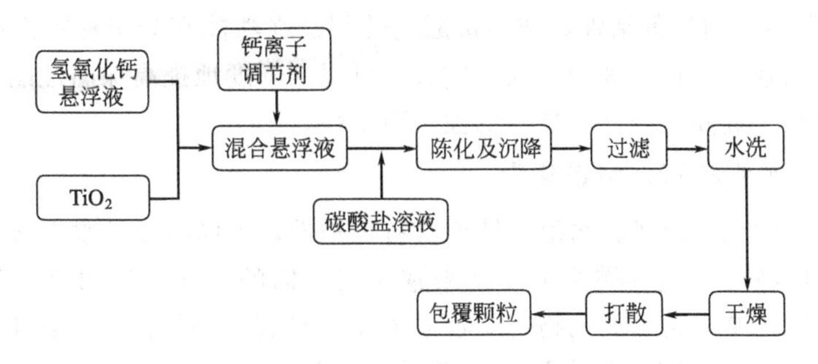

图 8-5　炭酸钙-钛白粉混合型颜料制备工艺流程

8.3　水滑石（类水滑石）及其无机复合材料制备化学

8.3.1　水滑石及其复合材料简介

水滑石也称层状双金属氢氧化物（layer double hydroxide，类水滑石）、阴离子黏土。其结构由如下通式来表示：$[M_{1-x}^{2+}M_x^{3+}(OH^-)_2]^{x+}[A_{x/n}^{n-}]\cdot mH_2O$，其中 M^{2+} 和 M^{3+} 分别代表二价阳离子（Ca^{2+}，Mg^{2+}，Zn^{2+}，Co^{2+}，Ni^{2+}，Cu^{2+}，Mn^{2+}）和三价阳离子（Al^{3+}，Cr^{3+}，Fe^{3+}，Co^{3+}，Mn^{3+}），A^{n-} 代表 n 价阴离子（Cl^-，NO_3^-，ClO_4^-，CO_3^{2-}，SO_4^{2-}），位于主体层板上的八面体间隙中。其整体结构示意如图 8-6 所示。

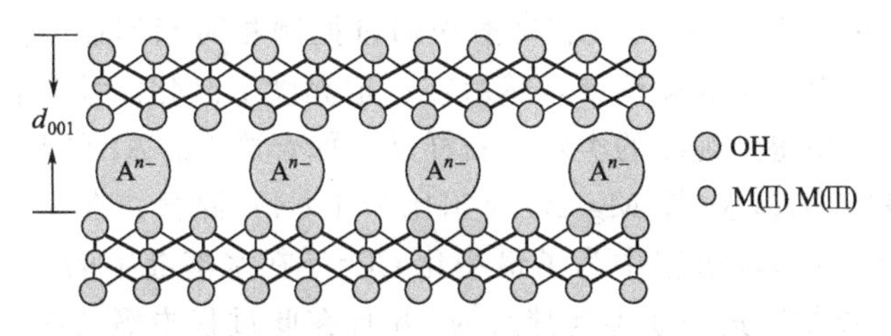

图 8-6　水滑石结构示意

其主要特性应由其层板的元素性质、层间阴离子的种类和数量、层间水的位置和数量及层板的堆积形式决定。其中最典型的化合物为：$[Mg_{1-x}Al_x^{3+}(OH)_2]^{x+}(CO_3)_{x/2}\cdot mH_2O$，其中$(1-x)/x$ 的数值在 2～4 范围内，其结构类似于水镁石。由镁氧八面体（MgO_6）通过共用棱边形成单元层，位于层上的金属镁离子可在一定范围内被半径相近的金属铝离子取代，使得金属一经基层带正电荷，层间可交换的炭酸根离子与主体层板的正电荷平衡，使得这一结构整体显电中性。除了层间的炭酸根离子外，还存在一部分水分子。

由于水滑石没有固定的化学组成，其主体层板的元素种类、组成比例、层间阴离子的种类及数量、层板孔道结构可以根据需要在较宽范围内调整，从而获得具有特殊结构和性质的材料。水滑石结构的可调控性和多功能性，使水滑石成为一种极具研究价值和应用前景的新型材料。其层间阴离子具有可交换性，各类阴离子，如无机和有机阴离子、配合阴离子、同多和杂多阴离子及层状化合物都可以通过离子交换引入水滑石间，从而改变了层间距，可得到同一类不同功能的水滑石，使水滑石的择形催化性能更加显著，可以得到相应的功能材料。水滑石在一定温度下煅烧而改变结构后，在一定的条件下，可以重新吸收水和阴离子，其结构可部分恢复到具有有序层状结构的水滑石。利用这一结构记忆效应的特点，可用作阴离子吸附剂。水滑石还具有非常好的热稳定性，可作为热稳定剂添加到塑料中，起到提高塑料的热稳定性和阻燃性能等性能。在医药方面，水滑石由于其抗酸性，它可中和调节胃液pH值，适当抑制胃蛋白酶的活性，作为抗酸药使用。在功能高分子材料方面，由于其对红外具有显著的吸收效果，目前其用于农业棚膜，可以大幅度地提高保温性能，同时兼备抗老化性、改善力学性、提高阻隔性、抗静电性、防尘性。

8.3.2 水滑石（类水滑石）制备化学

由于没有固定的化学组成，水滑石结构具有可控性，不同组成的水滑石具有不同特定性能，所以人工合成特定组成的类水滑石越来越受到人们的关注。1942年，Feitknecht等首次通过金属盐溶液与碱金属氢氧化物反应合成了类水滑石，并提出了所谓双层结构的设想。1969年，Allmann等人测定了类水滑石s单晶的结构，首次确定了类水滑石的层状结构。类水滑石制备方法有许多种，但是现在较为成熟的主要有以下几种。

（1）共沉淀法　共沉淀法是制备类水滑石最常用的方法。该方法首先以构成类水滑石层板的金属离子混合溶液和碱溶液通过一定方法混合，使之发生共沉淀，其中在金属离子混合溶液或碱溶液中含有构成类水滑石的阴离子物种。然后将得到的胶体在一定条件下晶化即可制得目标类水滑石产物。该方法应用范围广，几乎所有适用的M^{2+}和M^{3+}都可形成相应的类水滑石。另外，采用该方法可制得一系列不同M^{2+}和M^{3+}比的类水滑石材料。

根据具体实施手段的不同，又可将共沉淀法分成：变化pH值法（即单滴法或高过饱和度法）、恒定pH值法（即双滴法或低过饱和度法）、成核/晶化隔离法和尿素法。

① 单滴法。制备过程中将M^{2+}和M^{3+}的混合盐溶液在剧烈搅拌条件下滴加到含有所要合成的阴离子的碱溶液中，然后经抽滤、洗涤、干燥和晶化即得到所要的类水滑石样品。

② 双滴法。制备过程：将盐溶液和碱溶液通过控制相对滴加速度同时加入到一搅拌容器中，pH值由控制相对滴加速度调节，然后在一定温度下晶化。该法在滴加过程中体系的pH值保持恒定不变，易得到纯净的类水滑石样品。如合成Mg-Al类水滑石，称取一定量的金属盐可用氯化镁和氯化铝水(按Mg/Al摩尔比为1∶4）混合，在一定的温度下，使用碱调节pH值在7～10，在沉淀过程中为了最小化CO_3^{2-}在水溶液中的干扰，充入N_2再用蒸馏水煮沸，沉淀的悬浮物需进一步地搅拌反应6h且在此过程中需要校正pH值，随后将这些悬浮物转移至塑料瓶，这些塑料瓶经过了加热，冷却至室温’沉淀的悬浮物进行离心分离，沉淀物用去离子水充分洗涤，且这些产品再次在70℃干燥并储存在塑料瓶中，晶化即可得到目标类水滑石。

③ 成核/晶化隔离法。使用成核法可制备具有良好晶相和均匀粒径的类水滑石。制备过程：将盐溶液和碱溶液快速于全返混旋转液膜成核反应器中混合，剧烈循环搅拌几分钟，后将浆液于一定温度下晶化。此法成核反应瞬间完成，晶核同步生长，保证了晶化过程中晶体尺寸的均匀性。

④ 尿素法。制备过程：在盐溶液中加入一定量的尿素，将该体系故入高压装置中，经过长时间的高温反应，利用尿素缓慢分解释放出氨以达到所需的碱量，使类水滑石成核并生长。此法所的产物的晶粒尺寸大。

（2）水热合成法　以含有构成水滑石层板的金属离子的难溶性氧化物和/或氢氧化物为原料，在高温高压下用水处理制备得到目标水滑石。

（3）离子交换法　利用类水滑石层间阴离子的可交换性，将各类所需的阴离子通过离子交换插入层间。高价阴离子易于交换进入层间，低价阴离子易于被交换出来。该方法是合成一些特殊组成类水滑石的重要方法。

(4) 焙烧还原法　焙烧还原法建立在类水滑石的“结构记忆效应”特性基础上，制备过程为：在一定温度下将类水滑石的焙烧产物（LDO）加入到含有某种阴离子的溶液中，则将发生类水滑石的层状结构的重建，阴离子进入层间，形成新结构的类水滑石。利用这一方法，人们已经合成了一些复杂的阴离子柱撑类水滑石。在采用焙烧复原法制备类水滑石时应该特别注意母体类水滑石的焙烧温度，依母体类水滑石的组成不同选择相应的焙烧温度。一般而言，焙烧温度在500℃以内时，类水滑石结构的重建是可能的，以 Mg-Al 类水滑石为例，温度在500℃以内，焙烧产物是双金属氧化物，当温度超过600℃以上，焙烧产物有尖晶石生成，则导致重建不能完全进行。

8.3.3　水滑石（类水滑石）无机复合材料制备化学

(1) 水滑石（类水滑石）无机复合阻燃材料　目前主要使用的无卤阻燃剂是氢氧化铝和氢氧化镁阻燃剂。水滑石（类水滑石）是一种层状阴离子黏土，其兼有氢氧化铝和氢氧化镁阻燃剂的优点，又克服了它们各自的不足，具有阻燃、消烟、填充三种功能，是一种新型阻燃剂。

人工合成类水滑石阻燃剂的研究已在许多期刊和文献上报道，但是大部分研究局限于单一的层间插层，以致获得的水滑石阻燃材料单独作为阻燃剂应用时阻燃、消烟效果不够，而必与其他阻燃剂混合使用，才能满足实际使用要求。鉴此，水滑石无机复合阻燃材料越来越受到人们的关注。

姚超等发明了一种凹凸棒石/水滑石复合阻燃材料，运用凹凸棒石为基体，依据凹凸棒石表面呈负电，可以原位吸附带正电的纳米水滑石，制备出凹凸棒石/水滑石复合阻燃材料，利用凹凸棒石和水滑石协同作用阻燃和逸烟。其具体的制备方法如图 8-7 所示。

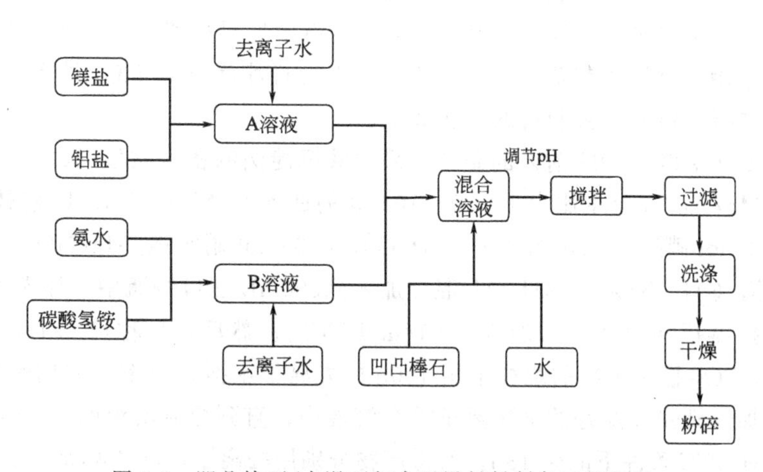

图 8-7　凹凸棒石/水滑石复合阻燃材料制备工艺流程

另外，通过类水滑石的层间离子的可交换性，改变水滑石层间的阴离子的种类，制成一些新型的类水滑石无机复合阻燃材料。由于类水滑石层间阴离子中炭酸根最易进入层间，所以一般在没有氮气保护下制备类水滑石时，层间一般都是炭酸根离子，如果设法制备层间其他阴离子的类水滑石，现在实验室中一般采用氮气环境，环境比较苛刻，设备比较复杂，所以现在制备层间是其他阴离子的类水滑石一般是运用其层间阴离子的交换性这一性质来实现的。段雪等发明了一种硼酸根和磷酸根插层水滑石制备方法并研究其阻燃效果，结果表明其比层间全是炭酸根的类水滑石的阻燃和消烟效果更好。磷酸根插层水滑石制备工艺流程如图8-8所示。

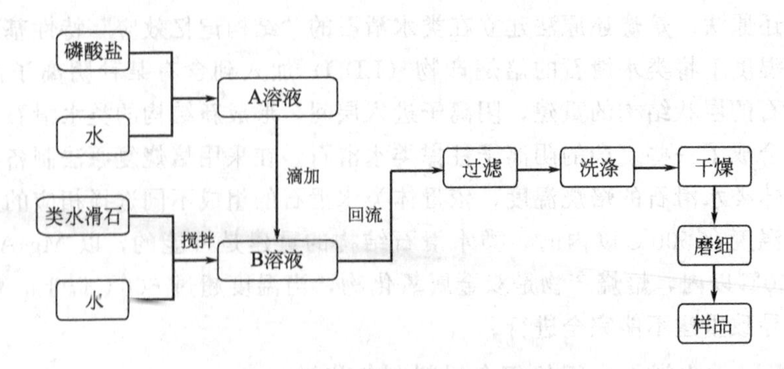

图 8-8 磷酸根插层水滑石制备工艺流程

(2) 水滑石（类水滑石）无机复合催化材料 类水滑石因其独特的结构和性质使其在催化领域应用广泛，在作为催化剂时，主要用于三个方面：直接作为催化剂、作为催化剂前驱体以及作为催化剂载体。

水滑石直接作为催化材料是指把制备得到的水滑石前体不作任何处理，直接作为催化剂，测试其催化活性，但是往往这种单纯的类水滑石催化活性难以达到实际应用的要求。由于类水滑石特殊的层状结构，现在将类水滑石作为催化剂的载体，与一些具有高催化活性的催化剂进行复合，制备出类水滑石无机复合催化材料。

类水滑石负载型催化剂最常用在光催化方面。常规的负载大多采用浸渍、溶胶-凝胶、共沉淀等方法将纳米颗粒接枝到载体上，以达到防止纳米颗粒团聚、便于分离回收反应后的催化剂超细粉末的目的。而以水滑石作为载体，不仅可以根据水滑石结构的超分子自组装特性在温和条件下制备出特殊形貌的负载型催化剂，而且水滑石表面所具有的氢氧基也能为光催化过程提供丰富的氢氧基活性自由基，从而更为有效地提高催化剂的光催化活性。

鲁瑞娟等采用共沉淀法制备出了一种四元类水滑石基负载型 TiO_2 纳米颗粒材料，并对其光催化性能进行了研究。其制备的方法如下。

① 四元 CuMgAlTi-LDH 前体的制备。采用共沉淀法制备炭酸根（CO_3^{2-}）插层的层板金属元素 Cu/Mg/Al/Ti 摩尔比为 1∶30∶10∶9 的四元 CuMgAlTi-LDH 前体材料。首先，准确称取 0.002mol 硝酸铜[$Cu(NO_3)_2 \cdot 3H_2O$]，0.06mol 硝酸镁[$Mg(NO_3)_2 \cdot 6H_2O$]以及 0.02mol 硝酸铝[($Al(NO_3)_3 \cdot 9H_2O$] 混合加入到500mL 三口烧瓶中，加入 100mL 去离子水，用电动搅拌器搅拌溶解后，加入 0.018mol $TiCl_4$。然后，另称取 0.12mol NaOH 和 0.012mol Na_2CO_3 置于干净的烧杯中用 100mL 去离子水搅拌溶解。使用恒压滴液漏斗将混合碱液逐滴加入到先前配好的金属离子混合溶液中，直到控制溶液的 pH 值达到 8.5，随后将所得浆液在 60℃条件下晶化 18h。所得产物分别用去离子水和乙醇离心洗涤三次后，将得到的膏体置于电热恒温鼓风干燥箱内于 90℃干燥，经研磨后最终制备得到所需的 CuMgAlTi-LDH 粉体。

② CuMgAlTi-LDH 粉体焙烧再水合。将干燥的 CuMgAlTi-LDH 粉体装在干净的坩埚内并置于马弗炉中，程序设定 2℃/min 的速率升温，在 400℃的热处理温度下保温 5h，冷却至室温后取出马弗炉内的焙烧产物，将得到的样品记作 CuMgAlTi-MMO。然后，称取 1g 干燥的 CuMgAlTi-MMO 粉体，加入到装有 100mL 去离子水的锥形瓶内，在敞口的状态下室温磁力搅拌 24h。随后，用去离子水、乙醇多次离心洗涤得到的产品，将所得膏体置于电

热恒温鼓风干燥箱内于 60℃干燥，研磨后得到最终所需的粉体催化剂，并记作 TiO_2/CuMgAl-RLDH。对上述制备的样品进行电子扫描测试，其 SEM 照片及 EDS 能谱分析如图 8-9 所示。

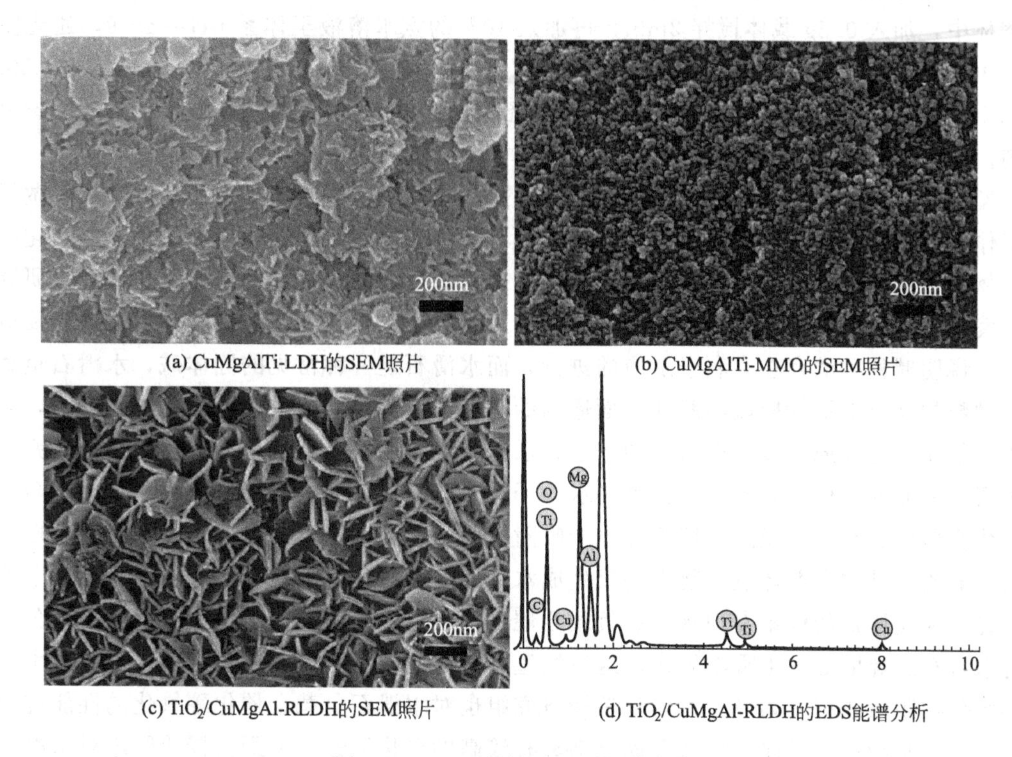

(a) CuMgAlTi-LDH的SEM照片　(b) CuMgAlTi-MMO的SEM照片

(c) TiO_2/CuMgAl-RLDH的SEM照片　(d) TiO_2/CuMgAl-RLDH的EDS能谱分析

图 8-9　SEM 照片及 EDS 能谱分析

（鲁瑞娟，化工大学硕士学位论文，2012）

类水滑石负载型催化剂在催化氧化方面也有许多应用。苏秦等研究了一种类水滑石负载纳米金催化材料，其制备方法如下。

① 共沉淀法制备镁铝水滑石。共沉淀法制备镁铝水滑石主要就是将混合金属盐溶液与混合碱溶液均匀地混合使其成核，再于一定温度下老化生长。混合盐溶液为硝酸镁和硝酸铝混合溶液，为了使不同镁铝比的水滑石能更好地比较，一般固定［Mg^{2+}］＋［Al^{3+}］＝0.3mol/L，配制［Mg^{2+}］/［Al^{3+}］＝2～4 的混合盐液；混合碱液中含 0.1mol/L 的炭酸钠和 0.6mol/L 的氢氧化钠；三口瓶中预先加入 25mL 的水，70℃条件下强烈搅拌，以 1mL/min 的流量同时向三口瓶中加入 50mL 的混合盐液和 50mL 左右的混合碱液，保持 pH 在 9～10 范围内，滴加完毕后继续强烈搅拌 1h，溶液在 80℃条件下老化 24h，产物过滤、洗涤后 100℃烘干备用。

② 尿素法水热合成镁铝水滑石、镍铝类水滑石。将硝酸镁、硝酸铝、尿素、水在室温下混合均匀后装入自生压晶化釜中，投料配比：［Mg^{2+}］/［Al^{3+}］＝2.0～4.0，［Mg^{2+}＋Al^{3+}］＝0.4mol/L，［Urea］/［CNCV］＝2～3，在 70～100℃条件下晶化 12h，产物过滤洗涤后 100℃烘干得镁铝水滑石样品。对于镍铝类水滑石则以硝酸镍代替硝酸镁，按以上投料比和晶化条件来制备。

③ 水滑石的焙烧-再水合处理。称取镁铝水滑石样品 3g，在氮气保护下以 1K/min 的升温速率于一定的温度（300～500℃）焙烧，得复合镁铝氧化物样品，称取 50g 的去离子水于

三口瓶中，130℃油浴条件下使其回流 30min，再加入新焙烧的复合镁铝氧化物 1g，保持回流 6h，产物过滤、洗涤后 100℃烘干。

④ 纳米金的负载（沉积-沉淀法）。量取 25mL 的氯金酸溶液（浓度按需负载的量配制）于烧杯中，加入 0.5g 载体搅拌 2min，再加入 10％的氨水溶液至体系 pH＝8～9，避光室温搅拌 12h 后使用去离子水仔细过滤、洗涤，滤饼室温真空避光干燥，干燥后样品加入 50mL 的 0.1mol/L 的硼氧化钾溶液中搅拌 1h 使其还原，过滤、洗涤后室温真空干燥得负载金催化剂。

Kaneda 研究组在水滑石负载纳米金颗粒的催化醇氧化和催化环氧化物脱氧方面做了大量工作。在催化醇氧化性能的研究中，将水滑石载体与氧化铝、氧化镁、氧化钛、氧化硅等为载体的负载金催化剂的活性进行了比较，发现水滑石为载体优异的催化氧化性能。研究过程中发现对于氧化铁为载体的负载金催化剂，当反应体系中添加炭酸钠会较大地提高反应的产率，说明碱物种的存在有利于反应的进行，而水滑石是一种常见的固体碱，水滑石负载纳米金颗粒的高反应活性应该与载体表面适当的碱性位有关。而在催化环氧化物脱氧时，对于使用一氧化炭为还原剂以水做溶剂的体系，水滑石负载的纳米金催化剂活性优异，研究者提出水滑石表面碱性位有利于解离体系中水分子释放氢氧根，而氢氧根进攻吸附于纳米金上的一氧化炭形成二氧化碳脱除，留下氢原子吸附于纳米金上，这里的氧原子与水滑石碱性位上吸附的氢离子共同夺取环氧化物中的氧生成水，而使环氧化物脱氧成相应的烯烃。对于使用分子氯作为还原剂的体系发现水滑石负载金催化剂也表现出优异的活性，并提出了氧分子在金与水滑石的界面处发生吸附异裂，这里发生异裂的氢分子夺取环氧化物中的氧生成水，而使环氧化物脱氧成相应烯烃。肖丰收教授研究组也对水滑石负载金催化醇氧化的性能进行了研究，发现水滑石为载体的负载金催化剂具有较高的催化活性。王野教授课题组对水滑石负载纳米金颗粒催化苯甲醇的无氧化剂脱氧性能进行了研究。结果表明，水滑石作载体较传统的金属氧化物和炭纳米管载体有更高的活性，并提出水滑石的碱性位有利于醇的 O—H 键断裂生成醇盐中间体，这一步决定着反应的选择性，而配位不饱和的金对苯甲醇 β-H 有活化及脱除作用，且 β-H 的脱除为该反应的决速步骤，水滑石上 Bronsted 酸位的 H^+ 与纳米金上的 H 结合成分子而脱除。

8.4 硅藻土及其纳米复合材料制备化学

8.4.1 硅藻土及其复合材料简介

硅藻土（diatomite）是一种生物成因的硅质沉积岩，主要由古代硅藻遗骸组成，其化学成分主要是 SiO_2，含少量的 Al_2O_3、Fe_2O_3、CaO、MgO、K_2O、Na_2O、P_2O_5 和有机质。SiO_2 通常占 60％以上，优质硅藻土矿可达 90％左右。优质硅藻土的氧化铁含量一般为 1％～1.5％，氧化铝含量为 3％～6％。硅藻土的矿物成分主要是蛋白石及其变种，其次是黏土矿物——水云母、高岭石和矿物碎屑。矿物碎屑有石英、长石、黑云母和有机质等。有机物含量从微量到 30％以上。

硅藻土的颜色为白色、灰白色、灰色和浅灰褐色等，有细腻、松散、质轻、多孔、吸水和渗透性强的特性。硅藻土种类很多，主要有直链型、圆筛型、冠盘型、羽纹型等（见图 8-10）。其中直链型硅藻土是单节和双节圆筒体，圆筒中空，表面整齐排列着许多微孔；而圆筛型、冠盘型硅藻土呈圆筛或圆环形；羽纹型硅藻土呈长条状或丝状。松散密度为 0.3～

0.5g/cm³，莫氏硬度为 1～1.5（硅藻骨骼微粒为 4.5～5μm），孔隙率达 80%～90%，能吸收其本身重量 1.5～4 倍的水，是热、电、声的不良导体，熔点 1650～1750℃，化学稳定性高，除溶于氢氟酸以外，不溶于任何强酸，但能溶于强碱溶液中。硅藻土中的二氧化硅多数是非晶体，碱中可溶性硅酸含量为 50%～80%。非晶型二氧化硅加热到 800～1000℃时变为晶质二氧化硅，碱中可溶性硅酸可减少到 20%～30%。

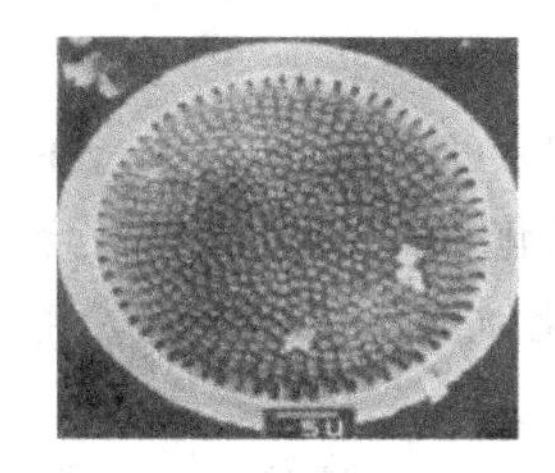

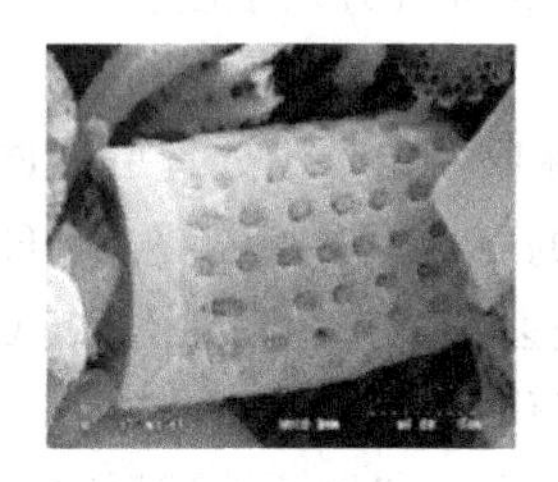
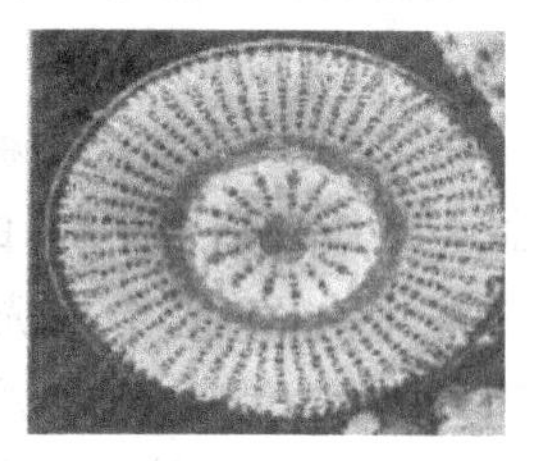

图 8-10　硅藻土不同种类的微观图像

由于硅藻土特定的结构和性质，使其在许多方面都得到广泛的应用。

(1) 硅藻土助滤剂　助滤剂占硅藻土总消耗量的 60%以上。硅藻土助滤剂与传统助滤剂相比，优点是滤速快，制备得到的滤液有较高的纯度，其在啤酒、饮料、酿造、油脂、制糖以及有机溶剂、药品与油漆等众多行业中已得到大量应用。

硅藻土助滤剂也已经应用在污水净化处理与废气过滤等方面，比如化工、造纸以及制药等过程中产生的工业废水的过滤。利用硅藻土的分子筛功能吸附大量的烟粒，达到净化空气的目的，可以用来处理汽车等产生的动力废气。

硅藻土助滤剂在价格、性能与生产率方面胜过很多同类别助滤剂。硅藻土助滤剂通常以高品质硅藻土作为原料，但是我国高品质硅藻土储量低于总储量的 10%，而且很难回收再利用，因此产品成本高，还会导致二次污染。

(2) 硅藻土填料　填料占硅藻土总消耗量的 20%左右。硅藻土添加进油漆、涂料中，能增强涂膜的牢固程度，增加含固量、厚度，缩短干燥时间等，还能够起到消光效果。通过添加不同性状硅藻土及改变硅藻土添加量便能够得到所需光泽度及辉度的产品。人们将硅藻土添加到塑料、橡胶中来改善它们的弹性以及耐热、耐磨性能。将硅藻土添加到塑料中，可以明显提高抗老化剂、防紫外线辐射剂以及抗氧剂等填料的性能。利用其适宜的硬度及精细骨架，将硅藻土添加到牙膏、磨料中，可以发挥其很好的研磨、抛光功能，而且安全无损伤。在一些国家，硅藻土制品在汽车抛光方面有大量应用。此外，硅藻土还大量应用于电绝缘填料、绝热剂等。

(3) 硅藻土载体　硅藻土是使用量最大的催化剂载体，所占比例超过 60%。因其具有的独特显微结构，硅藻土能够作为医药、化肥以及农药的载体。农业中，负载化肥和农药能够延长药效肥效时间，有助于保持土壤水分，对农作物生长起到促进作用。

(4) 硅藻土建材制品　硅藻土作为保温材料在化工、冶金、电力、通讯以及建材等众多领域扮演重要角色。硅藻土建材，不仅质轻、不燃、保温隔热、隔音，还有调节空气湿度以及清新空气的功能。硅藻土建材质轻、强度低，因此拥有很好的抗震性，通常用作墙体的非承重部分。此外，硅藻土还作为原料广泛应用在轻骨料、轻质水泥、建筑陶瓷、微孔玻璃等领域。

(5) 新用途　科技不断进步，硅藻土制品得到进一步开发，微孔材料、制备改性剂和白炭黑等领域的技术已经很成熟。

8.4.2 硅藻土/二氧化钛纳米复合材料制备及其应用

硅藻土的主要成分是 SiO_2，其化学性质稳定、比表面积大、具有很强的吸附能力。硅藻土有着特殊的孔道结构，可以将纳米 TiO_2 分散在其微孔中，硅藻土良好的吸附能力可以提高纳米 TiO_2/硅藻土复合光催化剂的催化能力。硅藻土负载 TiO_2 复合材料制备方法主要有沉淀法、乳液浸渍法和机械力化学法。

(1) 沉淀法

① 直接沉淀法。称取一定量预处理后的硅藻土置于一定浓度的 $Ti(SO_4)_2$ 溶液中，在搅拌下缓慢加入 1∶1 的氨水，并控制终点 pH 值约为 4，使反应液陈化 6h，所得载体复合二氧化钛经离心分离洗去 SO_4^{2-}，沉淀经 105℃干燥得载体复合二氧化钛前驱体，再经焙烧得到天然矿物复合二氧化钛。

② 均匀沉淀法 称取一定量预处理后硅藻土置于一定浓度的 $Ti(SO_4)_2$ 溶液中，在搅拌下缓慢加入 1∶1 的氨水，调节溶液 pH 值约为 1，再加入过量尿素，置于水浴锅中 80～100℃恒温水浴 2h，使 Ti^{4+} 完全沉淀，所得载体复合二氧化钛经离心分离洗去 SO_4^{2-}，沉淀经 105℃干燥得载体复合二氧化钛前驱体，再经焙烧得到天然矿物复合二氧化钛。

③ 胶溶水热沉淀法 在体系恒温 20℃条件下，向一定浓度 $Ti(SO_4)_2$ 溶液中加入过量氨水，使 Ti^{4+} 完全变成正钛酸沉淀，经离心分离洗去 SO_4^{2-}，再向沉淀中加入一定量水，超声分散制成悬浮液，加入适量浓硫酸，并搅拌使其胶溶，胶溶后溶液呈现微蓝色乳光。称取一定量预处理后的硅藻土置于一定浓度的上述胶溶钛液中，在搅拌下将反应体系置于恒温加热槽中，加热至沸腾，持续反应约 1h，使 Ti^{4+} 基本沉淀完全，再冷却、洗去 SO_4^{2-}，沉淀经 105℃干燥得载体复合二氧化钛前驱体，再经焙烧得到天然矿物复合二氧化钛。

(2) 乳液浸渍法 将制备的 TiO_2 粉末与一定量的水配成溶液，然后加入一定量的乳化剂，超声搅拌，再乳化一段时间，可以制得良好的 TiO_2 乳液。然后称取经过酸预先处理的硅藻土适量，充分搅拌，抽滤，100℃烘干即得到纳米 TiO_2/硅藻土复合材料。

(3) 机械力化学法 机械力化学法制备纳米 TiO_2/硅藻土复合材料主要是运用两步湿磨法制备，研磨Ⅰ是水介质中硅藻土的湿法研磨，确定硅藻土研磨中的球料比和固体浓度。从研磨时间对硅藻土吸附性能和粒径的影响以及能源节约的角度综合考虑，确定硅藻土最合适的研磨时间。研磨Ⅱ是将分散好的纳米 TiO_2 和需要补充的水和介质球加入到研磨好的硅藻土中，继续研磨，之后滤出介质球并烘干收集，得到纳米 TiO_2/硅藻土复合材料，该步骤是制备复合材料的关键。其主要工艺流程如图 8-11 所示。

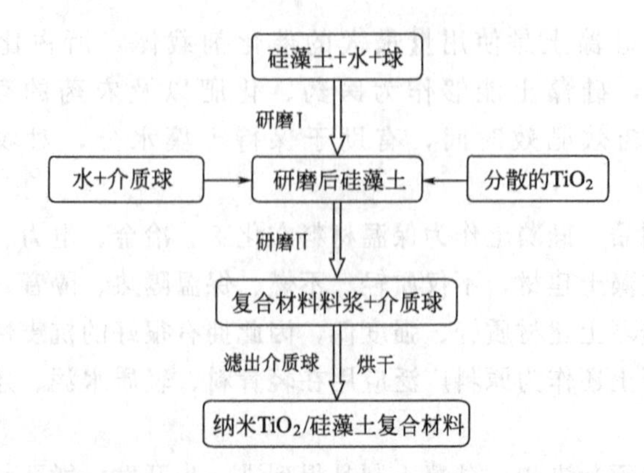

图 8-11 机械力化学法制备纳米 TiO_2/硅藻土复合材料过程示意

8.4.3　硅藻土/氧化亚铜纳米复合材料制备及其应用

氧化亚铜是无机氧化物的一种，分子式为 Cu_2O，氧化亚铜在自然界中可以存在于红棕色的赤铜矿中，通常人工合成的氧化亚铜呈粉末状。氧化亚铜是一种 p 型的半导体材料，其禁带宽度仅约 2.0～2.2eV，在可见光的波段范围内，吸收波的波长为 563nm 的光子时可被激发，所以光催化反应在太阳光的照射下就可发生，产生有效的光载流子，它的光电转换效率可达到 18%，而且无毒。与 TiO_2 等光催化剂相比，可以有效地提高太阳光的利用率，是一种具有很大应用前景的光催化材料。由于纳米氧化亚铜粉末颗粒较小，在水溶液易于产生团聚，且难以回收利用，故人们开始转向着手将纳米 Cu_2O 微粒吸附于载体上的固定相催化剂的研究。硅藻土有着特殊的孔道结构，且具有较大的比表面积，可以将纳米 Cu_2O 分散在其微孔中，硅藻土良好的吸附能力可以提高纳米 Cu_2O/硅藻土复合光催化剂的催化能力。

朱清玮等用硅藻土作为载体，采用浸渍-沉积-还原法制备了一种硅藻土负载纳米氧化亚铜的无机复合光催化材料。将经过酸化处理的硅藻土 5.0g 加入到 50mL 0.25mol/L 的硝酸铜与 1.0mL 5%的 PK30 混合水溶液中，置于热式磁力搅拌器中于 80℃温度下搅拌 30min，然后加入还原剂，25mL 1.0mol/L 的氢氧化钠溶液，在 80℃恒温状态下，搅拌反应 30min 后，抽滤、用去离子水淋洗三遍，然后用乙醇洗涤一次，滤干后于真空干燥器内干燥，即得到硅藻土负载氧化亚铜光催化无机复合材料。还原剂分别使用葡萄糖、水合肼和酒石酸。硅藻土负载氧化亚铜光催化无机复合材料对 TNT 红水中有机物具有非常好的去除效果。硅藻土负载氧化亚铜光催化无机复合材料具体的制备工艺流程如图 8-12 所示，XRD 和 SEM 图分别如图 8-13 和图 8-14 所示。

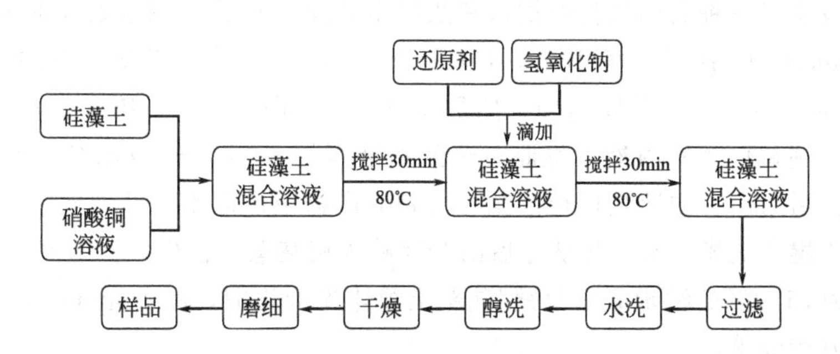

图 8-12　硅藻土负载氧化亚铜光催化无机复合材料具体的制备工艺流程

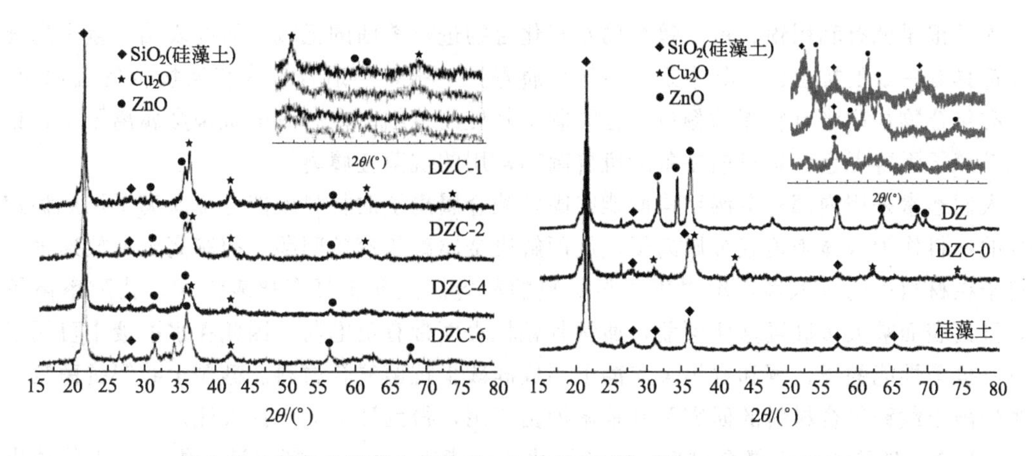

图 8-13　制备的硅藻土负载 Cu_2O 的 XRD 图（Zhu，et. al.，2011）

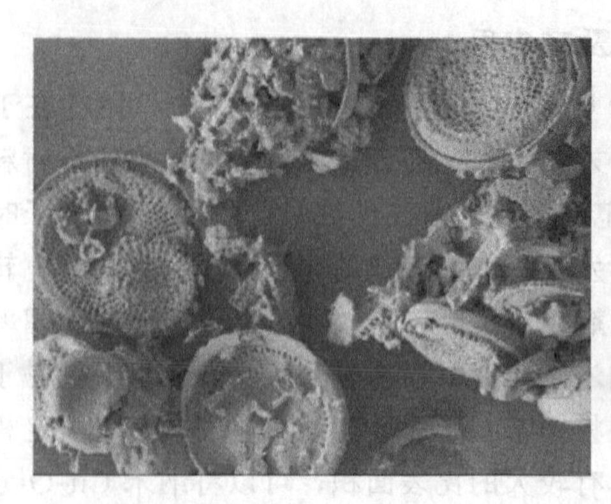
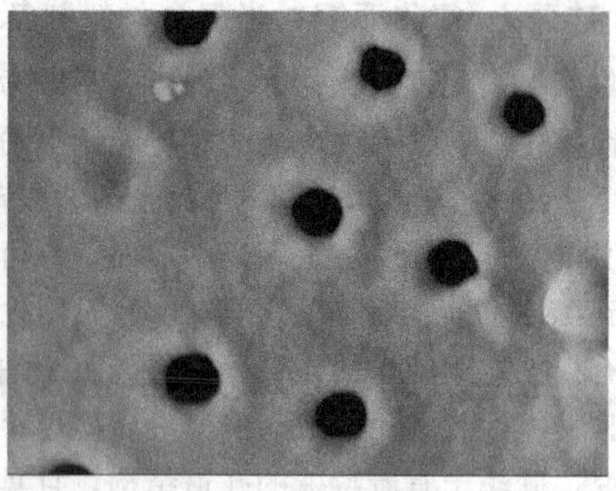

图 8-14 制备的硅藻土负载 Cu_2O 的 SEM 图（Zhu，et. al.，2011）

由于硅藻土单纯负载氧化亚铜光催化无机复合材料对 TNT 红水中有机物去除效率还不能达到工业废水的标准，朱清玮等进一步研究了硅藻土负载 Cu_2O-ZnO 光催化无机复合材料。其制备方法采用两步沉积法，首先将一定物质的量浓度的酒石酸溶液和一定浓度的氯化锌溶液搅拌混合，然后加入经酸化处理过的硅藻土，用氢氧化钠调节 pH 值至 8 左右，一定温度下搅拌 10min，使氯化锌充分水解受热分解得到纳米 ZnO/硅藻土悬浊液。接下来进行第二步沉淀，将硫酸铜和葡萄糖水溶液加到以上悬浮液中，在用氢氧化钠溶液调节体系的 pH 值至 11 左右，继续搅拌 5min，然后真空抽滤，洗涤，真空干燥，即得到硅藻土负载 Cu_2O-ZnO 光催化无机复合材料。

朱校斌等发明了一种利用氯化亚铜水解法制得硅藻土负载的纳米氧化亚铜光催化材料。在超声频率 40kHz 辐射下，将 1.0g，CuCl 和 0.5g 十二烷基苯磺酸钠加入到 100mL，5.0mol/L 的 NaCl 溶液中并搅拌均匀，然后加入 1.0mol/L 的 Na_3PO_4 溶液 10mL 和 1.5g 精制硅藻土，得到黄色的悬浊液，将此黄色悬浊液搅拌 0.5h，使纳米 Cu_2O 均匀地附着在硅藻土表面，然后对所有的溶液进行抽滤，得到的产物用蒸馏水洗涤 3 次之后，再用 20mL 丙酮和 20mL 乙醚各洗涤一次。将洗涤后的产物移入旋转蒸发仪中，50℃真空烘干，得到纳米 Cu_2O 含量为 31.3%的纳米氧化亚铜/硅藻土载体光催化剂。此种光催化剂对有色污水的降解具有非常好的效果。

8.4.4 硅藻土纳米复合材料及其抗菌应用

人类很早就有利用银、铜、锌金属及其化合物进行杀菌的记载。研究表明，重金属离子很多都具有一定的抗菌性，其中汞、铅等金属毒性较强，不适合作为普通场合抗菌剂使用，而铜类化合物往往带有较深的颜色，也限制了其使用范围。在所有的抗菌金属离子中，银离子和锌离子无毒无色，是目前制备无机抗菌剂常用的抗菌金属离子。

人们通常采用内部有空洞结构而能牢固负载金属离子的材料或能与金属离子形成稳定螯合物的材料作为载体来负载金属离子，从而解决金属离子变色问题，控制离子释放速度，提高离子在材料中的分散性，增强离子与材料的相容。硅藻土具有比表面大、孔隙率高等特点，且其表面被大量硅羟基所覆盖，通常其颗粒表面带有负电荷，因此在水溶液中可用于吸附具有抗菌性能的银、铜和锌等金属离子制成硅藻土抗菌复合材料。硅藻土载银抗菌复合材料和硅藻土载锌复合材料的研究及其杀菌抑菌应用，得到社会的广泛关注。

(1) Ag/硅藻土抗菌复合材料 银离子化学性能比较活泼，能迅速与细菌微生物体内蛋白质上的巯基反应，从而破坏微生物蛋白质结构，造成微生物死亡或是产生功能障碍，起到很好的抗菌抑菌效果。

① Ag/硅藻土抗菌涂料。刘成楼、张连松等使用硅藻土载银抗菌剂制备出了调湿抗菌内墙涂料。该涂料选用硅藻土为涂料的调湿材料，银离子为抗菌剂，不但具有普通内墙涂料的一般物理性能，同时涂料中的银离子能够杀灭接触到空气中的微生物，并抑制微生物的繁殖，达到抑菌抗菌、祛除有害气体、清新空气的目的。调湿抗菌内墙涂料还具有调湿防结露功能。当室内相对湿度较高时，涂层中硅藻土的超细微孔结构可以自动吸收空气中的水分，并将水分储存起来；当室内空气中的相对湿度减小时，又能将储存的水分释放出来，从而调节空气中的湿度。有些物品在生产加工或储存过程中，需要严格控制室内环境中的空气湿度，尤其是当需要除湿时，调湿涂层的自动除湿与空调机除湿相比具有成本低、节能、环保的优势，对维持生态环境的可持续发展有着重要意义。

② Ag/硅藻土抗菌陶瓷。邝钜炽等以硅藻土为银离子载体，研发出一种光触媒与银系复合型抗菌釉，采用双层釉工艺（即在底釉上施加含复合抗菌材料的抗菌面釉）与光触媒复合，在 1080～1100℃下使用一次烧成技术，制得高效抗菌陶瓷，并验证了复合型抗菌陶瓷的抗菌性和稳定性。结果表明，硅藻土载银与二氧化钛复合成的抗菌陶瓷具有明显抗菌性，其中抗菌陶瓷中有效抗菌银离子的含量为 0.7%～0.9%（质量分数）时，陶瓷的抗菌效果最佳，且成本较低。将烧制的银-光触媒复合抗菌陶瓷釉面砖样品，按一定比例分别在配制好的酸、碱液中浸泡 36h，检测其抗菌性能。结果发现，浸泡后的抗菌陶瓷釉面其抑菌率仍能达到 85%，具有较好的抗菌耐久性。

③ Ag/硅藻土抗菌水处理剂。胡粉娥系统研究了 Ag/硅藻土抗菌材料在饮用水源水中的应用。静态水杀菌实验结果表明，载银硅藻土能有效去除水中的细菌和大肠菌群，即使含银 0.50%的载银硅藻土在 30min 也能完全杀死水中的细菌和大肠菌群。在动态水杀菌实验中，使用未载银硅藻土做空白对比。空白实验结果显示，硅藻土能有效地去除水样中的细菌和大肠菌群，但随着过滤时间的增长，少量细菌就附着于硅藻土的表面，再加上有机杂质也滞留与硅藻土及分子筛的表面，从而导致细菌的繁殖。过滤 10 天后，出水样中细菌数目达到 1100CFU/mL，大肠菌群数达到 700CFU/mL，远远超出生活饮用水标准。动态水杀菌实验结果表明，含银 0.50%载银硅藻土就能有效去除细菌，过滤 1h，出水样的细菌总数降为 30CFU/mL，符合生活饮用水卫生规范要求（细菌总数 1mL 水中不超过 100 个），且大肠菌群数都为零，符合生活饮用水卫生规范要求（大肠菌群 1L 水中不超过 3 个）。

④ Ag/硅藻土抗菌杀毒剂。张若愚等将 Ag 以纳米状态负载于硅藻土的表面，制得了 Ag/硅藻土抗菌复合材料，并开展了对禽流感病毒的杀灭实验。实验结果显示，1g 载银硅藻土能强烈吸附杀灭 6mL 溶液中的病毒液，血凝效价为零。洗脱上清液接种鸡胚的半致死数统计说明，0.351g/mL 的 Ag/硅藻土剂量对鸡胚接种病毒有明显的吸附杀灭作用。由于硅藻土本身是饲料添加剂，所以 Ag/硅藻土可以用作饲料添加剂来防治禽流感，同时对人体流感病毒交叉感染的防护隔离也是一个新的途径。

(2) Zn/硅藻土抗菌复合材料　虽然银离子的抗菌效果最好，但银离子却存在易变色、价格昂贵的问题。锌离子便宜且没有变色问题，故生产中常选用锌离子作为抗菌金属离子。

① Zn/硅藻土抗菌涂料。胡永腾在载锌硅藻土抗菌剂在涂料中的应用方面做了系统的研究。研究表明，添加 0.5%和 1%载锌硅藻土抗菌剂，涂料白度都能达到 85 以上，对涂料白度基本上没有影响。对抗菌涂料的抗菌性能进行测试，结果显示，添加了 0.5%载锌硅藻土的抗菌涂料的平均抗菌率达到 95%，基本没有菌落生成。而添加了超过 0.5%的载锌硅藻土的抗菌涂料的平均抗菌率均超过了 95%，显示出了较好的抗菌抑菌效果。

② Zn/硅藻土抗菌塑料。抗菌剂添加量较低，为了保证抗菌剂得到良好的分散，在抗菌塑料的制备中，一般先将抗菌剂和基材树脂或者和基材树脂有良好相容性的树脂通过双螺杆挤出机挤出制备成抗菌剂的浓缩母粒，一般浓度为抗菌制品中抗菌剂浓度的25倍或50倍。由于在制备母粒过程中抗菌剂和载体树脂经过了双螺杆的剪切和捏合，再通过成型过程的分散，母粒化抗菌剂在抗菌制品中的分散较好，而且使用的抗菌母粒呈颗粒状，在成型操作中无尘土飞扬，减少了生成过程的污染，使用过程不需要对抗菌剂进行表面处理，优化了抗菌塑料制品的生产工艺。因此，先将抗菌剂母粒化，再制成抗菌制品，是目前抗菌制品制备的主要生产方法。

将硅藻土载锌抗菌剂制备成抗菌母粒，将母粒按一定比例添加到塑料中，经过成型加工，得到抗菌制品。中国科学院理化技术研究所工程塑料国家工程研究中心研制的硅藻土载锌抗菌剂及不同基材树脂的系列硅藻土载锌抗菌母料，经中国疾病预防控制中心环境与健康相关产品安全所权威检测，硅藻土载锌抗菌剂在塑料中添加0.3%，对大肠杆菌及金黄色葡萄球菌的抑菌效果达到99%，抗菌抑菌效果明显，被广泛应用在家电、建材等行业。

8.5 沸石及其纳米复合材料制备化学

8.5.1 沸石及其无机复合材料简介

沸石是一类含水的碱金属或碱土金属的硅铝酸盐矿物的总称，自从1765年瑞典矿物学家Cronstedt在冰岛玄武岩杏仁状孔隙内首次发现沸石以来，已发现天然沸石种类40多种，人工合成沸石近两百种。常见的主要矿物有钠沸石、钙沸石、方沸石、菱沸石、束沸石、浊沸石、毛沸石、斜发沸石、丝光沸石等，但其中只有斜发沸石、菱沸石和丝光沸石具有工业价值。天然沸石作为一种矿物，其含量因矿物不同而异，含量较高的可占矿物总量的50%～70%。沸石的化学通式可表示为：$M_xD_y[Al_{x+2y}Si_{n(x+2y)}O_{2n}]\cdot mH_2O$，式中，M为Na、K等碱金属或其他一价阳离子；D为Ca、Sr、Ba等碱土金属或其他二价阳离子。

沸石骨架的基本结构为硅氧四面体（SiO_4）和铝氧四面体（AlO_4）。在这种四面体结构中，中心为硅（或铝）原子，每个硅（铝）原子周围有四个氧原子，各个硅氧四面体通过处于四面体顶点的氧原子互相连接起来，从而形成许多宽阔、形状规则、大小一定的空腔及连接这些空腔的通道，构成了沸石的独特结构。通常这些空腔和通道的体积高达晶体总体积的50%，因而沸石具有巨大的内表面。一般颗粒的内表面仅有几平方米，而沸石高达400～800m^2（与其他多孔物质相比，仅次于活性炭），导致其吸附能力较强。沸石结构中空腔及通道的内径大小均匀固定，直径约在0.3～1nm之间，其均匀的微孔与一般物质的分子大小相当，由此形成了分子筛的选择吸附特性，即沸石孔径的大小决定可以进入其晶穴内部的分子大小，只有比沸石孔径小的分子或离子才能进入，而大于孔径的物质则被排除在外不能被吸附。人们看到，脱水菱沸石能强烈地吸附水、甲醇、乙醇，但不能吸附乙烷、丙酮、苯等物质，其原因便在于此。活性炭吸附剂就没有这样的功能，它没有固定的孔径，孔径变化较大，大小分子均可自由进入。

沸石是一种新兴材料，被广泛应用于工业、农业、国防等部门，并且它的用途还在不断地开拓。沸石被用作离子交换剂、吸附分离剂、干燥剂、催化剂、水泥混合材料。在石油、化学工业中，用作石油炼制的催化裂化、氢化裂化和石油的化学异构化、重整、烷基化、歧化气、液净化，分离和储存剂硬水软化，海水淡化剂特殊干燥剂干燥空气、氮、烃类等。在轻工行业用于造纸、合成橡胶、塑料、树脂、涂料充填剂和素质颜色等。在建材工业中，用作水泥水硬性活性掺和料，烧制人工轻骨料，制作轻质高强度板材和砖。在国防、空间技术、超真空技术、开发能源、电子工业等方面，用作吸附分离剂和干燥剂。在农业上用作土壤改良剂，能起保肥、保水、防止病虫害的作用。在禽畜业中，作饲料猪、鸡的添加剂和除臭剂等，可促进牲畜生长，提高小鸡成活率。在环境保护方面，用来处理废气、废水，从废水废液中脱除或回收金属离子，脱除废水中放射性污染物。离子交换后饱和放射性物质的沸石，又可以作为辐射源使用。还可以从合成氨工厂的废气中回收氨，从硫酸厂的废气中回收，此外，还可以从其他工业废气中吸附一氧化炭和氨等。

8.5.2　沸石/TiO_2 复合材料制备化学

沸石具有膨大的三维骨架结构，含有较其他硅酸盐更大的空穴和较宽的通道，因此，沸石具有更强的离子交换能力和吸附能力，可以被用来作为光催化剂 TiO_2 的载体，来提高沸石/TiO_2 复合光催化剂的催化能力。

TiO_2 负载方法有很多种，常用的有粉体烧结法、溶胶-凝胶法、偶联法、掺杂法、水解沉淀法、电泳沉淀法、分子吸附沉淀法、离子束溅射注入法、电化学水解法、化学气相沉淀法等。

沸石/TiO_2 复合光催化剂的制备现在一般采用溶胶-凝胶的方法来制备。中国石油大学李进辉等运用天然沸石制备沸石/TiO_2 复合光催化剂并用其来降解含酚废水的研究。其沸石/TiO_2复合光催化剂制备工艺流程如图 8-15 所示。

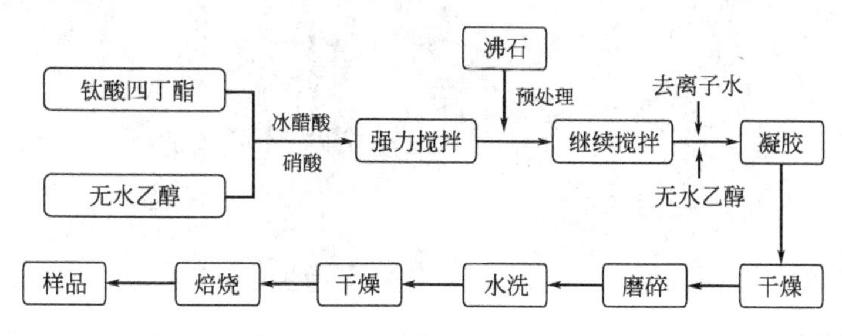

图 8-15　沸石/TiO_2 复合光催化剂制备工艺流程

8.5.3　沸石/纳米银复合材料制备化学

银是一种杀菌性很强、毒性很小的抗菌材料，目前对其研究较多的主要是将银离子负载于具有离子交换性能力的无机多孔载体上，制成的抗菌剂具有良好的缓释性、稳定性和强的杀菌能力。沸石具有膨大的三维骨架结构，含有较其他硅酸盐更大的空穴和较宽的通道，具有很强的离子交换能力和吸附能力，因此，可以被用来作为银离子的载体，来提高银系抗菌剂的抗菌能力。

目前，沸石/纳米银抗菌材料的制备一般是通过沸石的离子交换性和吸附性将 Ag^+ 插入到沸石的孔道结构中，然后干燥磨细后得到沸石/纳米银抗菌粉末。

王洪水等运用沸石、硝酸银等原料制备出了载银纳米抗菌材料，并对其热稳定性、缓释性能和抗菌性进行了研究。其沸石/纳米银抗菌材料制备方法如下。

由于沸石的吸附能力强，在制备后可能会吸附一些有机物，造成交换能力下降，所以在交换前需进行活化处理：即将沸石放置于 400℃的热处理炉中，煅烧 2h 去除沸石孔道中残留的有机物和水分。取 10g 活化沸石，分散到 100mL 去离子水中，用稀硝酸调节 pH 值到 4～6之间，在 50℃水浴下加入硝酸银溶液进行离子交换。离子交换结束后，将固体颗粒过滤、分离，滤饼用去离子水洗涤至清液中无 NO_3^- 存在。清洗后将粉体于105℃干燥12h，研磨过筛后即可得到粒度在325目以下的抗菌粉末。载银沸石抗菌材料制备工艺流程如图8-16所示。制备后抗菌粉末SEM如图8-17所示。

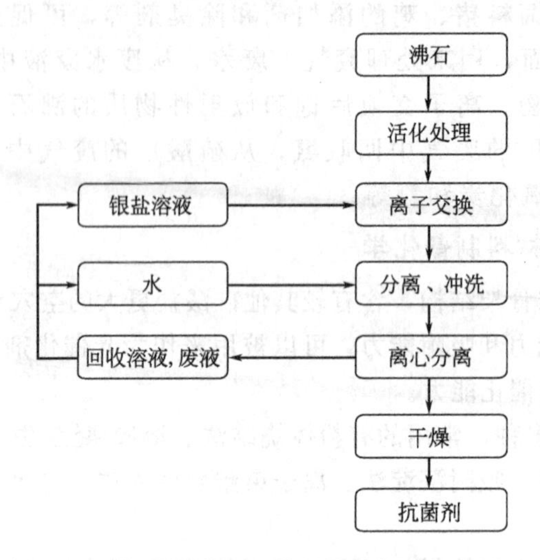

图8-16 载银沸石抗菌材料制备工艺流程

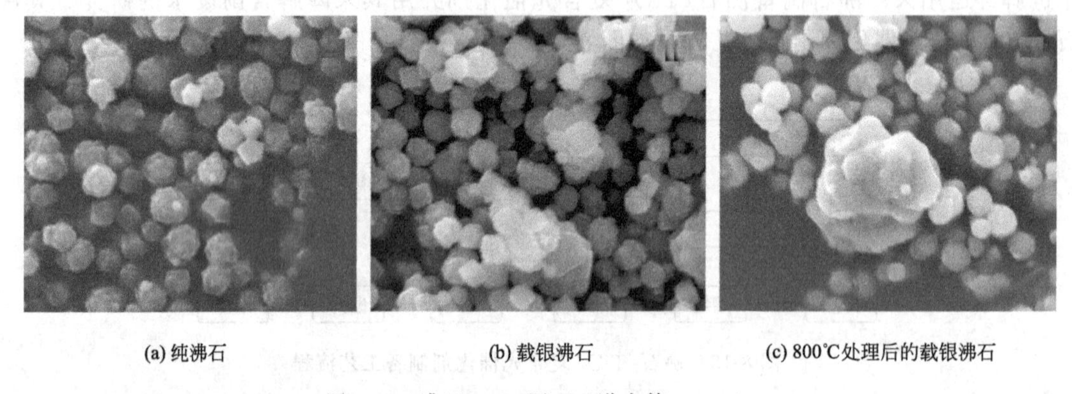

(a) 纯沸石 (b) 载银沸石 (c) 800℃处理后的载银沸石

图8-17 沸石SEM图（王洪水等，2006）

8.5.4 沸石/锌复合材料制备化学

重金属离子都具有一定的抗菌效果，但效果较好的是银、铜和锌。但因为银价格较贵，且使用过程中容易被氧化变色；铜离子有严重的颜色影响，所以它们的应用受到很大的限制；而锌是人体必需的微量元素，锌参与了人体内80多种酶的代谢过程，是人体生长发育、生殖遗传、免疫内分泌、神经、体液等重要生理过程中必不可少的物质，缺锌会对人体的各系统产生不利影响。因此利用锌离子制备抗菌剂，应用到人们的日常生活中，可谓是一举两得的好办法。

沸石/锌复合抗菌材料和沸石/银复合抗菌材料的制备方法相似。

丁浩等运用天然辉沸石和硝酸锌运用湿法研磨的方法制备出了辉沸石载体锌系无机抗菌剂，制备的无机抗菌材料既很好地满足了加工制品对抗菌剂粉体粒度维系的性能要求，而且具有很好的抗菌效果。其具体制备工艺如下：首先按细度300～400目天然辉沸石：去离子水＝1：（1～2）的比例分别称取两种材料，置于湿式搅拌磨的超细磨系统内，通过高速搅拌作用的搅拌机搅拌，并加入占天然辉沸石0.2%～0.8%的六磷酸钠制成浆体；研磨至产物粒度达到小于2μm含量大于90%为止。将天然辉沸石和去离子水按质量比1∶(2.5～4)的比例要求加入到交换反应器中，然后向交换反应器中补入硝酸锌溶液，使天然辉沸石载体材料∶溶液量=1∶(4.5～5.5)的比例要求。然后将固液悬浮液体加热至95℃，然后中等强度搅拌1.5～3h，降至室温。继续搅拌上述固液悬浮物3～10min，并在搅拌过程中缓缓加入占天然辉沸石载体材料量0.05%～0.1%的阴离子型或非离子型聚丙烯酰胺溶液使其形成絮状物；过滤，将滤饼90～120℃烘干，粉碎后再送入800～1000℃的焙烧炉中焙烧1～2.5h，冷却至室温，即得到沸石/锌复合抗菌材料。

曾晓希等运用沸石和硝酸锌制备了载锌沸石抗菌剂，并对其影响其抗菌效果的因素进行了试验。同时运用其制备了抗菌PE膜，并对薄膜的基本性能和抗菌能力进行了测试。测试的结果表明载锌沸石PE膜具有良好的抗菌效果。其载锌沸石抗菌剂制备工艺如下。

称取一定量沸石放入烧杯里，再配置一定浓度的锌离子溶液，按一定比例将溶液倒入烧杯中，把烧杯放在磁力搅拌器上搅拌10～15min，充分混匀，再放到水浴锅中搅拌、加热，让沸石充分吸附锌离子，通过水浴锅控制反应的温度。反应结束后，把沸石抽滤，鼓风烘干，碾磨，再放入100℃下干燥24h，即得到沸石载锌抗菌剂。

8.5.5 石油化工中沸石催化复合材料制备化学

用沸石分子筛作催化剂，至今已经历了三个发展阶段。自20世纪60年代苇茨（Weisz）和弗里莱特（Frilette）发现合成沸石的催化作用以来，沸石在催化领域的用途迅速扩大。由于分子筛的多样性和稳定性，它的独特的选择与择形选择相结合的性能已经在吸附分离、催化及阳离子交换工业上广为应用。分子筛催化很快发展成为催化领域中的一个专门分支学科，此阶段发展的中、低硅铝比沸石被称为第一代分子筛。70年代莫比尔（Mobil）公司开发的以ZSM-5为代表的高硅三维交叉直通道的新结构沸石，称之为第二代分子筛。这些高硅沸石分子筛水热稳定性高，亲油疏水，绝大多数孔径在0.6nm左右，在甲醇及烃类转化反应中有良好的活性及选择性。此种类型分子筛的合成，受到普遍重视。年代联合炭化公司（U CC）成功地开发了非硅、铝骨架的磷酸铝系列分子筛，这就是第三代分子筛。

8.5.5.1 石油化工中沸石催化复合材料

近年来，随着燃料油质量标准要求越来越高，以及针对石化产品生产工艺不断提出的环保要求，促使人们致力于改进炼油与石化生产工艺，并积极开发新型环境友好的催化剂。沸石由于对人体无害、使用后不会造成新的环境污染，且具有活性高、选择性好和容易再生等特点，在各种烃类转化中显示出明显的优势。沸石分子筛石油催化一般分为催化裂化、分子重排、分子间的偶合、炭炭间的生成和异构化。

(1) 催化裂化

① 流化催化裂化。流化催化裂化是最早应用沸石催化剂的，其主要目的是使生产能力和汽油馏分的辛烷值达到最大，并使副产物最少。在这类催化剂中，目前应用的主要是由稀土离子交换的具有较好的稳定性及较高硅铝比的Y型沸石。

② 加氢裂化。加氢裂化是石油馏分在载有金属和具有酸功能的催化剂存在下，在高氢分压下的裂化，其沸石催化剂的用量居第二位。大孔径Y、X型沸石和丝光沸石最适宜石脑油的加氢裂化，但对于重质原料，则最好选用稀土离子交换的高硅八面沸石。

③ 选择性裂化。在石油加工过程中应用ZSM-5作催化剂，其中直链烷烃择形催化裂化为汽油馏分，在ZSM-5中，链烷烃的裂化率随着链烷烃分子长度的增大而增加，随孔道的有效直径的减少而减少，这对辛烷值的提高是很理想的。X、Y、Z型的大孔径沸石和丝光沸石也可用作上述反应的催化剂，但失活较快。

（2）分子重排

① 二甲苯异构化。最简单的是苯环上的甲基重排，如二甲苯异构化反应，就是将来自重整装置或加氢汽油装置的C8芳烃转化为平衡的二甲苯混合物，然后分离出有价值的对二甲苯，若用（CVD法）Si沉积以收窄ZSM-5孔道，产品中对二甲苯含量可增至95%。

② 甲苯歧化。甲苯歧化进行的是分子间的甲基重排，目前主要应用丝光沸石和ZSM-5为催化剂，它们具有更高的稳定性，又可减少多甲苯的生成，如经镁或磷改性后对二甲苯的选择性可达83%。

（3）分子间的偶合

① 乙苯合成。乙苯大约90%是通过苯与乙烯的酸催化烷基化而制成的，在ZSM-5催化剂上进行乙烯与苯的烷基化反应，乙苯产率达99.6%，同时ZSM-5催化剂能增加乙苯选择性及降低能耗。

② 对二甲苯的合成。这一类反应也是制备对二甲苯的途径，即甲醇与甲苯的烷基化，采用阳离子交换的八面沸石催化剂可生产50%对二甲苯，在ZSM-5催化剂上对二甲苯选择性为90%。

（4）炭炭键的生成　甲醇转化反应中，C—C键形成及分子增大的过程，利用ZSM-5的孔道控制产物分子的截面积，选择适宜的反应条件以控制分子的长度，由此而发展了甲醇制汽油及甲醇制低炭烯过程。前者在新西兰已工业化，ZSM-5是该工艺的主要催化剂，后者正处于开发阶段。

（5）异构化

① 重整。即在双功能（酸与贵金属）催化剂上将低辛烷值链烷烃和环烷烃转化为辛烷值的异构烷烃和芳烃。使用PtBa/L型沸石催化剂的工艺，能高产率地将正构己烷和庚烷转化为苯和甲苯，这种催化剂对于甲基环戊烷之类的常见毒物不敏感，但对硫很敏感。

② C5/C6异物化。为解决汽油中不加四乙基铅而引起的辛烷值不足，许多炼油厂增加了戊烷和己烷异构化的能力，采用含贵金属的无定形SiO_2、Al_2O_3和沸石两种催化剂，在氢存在下和中压下进行操作。典型的沸石催化剂是用氧化铝为黏结剂的载有铂的丝光沸石，由于它能抑制硫和水等杂质所引起的中毒，而被优先采用。

8.5.5.2　介孔ZSM-5分子筛材料制备化学

ZSM-5是一种微孔分子筛，以10元氧环构成孔道体系，具有中等大小的孔径和孔口，在孔道走向上没有笼，在催化过程中不易积炭，且具有良好的水热稳定性、适宜的酸性、较好的耐酸碱性和疏水性。由于ZSM-5沸石的高选择性、高活性、抗积炭不易失活等特点，因此其作为石油化工催化剂获得了广泛应用。

制备介孔ZSM-5沸石分子筛的方法一般为模板法，但是模板法一般存在使用有机的黏结剂，且制备过程复杂，成本较高的缺点。

（1）模板法制备介孔ZSM-5分子筛

① 硬模板法。硬模板法是利用多孔炭颗粒、炭纳米管或炭纳米纤维为硬模板合成介孔ZSM-5沸石的一种有效方法。Madsen等用限定空间的思路以多孔炭颗粒为模板合成出含有晶间介孔20～75nm的ZSM-5沸石晶体，介孔体积为0.58mL/g，平均孔径为35nm。Jacobsen等研究了该方法合成的ZSM-5沸石酸性的变化，发现在相同硅铝比条件下，相同质量介孔纳米ZSM-5沸石和大晶粒ZSM-5沸石所拥有的酸量相似，指出含晶间介孔的纳米ZSM-5沸石有很好的工业应用前景。然而该方法使用的多孔炭颗粒尺寸不均一，导致合成出的介孔结构不规整。

② 软模板法。软模板法是指在沸石合成过程中加入气凝胶或树脂等高分子物质，它们是软模板剂，起着同硬模板剂相似的作用，将合成产物中的软模板剂在高温下分解脱除，即可得到介孔 ZSM-5 沸石。

王哲明等发明了一种软模板法制备 ZSM-5 沸石的方法，运用高岭土、硅源、铝源、模板剂、氢氧化钠以及水混合得到质量组成为：（0.1～10 高岭土）：（1.0SiO_2）：（0～0.17Al_2O_3）：（0.05～0.3Na_2O）：（0～0.9 模板剂）：（4～100H_2O）的原料混合物后，加入原料混合物质量的 0.5%～20%的晶化导向剂混合均匀后在 100～200℃晶化 10～360h，制得晶粒尺寸为 200～1000nm 的 ZSM-5 沸石分子筛。模板剂一般选用二乙胺、三乙胺、正丙胺、正丁胺、己二胺、四丙基氢氧化铵或四丙基溴化铵中的一种。这种方法不仅有效降低了沸石的生产成本，而且高岭土基沸石材料用于 FCC 过程体现出较好的催化活性与稳定性，受到诸多研究者与工业界的青睐。

马广伟等发明了一种软模板法制备 ZSM-5 分子筛的方法，以偏硅酸盐或硅溶胶为硅源，以偏铝酸盐或铝盐为铝源，上述的原料按一定的配比制成溶液，其中溶液的摩尔配比为 SiO_2：（0.0033～0.1Al_2O_3）：（0.04～0.3Na_2O）：（30～200H_2O），在 100～200℃晶化温度，100r/min 的搅拌转速下，水热晶化 10～100h，得到属六方晶系的 ZSM-5 分子筛。

（2）后处理法制备介孔 ZSM-5 分子筛

① 热处理。热处理法是指 ZSM-5 沸石在高温下，微孔孔壁上的原子随着热运动发生迁移，一部分微孔扩充成介孔，然后进行降温处理，制备出含 2～5nm 介孔的 ZSM-5 分子筛。Zhang 等虽然热处理温度和时间对 ZSM-5 的结晶度没有影响，但对介孔结构影响较大，热处理初期，部分微孔扩张成为介孔，但是随着热处理的进行，形成的介孔逐渐收缩，最终通过控制热处理条件可以产生部分 2.2nm 的介孔。然而，该方法无法控制介孔尺寸，且产生的介孔极易塌陷。

② 水蒸气处理。水蒸气处理是一种操作简便且常用的沸石改性方法，这种方法使分子筛发生骨架脱铝反应，骨架结构局部塌陷，产生介孔结构。1989 年，Cartlidge 等在对沸石进行水蒸气脱铝处理时发现沸石晶体中出现 10～20nm 的孔结构，随后水蒸气处理成为制备含介孔 ZSM-5 沸石分子筛一种简便可行的方法。但是，这种方法产生的介孔极易塌陷，也不能提供均一介孔孔道，而且水蒸气处理使骨架中脱出的铝迁移到产生的介孔中，影响了 ZSM-5 沸石分子筛催化剂的酸性，从而改变了催化剂活性。

③ 碱处理。用 NaOH 处理制备介孔 ZSM-5 沸石是后处理法中的一种简易便捷的重要方法，其原理是沸石在碱处理过程中骨架上的部分硅被脱除，造成部分骨架塌陷，产生介孔结构，诸多研究者探索了这种方法的最优处理条件，结果并不影响分子筛的酸性质，并能有效增加分子筛的比表面积。Ogura 等首先成功运用了碱处理法制备出介孔 ZSM-5 沸石，系统考察了处理条件的影响，在此基础上，他们提出了实验机制，指出碱处理制备出的介孔是分子筛骨架上的硅物种被碱溶液选择性脱除而形成的。随后，Groen 等质疑这种介孔形成机制，并提出了新观点，认为在碱处理脱硅造介孔的过程中，分子筛上的铝起着孔导向剂的作用。他们还进一步完善了碱处理方法，制备出介孔 ZSM-5 分子筛，其酸性及微孔孔道结构均不受影响。Groen 等运用碱处理粉末状和条状分子筛成型体，优化了制备介孔 ZSM-5 沸石的条件，成功进行了工业级放大。目前，碱处理已成为制备介孔 ZSM-5 沸石分子筛的一种简便有效的方法，但这种方法不能制备介孔均一规整的 ZSM-5 沸石。

④ 酸处理。沸石分子筛在酸溶液中处理可发生部分骨架脱铝反应，造成部分骨架塌陷，并伴随着分子筛晶体间杂质的溶解行为，从而产生介孔。John 等尝试用 HF 溶液脱除硅，

同时铝也大量从骨架中脱除，铝的脱除直接影响了分子筛的 B 酸位。虽然众多文献指出酸处理能够产生介孔，但是酸处理严重影响分子筛酸性，致使酸量明显减少，所以，相对于碱处理方法而言，酸处理法还需进一步研究探索。

8.6　海泡石及其无机复合材料制备化学

8.6.1　海泡石及其无机复合材料简介

海泡石是一种在碱性条件下形成的纤维状富镁硅酸盐黏土矿物，为 2∶1 型黏土，通常呈白、浅灰、浅黄等颜色，不透明也没有光泽。它们有的形状像一个奇怪皮壳状或结核状。在电子显微镜下可以看到它们是由无数细丝聚在一起排成片状。海泡石有一个奇怪的特点，当它们遇到水时会吸收很多水从而变得柔软起来，而一旦干燥就又变硬了。它是沉积作用形成或由蛇纹岩蚀变而成的。中国江西乐平、湖南浏阳等地有产出。

海泡石具有二维连续的硅氧四面体片，其中每个硅氧四面体都共用 3 个角顶，同相邻的 3 个四面体相连，四面体中的活性氧指向沿 b 轴周期性反转。每任意两个硅氧四面体片之间，活性氧与活性氧相对，惰性氧与惰性氧相对，且活性氧与 HO—呈紧密堆积，阳离子充填于活性氧与 HO—构成的八面体空隙中，形成一维无限延伸的八面体片(带)。因此，其结构可视为变 2∶1 型结构层。在惰性氧相对的位置上有类似于沸石的宽大通道，并充填着沸石水。每一八面体片(带)所连接的两个硅氧四面体片形成类似于角闪石“Ⅰ”字束的带状结构层，并平行于 a 轴延伸。整个晶体结构可看成由这种带状结构层连接而成（见图 8-18)。因此，海泡石类似于角闪石发育｛011｝解理，并沿 a 轴发育形成棒状、纤维状形态。图 8-19 为不同形貌的海泡石的 SEM 形貌图，图 8-19（a）为产自湖南浏阳的片状海泡石；图 8-19（b）为产自河北易县的纤维状海泡石。

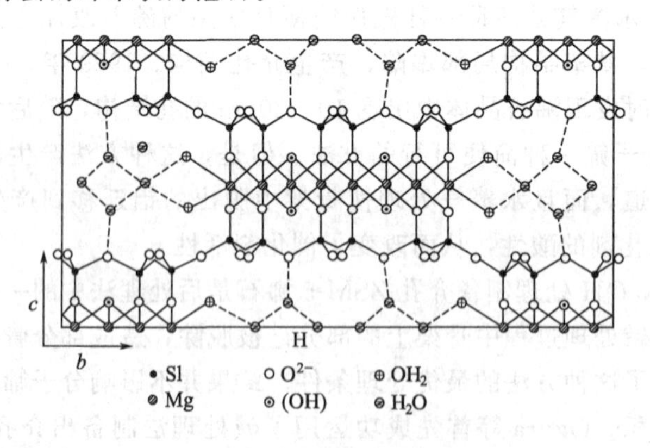

图 8-18　海泡石的晶体结构

(1) 海泡石的一般物理性质　海泡石的化学式为 $Mg_8(H_2O)_4[Si_6O_{16}]_2\cdot(OH)_4\cdot8H_2O$，其中 SiO_2 含量一般在 54～60%之间，MgO 含量多在 21%～25%范围内。海泡石矿物有白、黄、灰等几种颜色，纯净的海泡石多呈白色至浅灰白色。干燥后黏结成块，手触无滑感或少有滑感，黏舌有涩感。风化后具土状光泽，新鲜表面显珍珠光泽，断面呈现纤维状。密度为 2.032～2.035g/cm^3，硬度（莫氏）为 2～2.5 级。质轻，粉末易浮于水面。入水，吸水甚速成絮凝状，且吸水量较大。润湿的海泡石具有极强的黏结性。图 8-19 为海泡石的 SEM 形貌图，表 8-1 对比了国内外海泡石的化学分析结果。

海泡石具有极强的吸附，脱色和分散等性能，亦有极高的热稳定性，耐高温性可达

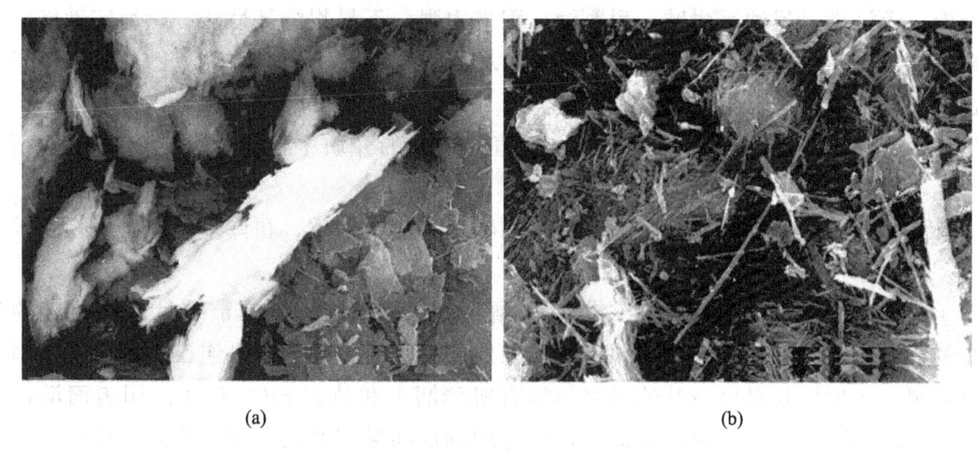

(a)　(b)

图 8-19　海泡石的 SEM 形貌图

1500～1700℃，造型性、绝缘性、抗盐度都非常好。

表 8-1　海泡石的化学成分（以质量百分比/%计）

产地	SiO_2	TiO_2	Al_2O_3	Fe_2O_3	FeO	MnO	CaO	MgO	Na_2O	K_2O	H_2O^+	H_2O^-	总计
理论值	55.65							24.89			11.12	8.34	100
陕西宁强	53.75	0.18	2.27	0.57	0.41	0.03	0.56	22.65	0.09	0.46	7.76	11.24	99.97
湖南浏阳	53.02	0.71	3.45	0.71	0.70	0.19	0.13	20.93	0.04	0.17	11.50	8.76	100.31
湖南湘潭	52.30	0.19	5.98	2.55	0.45	0.01	0.49	17.98	0.10	0.24	11.05	8.24	99.58
马达加斯加	52.50		0.60	2.90	0.70		0.47	21.31			12.06	9.21	99.75

(2) 吸附性　海泡石具有大的比表面积和孔容积，有贯穿整个结构的沸石通道和空隙，而且海泡石表面存在着较多活性中心，这些活性中心使得海泡石的吸附性能极好，使之具备了很高的吸附能力，它能保持自身重量 2～2.5 倍的水，海泡石还能吸附非极性有机化合物，极性化合物包括微极性能物质。海泡石的脱色吸附能力与它的矿物含量呈正相关关系，海泡石矿物含量高吸附能力就强。海泡石由硅氧四面体和镁氧八面体通过共同顶点相互连接成三维立体的骨架结构，有贯穿整个结构的孔道和孔隙，是一种十分空旷的多孔性矿物质，类似于沸石分子筛的结构，因此具备很强的吸附性能。且由于在海泡石的表面含有大量的碱性中心（$[MgO_6]$）和酸性中心（$[SiO_4]$），是一个双手心的表面，具有较强的极性，故优先吸附极性强的物质。海泡石对各种金属离子的吸附交换能力是不同的，这是由其空间结构决定的。当有多种离子共存时，海泡石优先吸附电荷高、半径小的离子。

(3) 流变性　海泡石具有细长针状纤维外形，并且聚集成束状体。当这些束状体在水或其他极性溶剂中分散时，针状纤维就会迅速疏散，大量杂乱地交织在一起形成无规则的纤维网络，这种网络能够使溶剂滞留，这就形成了高黏度并且具有流变性的悬浮液，这些悬浮液具有非牛顿流体特性。这种特性与海泡石的浓度、剪切应力、pH 值等多方面的因素有关。

(4) 催化性　海泡石含有大量的外部硅-氢氧基，对有机质具有很强的亲和力，能与有机反应剂的气态或液态直接作用，生成有机矿物衍生物，并能保留矿物的格架。除此之外，海泡石还有很高的化学惰性，其悬浮液很少受到电解质影响，结构不被酸浸蚀。由于海泡石具有巨大的比表面能、自身存在大量的吸附中心、良好的力学和热稳定性，故在氨气、脱 S、脱 N、脱金属化过程中，能承载 Ni、Fe、Zn、Cu 组和 Mo、W、Ni、Co 组金属元素以及铜族的其他金属元素，可作为催化剂及催化载体。

(5) 耐高温性　海泡石具有热稳定性能高，耐高温性能好（可达到 1500～1700℃），且具有无毒、无污染、耐油、耐碱、耐腐蚀，附着力强、不易裂缝等性能。热稳定性能好，海泡石在400℃以下结构稳定，400～800℃时脱水为无水海泡石，800℃以上才开始转变为顽火辉石和方英石。

(6) 耐腐蚀性　常温下，海泡石在pH值4～10的介质中也极为稳定，只有当pH＜3时才发生溶蚀。

(7) 海泡石的应用　海泡石因为其特殊的物理和化学性质，在许多领域已经得到很广泛的应用。

① 用于塑料、溶胶、聚酯、油漆、油脂增稠剂等。海泡石具有流变性和高黏度的悬浮性，改善它的亲水面可在非极性溶剂中形成稳定的悬浮液。因此，海泡石适用于做塑料溶胶中的增稠剂，产生的效果可与其他触变剂如有机膨润土和热解 SiO_2 相比。用表面活性剂改善海泡石的亲水面，使其与聚酯相适应，作为增稠剂和触变剂用在液态聚酯树脂中，可防止颜料沉淀和应用后期聚酯树脂均质差。

在油漆中加入一定量的海泡石，可使其在储存期间避免颜料沉淀。由于其黏度特性，易于使用刷子、滚筒、空气式真空喷涂设备，它还能以颜料的体积、浓度而产生遮蔽力，因而具有良好的光泽、去污和抗摩擦、抗弯曲性，以及抗流淌性、平滑性和热稳定性，而且霉菌不易生长，黏性也不会因硬水和温度的影响而改变。此外，活化改性海泡石，也可作为有机载体油漆的增稠剂和触变剂。

② 取代石棉，广泛应用于保温、隔热、绝缘、隔音工业及摩擦材料工业中。用海泡石形成的涂敷性保温材料，具有导热性低，保温性能好，热损失低，强度高的特性，且无毒、无污染、耐油、耐碱、耐腐蚀，还能防火、防燃、附着力强、不易裂缝等性能。此外，海泡石保温材料还具有用量少、涂料薄，对管道可直接涂敷，不用捆扎的特点，因而施工方便，且降低成本，节省能耗。目前，全国很多保温、密封材料厂都注重了海泡石的特殊保温节能方面的应用。在摩擦材料中加入海泡石胶体代替石棉作增强基料，可使其具有韧性好，抗拉和抗弯度大，冲击强度高，抗高温衰退性好，磨损小，特别是高温磨损小。此外，密度比石棉摩擦片小，刹车无噪声，无致癌物，无污染，且能降低成本，提高质量。

③ 用于香烟过滤嘴、饲料添加剂、黏结剂和载体。烟草的烟雾是由大量的微液滴组成的，它以悬浮气态存在。活性炭材料滤嘴，能不加选择地吸附烟的气态物。若用海泡石和活性炭作香烟滤嘴，就能有选择地吸附香烟中的整个气态物，即优先吸附有害气态物，对香烟草味的弱极性气体吸附得很少，从而使香烟的香味更浓。目前海泡石用于香烟滤嘴，已通过湖北省建材总公司鉴定，质量已达到国内同类产品的先进水平。

④ 用作催化材料。天然黏土矿物作为催化材料有很长的历史，并且开发新的黏土催化材料一直为人们所重视。由于海泡石具备作催化剂载体的良好条件，因此工业上常用它作为活性组分Zn、Cu、Mo、W、Fe、Ca和Ni的载体，用于脱金属、沥青以及加氢脱硫或加氢裂化等过程，而且也可通过海泡石的改性使之适用于各类催化反应。

⑤ 用于洗涤及漂洗剂、脱色剂、助滤剂、抗胶凝剂等。用海泡石取代高达30%的脂肪酸制成肥皂，可提高肥皂的洗涤率，与蒙脱土和高岭土比，不仅提高清洗的质量和去污垢的能力，而且可以提高最终的白度和吸附细菌，使纺织物上或洗涤水中的细菌达到极低的程度。此外，用海泡石作基料配制成的浆料，除有上述优点外，还能节约大批粮食及大幅度降低成本。

海泡石具有巨大的表面积和多微孔结构，以及存在着吸附和化学吸附作用。因此，它具有优良的脱色特性，继而在石蜡、油脂、矿物油和植物油脱色过程中，常被用作脱色剂、中和剂、除臭剂和脱水剂。又由于其表面上可产生吸附和半吸附作用，因此在提高其表面积比例时能滞流各种流体，作抗胶凝剂和自流剂，可控制混合物的湿度或覆盖液化制品的表面。

海泡石的吸附性以及颗粒的特殊状态，产生多孔的不规则网层结构，使其具有过滤能力，所以，作助滤剂是非常适用的。在葡萄糖的产生过程中，连同它的脱色性，又可作为澄清剂。

⑥ 用于牙膏、化妆品方面。海泡石具有增稠性和触变性，且吸附能力强。因此，很适用于化妆品，并能适当提高黏度和悬浮性、保稠性、保湿性、润滑性等，连同上述的吸附性能，便能增强化妆品、护肤品的附着力，以及不裂、不脱、灭菌性能，在牙膏中可以代替部分磨耗物，吸附细菌。

⑦ 用于医药、农药载体。由于海泡石有大的活化性表面，在其表面上可保留活性物质，因此，它可作为氧化降解作用的药物赋形剂。同样，它的吸附特性也可作为腹泻治疗中吸附肠胃毒素、细菌和黏液的吸附剂。此外，它的成胶性使其涂于肠和胃壁上而保护肠胃黏膜，同时也能控制 pH 值，继而又是治疗胃酸过多的抗酸药品。

⑧ 用于环境污染治理。海泡石对铵离子、重金属离子、有机物分子等都具有较好的吸附性，因而广泛应用于水、大气、土壤等污染的治理。

海泡石良好的吸附性、流变性和催化性使得它在石油、化工、环境保护、建材、造纸、医药和农业等领域得到广泛应用。目前国内市场海泡石初级加工产品和低附加值产品占的比例较高，造成一种隐性的资源浪费，这与我国倡导构筑节约型社会的发展方向不相符，因此，积极开发海泡石高附加值产品是未来几年此领域科研工作者的主要研究方向。

8.6.2 海泡石/二氧化钛无机复合材料制备化学

(1) 直接负载法　海泡石直接负载二氧化钛方法即将 TiO_2 与去离子水配成悬浮液然后加入经酸化处理后的海泡石，超声分散，抽滤、洗涤、干燥、磨细、焙烧等制成海泡石/二氧化钛无机复合材料。

张天永等采用混合焙烧方法，制得 TiO_2/海泡石负载型催化剂，研究了在该催化剂催化作用下，水溶液中邻苯二甲酸二乙酯（DEP）的光催化降解行为。其 TiO_2/海泡石负载型催化剂制备方法如下：将一定量的锐钛矿加入去离子水中制得 TiO_2 的悬浮液，超声分散20min，然后加入10g经过酸处理后的海泡石，继续超声分散20～30min，再加热搅拌使大多数水蒸发掉。试样放进100℃的烘箱里烘干，烘干的样品进行研磨、粉碎，再放入300℃的高温炉内焙烧4h。取出后用去离子水强烈振荡洗涤粉末，静置5min后再倾泻出水反复操作直到上层清液完全没有悬浮颗粒为止。最后抽滤样品，烘干后研磨、粉碎待用。

(2) 水解-沉淀法　运用钛酸四丁酯为前驱体，采用水解-沉淀法制备纳米 TiO_2，再将其负载于海泡石上制得 TiO_2/海泡石催化剂。

贾娜等运用钛酸四丁酯为前驱体，采用水解-沉淀-负载方法制备出了 TiO_2/海泡石无机复合催化剂，并在水溶液中以环境激素邻苯二甲酸二乙酯（DEP）为降解底物进行光催化性能的研究。TiO_2/海泡石无机复合催化剂具体的制备方法如下：称取10g经酸处理后的海泡石，加入200mL无水乙醇，室温下磁力搅拌，再加入一定体积的钛酸四丁酯，继续搅拌30min。超声分散20min后再继续加热搅拌至无水乙醇基本挥发完。干试样在高湿度气氛中静置一夜，第2天，把试样加入到375mL去离子水中与215mL浓硝酸强烈混合，再在80℃加热搅拌，使大多数水蒸发掉。抽滤，滤饼在105℃的烘箱内干燥一夜，再于500℃的高温炉中焙烧12h。取出后用去离子水强烈振荡洗涤粉末，抽滤，直至滤液澄清。

8.6.3 海泡石/氧化亚铜无机复合材料制备化学

氧化亚铜是一种 P 型的半导体材料，其禁带宽度仅约 2.0～2.2eV，在可见光的波段范围内，吸收波的波长为 563nm 的光子时可被激发，所以光催化反应在太阳光的照射下就可发生，产生有效的光载流子，它的光电转换效率可达到 18%，而且无毒。与 TiO_2 等光催化剂相比，可以有效地提高太阳光的利用率，是一种具有很大应用前景的光催化材料。由于纳米氧化亚铜粉末颗粒较小，在水溶液中易于产生团聚，且难以回收利用，故人们开始转向着手将纳米 Cu_2O 微粒吸附于载体上的固定相催化剂的研究。海泡石有着特殊的孔道结构，且具有较大的比表面积，可以将纳米 Cu_2O 分散在其微孔中，海泡石良好的吸附能力可以提高纳米 Cu_2O/海泡石无机复合光催化剂的催化能力。

朱清玮等运用海泡石作为载体，采用浸渍-还原方法制备出了海泡石/氧化亚铜无机光催化复合材料，并研究了其对 TNT 红水可见光催化降解的实验研究，TNT 红水中有机物的降解率可达到 87%。其具体的制备方法是将经酸化处理后的海泡石加入到硝酸铜溶液中搅拌，一定温度下搅拌 30min，然后加入氢氧化钠溶液和水合肼，80℃搅拌 5min 后停止反应，抽滤，洗涤，真空烘干。图 8-20 和图 8-21 分别是海泡石负载 Cu_2O 的 XRD 图和 SEM 图。

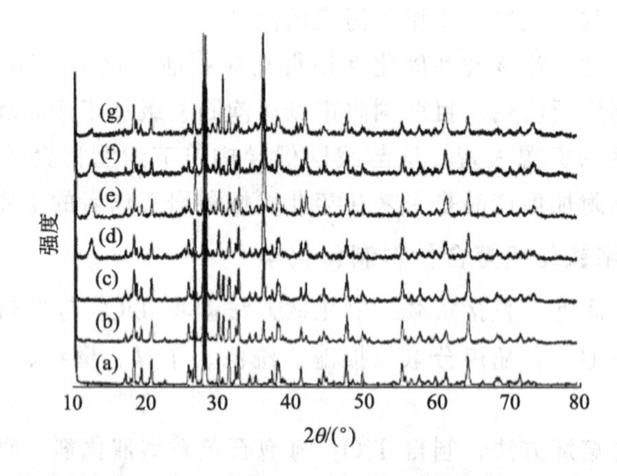

图 8-20 不同比例酸化海泡石负载 Cu_2O 的 XRD 模型图（Zhu，et. al. 2012）

图 8-21 不同比例酸化海泡石负载 Cu_2O 的 SEM 形貌对比图（Zhu，et. al.，2012）

参考文献

[1] 檀倩，肖悦雯，王艳梅．中国非金属矿工业导刊，2011，4：32.
[2] 郝增恒，卢健，盖国胜．非金属矿，2003，26：19.
[3] 施晓旦，许晓琳．中国专利：CN200610117333.8，2007.

[4] 姚超，姚群，丁运生．中国专利：CN201110325300，2012.
[5] 鲁瑞娟，类水滑石基负载型 TiO_2 纳米颗粒的构筑及其光催化性能研究．北京：化工大学硕士学位论文，2012.
[6] 苏秦，类水滑石材料的制备及其负载纳米金颗粒的催化氧化性能研究．上海：华东师范大学硕士学位论文，2012.
[7] Zhu Q W，Zhang Y H，Zhou F S，Lv F Z，Ye Z F，Fu D，Chu P K. Chem Eng J，2011，171：61.
[8] 朱校斌，苏营营，王新亭．中国专利：CN200910255768.2，2011.
[9] 刘成楼，阮旭东，刘玉忠．现代涂料与涂装，2008，11：26.
[10] 邝钜炽，邝钜炽，冼有玲等．佛山陶瓷，2004，14：6.
[11] 胡粉娥．银系抗菌材料在饮用水源水中的应用研究．昆明：昆明理工大学硕士学位论文，2006.
[12] 张若愚，夏雪山，胡亮等．贵金属，2004，25：28.
[13] 胡永腾．载锌硅藻土抗菌剂制备及其在涂料中的应用研究．北京：中国地质大学（北京）硕士学位论文，2007.
[14] 周文剑．天然辉沸石载体抗菌剂的制备及其应用研究．桂林：广西师范大学硕士学位论文，2011.
[15] 方送生．天然沸石负载型二氧化钛光催化剂的制备与光催化性能．吉林：吉林大学硕士学位论文，2004.
[16] 侯文生．银 4A 沸石抗菌剂及载银锌纳米 SiO_2 抗菌纤维的制备、结构与性能的研究．太原：太原理工大学博士学位论文，2007.
[17] 李进辉，王海峰，丁慧，张秀霞，李海鹏．广州化工，2012，40：96.
[18] 王洪水，乔学亮，王小健．材料科学与工程学报，2006，24：40.
[19] 丁浩．中国专利：CN02129700.2，2004.
[20] 曾晓希，汤建新，蒋佩，李福枝．包装工程，2010，31：32.
[21] 汪哲明，陈希强，肖景娴．中国专利：CN201010261600.50，2012.
[22] 马广伟，张慧宁．中国专利：CN201010261645.2，2012.
[23] Zhang C，Liu Q，Xu Z，et al. Micropor. Mesopor. Mater，2003，62：157.
[24] Cartlidge S，NissenH U，Wessicken R. Zeolites，1989，9：346.
[25] OguraM，S. Shinomiya，J. Tateno，et al. Chem Lett，2000，29：882.
[26] Groen J C，Perez R J，Pefer L A A . Chem Lett，2002，3：94.
[27] 张天永，李彬，柴义，费学宁．感光科学与光化学，2005，23：421.
[28] 张天永，范巧芳，王正，曾淼，费学宁．纳米技术与精密工程，2008，6：9.
[29] 李计元，马玉书，张永刚，许良．天津城市建设学院学报，2009，15：114.
[30] Zhu Q W，Zhang Y H，Lv F Z，Chu P K，Ye Z F，Zhou F S. J Hazard Mater，2012，217：11.

第 9 章　无机/有机复合材料制备化学

9.1　概述

有机高分子（聚合物）基复合材料是复合材料乃至材料科学领域中重要的一类，其应用在复合材料中最广。自20世纪40年代，玻璃纤维和合成树脂大量商业化生产之后，纤维增强树脂复合材料逐渐发展成为工程材料，到60年代其技术更加成熟，在很多领域得到应用，并逐渐取代金属材料和传统有机高分子材料。其中，无机/有机复合材料对于复合材料的结构设计和高性能的实现具有重要的意义。作为有机高分子基复合材料中一种重要的复合材料第二相，无机矿物扮演着无机相中重要的角色。与此同时，无机/有机复合材料的制备化学研究对于深入认识无机/有机复合材料的结构特点，特别是对于获得性能优异的复合材料，并开拓其新的应用领域具有重要的意义。

无机矿物/高分子（聚合物）复合材料是指以一种或多种无机矿物组分为填料，高分子（聚合物）材料为基体，从而使材料保持高分子基体主要性能的同时，具有新性能的多相固体材料。这里所谓的矿物组分指除金属矿石、矿石燃料、宝石以外的其化学成分或技术物理性能可资工业利用而具有经济价值的所有非金属矿物。与传统的高分子材料相比，矿物/高分子复合材料具有比强度、比模量高，设计自由度大，抗损伤、耐疲劳性优异等特点。矿物复合材料在具有复合材料普遍特性的同时，拥有其他材料所不具有的特点：

① 成本低廉。复合材料所需矿物成分廉价易得，这直接降低了复合材料的加工成本。

② 绿色加工过程。由于矿物材料结构和成分的特点，使其在加工过程中不产生污染物或者加工废弃物可循环利用。不仅如此，某些工业废弃物、矿渣等也是矿物复合材料的加工来源。

③ 相容性出色。矿物原来本身的结构特点使其在作为填料的时候能很好地改善复合材料的各方面性能。

9.2　矿物无机/有机复合材料研究进展

目前，矿物/高分子复合材料的发展迅速，其成本低廉的特点使该类材料可以大规模应用于建材、环保、塑料外壳等方面。按矿物添加的用途区别，无机矿物/有机高分子复合材料可以分为以下几类。

（1）耐盐、增强的高吸水保湿材料　高吸水保湿材料是一种三维网络结构的新型功能高分子材料，可吸收自身重量数百至数千倍水，且在受热、受压情况下具有良好的水分保持性能。高吸水保湿材料吸收水后的材料经干燥后，吸水能力仍可恢复，并可以反复使用。图9-1为高吸水保湿材料的吸水溶胀示意。在这类高分子材料中加入矿物填料可以改善纯有机吸水树脂凝胶强度较低、耐盐性差、生产成本较高等不足，提高吸水材料的综合性能，扩大其应用领域。

我国黏土资源丰富、廉价易得。黏土矿物是一类层状的含水硅铝酸盐，在矿物粉体的表

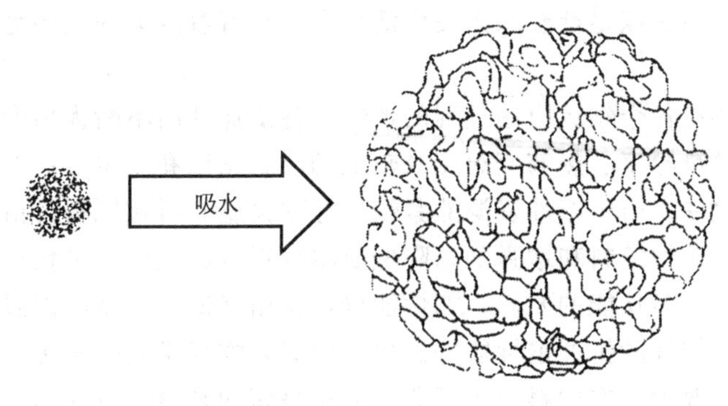

图 9-1　高吸水保湿材料的吸水溶胀示意

面含有大量吸水性羟基，在层间存在大量的可交换性阳离子，黏土矿物颗粒一般小于 2μm，矿物粉体具有良好的亲水性能，在水溶液中能够较好地分散，当它和有限的水混合时具有塑性和黏性。利用黏土矿物具有表面羟基、可交换性阳离子、分散性和亲水性等特点，可与有机树脂以某种形式结合形成矿物粉体/有机树脂高吸水保水复合材料。不仅可以改善吸水材料的综合性能，促进材料的多样化、性能的优化，而且可以降低吸水材料的生产成本。

矿物/有机聚合物复合高吸水保水材料是以带有—OH、—COOH 等亲水基团的线型或体型高聚物为基体树脂，树脂单体、接枝聚合物交联共聚或共混交联共聚前同含有 Si—O、—OH 等活性键的天然矿物预混合，其后在一定温度、时间等反应条件下进行交联复合聚合反应，生成具有吸水、储水性能的功能材料。目前采用添加高岭土、膨润土、云母、滑石、硅藻土等来制备高吸水性复合材料，但是还有许多性能优良的矿物尚处于起步阶段，如膨胀蛭石、累托石、偏高岭土等。另外，其他矿物也在逐渐地被开发，同时，粉煤灰等工业废品也在逐渐地被应用。在今后的发展中，除了寻找单一矿物进行制备高吸水性复合材料的同时，也可尝试采用两种甚至多种矿物进行复合。

(2) 降低成本的环境矿物/高分子复合材料　矿物材料用于环保目的从很早以前即开始，近年来更是备受关注，新技术、新材料、新方法、新应用成果层出不穷。其中环境矿物复合材料是以天然矿物为主要原料，在制备和使用过程中能与环境相容和协调或在废弃后可被环境降解或对环境有一定净化和修复功能的材料。

利用天然矿物开发研制环境矿物复合材料具有得天独厚的条件，因为：矿物材料原料是天然矿物，与环境有很好的相容性；矿物材料生产能耗小、成本低；矿山尾矿综合利用本身即属于环境材料学研究内容；很多矿物材料具有很好的环境修复、环境净化功能。

因此，大力开展和加强矿物环境复合材料研究符合新形势下矿物复合材料学的特点。根据矿物复合材料的特点和在环保领域的应用情况，环境矿物复合材料的主要发展方向是：①环境工程矿物复合材料，即具有环境修复（如大气、水污染治理等）、环境净化（如杀菌、消毒、过滤、分离等）和环境替代功能（如替代环境负荷大的材料）的矿物复合材料；②环境相容矿物复合材料，即与环境有很好相容协调性的矿物复合材料（如生态建材等）。

矿物复合材料除了矿物材料在传统的污水处理、大气吸附、过滤脱色等方面应用水平不断提高外，在生态建材（如低温快烧陶瓷，具有保温、隔热、吸声、调光等功能的建材等）、杀菌、消毒及矿山尾矿综合利用等方面有新的应用技术和产品。

(3) 增强增韧的矿物/高分子复合材料　高分子塑料制品自诞生以来就以惊人的速度发展，目前全球高分子塑料制品年产量已超过 1.3 亿吨，美国占第一位。我国高分子塑料制品的年产量自 1996 年起已超过 1500 万吨，居世界第二位。我国高分子塑料工业不论从国民经济持续快速的发展，还是满足社会和人民生活需求，都有着巨大的发展潜力和广阔的潜在市场需求。

随着高分子塑料在各个领域应用进程的加快，各工业部门不断提出严格的要求，如较高的拉伸强度、模量、热导率、热畸变温度及较低的热膨胀性和成本等；而采用无机非金属矿物填料是主要手段之一。由于石油资源的紧缺，导致树脂和石化原料价格上涨，因此，在制品中采用无机非金属矿物填料和增强剂以降低成本变得日趋迫切。现代社会对高分子塑料材料更是提出了高质量、多功能的要求，如性能好，价格又低廉；既耐高温又易加工成型；具有较好的刚性又具有较好的抗冲击性能等。单一的聚合物很难同时满足多样化、高品质等要求，这就必须对塑料改性。在塑料加工行业中应用最多的是填充改性与共混改性。

在塑料改性中使用矿物填料作为填充剂和改性剂，不仅可以显著降低塑料制品的原材料成本，而且可以有效地改善塑料的性能。随着新型改性填料、复合填料的出现，填料已被认为是一种功能性添加剂。填料是塑料材料的重要添加剂之一，例如塑料工业现在每年耗用的矿物填料至少在250万吨以上。用作塑料填料矿物的种类很多，主要有$CaCO_3$、滑石、高岭土、云母、硅灰石、石墨、水镁石、重晶石等。

矿物填料在塑料中的作用广泛，几乎可以影响塑料的产品设计、性能及生产工艺的全过程。矿物填料在塑料中的主要作用：①降低成本，增大容量。利用矿物填料取代部分塑料基体物质。②增强、补强作用。矿物的活性表面可与若干大分子链相结合，与基体形成交联结构。矿物交联点可传递、分散应力起加固作用，而且产品的硬度、强度会明显提高。纤维状矿物则可提高塑料制品的冲击强度。矿物填料的硬度与塑料产品的压缩强度呈正相关。③调整塑料的流变性及橡胶的混炼胶性能，如可塑度、黏性、防止收缩、改善表面性能和硫化性能。④改变塑料的化学性质，如降低渗透性，改变界面反应性、化学活性、耐水性、耐候性、防火阻燃性、耐油性等，以及着色、发孔、不透明性等。⑤热性能的改善。提高热畸变温度，降低比热容，提高热导率等。⑥改进电磁功能。不降低塑料电学性质，同时提高耐电弧性，赋予塑料产品以磁性等。

近年来，随着矿物加工的不断深入，纳米矿物材料的出现也为矿物/高分子复合材料提供了新的发展方向。总的来说，矿物/高分子纳米复合材料受限于纳米矿物的形貌，主要发展出层状纳米矿物复合材料、链状纳米矿物复合材料和纳米颗粒矿物复合材料。不同形貌的填料可以带来不同的性能增强，而纳米矿物巨大的表面积和良好的界面相容性可以改善常规复合材料的缺点。可以预见矿物/高分子复合材料特别是纳米矿物/高分子复合材料在不远的将来必定有着极大地发展潜力。

9.3 溶胶凝胶原位生成制备化学

9.3.1 溶胶凝胶法简介

溶胶凝胶法是制备材料的湿化学方法中一种方法。溶胶凝胶技术是一种由金属有机化合物、金属无机化合物或上述两者混合物经过水解缩聚过程，逐渐凝胶化及进行相应的后处理，而获得氧化物或其他化合物的新工艺。1845年J.J.Ekelmen首先开展这方面的研究工作，1971年联邦德国学者H. Dislich利用溶胶凝胶法成功制备出多组分玻璃之后，溶胶凝胶法引起了科学界的广泛关注，并得到迅速发展。从20世纪80年代初期，溶胶凝胶法开始被广泛应用于铁电材料、超导材料、粉末冶金、陶瓷材料、薄膜的制备及其他材料的制备等。溶胶凝胶技术指的是溶胶的凝胶化过程，即液体介质中的基本单元粒子发展为三维网络结构凝胶的过程。

溶胶凝胶法是通过凝胶前驱体的水解缩聚制备金属氧化物材料的湿化学方法，目前已经广泛应用于电子、复合材料、生物、陶瓷、光学、电磁学、热学、化学以及环境处理等各个科学技术领域和材料科学的诸多领域。在材料学方面，它已经广泛地应用于陶瓷、玻璃、橡胶、纳米材料、有机-无机杂化材料等诸多材料的制备和改进。

9.3.2　溶胶凝胶法制备复合材料

制备矿物/高分子复合材料的诸多方法中溶胶凝胶法是一种重要方法。可以通过溶胶凝胶制备人工矿物使其负载或填充于高分子材料中。若在高分子有机聚合物或聚合物单体存在下使用溶胶法，前驱物经水解缩合，将所制备的人工矿物小颗粒复合到了有机聚合物中并得到良好分散，从而在温和条件下制备具有特殊性能的高分子聚合物基矿物纳米复合材料（杨合情等，2000；朱春玲等，2001；陈艳等，1997）。

溶胶凝胶法制备复合材料具有如下独特的优点：纯度高、组分计量比准确、无机有机分子混合均匀、控制反应条件和各组分的比率，合成材料可以从无机改性的聚合物转变到少量有机成分改性的无机材料，室温或略高于室温的温和的制备温度，允许引入有机小分子、低聚物或高聚物而最终获得具有精细结构的复合材料，溶胶阶段各组分以分子形式分散从而获得的复合材料通常是纳米复合材料等。利用此方法制备聚合物基无机纳米复合材料时，可以通过前驱物的选择和合成路线的设计，优化复合尺寸和复合界面，达到两相纳米级复合甚至分子复合。溶胶凝胶法制备矿物/高分子复合材料流程见图 9-2。溶胶凝胶法的缺点是凝胶干燥过程中材料易收缩脆裂，前驱物多有毒且昂贵，对一般体系难以寻找合适的共溶剂等等。这极大地限制了此法的应用。尽管如此，溶胶凝胶法仍是目前应用最多和比较完善的方法之一，该方法在制造功能材料方面具有广阔的应用前景。

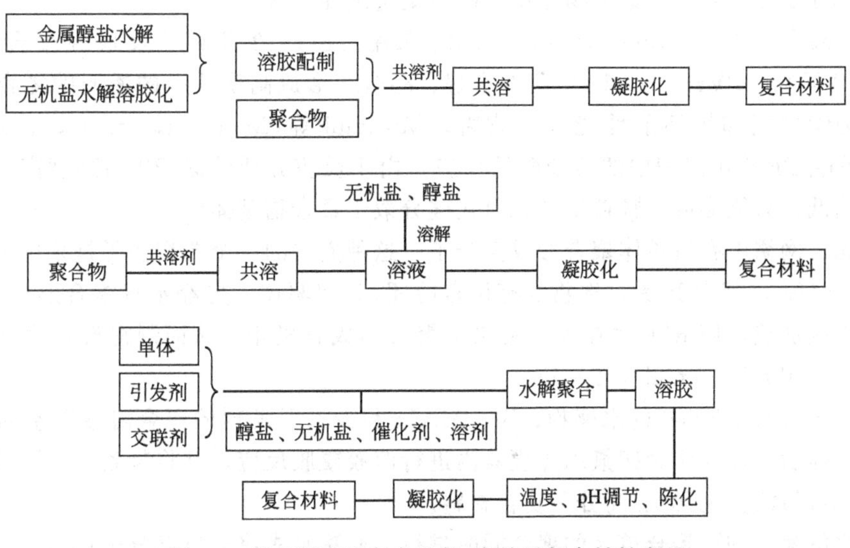

图 9-2　溶胶凝胶法制备矿物/高分子复合材料流程

常用的前驱物有 TEOS、正硅酸甲酯、无机金属盐、烷氧基金属盐、连接有聚合物单体或聚合物的硅酸酯等。通常用酸、碱或中性盐作催化剂使前驱物水解缩合。根据所用的前驱物，得到线状结构的氧化物或硫化物。有机、无机相可以从没有化学键结合到氢键、共价键结合。材料形态可以是互穿网络、半互穿网络和网络间交联。以聚合物基纳米 SiO_2 复合材料的制备为例，溶胶凝胶法就是采用 SiO_2 的前驱体 TEOS 来代替一般的矿物级 SiO_2，从而与有机组分相结合制备得到。

根据聚合物和无机组分的相互作用类型，以溶胶凝胶反应实现纳米复合的方法主要分为五类。

(1) 无机溶胶与高分子共混　将有机物直接掺入到溶胶凝胶基质中是制备矿物/高分子复合材料最直接的方法。这种方式首先使金属醇盐水解，再对水解产物进行胶溶而制成溶胶，或者对无机盐溶液进行胶溶而得到溶胶，之后选择共溶剂，使溶胶与高分子聚合物在共溶剂中共混，或者将高分子聚合物浸渍于已制得的溶胶中，最后再凝胶化而制得矿物/高分子复合材料，这种复合材料只是简单的包埋，两种组分之间无化学键的连接。这种制备方法操作简单因而被广泛应用，同时由于高分子材料不参与溶胶凝胶的过程，从而保持了溶胶凝胶制备出的人工矿物的各种特性，如张以河等(Zhang, et. al., 2001)通过溶胶的方法制备出 TiO_2/SiO_2 凝胶，并将高分子纺织品浸泡在凝胶中。通过处理使凝胶形成纳米级 TiO_2/SiO_2 核壳结构粒子，并附着于纺织品上得到复合材料。通过对产品光催化实验表明，在高分子纺织品表面的纳米粒子保持了阻隔紫外线的特性。

(2) 前驱体在高分子聚合物溶液中的水解　溶胶法制备聚合物基无机纳米复合材料最直接的方法就是在聚合物存在下形成无机相。此法先将聚合物溶解于合适的共溶剂中，再加入前驱体和催化剂（酸、碱或某些盐），在适当的条件下前驱体水解生成溶胶，然后原位缩聚形成无机半互穿网络，再经干燥制得复合材料。这种方法制得的复合材料，聚合物与无机网络间既可以是简单的包埋与被包埋，也可以由化学键相互连接。该法条件温和，操作简单，但限制条件是聚合物得具有良好的溶解性，需先溶于特定的共溶剂，所以共溶剂的选择成为这种方法的关键。常用的共溶剂有四氢呋喃、二甲氧基乙烷、甲酸、乙酸、乙酸甲酯、醇类(甲醇、乙醇、异丙醇等)、丙酮、N, N'-二甲基乙酰胺、N, N'-二甲基甲酰胺等。问题的复杂性在于许多开始溶解的聚合物在反应的后期会沉淀出来。

Christine 等人(Christine, et. al., 1992)采用 TEOS 在几种非反应性聚合物溶液中（PMMA、PVAc、PVP、PDMA）发生水解、缩合，形成高度均一的透明的复合材料，使产物的动力学性能和抗溶剂性能得到改善。Mizutani 等(Mizutani, et. al., 1999)研究了 TEOS 在熔融 PP 挤出过程中的溶胶凝胶反应，由于反应介质熔融 PP 的黏度高，TEOS 的扩散能力很低，只能形成小颗粒纳米二氧化硅分散于聚合物基体中。

(3) 无机网络中有机单体聚合形成高分子　这种方法的一个典型例子是采用三乙氧基硅烷 $R'Si(OC_2H_5)_3$(其中 R'为可聚物的有机官能团)为前驱体，先经水解缩合形成无机网络，再经光化学或加热，使 R'基团在无机网络中聚合形成有机相，从而制得聚合物基无机纳米复合材。(Tanahashi, et. al., 2006)

另外，将含有 KH560 的水解物、St、MAH 和少量引发剂的混合溶液在室温下搅拌至呈黄色透明体后，注入到聚四氟乙烯模具内进行溶胶凝胶反应，并将凝胶在不同温度下保温一定时间，可得浅黄色无机/高分子复合材料。

(4) 水解缩合和可聚合单体的聚合同时进行　此法是先将有机高分子单体与无机物溶胶均匀混合，随着无机溶胶的水解，同时进行有机物的自由基加成聚合（光聚合或热聚合）和开环聚合，两相同步反应形成有机相和无机相的同步互穿网络。这种方法得到的材料具有更好的均一性，不发生相分离，且不溶性的聚合物也可以参与到有机/无机网络中来。然而要使有机聚合与无机水解、缩聚的反应条件相匹配，困难很大。此法需要控制前驱体的水解和有机相中单体的聚合速率相当，使同步形成相互交错的交联网络结构。可以通过调节反应顺序的方法，如先将无机物预水解到一定程度后，再浸渍有机物单体，引发聚合反应；或者可以引入适当的官能团化合物，如各种硅烷偶联剂，含—OH 活性单体，有机、无机相之间避免相分离，从而得到均匀透明的杂化体系。

Novak 等人(Ellsworth，et. al.，2006)提出了有机-无机同步形成互穿网络的新方法。他采用环氧化合物水相开环易位聚合作为有机聚合反应，将可聚合单体、$Si(OR)_4$ 和催化剂在共溶剂中充分混合，用 Ru^{3+} 盐作催化剂，使可聚合单体的开环易位聚合反应和 $Si(OR)_4$ 的水解缩合同步进行，形成互穿网络结构。王华林等(王华林等，2005)以 TEOS、甲基丙烯酸 β-羟丙酯两种活性单体以溶胶-原位聚合法制备出了聚甲基丙烯酸 β-羟丙酯/SiO_2 均质有机/无机复合材料。刘建平等(刘建平等，2004)以甲基丙烯酸甲酯(MMA)为有机单体，TEF 为共溶剂，与 TEOS 共混，制得 PMMA/SiO_2 复合材料。

(5) 无收缩溶胶凝胶法　通常的溶胶凝胶反应其凝胶在后期干燥过程中会收缩致裂，并且在凝胶的干燥过程中，由于溶剂、水、醇等的挥发而产生应力，甚至会导致材料的开裂，因而影响材料的性能和应用。为了克服这一弊端，用可聚合的烷氧基正硅酸酯代替常用的正硅酸酯，同时在溶胶凝胶过程中用计量的水和相应的醇作共溶剂，水解和缩聚释放出 4 分子可聚合的醇，在适当的催化剂作用下，作为共溶剂的醇和释放出的醇都可以聚合，无需挥发，从而避免了大规模的收缩。这种方法的反应前体需要特殊制备，且合成较为困难。Novak 等人将可聚合单体醇作共溶剂，将带有可聚合单体的四烯基原硅酸酯作反应前驱体，在溶胶凝胶反应过程中，作为共溶剂的醇和水解产生的醇都参加了聚合，无须再干燥，因此避免了因溶剂挥发而造成的凝胶收缩。这样形成的聚合物基无机纳米复合材料是线性有机聚合物和三维 SiO_2 半互穿网络结构的。

9.4 层状硅酸盐原位插层聚合有机-无机纳米复合材料制备化学

硅酸盐是自然界最重要的矿物，其基本骨架均由硅氧多面体以各种方式连接构成。硅氧多面体以四面体为主，少量为八面体。四面体既可孤立的被其他阳离子所包围，也可彼此以共角顶方式连接，形成架状、层状、链状、环状、岛状硅氧骨干。硅酸盐矿物即是根据其结构中硅氧骨干的形式进行分类的。

层状硅酸盐是具有由一系列[SiO_4]四面体以角顶相连成二维无限延伸的层状硅氧骨干的硅酸盐矿物，主要包括有云母族、蛭石、滑石、蛇纹石和黏土矿物。硅氧骨干中最常见的是每个四面体均以三个角顶与周围三个四面体相连而成六角网孔状的单层，其所有活性氧都指向同一侧。它广泛地存在于云母、绿泥石、滑石、叶蜡石、蛇纹石和黏土矿物中，通常称之为四面体片。四面体片通过活性氧再与其他金属阳离子(主要是 Mg^{2+}、Fe^{2+}、Al^{3+} 等)相结合。这些阳离子都具有八面体配位，各配位八面体均以共棱相连而构成二维无限延展的八面体片。四面体片与八面体片相结合，便构成了结构单元层。如果结构单元层只由一片四面体片与一片八面体片组成，是 1∶1 型结构单元层，如高岭石、蛇纹石中的层。如果由活性氧相对的两片四面体片夹一片八面体片构成，则为 2∶1 型结构单元层，如云母、滑石、蒙脱石中的层。如果结构单元层本身的电价未达平衡，则层间可以有低价的大半径阳离子(如 K^+、Na^+、Ca^{2+} 等) 存在，如云母、蒙脱石等。后者的层间同时还有水分子存在。

由于层状硅酸盐具有这种结构上的特性，在制备有机-无机纳米复合材料的过程中，首先将单体插入经插层剂处理后的层状硅酸盐之间，进而破坏片层硅酸盐紧密有序的堆积结构，使其剥离成厚度为 1nm 左右，长、宽为 30～100nm 的层状基本单元，并均匀分散于聚合物基体中，最终实现聚合物高分子与层状硅酸盐片层在纳米尺度上的复合。

9.4.1　层状硅酸盐插层制备化学

在制备聚合物/层状硅酸盐纳米复合材料时，层状硅酸盐的表面修饰是制备聚合物/层状硅酸盐纳米复合材料的关键步骤之一。通常，层状硅酸盐片层之间吸附着一些水合的阳离子，随阳离子体积大小的不同，干燥时其层间距约在1nm左右，这种亲水的微环境不利于亲油性的聚合物或单体插入。因此，为了更好地将聚合物单体分散、插层进入层状硅酸盐片层中，必须使片层表面呈疏水性。目前多数情况下，层状硅酸盐的表面修饰一般是采用插层剂来进行有机化处理。利用插层剂改变层状硅酸盐片层表面的极性，降低硅酸盐片层的表面能，并且撑大片层之间的距离，以增加对有机相的亲和性，如图9-3所示。这样亲水性的层状硅酸盐可变成疏水性的有机化层状硅酸盐，同时层间距的扩大也有利于聚合物或单体的插入。

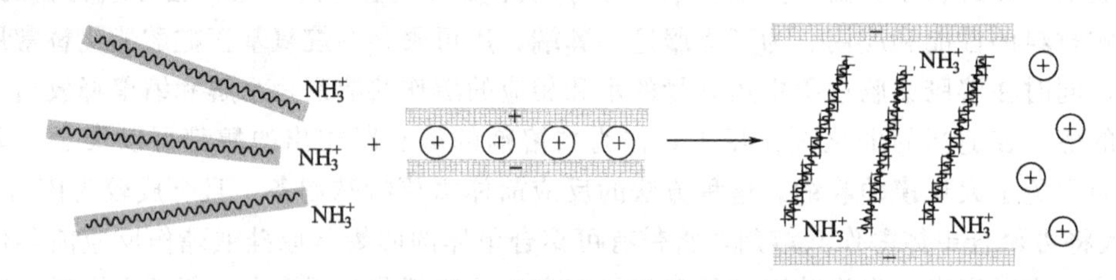

图9-3　插层改性原理示意

插层剂的选择应符合以下几个要求：①容易进入层状硅酸盐晶片间的纳米空间，并能显著增大黏土晶片间的层间距；②插层剂分子应与聚合物单体或高分子链具有较强的物理或化学作用，以利于单体或聚合物插层反应的进行，并且可以增强黏土片层与聚合物两相间的界面黏结，有助于提高复合材料的性能。从分子设计的观点来看，插层剂有机阳离子的分子结构应与单体及其聚合物相容，可具有参与聚合的基团，这样聚合物基体能够通过离子键同硅酸盐片层相连接，大大提高聚合物与层状硅酸盐间的界面相互作用。③价廉易得，最好是现有的工业品。常用的插层剂有烷基铵盐、季铵盐、吡啶类衍生物和其他阳离子型表面活性剂等。

针对不同层状硅酸盐矿物，插层改性的方法也不尽相同。目前可用于制备聚合物/层状硅酸盐纳米复合材料的层状硅酸盐主要有以下几种：蒙脱石、蛭石、云母、高岭石、海泡石等。

(1) 有机蒙脱石插层制备化学　蒙脱石，其化学式可表示为$E_x(H_2O)_n$ $\{(Al_{2x}Mg_x)_2[(Si, Al)_4O_{10}](OH)_2\}$，式中E为层间可交换的阳离子，主要为$Ca^{2+}$、$Na^+$、$Mg^{2+}$、$K^+$，$x$为E作为一价阳离子时单位化学式的层电荷数，一般变化在0.2～0.6，属2∶1型。四面体中有少量的Si被Al置换，八面体中有少量的Al^{3+}被Mg^{2+}置换。

蒙脱石的有机化插层改性，一般使用的是钠基蒙脱石。通过湿法工艺，将蒙脱石分散、提纯，然后用有机插层剂插入层间，使层间距扩大至1.7～4.8nm，形成疏水有机蒙脱石。根据使用的插层剂不同，可以将改性后的有机蒙脱石大体分为单阳离子有机蒙脱石、双阳离子有机蒙脱石、阴离子有机蒙脱石、阴-阳离子有机蒙脱石和非离子有机蒙脱石5种类型。

① 单阳离子有机蒙脱石。制备单阳离子有机蒙脱石的制备过程中，最常用的方法是使用阳离子表面活性剂和高度分散的亲水蒙脱石发生离子交换吸附，其中最常用的阳离子表面活性剂为带有长链烷基的季铵盐。季铵盐中的氮原子连接的4个基团中，至少一个基团为长链烷基。由于季铵盐阳离子在蒙脱石表面的吸附，使亲水的蒙脱石转变为亲油的有机蒙脱

石，保证了有机蒙脱石能够与聚合物有良好地相容性。在这种改性方法中，最常用的季铵盐有十二烷基三甲基氯化铵、十六烷基三甲基氯化铵、十八烷基三甲基氯化铵、十六烷基苄基二甲基氯化铵、十六烷基吡啶基氯等(马月红等，2010；王俊等，2005；孙红娟等，2003；李跃文等，2007；余剑英等，2010；李跃文等，2006)。当然，短炭链季铵盐也可以用来改性蒙脱石，如四甲基溴化铵、四乙基溴化铵、四丙基溴化铵等短链季铵盐表面活性剂。黄双路用短链季铵盐表面活性剂制备改性蒙脱石，推测四甲基溴化铵和四乙基溴化铵进入层间的方式是“双层”或“假双层”(黄双路，2005)。

② 双阳离子有机蒙脱石。双阳离子有机蒙脱石所采用的表面活性剂通常都是长炭链与短炭链季铵盐表面活性剂按一定的比例混合而成的。除了跟单阳离子有机蒙脱石有相同的吸附特点外，当短炭链季铵盐的量一定时，其吸附能力随着长炭链季铵盐表面活性剂的加入量的增加而增加；当双阳离子表面活性剂的配比一定时，则吸附能力随着长炭链表面活性剂的炭链的增长而增加。实验表明(朱利中等，1999)双阳离子改性后蒙脱石与有机物的相容性通常都大于同一单短链表面活性剂改性的效果。

长链表面活性剂和短链表面活性剂在对蒙脱石改性时的作用方式是不同的，前者主要是分配作用，而后者则是表面吸附作用，所以双阳离子有机蒙脱石的改性是两者协同作用的共同结果。另外，双阳离子有机蒙脱石与有机物之间的作用与有机物本身的性质也有关。短链有机蒙脱石的表面吸附作用与有机物的极性有关，极性越强，相互作用就越强；长链有机蒙脱石的分配作用则与有机物的溶解度有关，溶解度越大，相互作用越强；而比例相等的双阳离子有机蒙脱石的吸附作用与单一长链有机蒙脱石相似，以分配作用为主(朱利中等，1999)。

③阴离子有机蒙脱石。阴离子有机蒙脱石的相关研究比较少，所用插层剂通常为十二烷基苯磺酸钠(SDBS)或十二烷基硫酸钠(SDS)。由于蒙脱石表面带有负电，所以阴离子插层剂并不容易进入蒙脱石层间。如果先将插层剂酸化，可以减少插层剂与蒙脱石之间的排斥力；适当增大盐度也有利于插层剂的吸附(苏玉红等，2001)。制备方法与阳离子有机蒙脱石不同：反应温度偏低，具有最大吸附性能的阴离子有机蒙脱石中所结合的阴离子插层剂的量并不是蒙脱石的阳离子交换容量，只约为其15%。通过XRD分析表明SDS改性蒙脱石的层间结构要优于常用的十六烷基三甲基溴化铵的处理效果，而且在有机介质中具有很好的溶胀性、分散性和高触变性(陈海群等，2004)。阴离子有机蒙脱石的有机炭含量和层间距均比原蒙脱石有较大的增加。吸附性能与插层剂和吸附有机物的种类有关，吸附方式以分配作用为主。

④阴-阳离子有机蒙脱石。由于阴、阳离子插层剂同时进入蒙脱石片层中，形成一种较强的分配介质，对有机物起到协同吸附作用，所以其与有机物的相互作用较单一阳离子或阴离子有机蒙脱石要强。与有机物的相互作用大小与改性的采用的阴阳插层剂的种类、配比以及有机物的性质有关。若阴离子插层剂的量一定，阳离子插层剂的量越接近阳离子交换容量时，协同效应越好；当阴阳离子插层剂的炭链长度相当时，协同效应越好。研究表明(朱利中等，2000；朱利中等，2000)，与相应浓度的单一阳离子有机蒙脱石相比较，其层间距变小了。但是由于阴离子插层剂的加入，增大了蒙脱石的有机炭含量，因而其与有机物的吸附能力增强。

⑤非离子有机蒙脱石。非离子插层剂改性蒙脱石的研究起步较晚，是近几年才开始的。通常使用烷基酚与环氧乙烷缩合物TX作为改性剂。此类化合物具有毒性小、价格低廉的优点，且在我国产量较大。这种插层剂用于改性蒙脱石，具有效率高、成本低和环境污染小等

优势。一般采用的非离子型插层剂都具有极性结构，但没有支链和芳环结构，蒙脱石对这种结构的插层剂具有较好的吸附效果（程里等，1997）。由于它们的结构中没有阴阳离子可以进行离子交换，所以一般认为是通过氢键作用使其嵌入蒙脱石二氧化硅表面中，从而使层间距离增大的。也正因为如此，蒙脱石中所结合的非离子插层剂的量大于阳离子交换容量。蒙脱石对非离子型插层剂的吸附能力大于阳离子插层剂。

实验表明（Shen，et. al.，2001），插层剂所带的烷基和乙氧基炭链越短，被蒙脱石吸附的量就越多。需要注意的是，如果插层剂的烷基和乙氧基炭链越短的话，其水溶性越小。为了得到更大的吸附性能和层间距，必须选择由合适的烷基和乙氧基链长相结合的表面活性剂。采用烷基酚与环氧乙烷缩合而得的 TX-7 对有机物的吸附力就大于 TX-15，吸附方式属于分配吸附模式（张晓昆等，2004）。

（2）有机云母插层制备化学　云母族可分为白云母亚族和黑云母亚族。前者包括钠云母、白云母、海绿石；后者包括金云母、黑云母、铁锂云母、锂云母。其中应用最广的是白云母，其次是金云母。化学通式为 $X\{Y_{2\sim3}[Z_4O_{10}](OH)_2\}$。式中，Z 组阳离子为 Si、Al，一般 Al∶Si＝1∶3，有时用 Fe、Cr 代替；Y 组阳离子主要是 Al、Fe、Mg，其次为 Li、V、Cr、Zn、Ti、Mn 等，配位数 6，位于配位八面体层中；X 组阳离子主要是 K^+，有时有 Na^+、Ca^{2+}、Ba^{2+}、Rb^+、Cs^+ 等，配位数 12，位于云母结构层之间。附加阴离子 OH^- 可被 F^-、Cl^- 替代。

晶体结构以白云母和金云母为代表。按八面体层阳离子的种类和填充数量，云母族可分为二八面体型和三八面体型。八面体空隙若为三价阳离子填充，由于电价平衡的需要，只有 2/3 空隙被占据，称为二八面体型云母，如白云母、钠云母；八面体空隙中若为二价阳离子填充，则全部空隙均被填满，称为三八面体型云母，如金云母、锂云母。由于云母族的层状结构之间仅有 X 组阳离子的弱联系，因而具有｛001｝极完全解理，薄片具有弹性。

白云母能在不同地质条件下形成，广泛分布于多种地质体中。化学通式为：$KAl_2[AlSiO_3O_{10}](OH)_2$，单斜晶系，晶体呈斜方或假六方板状、叶片状，有时为柱状或锥状。结合体为叶片状、粒状、鳞片状。晶体结构如图 9-4 所示，它的层状晶体结构与叶蜡石和滑石相似，结构单元层为 1∶2 型，上下两层四面体六方网层的活性氧与八面体层的(OH)上下相向，但相对位移 $a/3$，使两层活性氧和(OH)呈最紧密堆积，阳离子填充于它们所形成的八面体空隙中，形成八面体配位的阳离子层。这种上下两层硅氧四面体片，中间夹一层 Al—O 八面体片的结构层组成了云母结构层，它与叶蜡石或滑石结构层的差别在于 Si—O 片中 Si 被 Al(Mg、Fe 等)取代，结构层内出现剩余电荷，从而在结构层之间进入了阳离子（如 K、Na 等）以平衡多余的电荷，结构层之间按多种方式进行堆叠形成云母晶体（邓苗，2006）。

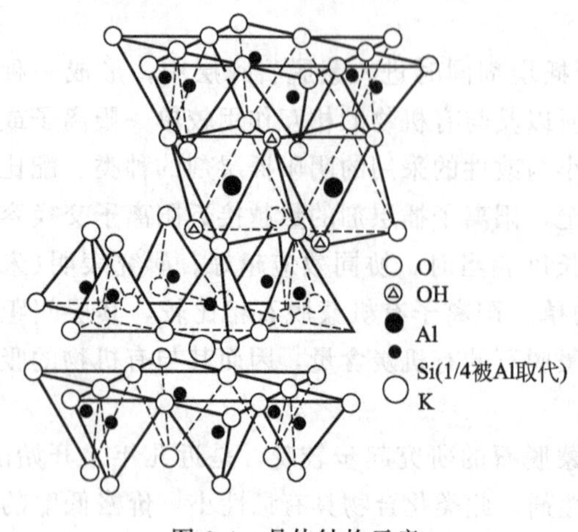

图 9-4　晶体结构示意

白云母具有天然纳米结构片层，其四面体替位产生的层电荷及自身的热稳定性远高于蒙皂石，对它进行插层改性，其稳定性、催化性及吸附性能都将更好。但是，白云母层间域呈惰性，反应性较弱，不能用有机物直接插入层间。这是由于白云母的半原胞$[O_{20}(OH)_4]$具有高达 2e 的层电荷密度，由此产生较强的静电力使得铝硅酸盐层和层间的阳离子结合紧密，导致白云母的离子交换和插层不容易进行（Yu，et. al.，2005）。因此需要采用间接插层的方法制备有机插层白云母，即先用小分子无机物直接插入白云母层间，然后用有机物分子取代前驱体，制备有机插层白云母。由于有机阳离子的水合作用很微弱，生成的有机白云母具有疏水性，同时又增加了白云母的有机质含量，可大大增加白云母与有机物的相互结合能力（吴平霄等，2004）。研究发现，酸浸和加热综合处理可去除蛭石结构层四面体中部分的 Al^{3+}，而对八面体结构影响不大。因此，对云母类矿物进行有机插层改性也可以进行类似处理，降低云母的结构层总剩余负电荷，使其结构单元层间的 K^+ 由不可交换变为可交换，进而进行类似其他膨胀性层状结构硅酸盐的有机插层改性（Xu，et. al.，1995；Watson，et. al.，2003）。

绢云母是结构稳定的层状硅酸盐矿物，其结构有如下特点：结构层剩余电荷密度高、层间离子与层单元结合牢固、物层间离子交换性。所以绢云母比一般云母结构更加稳定，阳离子交换性更低，直接进行酸浸溶铝并不能够使其总剩余电荷降低到直接进行有机插层行为的程度。因此，在酸浸之前需要对绢云母进行活化，使其活性增强，结构中的铝离子更容易被酸溶出，进而通过酸浸降低其结构中的总剩余负电荷，使其结构单元层间的 K^+ 具有可交换性（陈芬等，2009；闫伟等，2008）。

改性后的白云母改变了其层间域的电荷、介质、层间距，破坏了层电荷分布平衡，使其结构与性能发生相应的变化，从而可用来制备有机-无机纳米复合材料。

(3) 有机蛭石插层制备化学　蛭石化学式 $(Mg, Ca)_{0.3\sim0.45}(H_2O)_n\{(Mg, Fe^{3+}, Al)_3[(Si, Al)_4O_{12}](OH)_2\}$。四面体片中 Al 代替 Si 一般为 1/3～1/2，还可由 Fe^{3+} 代替 Si、Al，Fe^{3+} 代替 Si 是产生层电荷的主要原因。单位化学式的电荷数在 0.6～0.9 之间。层电荷补偿一方面由八面体中 Al 代替 Mg 引起，另一方面来自层间阳离子。层间阳离子以 Mg 为主，也可以是 Ca、Na、K 等。八面体片中的阳离子主要为 Mg，也可以有 Fe^{3+}、Al 等。层间水的含量取决于层间阳离子的水合能力及环境温度和湿度。含较高水合能力的 Mg 时，在高的温度和湿度下，单位化学式可含 4～5 个水分子；而当阳离子为水合能力弱的 Cs 时，几乎不含水分子。层间水分含量最大时，约相当于双层水分子层。水分子以氢键与结构层表面的桥氧相连，在水分子层内彼此又以弱的氢键相互连接。部分水分子围绕层间阳离子形成配位八面体，形成水合配离子 $[Mg(H_2O)_6]^{2+}$，在结构中占有固定的位置；部分水分子呈游离状态。这种结构特点使蛭石具有很强的阳离子交换能力。

蛭石结构中四面体和八面体的中心阳离子分别以共价键和配价键与氧原子结合，这两种化学键稳定性不同，导致四面体和八面体在一定的化学环境中遭到不同程度的破坏（戴劲草等，1995）。表面酸性是其重要的表面性质之一，在矿物表面的吸附、催化及颜色反应等方面起着重要作用。酸处理可使蛭石的四面体阳离子和八面体阳离子不同程度地部分溶出，改变了蛭石的结构、电荷分布和电荷平衡，c 轴方向无序化，(001)晶面衍射强度减弱。为了平衡相对增加的负电荷，蛭石表面会吸附阳离子而形成 Lewis 酸。在酸处理过程中酸浓度增高，蛭石表面的 Lewis 酸强度增高。因此，可以根据需要，通过控制酸处理时的酸浓度来改变蛭石的化学组成和结构，从而改变其表面化学活性。用低价阳离子置换蛭石层间的高价阳离子可改变层电荷分布和平衡，在蛭石表面形成 Lewis 酸位，提高表面活性（黄继泰等，1995）。蛭石结构中或表面交换点上的过渡金属离子(通常为 Fe)也可以起电子受体或供体的作用（邓友军等，2000）。

蛭石表面的质子酸的形成主要是由于吸附水的解离作用或离子化作用。交换阳离子的价态越高，半径越小，对周围吸附水的极化作用越强，表面酸度越高。黏土表面的供质子能力也受制于体系的水分含量及黏土层电荷的来源：表面愈干燥，表面酸性就愈强；极干燥的硅铝盐表面吸附的质子 H^+，酸性超过浓硫酸。蒙脱石表面阳离子周围吸附的水分子的解离程度比水溶液中要高几个数量级。一定条件下如高温处理等，黏土矿物表面的 Lewis 酸中心可以向 Bronsted 酸中心转化，而使后者活性增强。水溶液中有机碱可直接通过表面酸碱反应吸附在黏土矿物的表面酸位上（吴德意等，2004）。

蛭石的有机化方法较简单。称取一定量的蛭石精矿，加入相当于其阳离子交换量（蛭石精矿的 CEC 与蛭石精矿用量的乘积）不同倍数物质的量的表面活性剂，配制成一定浓度的悬浮液，在 60～80℃水浴中恒温搅拌或水浴振荡加热 2～4h，可趁热抽滤，也可放置过夜(大约 20～24h)后抽滤，滤饼在 90%左右烘干（王菲菲等，2006）。一般加入的有机阳离子表面活性剂的量以蛭石精矿的阳离子交换量为标准，如果用非水浴加热，有机化试剂采用十六烷基三甲基溴化铵（HDTMAB），则应注意控制反应温度，因为 HDTMAB 不宜在 120℃以上长时间加热。加热至 245～252℃时，HDTMAB 就会分解。HDTMAB 产品的纯度不同，HDTMAB 的热分解温度会有差异，一般纯度越低 HDTMAB 含量越低，热分解的温度越低。

制备大量有机蛭石时，为节省水，可将蛭石和水先配制成蛭石：水＝1：3～1：10(质量比)的悬浮液(一般取 1：3 左右)，使蛭石在其中充分润湿、分散、解离，然后加入相当于蛭石阳离子交换容量的纯有机阳离子固体粉末或液体，再充分搅拌、水浴振荡加热，以充分反应。如果蛭石精矿中含有蛭石-云母规则间层矿物和云母，则应适当延长反应时间，升高反应温度。

蛭石有机化的机理是有机化合物分子在蛭石层间存在离子交换和分子吸附。蛭石对有机化合物的吸附量取决于蛭石层的电荷大小和有机化合物分子的大小。即使在有机物的吸附量低于蛭石的 CEC 时，有机化合物也能以分子吸附方式进入蛭石层间（吴平霄等，2001）。在较低的烷基三甲基溴化铵（CnTAB）加入量水平下，表面活性剂与蛭石的反应属于计量离子交换反应；但在更高加入量水平下，除了离子交换反应外，还有部分 $CnTA^+$ 是以 CnTA·Br 分子形式进入蛭石层间域，而且加入量水平越高，分子吸附所占比例越高。进入蛭石层间的表面活性剂有两个作用：中和蛭石层间电荷及提供中性离子对或中性分子以优化调整疏水性的层间域（吴平霄等，2006）。以哪一种形态进入蛭石层间，取决于离子贡献质子的能力。约 2/3 用量的表面活性剂用于中和黏土层间负电荷，剩余 1/3 以中性离子对或中性分子形式进入层间。当有机化合物不易离解时，以中性离子对形式进入层间，不会使氢键断裂，溶液 pH 不变。

9.4.2　层状硅酸盐插层复合材料制备化学

聚合物基有机/无机纳米复合材料兼有机和无机材料的特点，并通过二者之间的协同作用产生出许多优异的性质，有着广阔的发展前景，是探索高性能复合材料的一条重要途径。聚合物/层状硅酸盐纳米复合材料是指分散相尺度至少有一维小于 100nm 的复合材料，一般以纳米级粒子(1～100nm)分散于连续相中（陈光明等，1999）。由于纳米粒子的比表面积大，有很强的相互作用力，用少量的纳米粒子制备的复合材料即有很好的性能（徐伟平等，1997）：①比传统的聚合填充体系质量轻，只需很少质量分数的填料即可具有很高的强度、弹性模量、韧性及阻隔性能。而常规纤维、矿物填充的复合材料则需要高得多的填充量，且各项性能指标还不能兼顾。②具有优良的热稳定性及尺寸稳定性。③力学性能有望优于纤维增强聚合物体系，这是因为层状硅酸盐可以在二维方向上起增强作用。④由于硅酸盐呈片层平面取向，因此膜材有很高的阻隔性。此外，还可能具有原组分不具备的特殊性能和功能

(洪伟良等，2000)，这就为设计和制备高性能多功能新材料提供了新的机遇。

由于聚合物基有机/无机纳米复合材料具有常规聚合物/无机填料复合材料无法比拟的优点，聚合物/层状硅酸盐纳米复合材料引起了国内外人士的广泛关注，得到了各种基体的复合材料，并取得了一定的研究进展。

(1) 聚酰胺/层状硅酸盐纳米复合材料制备化学　在PLS纳米复合材料中，尼龙6(PA6)/层状硅酸盐纳米复合材料这一体系研究的最早、最多，理解最深入，并已有工业化产品。制备这种材料最早所采用的工艺是单体插层原位聚合。

日本Unitika公司研究开发出了实用的“一步法”生产工艺。K. Yasue等（Yasue, et. al.，2000）将一步法制备PA6/层状硅酸盐纳米复合材料的反应过程分成了三个部分：膨润土的片层互相分离形成纳米尺寸的填充材料；单体聚合成PA6基体；PA6基体与膨润土互相作用形成纳米复合材料。这三个部分相辅相成，互相交叉进行。

国内相关单位在这方面也进行了系统的研究、开发工作，利用我国的优质膨润土矿产，采用工业化前景良好的“一步法”工艺，在同一反应釜中完成了单体插层、膨润土膨胀化、原位聚合等过程，制备出了PA6/膨润土纳米复合材料。工艺流程如图9-5所示（漆宗能等，1996）。

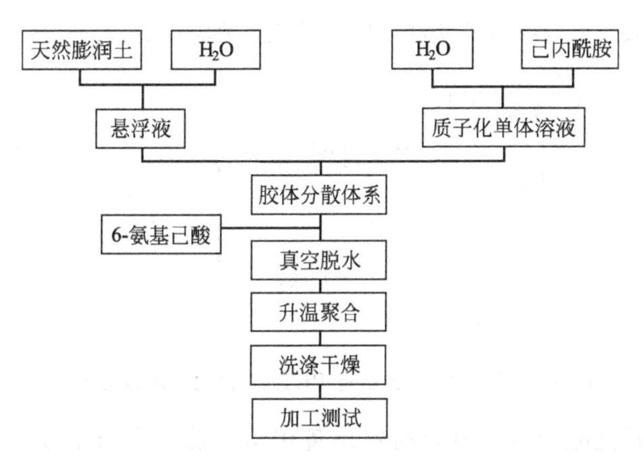

图9-5　“一步法”合成PA6/膨润土纳米复合材料的工艺流程

在PA6树脂中引入膨润土作为填充材料后，其各项性能指标均有所提高，加工性能也更为优异，而材料的密度基本不变。这使得材料的应用范围更加的宽广。例如在注塑成型制品领域，可以制造内燃机引擎盖、油箱箱体、栏杆扶手等。在薄膜和纤维领域更是开创了新的天地。普通填充材料填充的复合材料中，填充颗粒可能在吹塑或纺丝过程中破坏膜泡的完整性或使丝线断裂。由于无机相的分散尺寸是纳米级，远远小于一般薄膜的厚度或者纤维的直径，PA6/膨润土纳米复合材料就避免了上述问题的发生。同时，膨润土还有降低体系黏度的作用。由于此类材料具备优良性能，可以广泛应用于结构材料、薄膜、包装材料、绝缘材料等领域。目前日本的Ube公司和Unitika公司，美国Nanocor公司及Southern Clay公司均已开发了PA6/膨润土纳米复合材料制品。

(2) 聚酯/层状硅酸盐纳米复合材料制备化学　聚对苯二甲酸乙二酯（PET）作为纤维和薄膜，在工业以及人们的日常生活中得到了广泛的应用。但是PET对于氧气和二氧化碳气体的阻隔性能不太理想，这就限制了它在食品、饮料包装材料方面的应用。同时由于其结晶速度慢、熔体强度低，无法满足塑料工业注塑成型的需求，所以不能大量地作为工程塑料使用。膨润土纳米复合材料的出现，为提高PET阻隔性能、结晶速率、熔体强度带来了新的机会。使这类材料有可能在类似啤酒瓶、葡萄酒瓶、果汁瓶和炭酸饮料瓶等领域得到广泛应用，同时诸如美国GE公司、德国BASF公司、日本三菱公司都已推出了商业化的PET工程塑料产品。我国漆宗能、柯扬船等(漆宗能等，1997)的发明专利表明，PET/膨润土纳米复合材料的结晶速率较纯PET树脂提高约5倍。

与PA6/膨润土纳米复合材料的制备类似，制备PET/膨润土纳米复合材料的方法也可以分为两大类：单体插层原位聚合和聚合物熔体插层方法。

目前得到大规模应用的原位聚合工艺有两种方法：一是将膨润土预先分散在乙二醇单体中，然后聚合得到复合材料；另一种是先使用插层剂处理得到有机土，然后在聚合阶段加入有机土制得复合材料。美国的Nanocor公司就是采用前一种方法来制造PET/膨润土纳米复合材料的。图9-6所示为前一种制备工艺的流程，图9-7所示为后一种方法的简单流程。

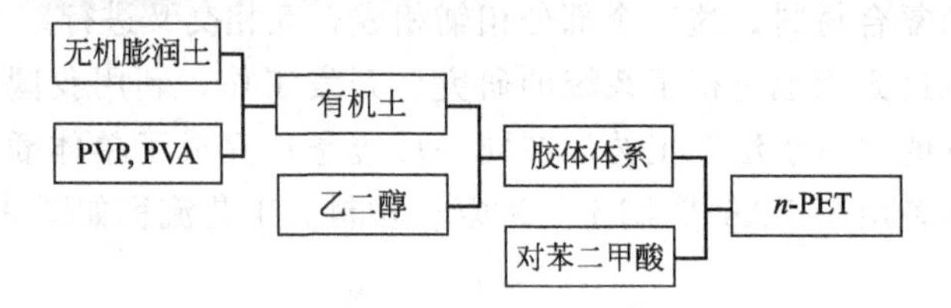

图9-6　原位聚合法制备PET/膨润土纳米复合材料(n-PET)

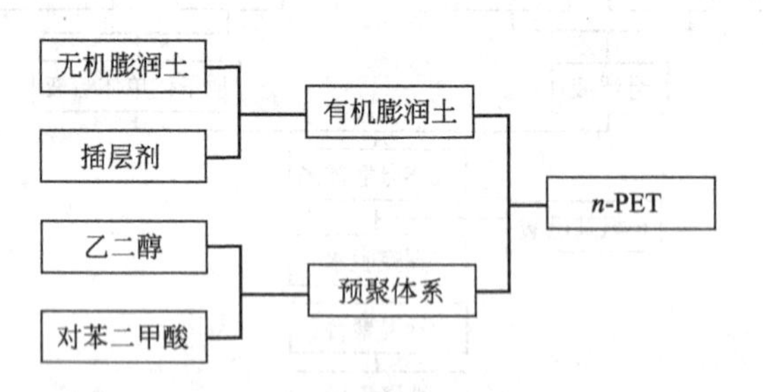

图9-7　原位聚合法制备PET/膨润土纳米复合材料

(3) 聚丙烯/层状硅酸盐纳米复合材料制备化学　前面介绍了以PA6和PET为基体的纳米复合材料，这两种聚合物都是具有一定极性的聚合物。这反映了在PLS纳米复合材料研究领域中一个比较突出的问题：当采用极性聚合物为基体时才能够比较容易的制备出PLS纳米复合材料，而对于非极性聚合物，如聚烯烃这一大类应用广泛的聚合物品种，制备的难度要大得多，使用通常的制备方法往往无法得到结构比较理想的复合材料。这也是目前对PLS纳米复合材料的研究中一个备受关注、急需解决的问题。

自从1996年A. Oya(Kurokawa, et. al.，1996)等人报道了聚丙烯/层状硅酸盐纳米复合材料的制备以来，有关的研究已经成为了热点方向。目前制备PP/膨润土纳米复合材料的方法主要有：插层聚合法、熔融插层法、溶液插层法。

马继盛、尚文宇(Ma, et. al.，2001)等采用插层聚合方法制备出了聚丙烯/蒙脱石纳米复合材料。与制备其他种类聚合填充复合材料类似，制备PP/蒙脱石纳米复合材料时也要经过填料的预处理、活化和单体聚合三个阶段。

(4) 其他基体的层状硅酸盐纳米复合材料制备化学

聚酰胺亚胺，是以酰亚胺基为结构重复单元的一类聚合物，具有耐高温、耐腐蚀和优良的电性能。聚酰亚胺是综合性能最佳的有机高分子材料之一，耐高温达400℃以上，长期使用温度范围在－200～300℃，无明显熔点。但是随着科技的进步，对这类材料的性能要求也在不断提高，比如力学性能和低介电性。Yi-He Zhang(Zhang, et. al.，2004)等采用原位插层聚合的方法制备了聚酰亚胺/层状硅酸盐纳米复合材料，并研究了其常温和低温力学性能。结果表明，当蒙脱石含量为1%(质量分数)时，低温拉伸强度达到最大值。同时，强度、模量以及断裂伸长率都明显高于纯的聚酰亚胺材料。随后其又通过插层的方法制备了聚酰亚胺/黏土复合材料，并对介电性能进行了研究(Zhang，et. al.，2005)。结果表明，随着黏土含量的增加，介电常数逐渐降低。而且，当黏土含量为1%(质量分数)时，介电常数低于纯的聚酰亚胺材料。

此外，以聚苯乙烯、聚甲基丙烯酸酯、聚氧乙烯、天然橡胶以及和树脂等诸多聚合物为基体的纳米复合材料均受到了广泛关注。

9.5 层状硅酸盐柱撑复合材料制备化学

层状硅酸盐因为具有很高的表面积和稳定的层状结构，是当前较为活跃的催化剂和吸附剂研究对象。其中关于柱撑层状硅酸盐的研究尤为引人注目。

所谓的柱撑层状硅酸盐，是由柱化剂或交联剂(有机或无机的大阳离子团)通过离子交换方式或直接进入硅酸盐层间，使硅酸盐矿物层间域微环境改变的呈“柱”状支撑的分子级复合材料。1955年，Barrer和Mcleod首次将四烷基铵离子引入到蒙脱石层间制成了有机柱撑黏土。这类物质由于孔径较沸石分子筛大，适合于重油的催化裂化而引起人们的极大关注。

1977年，Brindley(Brindley，et. al.，1977)等首次利用无机聚羟基多核铝离子交换蒙脱石的层间域物质，羟基柱撑蒙脱石经煅烧后，水化柱撑体（柱化剂）逐渐失去所携带的水分子形成更稳定的氧化型大阳离子团固定于蒙脱石的层间域，并形成永久性的空穴和通道。由此制成了层间自由空间约为0.9nm、比表面积大于$200m^2/g$的Al_2O_3-柱撑黏土，其热稳定性大幅度提高，可在450℃下煅烧而不产生层结构的坍塌，并且对重油具有一定的催化活性，这一材料的问世为重油的深度加工提供了新的可能性和途径，因而引起了广泛的关注。在此之后，各种类型的柱撑硅酸盐相继被合成出来。

9.5.1 柱撑层状硅酸盐的制备原理

一般未处理过的层状硅酸盐层间水化离子主要是Na^+、K^+、Ca^{2+}、Mg^{2+}等。由于层间的作用力为较弱的范德华力、静电力和氢键力等，水化离子较易被其他更大的有机、无机复杂水化离子所交换，从而制得各种类型的柱撑型层状硅酸盐。离子交换是在溶液中进行的，其中含多核离子的溶液称为柱撑溶液。与蒙脱石发生离子交换后，层间插入的多核离子在加热到400℃以上时开始脱水和脱羟基，并最终转化为稳定的氧化物柱。氧化物柱稳定地固定于层状硅酸盐层间，把硅酸盐片层永久的撑开，形成稳定的二维微孔体系。

9.5.2 柱撑层状硅酸盐的制备方法与工序

以蒙脱石为例，利用其层状结构和离子可交换性，制备柱撑蒙脱石的步骤一般可概括如下：①在水中让蒙脱石膨胀；②用部分水化聚合物或者低聚金属离子混合物交换层间离子，从而进入蒙脱石层间域；③膨胀蒙脱石块的干燥和煅烧使层间多核金属离子转变为固定的氧化物柱。氧化物柱把硅层永久地撑开，并与硅四面体片形成共价键。换个角度考虑，步骤②的柱采用不同的方法处理后还可以交换，然后继续步骤③使再次交换的柱固定在硅酸盐层间。因此，总结其成功的合成技术主要在于把握以下几个步骤：①有较强的可膨胀性和阳离子交换性能的蒙脱石；②制备适宜的聚合羟基无机或有机金属离子；③蒙脱石悬浮液浓度要适宜，搅拌和放置时间也要充分；④洗涤和干燥条件；⑤煅烧温度、时间、气氛。

9.5.3　柱撑层状硅酸盐制备的工艺条件及影响因素

多年来，从层状硅酸盐的晶体化学和晶体结构特性出发，利用各种合成技术，国内外学者研究了不同的柱化剂及其氧化物柱撑层状硅酸盐。同时，随着分析技术和分析仪器的不断更新，元素分析、差热和失重、X射线衍射、红外吸收光谱、能谱扫描电镜、原子力显微镜、旋转核磁共振、各种液气小分子及中等尺寸分子的比表面吸附等分析手段被广泛应用于柱撑硅酸盐的分析研究。结果表明：各种柱撑硅酸盐的热稳定性，孔径分布及吸附、催化活性等随着合成条件的不同而发生改变。主要影响因素为：蒙脱石的组成和结构；阳离子交换能力和特性；聚合羟基阳离子的聚合程度及其在蒙脱石层间转换成氧化物柱体的结构和特性以及聚合羟基阳离子与蒙脱石层间的作用等。因此，制备过程中要对工艺参数进行优化：其中包括柱化剂制备时金属离子浓度、酸碱性或水解程度、蒙脱石悬浮液的浓度和层离程度、反应及老化温度和时间、柱化剂的种类以及制备方法、干燥条件、煅烧温度和时间等。

9.5.4　柱化剂的分类

可被引入硅酸盐层间域并形成柱撑硅酸盐的化合物称之为柱化剂。目前常用的柱化剂有：有机化合物、金属簇阳离子、有机金属复合物、金属氧化物溶胶和聚羟基阳离子等。由于有机柱化剂热稳定性不够理想，已基本被无机柱化剂替代，这一趋势是柱撑层状硅酸盐研究的一个重大进展。其中研究比较多的是聚羟基阳离子。以蒙脱石为例，根据选用的聚合阳离子类型不同，获得的柱撑蒙脱石的类型也不同，其制备方法也有所不同。

(1) 单一元素聚合金属阳离子柱撑蒙脱石　Al-柱撑蒙脱石，是由聚合羟基铝离子与钠蒙脱石交换反应形成的柱撑蒙脱石。聚合羟基铝离子可通过 $AlCl_3 \cdot 6H_2O$ 与 NaOH 水溶液反应或以 $AlCl_3$ 水溶液直接电解获得。聚合羟基铝离子柱化剂制得后，按5～30mmol Al/(g蒙脱石) 的用量加入到钠蒙脱石悬浮液中，混合反应1～2h，老化2～4天，脱水、烘干后得到聚合羟基铝离子柱撑蒙脱石。经过300～500℃煅烧后，蒙脱石层间的聚合羟基铝离子分解，转化成 Al_2O_3，形成 Al_2O_3 柱撑蒙脱石（Pa，et. al.，1977；Tan，et. al.，2008；Schoonheydt，et. al.，1994）。

Cr-柱撑蒙脱石，由聚合羟基铬离子与钠蒙脱石交换反应制得（Volzone，et. al.，1995）。聚合羟基铬离子是0.1mol/L $Cr(NO_3)_3$ 溶液与0.2mol/L NaOH溶液反应的产物。反应条件为：OH/Cr=2；温度20～60℃；时间1～2h，老化1～5天。将制得的聚合离子柱化剂按5～20mmol Cr/(g蒙脱石)的用量加入到钠蒙脱石悬浮液中，在60℃下交换反应2h，然后洗涤、脱水、烘干，即得聚合羟基铬离子柱撑蒙脱石。经350～500℃下焙烧后，聚合羟基铬离子转化成 Cr_2O_3，得 Cr_2O_3-蒙脱石。另外也可用醋酸铬与磷酸盐反应来制备聚合羟基醋酸铬离子（Antonio，et. al.，1992），然后与钠蒙脱石交换反应，老化10天，洗涤、脱水、烘干，在625℃下的氨气中煅烧，制得 Cr_2O_3-蒙脱石。

Ti-柱撑蒙脱石，以钛柱化剂与钠蒙脱石交换反应来制取（Sterte，et. al.，1986）。钛柱化剂由 $TiCl_4$ 与HCl反应而得。将 $TiCl_4$ 加入6mol/L HCl中，然后加水稀释至Ti浓度为0.82mol/L，HCl浓度为0.11mol/L，老化3h后成柱化液。按10mmol Ti/(g蒙脱石)的用量，将钛柱化液缓慢滴入浓度为4g/L的蒙脱石悬浮液中，在室温下搅拌反应3h，洗涤、脱水、烘干，再在400℃下烘焙3h，得 TiO_2-柱撑蒙脱石。

Fe-柱撑蒙脱石的制备方法如下（Colombo，et. al.，1997）：按5mmol Fe^{3+}/(g蒙脱石)的用量，将0.01mol/L $Fe(NO_3)_3$ 与钠蒙脱石悬浮液混合，通入 CO_2 气体调节混合液的pH值，使其保持在5。缓慢滴入浓度为0.25mol/L的NaOH溶液，直至OH/Fe=2.81～

2.95。然后在室温下老化 7 天，老化期间，以 0.1mol/L NaOH 调节混合液的 pH 值。洗涤、脱水、烘干，再在 400～500℃下焙烧，即得 Fe_2O_3-蒙脱石。

Si-柱撑蒙脱石是用 3-氨丙基三甲氧基硅烷或 2-三氯甲硅烷基乙基吡啶与钠蒙脱石反应来制取的（Geolar，et. al.，1994）。在强烈搅拌下，将一定量的 3-氨丙基三甲氧基硅烷或 2-三氯甲硅烷基乙基吡啶水溶液与一定量的钠蒙脱石悬浮液缓慢混合，用氨水调节混合液的 pH 值，使其保持在 6。然后在室温下搅拌反应 17h。洗涤、脱水、烘干后，在 300～700℃下煅烧，制得 SiO_2 含量达 2.5%～13.5%的 SiO_2-柱撑蒙脱石。

（2）多元素聚合金属阳离子柱撑蒙脱石　利用多元素聚合金属阳离子制备柱撑蒙脱石，其目的是为了获得性能更加卓越的材料。研究的热点是提高孔径和催化性能。目前用于制备多元素聚合金属阳离子柱撑蒙脱石的元素主要有 Al、Fe、Cr、Ce、La、Ti、Si、V 等。

Ce/Al-柱撑蒙脱石。将制备好的聚合羟基铝离子与 $Ce(NO_3)_3$ 溶液进行水热处理，在 120～165℃下处理 16～64h，制取聚合羟基铈铝离子柱化液（Ernst，et. al.，1996）。然后按 15～30mol/(g 蒙脱石)的用量，将柱化液迅速加入蒙脱石悬浮液中，在室温下搅拌反应 24h。然后洗涤、脱水、烘干，再在 350℃下预烧 1h，在 500℃下煅烧 1h，得 Ce/Al-柱撑蒙脱石。

Fe/Al-柱撑蒙脱石可直接在含有适量 $Al(NO_3)_3$ 和 $Fe(NO_3)_3$ 的钠蒙脱石悬浮液中滴定 NaOH 溶液来制取（Lou，et. al.，1993）。按照 Fe/Al=0.5～4 的比例，将 0.01mol/L $Al(NO_3)_3$ 与 0.01mol/L $Fe(NO_3)_3$ 溶液均匀混合，再以 5mol/(g 蒙脱石)的用量与蒙脱石悬浮液混合。通入 CO_2 气体调节混合液的 pH 值，使其保持在 5，然后用 0.25mol/L NaOH 溶液缓慢滴定，使反应体系中 OH/(Al+Fe)值达到 2.81～2.95。反应结束后，以 NaOH 调节反应体系的 pH 值，在室温下老化 7 天，即得 OH-Al/Fe-柱撑蒙脱石。在 300～500℃下煅烧，得 Al_2O_3/Fe_2O_3-柱撑蒙脱石。

Cu/Al-柱撑蒙脱石是利用 Al-柱撑蒙脱石与蜡酸铜反应来制备的（Perathoner，et. al.，1997）。使 Al-柱撑蒙脱石与浓度为 0.1mol/L 的醋酸铜水溶液充分反应，然后在 350～450℃下煅烧，便得 CuO 含量达 2%～3%的 Cu/Al-柱撑蒙脱石。

Si/Ti-柱撑蒙脱石的制备要先制出 Si/Ti 柱化溶胶（Malla，et. al.，1993）。选用 $Si(OC_2H_5)_4$ 和 $Ti(OCH[CH_3]_2)_4$ 制取 Si/Ti 柱化溶胶。6.25g $Si(OC_2H_5)_4$ 与 1.8mL 乙醇和 1.5mL 浓度为 2mol/L 的 HCl 混合反应 1h，制取硅溶胶。同时以 0.58g $Ti(OCH[CH_3]_2)_4$ 与 3.4g 乙醇混合，制成白色钛凝胶。然后，在不断搅拌下，将硅溶胶加入到钛凝胶中，反应 1h 后，即得黄色透明柱化溶胶。将制得的 Si/Ti 柱化溶胶与钠蒙脱石悬浮液混合，在 50℃下反应 3h，洗涤、脱水、烘干，在 500℃下煅烧，即得 SiO_2/TiO_2-柱撑蒙脱石。

9.5.5　小结

目前，可用于制备柱撑型复合材料的层状硅酸盐主要有蒙脱石、皂石、高岭石、蛭石和累脱石等，但研究较多的仍是蒙脱石。

前面几小节以蒙脱石为例介绍了柱撑层状硅酸盐的制备，主要是以无机柱撑为主。近年来，随着对层状硅酸盐柱撑研究的不断深入，也提出一些新的思路和方法。谭伟等提出了用壳聚糖、羟基铝离子复合柱撑蒙脱石的新思路。以壳聚糖、羟基铝离子为插层剂对钠基蒙脱石进行复合柱撑改性，壳聚糖和羟基铝离子均可通过阳离子交换作用进入到蒙脱石的层间，羟基铝离子先于壳聚糖分子进入。随着壳聚糖加入量的增加，壳聚糖进入蒙脱石层间的能力增强。当壳聚糖用量增加到 3∶1 以上时，壳聚糖可通过离子交换作用取代大部分的羟基铝离子，最后形成以壳聚糖为主的复合柱撑的层间结构。壳聚糖在蒙脱石内、外表面上的负载量随着壳聚糖用量的增加而增大，但4∶1以后不再增加，壳聚糖的负载量趋于稳定。随着壳聚糖在蒙脱石表面上的负载，壳聚糖/羟基铝复合柱撑蒙脱石表面疏水性增强，比表面积减少，说明有壳聚糖分子进入蒙脱石表面的孔隙，阻塞了部分层间和表面孔道。但随着壳聚糖用量的增加，比表面积呈现出先逐渐减小后又逐渐增加的趋势，分析认为随着壳聚糖负载量增加，由于壳聚糖大分子本身的桥架作用，形成新的孔隙和表面，从而使比表面积呈现增加趋势。

除蒙脱石外，云母、蛭石和累托石等其他层状硅酸盐的柱撑研究也得到了广泛的关注。近年来，天然累托石的改性研究得到了国内外的广泛关注。尤其是在天然累托石的柱撑改性方面有了突破性进展。累托石具有垂直膨胀性、离子交换性、吸附性、亲水性等性能，正是由于累托石的这些优良的物化性，使得其在生产生活中得到了广泛的应用，但累托石原矿的这些性质并不能满足工业应用上的需要，为了充分利用这些性质，研究人员在累托石改性方面做了大量研究和探索，其研究主要包括酸化改性、高温焙烧改性、钠化改性、无机柱撑改性、有机改性。其中无机柱撑改性一方面可以有效地增大其孔隙体积、比表面积，提高吸附性。

陆琦（陆琦等，2010）等人在氮气环境中用 $TiCl_4$ 和 HCl 制成钛基柱撑液，采用离子交换法，用 $[Ti_{20}O_{32}(OH)_{12}(OH_2)_{18}]^{4+}$ Dawson 型 Ti 多核阳离子交换累托石蒙皂石质晶层中的 Na 等阳离子，制成钛基柱撑累托石，该钛基柱撑累托石具有 1.6nm 的层孔隙。

肖江荣（肖江蓉等，2010）等人以溶胶-凝胶法制备的 TiO_2 溶胶为柱撑液制备了 TiO_2/累托石复合材料。结果表明，和表面吸附 TiO_2 粒子共存于复合材料中的柱撑 TiO_2 将层间域从 2.42nm 扩展到 9.81nm，提高了复合材料的比表面积以及孔体积，从而改善其吸附能力及光催化活性。

吴平霄（吴平霄等，2010）等人选用新疆尉犁蛭石矿产出的水黑云母与不同烷基链长的季铵盐阳离子表面活性剂制备出有机柱撑材料。并对不同链长季铵盐柱撑新疆蛭石的层间结构进行了分析。结构表明：较短链长的季铵盐阳离子先同蛭石晶层的水合阳离子交换反应，再与云母晶层中的钾离子发生交换反应。

9.6 熔融插层复合材料制备化学

熔融插层指的是在聚合物玻璃化温度以上、静态退火状态下或在熔融温度以上、剪切作用下，聚合物直接插层进入层状硅酸盐片层间，从而得到聚合物基层状硅酸盐纳米复合材料。这种方法无需使用大量溶剂，且环境友好。其使用的设备均为普通的塑料加工设备，如挤出机、压机、混炼机等。更加高效、可行、便捷，同时也具有更大的工业化前景。因此，熔融插层自出现之日起，就受到广泛关注。

相对而言，近年来国内外对聚合物基层状硅酸盐纳米复合材料熔融插层的研究报道不多，研究的大多是聚合物-蒙脱土体系。见诸报道的熔融插层具体方法可大致分为静态退火（statically annealing）和剪切共混（mixing under shear）两种，或者两者的结合。熔融插层过程硅酸盐的分散剥离程度，除依赖于聚合物基体与硅酸盐片层插层处理剂的相互作用外，还受到混合剪切条件的强烈影响。熔体黏度、剪切速率、挤出机对熔体的剪切强度（如螺杆结构）以及混合温度和停留时间等因素，都会影响插层的效果和复合材料的最终性能。

9.6.1 静态退火熔融插层

Vaia 等（Vaia，et. al.，1997，1995）将聚合物与经有机化处理的层状硅酸盐（有机硅酸盐）进行机械混合。70MPa 下压制成粒子，再置入真空中，于聚合物玻璃化温度以上静态退火。随着退火时间的增加，得到不同插层程度的复合物。用 XRD 通过测试硅酸盐片层(001) 面衍射峰位置的变化，根据 Bragg 公式（吴人杰等，1987）计算硅酸盐片层层间距，以表征不同退火时间所得到的复合物插层程度，并由此进行熔融插层动力学研究。用不同的烷基季铵盐作为钠基蒙脱石的有机插层处理剂，得到各种有机蒙脱石。将这些蒙脱石分别与聚苯乙烯、聚(3-溴苯乙烯)[poly(3-bromostyrene)]、聚乙烯环己烷[poly(vinylcyclohexane)]、聚(2-乙烯基吡啶)[poly(2-vinylpyridine)] 等苯乙烯及其衍生聚合物进行静态退火熔融插层，获得聚合物层状硅酸盐复合物，并研究了有机插层剂处理、退火温度、聚合物相对分子质量以及组分间的相互作用等因素对熔融插层的影响。结果表明，对于静态退火熔融插层法，插层的程度强烈依赖于硅酸盐的有机处理和组分间的相互作用。对于极性（如苯乙烯基类）聚合物，其分子链所包含的基团可以和有机插层处理剂发生诸如 Lewis 酸碱等化学作用，使聚合物能插层进入硅酸盐片层。在静态退火熔融插层过程中，由于不存在其他有助于插层的外部作用，插层的程度自然决定于插层剂和聚合物的相互作用。此外，烷基季铵盐插层剂中烷基链的长度、烷基链中碳原子个数，直接影响有机处理后硅酸盐片层间距，进而影响插层的程度。相对而言，退火温度的影响明显较小。聚合物相对分子质量也是影响退火插层法的因素之一。相对分子质量小，插层较易进行，插层效果较好。其结果是，复合物中硅酸盐片层的层间距也较大。

聚苯乙烯是最早应用熔融插层法制备黏土纳米复合材料的一种聚合物。将聚苯乙烯与有机改性黏土混合并制成小球，然后在真空下加热到 165℃、25h 后可以得到聚苯乙烯/有机黏土插层纳米复合材料（Vaia，et. al.，1993）。XRD 分析表明，所制备的复合材料中黏土片层分离程度与混合后加热时间有关，说明在一定温度下，黏土的插层除了受热力学控制外还受过程动力学因素控制。而未改性的 Na-MMT 则不能得到任何程度的插层，说明黏土与聚合物之间的相容性与交互作用对熔融共混法制备纳米复合材料的重要性。另外，作者还采用同一种有机黏土与聚苯乙烯在甲苯溶液中共混插层，发现在溶液插层中，溶剂代替了聚合物分子进入到黏土的层间，所以作者认为直接熔融共混法制备黏土纳米复合材料时可以避免在溶液共混中同时存在黏土-溶剂及聚合物-溶剂之间的竞争作用而影响聚合物在黏土中的插层问题。

Vaia 等人（Vaia，et. al.，1997）采用同一种工艺研究了各种不同黏土及有机改性方法与聚苯乙烯的插层效果，结果发现十八烷基胺改性的含氟锂基蒙脱石(FC_{18})及二(十八烷基)胺改性的含氟锂基蒙脱石(F_2C_{18})、MMT(MMT_2C_{18})、皂石($SapC_{18}$)可以与聚苯乙烯熔融插层，而十八烷基胺处理的 MMT($MMTC_{18}$)及皂石($SapC_{18}$)不能插层。基于此，作者认为黏土的结构及层间物质链结构对熔融插层起着重要的作用。另外，作者采用相同的方法研究了聚环氧乙烷(PEO)/MMT 纳米复合材料，XRD 分析表明，在未加热前，在 X 射线衍射谱上同时出现黏土与 PEO 各自的衍射峰，80℃下随着加热时间的延长，黏土及 PEO 的衍射峰强度在减少，而在低角度处出现代表插层 PEO/MMT 的新衍射峰，说明该体系通过一定加热时间可以形成插层纳米复合材料。

9.6.2　剪切共混熔融插层

将聚合物-有机硅酸盐混合物在剪切作用下熔融共混以得到聚合物基层状硅酸盐纳米复合材料的方法，被认为是最高效的熔融插层法。Cho 和 Paul(Cho，et. al.，2001)采用单螺杆和双螺杆挤出制备尼龙-6/蒙脱石复合物，并研究了复合物的结构与性能。当聚合物熔体流动所产生的分散力，达到可以使得纳米粒子的团聚体分散的程度时，就可实现纳米粒子在聚合物基体中的分散并形成聚合物基层状硅酸盐纳米复合材料。熔融插层时，硅酸盐片层剥离的程度，除受到聚合物-硅酸盐插层剂相互作用的影响外，还受到熔体黏度、剪切速率以及物料在挤出机中停留时间等熔融混合条件的影响，而复合物的性能则依赖于硅酸盐片层的剥离程度。

表 9-1 给出了尼龙-6/蒙脱石(95/5)在不同挤出加工条件下的机械性能。可见，与通常的混合效果一致，即由于双螺杆挤出机具有更为强烈的对熔体的剪切作用，更利于聚合物熔体的插层。

表 9-1　不同加工条件下尼龙-6/蒙脱石(95/5)复合材料机械性能

挤出机类型及加工次数	料筒温度/℃	螺杆转速/(r/min)	Izod 冲击强度/(J/m)	模量/GPa	拉伸屈服强度/MPa	断裂伸长率/%
单螺杆 1 次	240	40	34±5	3.47±0.1	74.0±1.6	12±3
单螺杆 2 次	240	40	33±8	3.53±0.0	76.9±0.4	13±1
双螺杆 1 次	230	180	46±6	3.66±0.2	82.1±0.8	29±3
	240	80	41±4	3.66±0.1	82.4±2.0	36±9
	240	180	38±3	3.66±0.1	83.4±0.7	38±9
	240	280	47±8	3.85±0.1	87.6±0.8	38±9
	280	180	44±6	3.72±0.1	81.1±0.6	32±4
双螺杆 2 次	240	180	56±4	3.72±0.1	85.7±0.2	33±6

Fornes 等（Fornes，et. al.，2001）使用双螺杆挤出机熔融插层制备高、中、低三种不同相对分子质量的尼龙-6/蒙脱石复合物时发现，有机蒙脱石更易于分散在高分子量尼龙基体中，成为剥离程度优良的聚合物基层状硅酸盐纳米复合材料。而在低分子量尼龙体系中可观察到蒙脱石的团聚体。并认为，这与基体聚合物的熔体黏度有关。相对分子质量较大的聚合物，其熔体黏度也较大，易于传递较大的能量，以使硅酸盐堆叠片层分散。这也与熔融插层“层-层剥皮”机理相符。

聚合物-硅酸盐插层剂相互作用对熔融插层的影响也不容忽视。Kawasumi 等(Kawasumi，et. al.，1997)通过双螺杆挤出制备聚丙烯/蒙脱石复合物时发现，非极性的聚丙烯由于无法与有机蒙脱石中的插层剂作用，不能插层于蒙脱石层间，得不到插层型或剥离型的复合物。然而，如在体系中加入聚丙烯-马来酸酐接枝低聚物后，聚丙烯即可插层。进一步的研究发现，由于聚丙烯-马来酸酐接枝低聚物带有极性基团，可和插层剂作用，导致聚丙烯-马来酸酐接枝低聚物首先插层进入硅酸盐片层间，再使聚丙烯插层。

Liu(Liu，et. al.，1999)报道了熔融插层法制备尼龙 6/MMT 纳米复合材料的方法。该法采用十八烷基胺改性的有机蒙脱石与尼龙 6 通过双螺杆挤出机共混制备纳米复合材料。XRD 及 TEM 分析表明，蒙脱石用量小于 10%时可以得到解离型纳米复合材料，但当超过 10%时，则形成插层型纳米复合材料。Fornes 等人（Fornes，et. al.，2002）研究了不同相对分子质量的尼龙 6 与不同改性的有机蒙脱石通过双螺杆挤出机在 240℃下、280r/min 下挤出制备纳米复合材料的方法。XRD 及 TEM 分析表明，低分子量尼龙 6/蒙脱石呈现的是普通共混结构，而中分子量及高分子量的尼龙 6/蒙脱石呈现几乎解离型结构。

聚丙烯制备黏土纳米复合材料时通过直接熔融插层法比较困难，因为其极性很低。为了解决这个问题，Usuki 报道了采用含有羟基极性基团的低聚物与其共混制备聚丙烯熔融插层纳米复合材料的方法（Usuki，et. al.，1997）。随后他们又报道了采用马来酸酐接枝的聚丙烯低聚物与改性黏土通过双螺杆挤出机熔融共混，得到插层型纳米复合材料的制备方法。作者认为聚丙烯/黏土插层型纳米复合材料的熔融过程驱动力应是低聚物上的马来酸酐基团、羟基基团与硅酸盐表面氧所形成的氢键相互作用的结果。

采用接枝马来酸酐聚丙烯与有机蒙脱石进行熔融插层的实例有很多。另外，Liu 和 Wu (Liu，et. al.，2001)报道采用烷基胺与不饱和化合物两种改性剂改性的有机黏土与聚丙烯进行共混，共混中有机黏土上的不饱和键可以与聚丙烯接枝，从而获得插层型纳米复合材料的制备方法。XRD 及 TEM 分析表明由于在黏土表面存在化学接枝，所以黏土的插层效果得到改善。

采用熔融插层的方法还可以制备聚乙烯/黏土、三元乙丙橡胶弹性体/黏土、聚对苯二甲酸乙二酯（PET）/黏土、聚氨酯/黏土及生物可降解脂肪族聚酯/黏土等纳米复合材料。

熔融插层法的优点在于该法可以采用普通聚合物共混改性工艺方法及设备，不需要有机溶剂，成本低，环境友好并易于实现工业化生产。聚合物插层效果与硅酸盐功能化及其与高聚物活性官能团间的界面作用有关。理想的有机硅酸盐夹层结构与单位面积上的活性官能团数目、表面活性剂链的长短等对插层复合材料的结构非常关键；过程动力学因素等也会对复合材料结构产生重要影响。

9.6.3 熔融插层机理

熔融插层过程实际上是聚合物分子链向硅酸盐片层扩散的过程。随着扩散度的不同，可以得到从插层型到剥离型的不同结构的复合物。在静态退火过程中，聚合物扩散主要由聚合物分子与硅酸盐有机插层剂的相互作用决定。

图 9-8 给出了在剪切作用下熔融插层逐步进行的“层-层剥离（layer-by-layer peeling)”

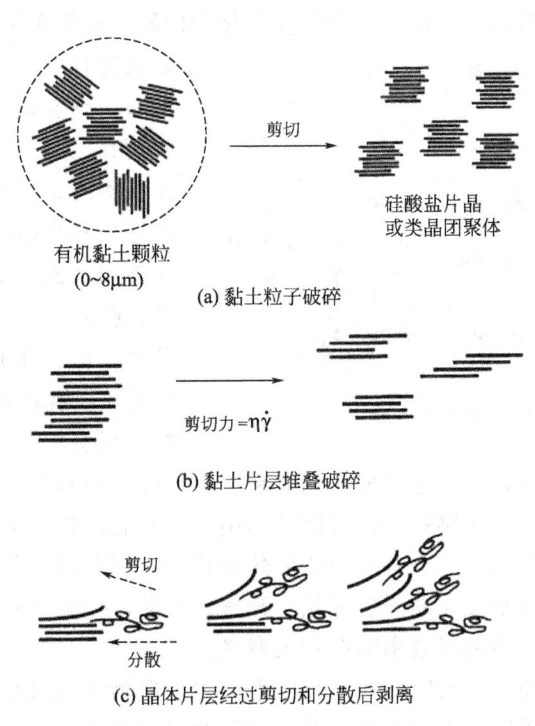

图 9-8　熔融插层过程中黏土片层逐步剥离机理

(Fornes，et. al.，2001)

机理（Fornes，et. al.，2001)。此机理认为，在剪切力作用下，硅酸盐聚体首先被破坏，形成堆叠的硅酸盐片层，并在剪切作用下，继续破碎，并堆成更小的片层。最终的结果是层层剥离并扩散到聚合物熔体中，形成聚合物层状硅酸盐纳米复合材料。根据这一机理，熔融插层过程中剪切作用极为重要。显然，若需得到理想的剥离结构的复合物，对聚合物施加更强的剪切力是必要的。

9.7　层链状硅酸盐矿物材料制备化学

近年来纳米矿物高分子复合材料技术的开发应用为聚合物的增强增韧改性提供了一种全新的方法和途径。根据所添加的填料种类可将纳米无机粒子大致分为两类：一类是层状硅酸盐，另一类是无机刚性粒子。凹凸棒石（赵萍等，2006）、海泡石（梁凯等，2006）、坡缕石等具有特殊层链状结构的天然纳米无机物，在工农业领域皆有应用。由于其单晶形态为纤维状棒晶，直径是纳米级的，若能在聚合物基体中发挥其纳米效应，起到改善基体性能的作用，可以为聚合物基纳米复合材料的研究开发出新的品种，这无论在基础研究方面，还是在工业应用方面皆具有重要的意义。目前，制备聚合物纳米复合材料的方法主要是反相微乳液法（lv,et. al. ,2012）、熔融共混法（彭春英等，2007）和原位生成法（张国运等，2011）。

9.7.1　凹凸棒石、海泡石制备化学

9.7.1.1　凹凸棒石制备化学

凹凸棒石又称坡缕石，是一种富水的镁铝硅酸盐。它具有特殊的链层状结构（见图 9-9），棒状晶体细长且晶体内部具有多孔道结构、外表面凹凸相间，内表面积和外表面积都很大（马鸿文等，2011）。

凹凸棒石特殊的结构赋予其许多特殊的物理化学性质，在很多工业工程、环境以及材料领域内有着广泛的应用。尽管世界各大洲均有发现凹凸棒石矿的报道，但就具有工业意义的矿产资源来讲，仅在不多的地区存在着储量大、开发前景好的凹凸棒石矿，世界上除中国外，仅美国、西班牙、法国、俄罗斯、英国、巴西、南非、尼泊尔等少数国家发现有可工业开采并加工利用的凹凸棒石矿。我国的苏皖矿带是目前国内唯一探明具有工业利用价值的储量大、质量好、易开采的凹凸棒石矿，探明地质储量超过 1 亿吨。而且在甘肃、云南也发现大型的凹凸棒石矿床，因此我国凹凸棒石矿保有储量的绝对数和总的资源量完全能满足近期工业生产的需求，并且与世界各国相比也具有较明显的优势。发挥我国凹凸棒石储量大、品位高的优势，积极致力于凹凸棒石性能的改良优化、开发新产品，提高矿物产品的附加值，对于促进矿业经济发展、矿物产品利用效率都有重大意义。

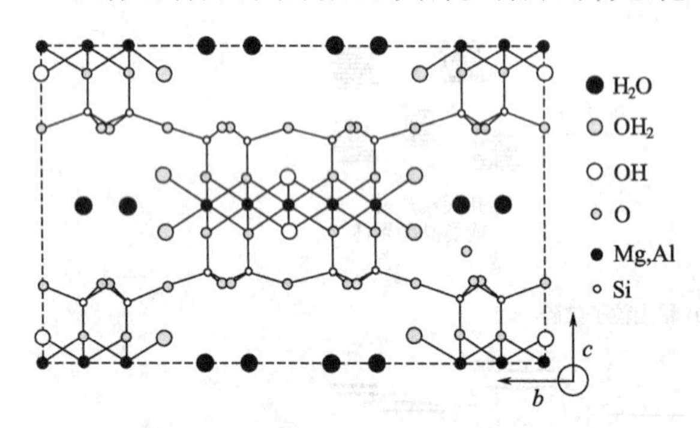

图 9-9　凹凸棒石晶体结构

(1) 凹凸棒石的提纯　天然凹凸棒石存在着一定的矿物学局限性。矿物中含有相当比例的共生、伴生杂质，杂质以蒙脱石为主，含有少量的伊利石及伊蒙混层矿物，常见炭酸盐类矿物(白云石为主，少量方解石)及各种形态的硅氧化物(石英、微晶蛋白石、非晶蛋白石等)，还含有微量的磷灰石、软锰矿、绿帘石、磁铁矿等。凹凸棒石矿物组成随着矿石类型不同变化范围很大。这些杂质的存在削弱了凹凸棒石整体的物理化学性能，从而使凹凸棒石的胶体性、吸附性等在工业应用中受到很大的影响。为了提高凹凸棒石的质量以满足工业上的需要，通常在使用前对其进行纯化前处理，对凹凸棒石原矿进行前处理的目的主要是为了

提高凹凸棒石的含量、提高其分散性、去除泥质杂质疏通晶体内部孔洞，便于进一步改进处理。可见自然存在的凹凸棒石矿物往往需要经过提纯才能得到高纯度的凹凸棒石，有利于进一步的开发利用。

(2) 凹凸棒石的提纯方法　凹凸棒石一般是在高碱性(pH=±8)，适当盐度、温度、介质和 Si、Al_2O_3、MgO 三种组分比例适宜环境下形成的，是一种层链状结构的含水镁铝硅酸盐晶体矿物，理想分子式为：$Mg_5[Al](Si_8O_{20})(OH_2)_2 \cdot H_2O$。

具有工业开采利用价值的凹凸棒石矿床不多，而其中富矿储量就更有限，中低品位矿石居多。凹凸棒石的吸附性，孔隙特征都明显优于一般的黏土制品。但其中含有大量杂质，如蒙脱石、伊利石、炭酸盐，要作为高档材料使用就需提纯处理。

凹凸棒石提纯技术主要（吕东琴等，2010）有物理法和化学法两种。物理法提纯工艺就是使用高速搅拌分散，然后自然沉降或离心分离，这种分离方法的提纯分离效果有限。化学法可以提高分离效果，甚至可以分离凹凸棒石和蒙脱石矿物。

凹凸棒石物理提纯技术主要有干法和湿法两种。干法提纯是利用空气分级，使不同粒度和体积质量的矿物按粒级在空气介质中得到富集。具有成本低、工艺简单等优点，但该流程只适用于原矿品位高的矿石。湿法提纯是在水介质中充分分散，自然静置或在离心力的作用下实现沉降分离，该方法提纯精度高，但成本也相对较高。

凹凸棒石的化学提纯法是在选矿中加入一定的分散剂，活化处理含凹凸棒石的矿物，改善凹凸棒石显微结构，使其转变成以凹凸棒石为主要矿物。

(3) 凹凸棒石的表面改性　由于含凹凸棒石的矿物的成因条件不同，开采出的含凹凸棒石矿物的品位也层次不齐，因此合理利用凹凸棒石资源，提高其经济效益，应针对市场需求，大力开展凹凸棒石高技术含量、高附加值、高档次产品的开发和研制。凹凸棒石高附加值产品开发应用研究就是以凹凸棒石为主要原料，经物化改性，添加活性物质，进行原料配制、选用合理生产工艺流程，使其微孔结构改善，研制成高技术含量、高附加值、高档次的产品。

(4) 凹凸棒石的高温处理　焙烧凹凸棒石的比表面积随着焙烧温度的增加而增大。天然凹凸棒石的比表面积为 183.87m^2/g、280℃焙烧土为 195.69m^2/g，420℃时为 233.23m^2/g，600℃时为 204.36m^2/g，超过 600℃时，比表面积逐渐呈下降趋势。凹凸棒石在 173℃左右时易失去吸附于外表面的沸石水和吸附水；在 310℃附近的吸热峰是由于失掉 4 个结晶水分子中连接较弱的两个分子造成；在 503.7℃的第三个吸热峰是由于结合得较强的另两个结晶水分子析出，这种失水不产生任何显著的结构变化；接近 817.65℃的吸热峰是由于结构水或羟基的脱出，紧接着 900℃有一个放热峰。在不同温度下焙烧活化的凹凸棒石可以脱除晶体结构中不同状态的水，使其杂乱堆积的针棒状团变得疏松多孔，增加孔隙容积和比表面积（赵萍等，2006）。焙烧超过 600℃由于凸棒石孔洞塌陷、纤维束堆积，针状纤维束紧密烧结在一起，孔隙容积和比表面积都减小，其吸附能力减弱。

(5) 凹凸棒石的酸处理　酸化使凹凸棒石的物化性能发生改变，活性增强。而物化性能的改变与酸化过程中凹凸棒石成分的改变以及结构的变化密切相关。活化条件的确定主要与凹凸棒石的成矿类型、伴生矿物成分及晶体结晶度有关（赵娣芳等，2005）。

不同酸浓度盐酸酸化凹凸棒石存在着不同活化机理。低浓度盐酸活化过程中表现为：①纤维束间的解聚，主要为非吸附性杂质（如炭酸盐矿物）粒间胶结物的分解；②晶体比表面积的增加使得吸附力大大提高，研究结果显示：凹凸棒石经不同浓度盐酸处理后，比表面积均会增加，即使使用 1.0mol/L 盐酸处理，晶体的比表面积也会增加很多；③是 H^+ 对八面体阳离子 Mg^{2+}、Al^{3+}、Fe^{3+} 由边缘至中心的依次置换作用。由于 H^+ 与 Mg^{2+}、Al^{3+}、Fe^{3+} 的离子半径相差太大且结晶化学行为不同使其表面活性增加。高浓度盐酸活化作用过程中，表现为：①随着 H^+ 对八面体阳离子由外向内的逐渐渗透，八面体中阳离子逐步甚至完全被取代，但 H^+ 并非完全占据置换阳离子的八面体位，而是较多地与原配位阳离子中对应的 O—结合，构成 Si—OH，一种硅醇烷。当凹凸棒石八面体中阳离子被完全析出之前，凹凸棒石仍保持着原来的晶体结构；②当八面体阳离子完全溶解时，晶体结构塌陷，并转变为 SiO_2 晶体，同时仍保持原凹凸棒石的纤维状结构形态。

因此凹凸棒石酸化后活性的增强应与以下因素有关：①凹凸棒石层链状结构中的阳离子被置换而导致化学键态的改变；②八面体片中阳离子溶出改成半径小的 H^+ 而引起比表面积的增加；③伴随八面体中阳离子的析出，OH^- 可能成为游离状态，导致大量断键的存在。凹凸棒石与酸反应较弱时，主要在凹凸棒石表面形成 Si—OH 基团，可使凹凸棒石活性提高；与酸反应较强时，凹凸棒石晶体表面形成 SiO_2 包覆层。凹凸棒石八面体中阳离子溶解不完全时，其晶体结构仍基本保持，与残留的八面体阳离子对结构的支撑有关，当八面体阳离子完全溶解时，晶体结构塌陷，转变为纳米棒状无定形活性 SiO_2。不同成因的凹凸棒石有不同的耐酸性，与浓度不同的盐酸作用后其晶体微结构特征有所差异。

(6) 凹凸棒石的硅烷偶联剂处理　由于凹凸棒石的表面富含 Si—OH 极性基团，因此可以采用偶联剂对其进行处理。通过偶联剂的偶联作用，使之与聚合物大分子链彼此相连形成交联结构，从而使得凹凸棒石表面由亲水性转变为亲油性，改善凹凸棒石与高分子基体的界面，达到对高聚物较好的改性效果。目前，较常用的偶联剂有硅烷偶联剂和钛酸酯偶联剂（赵娣芳等，2005）。DSC 分析确认偶联剂与凹凸棒石间发生了反应，这为用偶联剂强化界面效果提供了进一步的依据。

有研究发现凹凸棒石经过硅烷改性后，凹凸棒石表面炭的质量分数从 14.2%升高到 36.3%，增加了 22.1%，与硅烷水解产物的含量相近，说明硅烷被固定到纳米凹凸棒石的表面。硅的质量分数从 14.6%提高到 26.7%，低于硅烷水解产物的 45.3%，说明纳米凹凸棒石表面的硅烷除了化学键合以外，还有少量的硅烷发生自缩合成聚硅氧烷醇，包覆在纳米凹凸棒石的表面，形成柔性的界。经过硅烷处理后的纳米凹凸棒石的表面，不含有 Fe、Al、Mg 元素，这进一步说明形成了包覆在纳米凹凸棒石的表面的聚硅氧烷醇界面层。

(7) 凹凸棒石的阳离子表面活性剂处理　以季铵盐阳离子表面活性剂为代表的阳离子表面活性剂主要是通过离子交换吸附与凹凸棒石发生作用，生成凹凸棒石-有机表面活性剂复合体，大分子量有机基团取代了原有的无机阳离子，凹凸棒石颗粒表面也因各种活性中心的存在而吸附一部分有机物。同时晶格内外的部分结晶水和吸附水被有机物取代，从而改善了凹凸棒石的疏水性，也增强了吸附有机污染物的能力（赵娣芳等，2005）。

研究表明：①阳离子型表面活性剂与凹凸棒石之间主要以离子交换机理进行，有机阳离子与凹凸棒石中的可交换阳离子发生交换而与凹凸棒石结合在一起。凹凸棒石表面的负电性也产生对有机阳离子的吸附，从而使大分子有机物覆盖于凹凸棒石的表面，改变凹凸棒石的表面性质，将亲水性的无机凹凸棒石改性成为亲油性的有机凹凸棒石；②凹凸棒石与季铵盐反应较为复杂，随着季铵盐加入量的增加，凹凸棒石可出现超当量的离子吸附，超当量吸附的有机阳离子可通过范德华力在凹凸棒石表面形成“双重层”有机表面活性剂而使外层表面活性剂亲水基朝外，反而导致亲水性增加。

凹凸棒石等电点 pH 仅为 3，故通常情况下带负电，因此可选用有机阳离子表面活性剂

与凹凸棒石层间的 Mg^{2+} 和 Al^{3+} 等进行离子交换，使其表面吸附有机化基团，加强与高聚物的亲和性。经有机化改性后，凹凸棒石具有了相当的憎水性而能漂浮于油/水界面上，接触角和黏度测试进一步证实了其具有一定的亲油性。

利用稀盐酸对除杂后的凹凸棒石进行了处理，酸处理后大部分离子被溶出，凹凸棒石表面吸附有 H^{+}，有利于进行离子交换和有机化改性。

有机处理试剂用量是对有机化处理结果影响最大的因素，其次为有机处理试剂的种类，影响最小的因素为处理时间。

刚性无机填料经过表面修饰加入到聚合物基体中后，与基体形成较强的界面黏结，即高分子链与填料粒子表面发生了物理和化学的结合在拉伸应力的作用下，两者之间界面较强的粘接使得无机刚性粒子与基体树脂同时移动变形，从而提高了复合材料的刚性和强度。

9.7.1.2 海泡石制备化学

海泡石(sepiolite)是一种含水纤维状的无机富镁硅酸盐黏土矿物。其形态有时呈纤维状，通常呈致密状或土状，在显微镜或电子显微镜下呈纤维状或棒状者居多，英文名称是Sepiolite，通过各种分析，海泡石的标准晶体化学式为 $Mg_8Si_{12}O_{30}(OH)_4(H_2O)_4 \cdot 8H_2O$(王雪琴等，2003)。主要成分是硅(Si)和氧(O)，化学式中含有大量的水分子，其中前面4个水分子属于结晶水，参与阳离子镁的配位，形成镁氧八面体结构；分子式中另外8个水分子属于沸石水，能比较自由地在晶体中平行 α 轴的开阔孔道中移动穿行，另外可交换性离子也可进入海泡石孔道中，有利于离子交换反应的进行。

晶体结构：海泡石属于层链状的硅酸盐类矿物，属斜方晶系。

从海泡石的组成成分来分类，一类是富镁海泡石，常呈长束纤维状，含有较多的 MgO 和 SiO_2 成分，Al_2O_3 含量要低，属于热液型海泡石；另一类是富铝海泡石，宏观上呈黏土状，但在电镜下观察仍呈纤维状，该类海泡石含有 Al_2O_3 的量较高，而 MgO 和 SiO_2 含量则相对要低，属于沉积型海泡石。

海泡石结构特殊，这个特殊结构差不多全由相互贯穿的孔洞和沸石水通道组成，因而它具有理论上很高的比表面积，其每个管状贯穿孔道的截面约为 0.36nm×1.06nm，理论比表面积可达 $900m^2/g$。大量的水或极性物质，包括低极性物质能够吸附在结构中的通道和孔洞里。海泡石的结构导致它具有很好的吸附性、流变性、催化性。同时海泡石还具有很好的力学性能和热稳定性，多孔性，以及可进行改性处理的较大的比表面，这些都可以使海泡石作为良好催化剂和催化剂载体成为可能。

通过对吸附剂的研究知道，吸附主要发生在吸附物的外表面，比表面积的大小往往会对吸附能力产生影响，因而用它来表征吸附材料的吸附性能具有一定的合理性和可行性。对海泡石结构的研究知道，由于其结构特殊，含有许多孔道和孔隙，这便造成了它很大的比表面积，据理论估算可以达到 $900m^2/g$，然而，由于各种实际因素的作用，实测值要比理论值小很多。因此，为了能充分利用海泡石优良的吸附性能，有必要对其进行活化处理与改性。

将海泡石通过物理或化学的方法使其活性增强，比表面积增加，吸附和离子交换能力增强的过程就称为活化。通常有许多方法可以用于海泡石的活化改性，这些方法包括：表面改性处理、高温煅烧处理、酸碱处理、离子交换处理和复合工艺处理等(Félix, et. al., 2012；梁凯等，2006；金胜明等，2001；梁凯等，2006)。

9.7.2 凹凸棒石、海泡石高分子复合材料制备化学

9.7.2.1 凹凸棒石高分子复合材料制备化学

近年来纳米技术的开发应用为聚合物的增强增韧改性提供了一种全新的方法和途径。根

据所添加的填料种类可将纳米无机粒子大致分为两类：一类是层状硅酸盐，另一类是无机刚性粒子。凹凸棒石是一种具有特殊层链状结构的天然纳米无机物，在工农业领域皆有应用。由于其单晶形态为纤维状棒晶，直径是纳米级的，若能在聚合物基体中发挥其纳米效应，起到改善基体性能的作用，可以为聚合物基纳米复合材料的研究开发出新的品种，这无论在基础研究方面，还是在工业应用方面皆具有重要的意义。目前，制备凹凸棒石/聚合物纳米复合材料的方法主要是反相微乳液法、熔融共混法和原位生成法。

(1) 反相微乳液法　反相微乳液法（reversed-phase microemulsion method）是近几年才发展起来的制备材料的新方法，通过寻找一种或多种微乳液的配制方法来合成出不同尺寸和形状的粒子，从而得到所需性质的相关材料的一种材料制备方法。冯雪等人用此法制备了具有高介电常数的（Lv，et. al.，2012）ATO/聚酰亚胺(PI)复合膜，分别用扫描电子显微镜和热重量分析复合膜的微观结构和热稳定性，介电性能频率达到了 $10^2 \sim 2.5\times10^6$ Hz 范围，复合膜的介电常数符合渗流理论。

(2) 熔融共混法　熔融共混法是将表面处理过的黏土与聚合物在软化点以上通过热、力等作用，使聚合物大分子进入硅酸盐黏土之间，并使黏土间距增大减少团聚的一种纳米复合材料制备方法。一般将凹凸棒石与聚合物在哈克混炼机、密炼机、双螺杆挤出机等上面进行熔融共混，使纳米材料以纳米水平分散到聚合物基体中，此法易于实现工业化生产。共混法的关键在于填料能否达到纳米级分散。由于纳米粒子具有高表面能，易团聚，在聚烯烃基体中难以分散。所以在共混前先对填料进行表面改性，以阻止填料粒子的团聚，通过聚丙烯接枝马来酸酐增强了复合体系的相容性。研究 MAH/PP/ATT 复合体系力学性能的影响，观察了 ATT 在 PP 中的分散状态。结果表明：加入 5%的 PP 能够改善 PP 与 ATT 的相容性，提高 PP/ATT 复合体系的力学性能。然而，即使受到制备过程中的强剪切力，MAH 对 ATT 在聚合物的分散状态也没有明显的改善作用。

田明等研究了熔融共混过程中加工温度（田明，2002）、偶联剂改性、增容剂茂金属聚烯烃接枝马来酸酐(POE-MAH)的量等因素对凹凸棒石(ATT)/聚烯烃热塑性弹性体(POE)复合材料性能的影响。结果发现，加工温度越高，熔体黏度越低，ATT 的分散越不好；加入较高接枝率的增容剂 POEMAH 和用 Im550 处理的 ATT 时，对 POE 的补强效果最好。当经 KH550 处理的 ATT 为 10 份，接枝率为 0.89%的增容剂为 15 份时，复合材料的拉伸模量、拉伸强度和断裂强度分别比纯 POE 提高 104%、65%、25%，而且制备的 ATT/POE 复合材料中 ATT 呈微米尺寸分散，ATT 未能分散形成纳米单晶。另外，ATT 对 POE 的结晶、熔融温度无明显影响。

(3) 原位聚合法　原位聚合法制备黏土/聚合物纳米复合材料即将黏土分散于液体单体或单体溶液中，然后通过热、辐射等引发聚合，或在黏土表面吸附有机、无机引发剂，催化剂等引发单体在黏土之间聚合，最终得到纳米复合材料。这一方法制备得到的复合材料其填充粒子分散均匀，粒子的纳米特性完好无损。在原位填充过程中只经过一次聚合成型，不需热加工避免了由此产生的降解，保证基体各种性能的稳定。盛淼等用（盛淼等，2001）DSC 热力学分析手段着重对原位配位聚合法制备的聚乙烯/凹凸棒石纳米复合材料进行研究，并与同组分的熔体机械共混法制备的聚乙烯/凹凸棒石复合材料（MBC）进行对比。结果表明，无机相的引入对纳米复合材料中的基体聚乙烯的结晶有很大影响；用 Avrami 等温结晶理论分析得出 IPC 比 MBC 具有更强结晶能力的结论。

9.7.2.2　海泡石高分子复合材料制备化学

聚合物/无机纳米粒子复合材料的发展在聚合物发展领域越来越受到人们的重视，通过添加质量分数小于10%的无机纳米粒子能有效提高聚合物的物理力学性能，并且一部分材料还能提高聚合物的尺寸稳定性、热稳定性及阻燃能力等。纳米复合材料的性能的提高在很大程度上取决于纳米粒子在聚合物基体中的分散程度。一般来说，纳米粒子在聚合物基体中的分散程度越好，复合材料的物理力学性能提高的越多。以海泡石纤维作为填料填充改性聚合物，制备高性能的有机无机复合材料越来越受到关注，目前聚合物/海泡石纳米复合材料制备方法主要有下面两种。

① 原位填充法：即将纳米粒子溶于单体或者本体树脂的溶液中，形成稳定的胶体分散，再在适当条件下引发单体聚合。

② 直接分散法：即将无机粉体加到熔融树脂中共混，然后成型。其中，直接分散法最简单的一种加工工艺形式是挤出共混。

郑亚萍等制备了海泡石/环氧树脂纳米复合材料（郑亚萍等，2004），研究了环氧树脂基体的反应特性、力学性能及热性能与海泡石之间的关系。研究结果显示，海泡石不会影响环氧树脂的聚合过程，当在其中添加1%的海泡石量时，环氧树脂的玻璃化温度提高近50℃，冲击强度提高5倍，弯曲强度提高2倍。

武克忠等人通过熔融复合法制得了新戊二醇/海泡石复合材料（武克忠等，2002），它具有良好的储热功能。对其性能的研究表明，海泡石的加入并未对新戊二醇的储热能力造成影响，而且这种复合储热材料能降低其中新戊二醇的挥发性，增加了耐久性。这说明海泡石在充当填料的同时，也可使复合材料兼具储热功能。

除了直接将海泡石添加到聚合物中以改善其性能之外，也可以先将海泡石纤维进行改性处理，尤其是经过有机化改性处理，然后将其加入到聚合物中，通过处理的海泡石纤维与聚合物之间的亲和性提高，改善复合材料的各种性能。如海泡石经焙烧处理后采用原位聚合法进行反应，通过试验可知，海泡石在复合材料中呈纳米级尺寸且分散良好，复合材料的力学性能和耐热性能得到了极大的提高。

刘开平等采用不同表面活性剂对海泡石进行表面改性处理（刘开平等，2004），研究了改性剂种类和海泡石用量对不饱和聚酯复合材料热性能的影响，经过研究发现，不饱和聚酯复合材料的热性能随海泡石的加入而得到了明显的提高，且阳离子表面活性剂改性海泡石填充效果较好。

高惠民等采用PA6/海泡石复合（高惠民等，1996）制备出的复合材料具有吸附性的物质主要是通过吸附物的表面发生吸附作用，因而其比表面积往往作为确定吸附材料吸附性能的关键指标。海泡石的特殊结构决定了它有很大的比表面积，理论值可以达到900m^2/g，由于各种因素的影响，实测值要小于此数值。因此，要想使海泡石充分发挥其优良的吸附性能就必须对其进行活化处理。海泡石纤维活化之前内部含有大量的炭酸盐杂质和孔道杂质等，当用强酸对海泡石进行活化时，海泡石结构中的Ca^{2+}、Mg^{2+}、K^{+}、Na^{+}、Fe^{3+}等金属离子，主要是Mg^{2+}，遭到酸中的H^{+}取代，新的表面得以生成，表面特性得到改善；另外，酸还可以除去海泡石纤维中含有的炭酸盐杂质，使孔容积增大，比表面积增加。目前对海泡石的活化大多采用强酸的原因是由于Mg^{2+}是弱碱，与弱酸作用生成沉淀沉积于海泡石微孔结构中从而堵塞部分内部通道。强酸的H^{+}取代海泡石结构中的Mg^{2+}，使其Si—O—Mg—O—Si键变成了Si—OH键。用酸活化来修饰海泡石的孔径和结构，改变其表面活性中心的强度和数量，改善其表面特性，从而提高其吸附能力，使之适用于作吸附剂、净化剂和催化剂载体等。酸活化处理所用的酸主要为无机酸，包括HCl、HNO_3、H_2SO_4等，其浓度变化在0.01～12mol/L之间。近年来，在海泡石的活化研究中，多采用同时进行酸和热处理的方式，可有效地提高效率。

参考文献

[1] 杨合情，林殷茵，汪敏强．无机材料学报，2000，15：249.
[2] 朱春玲，江万权，胡源．化学物理学报，2001，6：335.
[3] 陈艳，王新宇，高宗明等．高分子学报，1997，1：73.
[4] Zhang Y H，Yu L，Ke S M，Shen B，Meng X H，Huang H T，Lv F Z，Xin J H，Chan H L W. J. Sol-Gel. Sci. Techn.，2011，58：326.
[5] Christine J T，Bradley K C，Brian K B. Polymer，1992，33：1486.
[6] Mizutani Y，Nago S. J Appl Polym Sci，1999，72：1489.
[7] Tanahashi M，Hirose M. Polym Advan Technol，2006，17：981.
[8] Ellsworth M W，Novak B M. Polym Advan Technol，2006，18：522.
[9] 王华林，史铁钧，杨善中，翟林峰，杭国培．高分子材料科学与工程，2005，21：284.
[10] 刘建平，郭斌，何平笙，张其锦．化学物理学报，2004，17：779.
[11] 马月红，何宏平，朱建喜，袁鹏，周琴，梁晓亮，卿艳红．矿物学报，2010，30：9.
[12] 王俊，方宏，李翠勤，邹恩广，宋磊．大庆石油学院学报，2005，30：61.
[13] 孙红娟，彭同江．中国非金属矿工业导刊，2003，3：18-20.
[14] 李跃文，陈如意，邱德跃，苏海全，苏胜培．现代塑料加工应用，2007，19：48.
[15] 余剑英，王骁，张恒龙，李斌．武汉理工大学学报，2011，33：32.
[16] 李跃文，邱德跃，陈如意，苏海全，苏胜培．塑料科技，2006，34：26.
[17] 黄双路．福建医科大学学报，2005，39：65.
[18] 朱利中，陈宝梁，铭霞，张孙玮．环境科学学报，1999，19：597.
[19] 朱利中，陈宝梁，沈韩艳，陈仙花．中国环境科学，1999，19：325.
[20] 苏玉红，朱利中．上海环境科学，2001，20：19.
[21] 陈海群，李英勇，朱俊武，杨绪杰，陆路德，汪信．无机化学学报，2004，20：251.
[22] 朱利中，王晴，陈宝梁．环境科学，2000，21：42.
[23] 朱利中，陈宝梁，葛渊数，过春燕．环境化学，2000，19：419.
[24] 程里，袁相理，石瑞英．净水技术，1997，60：6.
[25] Y. H. Shen. Chemosphere，2001，44：989.
[26] 张晓昆，张维清，邹惠仙．农业环境科学学报，2004，23：400.
[27] 邓苗．成都：成都理工大学材化院，2006.
[28] Yu X F，Zhao L，Gao X X，Zhang X P，Wua N Z. J Solid State Chem，2005，179：1569.
[29] 吴平霄．黏土矿物材料及其在环境修复中的应用．北京：化学工业出版社，2004.
[30] Xu S，Boyd S A. Environ Sci Tech，1995，29：312.
[31] Watson S S，Beydoun D，Scott J A，Amal R. Chem Eng J，2003，30：77.
[32] 陈芬．绢云母有机插层改性和纳米片体制备．中国地质大学（北京），2009.
[33] 闫伟．绢云母活化处理及对其结构和性能的影响研究．中国地质大学（北京），2008.
[34] 戴劲草，黄继泰，萧子敬．矿产综合利用，1995，(4)：42.
[35] 黄继泰．中国矿业，1995，4：21.
[36] 邓友军，马毅杰，温淑瑶．地球科学进展，2000，15：197.
[37] 吴德意，孔海南，叶春．上海交通大学学报，2004，38：1939.
[38] 王菲菲，吴平霄，党志，谢先法．矿物岩石地球化学通报，2006，25：177.
[39] 吴平霄．地学前缘，2001，8：321.
[40] 吴平霄，李荣，党志．华南理工大学学报（自然科学版），2006，34：15.
[41] 陈光明，李强，漆宗能，王佛松．高分子通报，1999，(4)：1.
[42] 徐伟平，黄锐．中国塑料，1997，11：15.
[43] 洪伟良，刘剑洪，田德余．中国塑料，2000，14：8.
[44] Yasue K，Tamura T，Katahira S，Watanabe M. Japanese Pat. JP-A-6-248176，1994.

[45] 漆宗能，李强，赵竹第等．中国发明专利．ZL 96105362.3，1996.
[46] 漆宗能，柯扬船，李强等．中国发明专利．申请号：97104055.9，1997
[47] Kurokawa Y，Yasuda H，Oya A. J Mater Sci Lett，1996，15：1481.
[48] 漆宗能，马继盛，尚文宇，张世民，马永梅．中国发明专利．申请号：01109845.7
[49] Zhang Y H，Wu J，Fu S，Yang S，Li Y，Li L，Yan Q. Polymer，2004，(45/22)：7579.
[50] Zhang Y H，Dang Z，Fu S，Xin J H，Deng J，Wu J，Yang S，Li L，Yan Q. Chem Phys Lett，2005，(401)：553.
[51] Brindley G W. Clay Clay Miner，1977，12：229.
[52] Hsu P H. Clay Clay Miner，1997，45：286.
[53] Tan W，Zhang Y H，Szeto Y S，Liao L B. Compos Sci Technol，2008，68：2917.
[54] Schoonheydt R A，Leman H，Scorption A. Clay Clay Miner，1994，42：518.
[55] Volzone C. Clay Clay Miner，1995，43：377.
[56] Antonio J，Jose M R，Pascual O P. Clay Clay Miner，1992，41：328.
[57] Sterte J. Clay Clay Miner，1986，34：658.
[58] Colombo C，Violante A. Clay Clay Miner，1997，32：55.
[59] Geolar F，Didider T，Pascole M. Clay Clay Miner，1994，42：161.
[60] Ernst B，Theo K，Rob V V J A. Clay Clay Miner，1996，44：774.
[61] Lou G，Huang P M. Clay Clay Miner，1993，41：38.
[62] Perathoner S，Vaccari A. Clay Clay Miner，1997，32：123.
[63] Malla P B，Komarneni S. Clay Clay Miner，1993，41：472.
[64] 谭伟．壳聚糖/羟基铝复合改性蒙脱石的制备、表征及其吸附水中污染物的研究［博士论文］．中国地质大学（北京），2010.
[65] 陆琦，汤中道，雷新荣，刘惠芳，刘优．矿物学报，2011，21：27.
[66] 肖江蓉，彭天右，柯丁宁，蔡苹，彭正合．功能材料，2007，38：1110.
[67] 吴平霄，李荣，党志．华南理工大学学报（自然科学版），2006，34：15-19.
[68] 赵萍，姚莹，林峰，张春霞．化工生产与技术．2006，13：47.
[69] 梁凯，唐丽永，王大伟．化工矿物与加工，2006，(4)：4.
[70] Lv F Z，Feng X，Yu L，Zhang Y H，Xu Z X. J Mater Res. 2012，27：2489.
[71] 彭春英．凹凸棒表面改性及其在高分子复合材料中的应用．硕士论文．2007.
[72] 张国运，彭莉，杨秀芳，罗福勇．化工新型材料，2011，39：66.
[73] 马鸿文．工业矿物与岩石，北京：化学工业出版社，2011.
[74] 吕东琴，周仕学，张同环，张光伟，杨敏建．广东化工．2010，37：59.
[75] 赵萍，姚莹，林峰，张春霞．化工生产与技术．2006，13：47.
[76] 赵娣芳，周杰，刘宁．硅酸盐通报，2005，(3)：67.
[77] 王雪琴，李珍，杨友生．中国非金属矿工业导刊，2003，(3)：11.
[78] Félix C B，David G L. Composites，2012，(3)：2222.
[79] 梁凯，唐丽永，王大伟．化工矿物与加工，2006，(4)：5.
[80] 金胜明，阳卫军，唐谟堂．现代化工，2001，(1)：26.
[81] 田明，曲成东，刘力，冯予星，张立群．中国塑料，2002，16 (3)．
[82] 盛淼．DSC 法研究原位聚合聚乙烯/凹凸棒石纳米复合材料的结晶行为．北京化工大学．硕士论文，2001.
[83] 郑亚萍，张国彬，张文云，张爱波．西北工业大学学报，2004，(05)：614.
[84] 武克忠，王红，李万领，左萍，刘晓地．河北师范大学学报(自然科学版)，2002，26：169.
[85] 刘开平，陆盘芳．泰山学院学报，2004，26：105.
[86] 高惠民，袁继祖．武汉工业大学学报，1996，(03)
[87] Vaia R A，Giannelis E P. Macromolecules，1997，30：8000.
[88] Vaia R A，Jandt K D. Macromolecules，1995，28：8080.
[89] 吴人杰．现代分析技术，上海：上海科学技术出版社，1987.
[90] Vaia R A，Isllii H，Giannelis E P. Chem Mater，1993，5：1694.
[91] Vaia R A，Giannelis E P. Macromolecules，1997，30：8000.

[92] Cho J W, Paul D R. Polymer, 2001, 42: 1083.
[93] Fornes T D, Yoon P J, Keskkula H. Polymer, 2001, 42: 9929.
[94] Masaya K, Naoki H. Macromolecules, 1997, 30: 6333.
[95] Liu L M, Qi Z N, Zhu X G. J Appl Polym Sci, 1999, 71: 1133.
[96] Fornes T D, Yoon P J, Hunter D L, Keskkula H, Paul D R. Polymer, 2002, 43: 5915.
[97] Usuki A, Kato M, Okada A, Kurauehi T. J Appl Polym Sci, 1997, 63: 137.
[98] Liu X, Wu Q. Polymer, 2001, 42: 10013.

第 10 章　工业固体废物综合利用绿色制备化学

10.1　工业固体废物资源综合利用简介

工业固体废物是指在工业、交通等等一系列活动中产生的一般不再具有原使用价值而被丢弃的以固态和泥状存在的物质，或者是提取目的组分废弃之不同的剩余物质，例如采矿废石、选矿尾矿、燃料废渣、化工生产及冶炼废渣等。近几十年来我国经济长期高速发展，资源消耗速度越来越快，而面临的环境问题也越发严重。据统计，我国每年产生固体废物 10 亿多吨，尚未利用的可资源化固体废物的资源价值超过 250 亿元。目前国外发达国家固体废物综合利用率高达到 50%～80%，而我国固体废物综合利用率只有 30%，并且无害化处理率与发达国家相差甚远。我国已经针对固体废物污染制定了一系列专门的环境保护法规，并且建立了较为完善的管理体制。此外，在对固体废物污染长期的管理过程中，各级环境保护机构积累了丰富的工作经验。但是由于我国人口数量大，产生的固体废物量也较大，固体废物的处理技术、设施不够完善，民众环境保护意识不强等原因，使得固体废物的回收利用和分类处理难以实现。因此，将固体废物进行分类回收使其资源化、产业化，是我国乃至整个世界都急需解决的重要问题。

目前固体废物种类繁多，组成复杂，按其来源大体可分为工业固体废物、生活垃圾、危险固体废物等。工业固体废物主要来源于工业部门在生产过程中产生的废物。主要包括煤炭工业生产的煤矸石；供热系统锅炉以及电厂产生的粉煤灰和炉渣；冶金工业产生的钢渣、高炉渣、有色金属冶金渣和赤泥等；化学工业生产过程中产生的电石渣、石膏、碱渣等硫铁矿渣；金属矿石开采后产生的尾矿和废石等。工业废物特点是成分复杂，体积量大，并且大多含有有毒成分，对环境污染大，对人的身体危害严重。主要来源于工业生产中排入环境的废渣、粉尘和其他废物。生活垃圾是指人们日常生活过程中所产生的固体废物。生活垃圾又可以分为农村生活垃圾和城市生活垃圾两种。生活垃圾的成分主要有金属、餐厨垃圾、废弃包装用品、废旧电池等。其主要成分受生活水平、生活习惯、气候等影响较大。危险固体废物通常指被国家危险废物鉴别标准和鉴别方法认定为具有危害性的废物。它主要来自于工业固体废物，城市生活垃圾、医疗垃圾、残余农药等。若得不到妥善处理将会严重的污染环境并威胁人的安全。其特点是有毒性、传染性、放射性等。

固体废物的大量堆存不但会占用大量土地，而且固体废物中的水分通过挤压渗出会对周边地表及地下的水源产生污染。固体废物长期堆存后表层水分蒸发，固体废物风化产生大量扬尘会对周边空气产生污染。同时固体废物可能在一定的条件下发生化学或生物反应生成有害物质，这些有害物质会通过土壤、水、空气、食物等途径危害环境和人类健康。通常工业、矿业等固体废物所含的化学成分会对环境产生严重污染，由有机垃圾滋生出的各种病原微生物也会形成病原体污染。固体废物污染环境的途径通常有空气污染、水源污染、土壤污染等。同时，固体废物长期的堆放，为这些固体废物建立和维护尾矿库也是一笔很大的投资，会对固体废物产生企业造成极大的经济负担，而如果对尾矿库管理不当，可能会造成泄漏、溃坝等灾害。目前，固体废物最常用的处理方法包括焚烧法、热解法、生化处理法等。

但是这些对固体废物的处理方法同样花费巨大而不产生经济效益，也很可能会造成二次污染。因此采用一定的手段将这些固体废物加以利用，生产新的产品，变废为宝是最经济、最有效的固体废物处理方法。

大量固体废物的堆积，不仅对环境造成了严重的危害，在堆积存放过程中占用大量的空间，同时造成资源的浪费。因此，基于大量堆积的固体废物，采用先进的工艺方法，将其进行有效的资源化综合利用有着重要的经济和社会效益，符合国家长远绿色发展要求。本章将介绍一些目前研究应用的固体废物综合利用的手段和方法，以及其中涉及的一些化学问题。

10.2 粉煤灰矿物聚合材料制备化学

粉煤灰是磨细的煤粉在锅炉内燃烧时，其中的灰分熔融，熔融的灰分在表面作用下团缩成球形，当它排出炉外时又受急冷作用形成的，国外文献中常称为“飞灰”（fly ash）。粉煤灰是富含玻璃体的球状物料，其玻璃体的含量可达50%～70%，晶体部分主要为莫来石（$3Al_2O_3 \cdot 2SiO_2$）和方石英。粉煤灰极少有胶凝性，其化学组成中CaO含量极低，因此粉煤灰本身不具备潜在水硬性，但在适当的条件下却能参与反应，生成凝胶物质。但其粉末状态在有水存在时，能与碱在常温下发生化学反应，生成具有胶凝性的组分。粉煤灰是目前利用较好的一种固体废物，利用粉煤灰制备矿物聚合材料可以降低矿物聚合物的生产成本，同时可以大量消耗粉煤灰，减少其对环境的危害。

10.2.1 矿物聚合物

矿物聚合物是由法国科学家Joseph·Davidovits于20世纪70年代研究开发的一类含有非晶、半结晶和结晶态的三维网状的铝硅酸盐胶凝材料，并将其命名为矿物聚合物（geopolymer），其原意是指由地球化学作用形成的铝硅酸盐矿物聚合物。当时，Joseph·Davidovits等学者对金字塔等古埃及、古罗马的建筑进行研究发现：这些具有几千年历史的古代建筑是采用石灰石、石灰、高岭土、天然炭酸钙等原料制备的矿物聚合物（geopolymer）浇筑而成的。矿物聚合物在国内还被称为地聚合物、地质聚合物、土壤聚合物等。由于矿物聚合物具有原料丰富、工艺简单、绿色环保、生产能耗低等优点，成为近年来国际上研究非常活跃的材料之一。

随着人们研究的不断深入，地质聚合物的原料也不断增多，如粉煤灰、高炉水渣、钢渣、煤矸石、各种炉渣、建筑废料等都成为矿物聚合物材料的原料。

矿物聚合物是以偏高岭土或铝硅质工业废料（粉煤灰、煤矸石等）为主要原料，经激发剂的作用在较低温度下（低于150℃），发生特定反应而形成的聚合材料。即偏高岭土或铝硅质工业废料在特定激发剂作用下发生硅氧键和铝氧键的断裂，形成一系列低聚硅（铝）氧四面体单元，这些低聚结构单元随着反应进程的进行，逐渐脱水重组聚合形成聚合物，如图10-1所示。矿物聚合物的聚合产物为网络状结构的无定形无机聚合物，其基本结构为无机的硅氧四面体和铝氧四面体。

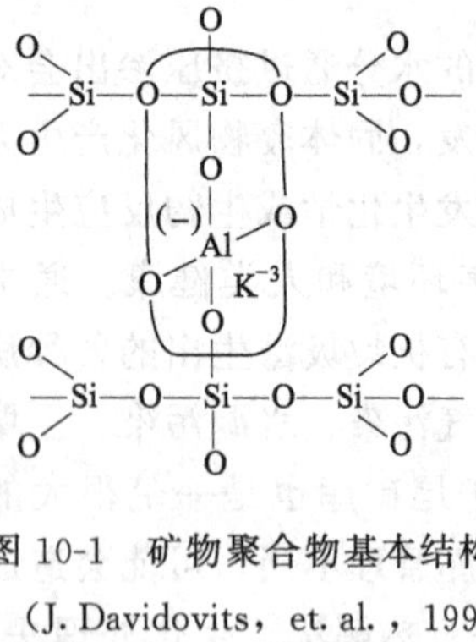

图10-1 矿物聚合物基本结构图（J. Davidovits，et. al.，1990）

矿物聚合物因具有类似有机高聚物的结构特点而得名。矿物聚合物在工艺上采用了许多陶瓷生产的方法，但它与传统意义上的陶瓷又有很大区别，这主要表现在以下三方面：

①矿物聚合物使用的原料为亚稳的无定形态或玻璃态，而陶瓷原料粉体多为晶态；②矿物聚合物的形成过程为较低温度下的化学反应，而陶瓷的制备过程是高温激发的物理化学过程；③矿物聚合物的相组织是复杂的多晶、多相聚集体，包括晶态、玻璃态、胶凝态、气孔等，而陶瓷是较为纯净的晶相。矿物聚合物在成型、反应过程中必须有水作为传质介质及反应媒介，凝固后部分自由水作为结构水存在于反应物中，但矿物聚合物不存在硅酸钙的水化反应，其终产物以离子键及共价键为主，分子间作用力为辅，而传统水泥是以分子间作用力及氢键为主，因此其性能优于传统水泥。由于矿物聚合物可以低温成型高温使用，其主要力学性能指标可与陶瓷、铝、钢等金属材料相媲美，并且具有优良的导热性[热导率为 0.24～0.38W/(m·K)]，较低的密度（2.2～2.7g/cm^3），不燃烧，不会在高温下分解放出有毒气体，在高温下仍能保持较高的力学性能，可在 1000～1200℃稳定使用，矿物聚合物的生产不需要高温煅烧、不排放二氧化碳。这样既能节约生产能耗，又有利于解决全球温室效应问题，因此是一种理想的高温结构材料。

10.2.2 矿物聚合物的性质

由于矿物聚合材料具有类似有机聚合物的链状结构，且能够与矿物颗粒表面的[SiO_4]和[AlO_4]四面体通过脱羟基作用形成化学键，因而具有无机化合物和有机化合物的共同特点，但又不同于传统无机化合物和有机化合物的特点。

（1）力学性能　矿物聚合物材料的主要力学性能指标与陶瓷、水泥和有机聚合物等材料相比显示了一定的优越性。

与陶瓷相比，矿物聚合物的组织是复杂的多晶和多相聚集体，包括晶态、玻璃态、胶凝态及气孔等，而陶瓷是较为纯净的晶相，晶界是陶瓷最薄弱的环节（多包含无定形物质），晶界的性质决定了陶瓷的整体性能；而矿物聚合物的结构是以环状链构成的连续三维网络构架，不存在完全意义上的晶体和晶界，各项性能取决于$\mathrm{+\!\!\!-Si—O—Al—O-\!\!\!+_{n}}$骨架，因此矿物聚合物材料的性能与陶瓷相近或更高。

与水泥相比，矿物聚合物在成型和反应过程中必须有水作为传质介质及反应媒介。凝固后部分自由水作为结构水存在于反应物中，但矿物聚合物不存在硅酸钙的水化反应，其终产物以离子键及共价键为主，分子间作用力为辅。而传统水泥是以分子间作用力及氢键为主，并且在水泥体系中存在大量的水化晶体和无定形物质，使得水泥基材料难以经受 400℃以上的高温，而矿物聚合物材料由于具有氧化物三维网络结构，在高温下亦能保持网络结构的完整性，因而具有比水泥更高的强度、硬度、韧性、高温稳定性和抗冻性。如 Davidovits 利用炭纤维改性矿物聚合物制得的复合材料在 815℃时弯曲强度仍有 245MPa，而水泥在 400℃下强度仅剩 15～25MPa，在 570℃下强度为零。

与有机聚合物相比，矿物聚合物分子是由硅、铝和氧等元素通过共价键连接而成，氧的原子分数是硅和铝总和的 2 倍；Si—O 键能为 535kJ/mol，并且 Si—O 键和 Al—O 键具有方向性，不易转动。有机聚合物中 C—C 键能为 360kJ/mol，C—O 键能为 334.7kJ/mol，C—N键能为 284.5kJ/mol，都比 Si—O 键能低，而且高分子链大都是柔性链，可以在三维空间自由转动和折叠，因此矿物聚合物材料具有比高分子材料高得多的强度、硬度、热稳定性和抗氧化能力。如(K，Ca)-PSS 型矿物聚合物的弯曲强度在 0℃和 800℃时基本都在 85MPa 左右，热稳定性非常好，而一般的有机聚合物材料的使用温度都在 100℃以下。

（2）排放 CO_2 的量低　矿物聚合材料生产过程中不使用石灰石原料，只有部分原料需低温煅烧分解产生水蒸气，燃料消耗较少，所以 NO_x、SO_x、CO 和 CO_2 的排放量也是非常低的。基本上每生产 1t 水泥就排放 1t CO_2 气体（还有其他有毒气体和粉尘），而制造 1t 矿

物聚合材料 CO_2 排放量仅是水泥的 1/10～1/5，并且没有毒性气体产生。这对保护生态平衡、维护环境协调具有重要意义。

（3）耐高温和热导率低　矿物聚合物熔点较高且分布范围较高，热膨胀系数则可在宽阔的范围调节，可与各类典型的工程材料相匹配。与水泥相比，矿物聚合物中的三维网络结构保证了高温下结构的完整性，而水泥体系中存在大量的水化晶体和无定形物质，使水泥难以经受 400℃以上的高温，因此矿物聚合物材料具有比水泥更好的高温稳定性。与树脂相比，矿物聚合物的无机化合物本质决定了它具有更高的热稳定性和抗氧化能力。

Barbosa 等研究了由偏高岭石和 KOH 溶液合成的 K-PSS[m(Si)：m(Al)＝2]和 K-PSDS[m(Si)：m(Al)＝3]加热至 1400℃的热学性能（K 为矿聚物结构空穴中的阳离子）。在 1000℃时 K-PSS 发生晶化，室温非晶结构被钾长石、白榴石和六方钾霞石的晶体结构完全取代；在 1400℃下材料仍没有熔化迹象。富含 Si 的 K-PSDS 在室温至 1200℃具有良好的耐热性和热稳定性，处理温度高于 1200℃时，变得多孔而脆性增加，此时的材料由钾长石、方石英等晶体结构和部分残余的非晶结构组成；当温变高于 1400℃材料有明显的熔化迹象，即 K-PSS 具有比 K-PSDS 更优良的耐热性和热稳定性。

T. W. Cheng 等利用矿渣、硅酸钠、偏高岭土等制备的 10mm 厚的矿物聚合材料可以承受 1100℃的高温，而 35min 后背面温度小于 350℃。

（4）可固化有毒废物　矿物聚合材料的性能与波特兰水泥非常接近，固其可用于固封有毒金属及放射性核废料。聚合物对重金属离子主要为物理固着，次为化学固着。工业固体废物制成矿物聚合材料以后，其中的有毒元素或化合物即被固化于材料内部。由于此类材料的耐酸碱侵蚀和耐气候变化的性能优良，因而不会对周围环境造成新的污染。

（5）界面结合强度较高　普通硅酸盐水泥与骨料结合的界面处，容易出现富含 $Ca(OH)_2$ 及钙矾石等粗大结晶的过渡区，造成界面结合力薄弱。而矿物聚合材料和骨料界面结合紧密，不会出现类似的过渡区，适宜作混凝土结构修补材料。

（6）生产工艺简单，能耗极低　矿物聚合材料的制备工艺过程为：天然铝硅酸盐矿物原料或工业固体废物→原料粉体制备→配料(＋碱性溶液)→注模或半干压成型→可溶性物相组分溶解→生成凝胶相→凝胶相固化→制品。制备矿物聚合材料所用的原料可直接使用或只需低温(350～750℃)处理，不用高温煅烧；并且 Si—O、Al—O 共价键的断裂-重组反应温度在 150℃以下就可以进行。其生产过程无需普通黏土砖常用的烧制工序，也无需加气混凝土制品的蒸汽养护工序，材料的固化温度一般在常温至 180℃，依靠各种物料之间的低温化学反应，即可使凝胶相固化，因此矿物聚合材料的制备过程能耗是比较低的。Davidovits 认为生产矿物聚合材料的能耗是生产水泥的 1/6～1/4；吴中伟院士则认为其能耗只有陶瓷的 1/20、钢的 1/70、塑料的 1/150。除改变温度控制条件外，采用热压工艺，可获得力学性能优良的材料；采用微波烧结法，可大大缩短材料的固化时间。矿物聚合材料亦可进行精细铸造，表面光滑细腻。

10.2.3　矿物聚合物反应机理

矿物聚合材料的形成过程分为 4 个阶段：①铝硅酸盐矿物粉体原料在碱性溶液(NaOH，KOH)中的溶解；②溶解的铝硅配合物由固体颗粒表面向颗粒间隙的扩散；③凝胶相 $[M_x(AlO_2)_y(SiO_2)\cdot nMOH\cdot mH_2O]$ 的形成，导致在碱硅酸盐溶液和铝硅配合物之间发生聚合作用；④凝胶相逐渐排除剩余的水分，固结硬化成矿物聚合材料块体。聚合物材料的硬化过程，不同聚合状态的硅酸根、铝酸根和硅铝酸根重新聚合、晶化。Joseph Davidovits 将这一过程总结为“解聚-缩聚”过程。

铝硅酸盐聚合反应是一个放热脱水的过程。反应以水为传质，聚合后又将大部分水排除，少量水则以结构水的形式取代[SiO_4]中一个 O 的位置。聚合作用过程即各种铝硅酸盐(Al^{3+}呈Ⅳ或Ⅴ次配位)与强碱性硅酸盐溶液之间的化学反应：

$$n(Si_2O_5, Al_2O_3)+4nH_2O+NaOH或KOH \longrightarrow Na^+, K^+ + n(OH)_3—Si—O—Al(\downarrow (OH)_2)—O—Si—(OH)_3$$

(Si-Al材料)　　(聚合物前驱体)

$$n(OH_3)—Si—O—Al(\downarrow (OH)_2)—O—Si—(OH_3)+NaOH或KOH \longrightarrow (Na^+, K^+)\left(—\underset{|}{\overset{|}{Si}}(O)—O—\underset{|}{\overset{|}{Al^-}}(O)—O—\underset{|}{\overset{|}{Si}}(O)—O—\right)$$

(聚合物主链)

即硅氧四面体[SiO_4]，铝氧四面体[AlO_4]离子团以及[$AlO_{5\sim7}$]离子团之间通过去羟基作用生成三维网络结构，碱金属离子分布于网络结构之间以平衡电价。所以缩聚作用过程以水作为传质，但聚合后又将大部分水脱去。通过上述反应，最终形成了沸石或类沸石类产物。矿物聚合物最终产物的大分子结构通式可概括如下：

$$M_x\left[\left(Si—O_2\right)_z—Al—O\right]_n wH_2O$$

式中，M 为碱金属元素；x 为碱金属离子数目；z 为硅铝比；n 为缩聚度；w 为水的数目($w=0\sim4$)。

以上聚合反应表明，任何硅铝物质都可作为制备矿物聚合材料的原料。此类材料的基体相的化学组成与沸石类似，而结构上呈非晶质至半晶质，制备过程需要类似于水热合成沸石的条件，但其反应速率要快得多。在强碱性条件下，硅铝矿物和硅酸盐溶解的可能化学反应为（M 代表 Na，K）：

$$Al—Si颗粒+OH^-(aq) \rightleftharpoons \underset{(单聚物)}{Al(OH)_4^-} + \underset{(单聚物)}{^-OSi(OH)_3} \quad (1)$$

$$^-OSi(OH)_3+OH^- \rightleftharpoons {^-OSi(OH)_2O^-}+H_2O \quad (2)$$

$$^-OSi(OH)_2O^-+OH^- \rightleftharpoons {^-O\overset{O^-}{\overset{|}{Si}}(OH)O^-}+H_2O \quad (3)$$

$$M^+ + \underset{(单聚物)}{^-OSi(OH)_3} \rightleftharpoons \underset{(单聚物)}{M^{+-}OSi(OH)_3} \quad (4)$$

$$2M^+ + \underset{(单聚物)}{^-OSi(OH)_2O^-} \rightleftharpoons \underset{(单聚物)}{M^{+-}OSi(OH)_2O^{-+}M} \quad (5)$$

$$3M^+ + \underset{(单聚物)}{^-O\overset{O^-}{\overset{|}{Si}}(OH)O^-} \rightleftharpoons \underset{(单聚物)}{M^{+-}O\overset{O^{-+}M}{\overset{|}{Si}}(OH)O^{-+}M} \quad (6)$$

$$M^+ + \underset{(单聚物)}{Al(OH)_4^-} + OH^- \rightleftharpoons \underset{(单聚物)}{M^{+-}OAl(OH)_3^-} + H_2O \quad (7)$$

$$\underset{(单聚物)}{^-OSi(OH)_3} + \underset{(单聚物)}{M^{+-}OSi(OH)_3} + M^+ \rightleftharpoons \underset{(二聚物)}{M^{+-}OSi(OH)_2—O—Si(OH)_3} + MOH \quad (8)$$

$$\underset{(单聚物)}{^-OSi(OH)_2O^-} + \underset{(单聚物)}{M^{+-}OSi(OH)_3} + M^+ \rightleftharpoons \underset{(二聚物)}{M^{+-}OSi(OH)_2—O—Si(OH)_2O^-} + MOH \quad (9)$$

$$\underset{(单聚物)}{^-O\overset{O^-}{\overset{|}{Si}}(OH)O^-} + \underset{(单聚物)}{M^{+-}OSi(OH)_3} + M^+ \rightleftharpoons \underset{(二聚物)}{M^{+-}O\overset{O^-}{\overset{|}{Si}}(OH)—O—Si(OH)_2O^-} + MOH \quad (10)$$

$$2(硅酸盐单聚物)^- + 2(硅酸盐二聚物)^- + 2M^+ \rightleftharpoons M^{+-}(环状三聚物) + M^{+-}(线状三聚物) + 2OH^- \quad (11)$$

在 Al、Si 浓度很低的条件下，主要发生如上的溶解反应。随着高浓度硅酸阴离子的加入，将会形成四聚物、五聚物、六聚物、八聚物、九聚物及其化合物。对于一定的矿物颗粒尺寸而言，溶解反应(1)是 MOH 的浓度和矿物结构及表面性质的函数。

MOH 浓度对上述溶解反应的影响为：增大碱溶液的浓度有利于反应(1)～(7)向右侧进行。反应(1)～(3)为水化反应，即阴离子 OH^- 与硅铝矿物颗粒表面反应，生成 $Al(OH)_4{}^-$、$^-OSi(OH)_3$、二价正硅酸离子、三价正硅酸离子。反应(4)～(7)为物理静电反应，即碱金属离子 M^+ 与 $Al(OH)_4{}^-$、$^-OSi(OH)_3$、二价正硅酸离子、三价正硅酸离子反应，以平衡库仑静电斥力。反应(8)～(11)为在库仑静电引力基础上的正、负离子对之间的补偿反应。在反应(7)～(11)中，阳离子 M^+ 与 $Al(OH)_4{}^-$ 和正硅酸离子反应，生成 $M^{+-}Al(OH)_4$ 单聚物和硅酸盐单聚物、二聚物、三聚物离子，从而导致反应(1)～(3)向右侧进行。

电子衍射分析表明，矿物聚合材料系由许多非晶和多晶相组成。在较短的时间内此类材料即可形成紧密堆积的多晶结构，因而其力学性能优于密度较低且具笼状结构的沸石。在材料固化过程中，铝硅酸盐聚合反应过程如下：

$$\text{Al—Si矿物颗粒(s)} + MOH(aq) + Na_2SiO_3(s,aq)$$
$$\downarrow$$
$$\text{Al—Si矿物颗粒(s)} + [M_z(AlO_2)_x(SiO_2)_y \cdot nMOH \cdot mH_2O](gel)$$
$$\downarrow$$
$$\text{Al—Si矿物颗粒(s)}\ [Ma(AlO_2)_a(SiO_2)_b \cdot nMOH \cdot mH_2O]$$

(铝硅酸盐聚合物，非晶结构)

在矿物聚合物中，Ca 激发多硅铝酸盐形成的反应机理可能为：

$$\equiv Si—O^- + Ca^{2+} \longrightarrow \equiv Si—O—Ca^+ + H_2O$$
$$\equiv Si—O—Ca^+ + —O—Al + H_2O \longrightarrow$$
$$[\equiv Si—O—Ca—O—Al\equiv] \longrightarrow$$
$$\equiv Si—O—Al\equiv + Ca^{2+} + 2OH^-$$

10.2.4 粉煤灰矿物聚合物

粉煤灰之所以能够参与反应，从物相结构上看，主要来自于玻璃体。因为玻璃体是在高温条件下形成的，含有较高的内能。玻璃体含量越多，尤其是球形颗粒越多，所具有的内能越大，粉煤灰参与水化反应的能力越强，而结晶体和未燃炭粒越多时，粉煤灰参与水化反应的能力越弱；从化学成分上看，粉煤灰水化反应能力主要来自 SiO_2 和 Al_2O_3，其含量越多，粉煤灰参与反应的能力越强。另外一个不容忽视的还有粒度因素，粉煤灰粒度越细，表面能越大，提供化学反应的作用面积就相应越大，反应能力也就越强。这三项是影响粉煤灰参与水化反应能力的主要因素，它们之间又相互影响。

张以河等利用以粉煤灰为主要原料，标准砂为骨料，并添加煅烧高岭土，以硅酸钠和氢氧化钠作激活剂，采用振动成型方法，在优化条件下，即粉煤灰的比例为 70%，硅酸钠含量为 70%，固液质量比为 2.5，制备了矿物聚合材料。实验结果显示：制品的 7d 压缩强度最高可达到 49.26MPa，吸水率为 8.70%，耐酸碱性分别达 1.87%和 0.32%。通过 XRD 研究发现形成的矿物聚合物物相主要是莫来石和石英。该矿物聚合材料成本低廉，又能利用粉煤灰而达到改善环境的目的。还可通过添加玻璃纤维等增强材料进一步提高矿物聚合物材料的压缩和弯曲强度。

聂铁苗利用一定比例的粉煤灰、变高岭土、标准砂为固相原料，以硅酸钠、氢氧化钠为液相原料，混合制备矿物聚合材料，振动成型后在 30～80℃下养护 1d，脱模后再在室温下静置 6d。对固化后制得的制品进行表征，证明其 7d 压缩强度达 56.92MPa。矿物聚合材料制品的弯曲强度、体积密度、含水率、吸水率与普通硅酸盐水泥胶砂制品相当，压缩强度稍好，而耐酸性则要好得多。普通硅酸盐水泥胶砂的 7d 制品，分别在 0.5mol/L 硫酸和 1.35mol/L 盐酸中浸泡 25d 的质量损耗率高达 32.17%和 19.56%，而矿物聚合材料 7d 制品分别在 0.5mol/L 硫酸和 1.35mol/L 盐酸中浸泡 25d 后，其质量损失率仅为 4.12%和 5.62%。同时证明粉煤灰矿物聚合材料的反应过程为：粉煤灰等原料中的硅酸盐玻璃相在强碱的作用下，其中的 Si—O、Al—O 键发生断裂；断裂后的 Si、Al 组分与碱金属离子 Na^+、OH^- 等作用形成—Si—O—Na、—Si—O—Ca—OH、$Al(OH)_4{}^-$、$Al(OH)_5{}^{2-}$、$Al(OH)_6{}^{3-}$ 等低聚合体；随着溶解的进行，溶液的组成和各种离子浓度的变化，这些粒子形成凝胶状的类沸石前驱体；最后，前驱体脱水形成非晶相物质。28d 制品中，矿物聚合材料基体相中的 Si 以四次配位并连接两个 Al 为主要存在状态，Al 以四次配位为主。

苏玉柱以煅烧高岭土为原料，石英砂为骨料，采用振动成型方法，在 60℃下固化养护 24h，制备的矿物聚合材料的 7d 饱水压缩强度为 47.00MPa。以粉煤灰为粉体原料，标准砂为骨料，采用振动成型方法，在 90℃下固化养护 24h，制备了矿物聚合材料，7d 饱水压缩强度达 75.40MPa，28d 饱水压缩强度达 89.54MPa；制品的含水率和吸水率分别为 5.3%和 15.0%；在 20℃下，制品在浓度为 1.0mol/L 的硫酸溶液中浸泡 24h，其质量损失率为 2.13%。添加少量 CaO 制品的饱水压缩强度显著提高；硅酸钠水玻璃在液相中的比例约为 70%，且标准砂占固相的比例为 70%左右时，可制得力学性能良好的矿物聚合材料。

侯云芬等研究降低激发剂溶液的成本，采用工业生产的水玻璃作为激发剂配制粉煤灰基矿物聚合物，系统研究了水玻璃溶液的含固量、模数以及种类对压缩强度的影响。其将一定量粉煤灰加入水泥净浆搅拌锅中，加入水玻璃激发剂溶液，搅拌均匀。将均匀的净浆体装入 20mm×20mm×20mm 模具中，振动成型，在标准养护箱中养护 24h 后脱模，继续标准养护 28d，得到固体样品。随着水玻璃模数的增大，粉煤灰基矿物聚合物的压缩强度增大，但是当模数超过 1.4 后，其压缩强度降低，且当模数大于 2.0 以后，其压缩强度显著降低。同时随着水玻璃含固量的增大，粉煤灰基矿物聚合物的压缩强度提高；对于钠水玻璃，水玻璃含固量为 32%时，其压缩强度达到最大值，随水玻璃含固量继续提高，其压缩强度降低；而对于钠钾水玻璃，其压缩强度随着水玻璃含固量从 16%增大到 36%，而一直呈现提高的趋势。比较两种类型水玻璃激发效果发现：随着水玻璃模数和含固量的不同，钠水玻璃和钠钾水玻璃对粉煤灰的激发效果亦不同。在常温标准养护条件下，用模数为 1 且含固量为 32%的钠水玻璃和模数为 1.2 且含固量为 36%的钠钾水玻璃制得压缩强度分别为 38.5MPa 和 42.1MPa 的粉煤灰基矿物聚合物。

10.3 赤泥絮凝剂、胶凝材料、复合材料制备化学

赤泥是以铝土矿为原料生产氧化铝过程中产生的极细颗粒的强碱性固体废弃物。根据氧化铝生产工艺的不同，产生的赤泥分为烧结法、拜尔法和联合法赤泥。赤泥的最大危害在于其 pH 值很高，赤泥附液的 pH 值为 12.1～13.0，赤泥浸出液的 pH 值为 10.29～11.83。因此，赤泥（含附液）属于强碱性有害废渣，尤其是拜耳法赤泥，其碱含量为 10%左右。我国是氧化铝生产大国，产量约占世界总量的 30%，由此产生的赤泥约占全球 1/3。赤泥排放量已达 3000 万吨/年左右，累计赤泥堆存量高达 2 亿吨。表 10-1 为我国部分铝厂拜尔法赤泥化学成分和特性表。

表 10-1 我国部分铝厂拜尔法赤泥化学成分和特性表

产地	Al_2O_3	SiO_2	Fe_2O_3	Na_2O	CaO	TiO_2	粒径分布/μm	pH
山东铝厂	24.49	27.36	33.13	11.17	3.17	—	—	8～12
山西铝厂	23.60	17.44	5.97	8.57	20.24	6.94	0.4～70	
贵州铝厂	24.38	13.18	3.21	4.1	30.69	6.50	0.5～5	
广西铝厂	17.2	12	23	4.0	15	5.5	—	
河南某铝业公司	26.45	26.1	8.84	—	20.21	5.13	—	
州铝厂	8.50	21.37	5.00	3.15	38.40	2.83	≤500	
平果铝厂	5.69	12.00	>30.0	1.31	13.11	5.30	10～几百	

目前国内外氧化铝厂大都将赤泥输送堆场，筑坝湿法堆存，该法易使大量废碱液渗透到附近农田，造成土壤碱化，沼泽化，污染地表地下水源；另一种常用的方法是将赤泥干燥脱水和蒸发后干法堆存，这虽然减少了堆存量，但处理成本增加，并仍需占用土地，同时有些地方雨水充足，也容易造成土地碱化及水系的污染。我国赤泥的处理主要是筑坝堆存。我国氧化铝生产过程中每年产生的赤泥量超过 600 万吨，全部露天堆存，并且大部分堆场坝体用赤泥构筑。裸露赤泥形成的粉尘随风飞扬，污染大气，对人类和动植物的生存造成负面影响，恶化生态环境。随着铝行业的快速发展，赤泥的堆存速度也随之加快，拜耳法赤泥的颗粒细、脱水性差并且凝结的赤泥块体强度较低，当上部筑坝高度增加时，下部赤泥在上部赤泥重力作用下，会出现渗水和变形，很容易发生漏坝、垮坝事故。

2010 年 10 月 4 日匈牙利西南部某氧化铝厂赤泥堆场决堤，100 万立方米赤泥外泄，流入 7 座村庄，造成 9 人死亡，还有 150 多人受伤。匈牙利环保官员表示，这是有史以来匈牙利发生的最严重的工业意外事故。据了解，中国的氧化铝厂多将赤泥干燥脱水后堆存，一般情况下不太可能出现诸如匈牙利氧化铝厂这样严重的溃坝事故。但是要是遭遇山体滑坡、持续大雨等的地质灾害或恶劣气候因素，也存在赤泥溢出污染环境的危险，贵州氧化铝厂的赤泥堆场就曾因遭遇持续暴雨出现过小范围的赤泥外泄事故。

赤泥的处理一直是困扰全球铝工业的难题。随着铝工业的快速发展，生产氧化铝排出的赤泥量也日益增加，对环境构成极大威胁，存在巨大隐患。匈牙利氧化铝厂赤泥泄漏灾难也给中国铝工业敲响了警钟，氧化铝厂必须高度重视赤泥堆存安全，从诸多实例中可以看出赤泥不易筑坝、难以堆存，所以从长远来看，赤泥综合利用才是解决其环境污染和安全隐患的治本之策，是中国铝工业可持续发展的必由之路。

世界各国专家对赤泥的综合利用进行了大量的科学研究，但此类研究进展不大，赤泥的无害化利用一直难以进行。许多国家虽然就拜尔法赤泥的综合利用提出了几十种方法，但绝大多数没有达到工业生产的要求。主要有以下几个原因：

① 赤泥附液和浸出液氟化物含量较高，可达 1.9～32.3mg/L；

② 赤泥附液和浸出液碱含量较高，可高达 26348mg/L；

③ 氧化铝厂附近的地下水中的铁、铝、锰等严重超标；

④ 部分赤泥放射性物质超标；

⑤ 拜耳法赤泥中铁、碱的含量高，且泥浆不易干燥、脱水能耗大，不利于制造水泥；

⑥ 从赤泥中回收稀有金属工艺在技术上是可行的，要实现工业化，关键在于能否找到一种经济、节能和环保的工艺；

⑦ 将赤泥用作环境修复材料处理废水，具有成本低、工艺简单、以废治废等优点，但赤泥应用后的再生与利用是必须考虑的一个重要问题。

因此，赤泥废渣的处理和综合利用一直以来都是一个世界性的大难题。

10.3.1　赤泥絮凝剂制备化学

据不完全统计，每年我国需求无机絮凝剂按固体计算为 400 万吨以上，而目前主要采用铝矾土矿石制备，消耗大量矿产资源。赤泥中含有大量的氧化铝、氧化铁和氧化硅等，是一种宝贵而丰富的二次资源，利用赤泥制备絮凝剂可大幅度节约宝贵的铝矾土资源。以赤泥为原料制备的絮凝剂中含有大量的 Fe^{3+} 和 Al^{3+}，具有较高的正电荷，可有效降低或消除水中悬浮胶粒的 ζ 电位。当在铁盐和铝盐中加入聚硅酸等原料，制成复合型絮凝剂后，对水中胶粒具有较强的电中和作用，使胶粒脱稳，同时还有吸附架桥作用。

Orescanin 等采用稀硫酸浸出赤泥后，制备了适于去除工业废水中重金属和浊度的固体聚硅酸盐絮凝剂。加拿大的 P. Edith 等研究者用 H_2SO_4 和 NaCl 处理赤泥制得复合絮凝剂。通过优化实验条件，用自制溶液做沉降试验去除磷酸盐。结果证明，由赤泥为原料制备的絮凝剂与商业絮凝剂的效果相当。

近些年，我国对赤泥制备水处理絮凝剂的研究也有很大的发展。罗道成等在常压通氧的条件下，用稀硫酸浸取制备了高效混凝剂聚硅酸铁铝，用于处理工业废水的效果与聚合硫酸铁相比，COD、色度和 SS 去除率分别提高了 20%、28%和 10%。王海峰等以拜耳法赤泥为原料制备了聚合氯化铝铁，比聚合氯化铁和聚合氯化铝絮凝剂具有更好的絮凝沉淀效果。如利用拜耳法赤泥和工业盐酸为主要原料，添加适量粉状铝酸钙，制得絮凝剂聚合氯化铝铁。在最优条件下制备的聚合氯化铝铁各项指标均达到了聚合氯化铝一级品的国家标准。并将产物用于造纸废水处理，其对 COD、浊度和色度的去除率分别达到了 85.02%、96.35%、67%，是一种性能良好的高效絮凝剂。另外，还有以粉煤灰和赤泥为原料用 HCl 浸出赤泥制备了一种新型无机复合混凝剂产品，用其对污水处理厂的生活污水进行处理。实验发现，复合混凝剂除浊适应的 pH 范围较宽，pH 在 4～12 时浊度去除率均在 96%以上，COD 去除率在 pH 为 3～8 时均在 50%以上。以拜耳法赤泥为实验原料制备得到聚合氯化铝铁(PAFC) 固体产品。结果发现，与单一的聚铁及聚铝絮凝剂相比，所得产品反应速率快，絮体粗大、致密，沉降速度快，具有更好的絮凝沉淀效果，尤其适用于高悬浮物（SS）污水的处理。中国铝业山东分公司研究院利用赤泥和硫酸为主要原料，制得聚硅酸铝铁(PASF) 阴阳离子复合型絮凝剂。该絮凝剂不仅有吸附架桥、电中和作用，同时也具有较好的稳定性，且能充分发挥各种单一絮凝剂的优点，抵消彼此的弱点。

中国地质大学（北京）利用赤泥进行酸浸，溶解出铝、铁等元素，其中铝、铁的浸出率达到 85%以上，再加入铝酸钙或氢氧化钠等碱类调节溶液的碱化度和铁、铝含量，得到具有一定碱化度和铝/铁比的复合无机絮凝剂。将此无机絮凝剂用于废水处理，其絮凝性能优于 PAC，对废水的 COD 和浊度去除率都很高。

(1) 赤泥酸浸　赤泥中含有大量的 Fe、Al，这些 Fe、Al 以氧化物形态存在，较易从赤泥中提取出来进行回收利用，目前主要是利用盐酸、硫酸将赤泥中的 Fe、Al 提取出来。称取定量赤泥置于反应器中，按反应固液比计算所需酸液，于恒温油浴锅上搅拌升温至所需温度，缓慢加入所需酸量，反应一定时间后，进行固液分离，并分析浸出率。当赤泥与酸液混合后，赤泥中的 Al_2O_3、Fe_2O_3、CaO 和 Na_2O 与 HCl、H_2SO_4 开始反应，并且赤泥开始溶解。具体反应如下。

①盐酸酸浸。

$$Al_2O_3+6HCl \longrightarrow 2AlCl_3+3H_2O$$

$$Fe_2O_3+6HCl \longrightarrow 2FeCl_3+3H_2O$$

$$CaO+2HCl \longrightarrow CaCl_2+H_2O$$

$$Na_2O+2HCl \longrightarrow 2NaCl+H_2O$$

②硫酸酸浸。

$$Al_2O_3+3H_2SO_4 \longrightarrow Al_2(SO_4)_3+3H_2O$$
$$Fe_2O_3+3H_2SO_4 \longrightarrow Fe_2(SO_4)_3+3H_2O$$
$$CaO+H_2SO_4 \longrightarrow CaSO_4+H_2O$$
$$Na_2O+H_2SO_4 \longrightarrow Na_2SO_4+H_2O$$

(2) 赤泥无机絮凝剂的制备　以赤泥酸浸液为原料，在一定温度下，加入氢氧化钠、铝酸钙等调聚剂调节碱基度，随着调聚剂的加入，酸浸液中剩余的酸被逐渐中和，而且混合液的碱化度逐渐升高，Fe(Ⅲ) 和 Al(Ⅲ) 发生水解反应，反应式如下。

$$2AlCl_3+nH_2O \longrightarrow Al_2(OH)_nCl_{6-n}^-+nCl^-+nH^+$$
$$2FeCl_3+mH_2O \longrightarrow Fe_2(OH)_mCl_{6-m}^-+mCl^-+mH^+$$

随着羟基的聚合，Fe(Ⅲ) 和 Al(Ⅲ) 水解形成的聚合物发生共聚合反应，具体反应式如下：

$$xAl_2(OH)_nCl_{6-n}^-+yFe_2(OH)_mCl_{6-m}^- \longrightarrow Al_{2x}Fe_{2y}(OH)_{xn+ym}Cl_{6x-xn+6y-ym}^-$$

(3) 赤泥多元絮凝剂的制备　利用制备的无机絮凝剂可进一步制备多元复合絮凝剂。利用无机絮凝剂中的铝、铁等元素，通过添加少量矿物材料和高分子材料聚合复配转化成综合效果良好的水处理用多元复合絮凝剂。此技术是源于中国地质大学（北京）的 CMHa 合成技术，集铁盐与铝盐混凝剂的优点于一起，是铝和铁的水解中间多核络合物与矿物、高分子等多元复合物，在水处理过程中具有吸附力强、絮凝体形成速度快、矾花密实、沉降速度快、COD 的去除率高等显著功能，可广泛应用于各类工业污水、市政污水的处理。

(4) 联产复合白炭黑　目前为止，利用黏土矿物制备白炭黑的报道较多，但尚未见关于利用赤泥酸浸渣制取白炭黑的相关报道。有报道利用埃洛石黏土制备白炭黑，埃洛石黏土中 SiO_2 质量分数为 46.15%，自然白度为 75%～85%。主要工艺是先将埃洛石黏土粉碎至 75～250μm，然后焙烧(700℃，3h)，再将焙烧土与质量分数 30%的工业盐酸或硫酸按一定质量比配料，在一定温度、时间条件下酸浸，经中和、过滤、洗涤、干燥、分选得到白炭黑。

赤泥经酸浸之后还剩余 30%左右的残渣，残渣中含有大量的二氧化硅。将剩余残渣洗涤调节至中性，干燥后制得复合白炭黑，此方法可消耗掉赤泥残渣，实现清洁生产。联产的复合白炭黑产品可广泛应用于农业化学制品、橡胶、塑料、胶黏剂、抗结块剂、养殖业饲料载体、造纸填料等行业。

10.3.2　赤泥胶凝材料制备化学

利用赤泥的高碱含量和高 pH 值来激发矿渣、粉煤灰等固体废物可制成具有较好力学性能的胶凝材料，可用于矿山充填和作为路基材料。用赤泥作混凝土掺合料，还可制成高性能混凝土。

由于赤泥中含有大量生产硅酸盐水泥熟料所必需的 SiO_2、Al_2O_3、Fe_2O_3、CaO 及一定的硅酸盐矿物，因此利用赤泥作为水泥生产用原材料生产水泥，不仅降低了水泥生产的能源和资源消耗，同时也解决了铝工业对环境的污染。俄罗斯、日本等国家已建立了多条利用赤泥生产水泥的生产线。俄罗斯第聂伯铝厂利用拜耳法赤泥生产水泥，生料中赤泥配比可达 14%。日本三井氧化铝公司与水泥厂合作，以赤泥为铁质原料配入水泥生料，水泥熟料可利用赤泥 5～20kg/t。俄罗斯沃尔霍夫、阿钦和卡列夫氧化铝厂以霞石为原料，利用产生的赤泥生产水泥，进行石灰石、赤泥两组分配料试验，可利用赤泥 629～795kg/t 水泥，为烧结法赤泥的综合利用开辟了有效途径。

我国在利用赤泥生产水泥方面的研究起步较早，并形成了一定的产业规模。山东铝厂早在建厂初期就对赤泥综合利用进行了研究，在 20 世纪 60 年代初建成了综合利用赤泥的大型水泥厂，利用烧结法赤泥生产普通硅酸盐水泥，水泥生料中赤泥配比年平均为 20%～38.5%，水泥的赤泥利用量为 200～420kg/t，产出赤泥的综合利用率 30%～55%。该厂生产的水泥与一般水泥厂产品相比，除压缩强度偏低以外其他性能皆等于或优于一般水泥，特别是弯曲强度、早期压缩强度和抗硫酸盐侵蚀系数方面尤为明显。产品成本比常规水泥厂降低 15%。由于赤泥含碱量高，赤泥配比受水泥含碱指标制约。

赤泥中含有大量的碱，可以用赤泥代替碱制备碱激发水泥，这种碱激发水泥的强度、抗腐蚀性能良好。北京科技大学的黄迪等以赤泥、矿渣为主要原料，通过渗入激发剂，研制了一种前期强度高的胶结充填料，并就激发剂对胶结充填材料的性能及其水化产物微观结构的影响进行了研究，从而为充分提高充填材料强度性能、尤其是前期强度性能提供理论基础。

① 实验原料：拜耳法赤泥；水淬高炉矿渣；激发剂，主要有脱硫石膏、天然石膏、石灰、水泥熟料；充填骨料为全尾砂，95%左右的尾砂颗粒粒径小于 0.63mm。

② 实验方法：取拜耳法赤泥、矿渣、水泥熟料、脱硫石膏、天然石膏，在 100℃时烘干 4h 以上，保证物料含水率≤1%，烘干后用试验磨磨细至比表面积大于 $400cm^2/g$ 后备用；将上述原料按一定比例混合，称取混料 300g 作为胶结剂，称取 1700g 全尾砂作为骨料。将胶结剂与骨料加水混合搅拌，注模再振捣密实。试验样品尺寸为 40mm×40mm×160mm，样品成型后在标准养护箱(温度为 20℃±1℃，湿度为 90%以上)中放置 24h 后脱模，脱模后的试块在室温下泡水养护，最后进行强度测试及微观分析。

在赤泥-矿渣胶结充填体系中，赤泥提供了适当的碱环境，此时脱硫石膏对体系的激发效果最明显，能显著提高充填料试块的前期强度，掺量以占胶凝材料的 10%、占整体充填料的 1.5%为宜；赤泥-矿渣胶结充填料的水化产物主要含有钙矾石（AFt）、硅灰石膏、C-S-H凝胶。通过对拜耳法赤泥-矿渣全尾砂胶结充填料体系质量浓度的考察，得出了质量浓度（水胶比）-坍落度、坍落度-强度关系曲线，得到膏体全尾砂胶结充填料的合适的质量浓度为 79.4%～81.9%，似膏体胶结充填料的合适的质量浓度为 78.0%左右；通过 XRD、SEM-EDAX、IR、TG/DSC、NMR 深入研究了该胶结充填料的水化反应机理，鉴别出了霞石、沸石、钙矾石、蛇纹石、云母类物质等十几种水化产物，这些产物是该充填料具有良好力学性能和工作性能最主要的原因。

10.3.3 赤泥复合材料制备化学

20 世纪 60 年代末，中国台湾联合工业研究所首先由赤泥填充 PVC 制成了“红泥塑料”，并在许多国家获得了专利权，这一成果使原来是废物的“红泥”和废塑料袋，变成对工业、农业、渔业等有多种用途的材料。80 年代，无锡市第二橡胶厂研究所、石家庄市化学煤炭工业公司等单位对赤泥改性橡胶进行了研究，制备了不同种类的赤泥改性橡胶。80 年代 RM-PVC 材料以红泥波浪板的技术在山东建厂 4 家，2 年后技术上和设备上的问题迫使厂家又陆续下马，因此，在全国塑料行业留下阴影。90 年代末成功解决磨损和高填充的技术难题后，赤泥 PVC 塑料管材及赤泥合金塑料覆皮重新面世。赤泥改性聚氯乙烯生产成本低廉、工艺简单，能与 PVC 常用稳定剂起协调作用，改性后的聚氯乙烯抗老化性能提高，具有良好的热稳定性能、加工性能，较好的耐酸、碱性和更强的阻燃性。1994 年，国家建筑材料工业局制定了红泥耐候塑料管材和管件（JC/T 563—1994）、红泥耐候塑料波形板（JC/T 562—94）的行业标准，目前，国内厂家所生产的赤泥塑料主要为赤泥 PVC 制品，集中在各种防水卷材、给水管材、门窗、屋顶浪板以及用在沼气储气槽、气密式稻谷储仓、养鱼池、盐田防漏层等的塑料薄膜及塑料袋。随着国家对资源综合利用日益重视，赤泥塑料享受税收优惠，可免五年所得税和全免增值税。但是赤泥填充聚氯乙烯塑料因色泽问题、加工机械磨损问题和赤泥本身的细度问题未能大面积推广使用。

赤泥添加到聚氯乙烯（PVC）中制备复合材料，对 PVC 具有补强和提高热性能作用，使填充后的 PVC 制品具有优良的抗老化性能，制品比普通的 PVC 制品寿命长 2～3 倍。同时，因为赤泥的流动性要好于其他填料，这就使塑料具有良好的加工性能，且赤泥聚氯乙烯复合塑料具有阻燃性，可制作赤泥塑料太阳能热水器和塑料建筑型材。此外，由赤泥还可制备人工轻骨料混凝土、红色颜料、水煤气催化剂、橡胶填料、赤泥陶粒、流态自硬砂硬化剂、防渗材料和杀虫剂载体等新型材料。

（1）填充改性高分子复合材料及木塑复合材料　赤泥复合材料可广泛用于建筑材料、园林设施、工业包装盘等领域。中国地质大学（北京）以赤泥为抗菌剂载体、红色颜料和填料制备出抗菌塑料母粒，将抗菌剂加入水中充分溶解，然后与赤泥搅拌与其进行离子交换，将获得的絮状浆体在烘箱中烘干、研磨至 150 目以下，共混抗菌剂粉体和树脂或塑料，采用双螺杆挤出机等设备进行造粒，即得到抗菌母料。最后采用注射成型制备抗菌塑料。所制备的抗菌塑料色泽均一，具有较好的力学、热学以及抗菌性能。笔者所在的研究团队研究了赤泥对聚丙烯的力学和热学性能的影响，结果表明：在一定范围内，随着赤泥含量的升高，复合材料的冲击强度、断裂伸长率下降，弯曲强度上升，拉伸强度在 15%（质量分数）达到最大值，热变形温度和维卡软化点温度都有所提高。此外，还开展了利用赤泥的特性和颜色填充改性木塑复合材料的研究。

（2）赤泥制备高分子无卤阻燃剂及阻燃复合材料　随着国内重大火灾的频繁发生，无机矿物无卤阻燃剂的需求量越来越多。笔者所在的研究团队通过将赤泥与水镁石混合，于一定温度下煅烧后称取一定量的煅烧粉体，加入到配制好的 $NaOH$ 与 Na_2CO_3 的混合溶液中，高速搅拌；将反应产物陈化后，采用真空抽滤，并将反应物洗涤至中性；将产物于干燥箱中烘干。

采用异丙醇将 hw-401 偶联剂稀释，将待改性粉体和 1%（质量分数）的 hw-401 置于分散研磨机中高速混合，改性温度为 80℃，然后将其在干燥箱中干燥。将粉体与聚乙烯在开放式炼胶机上混炼 20min，采用平板硫化机将混炼胶压成 2mm 片材，自然冷却降温。氧指数达到 27～30，达到难燃材料要求，目前正应用于阻燃塑料、阻燃橡胶、建筑保温防火材料等方面的研究，为探讨赤泥资源化高值利用开辟新的途径。

（3）矿物负载复合材料　在一个通风较差、很少受阳光照射的房间里，如果家具摆放位置不当或是打扫不干净，细菌的数量会升高并造成污染。在空气环境方面，能主动吸附细菌并杀菌的材料是一个新的发展方向。利用工业废物制备一种新型的、可回收利用的材料是环境友好型和低炭环保的发展趋势，笔者所在的研究团队通过在赤泥中添加锌盐研究制备新型抗菌材料。结果表明，制备出的新型抗菌材料比负载银的抗菌能力更好，当聚丙烯中含有 0.5%的新型抗菌材料，抑菌率达到 99%以上，几乎所有表面葡萄球菌和大肠杆菌都被杀死。

首先，赤泥和锌盐抗菌剂以质量比 10∶1 混合，再添加一定量的起泡剂和分散剂。然后将此混合物在 800℃下焙烧 3h，冷却至室温后，制备得具有一定硬度的多孔功能性材料。

利用赤泥制备新型抗菌材料的创新点在于：①赤泥能够主动吸附细菌；②吸附细菌后能立刻杀死细菌。

10.4　尾矿综合利用绿色制备化学

目前，我国现有国有矿山 1 万多座，乡镇集体及个体矿山不下 28 万个；依托矿产资源开发而建立的城市有 300 多座；与矿产资源相关的采、选、加工业产值占全部工业总产值的 30%，同时我国矿产可为国家可提供 80%的工业原料。我国尾矿积存量大，大多数矿山资源的品位较低，利用率及总回收率比发达国家低很多。

目前，矿山尾矿多采用库存方式处理。随着黄金开发规模的扩大和开采历史的延长，尾矿堆积量逐年增加，不仅占用大量的土地，造成库区周围环境污染，而且还需要投入大量的资金用于尾矿库的修筑和维护管理。因此，对尾矿的综合利用，已成为各矿山资源综合利用和环境保护的重要课题之一。

尾矿是在开采、分选矿石之后排放的且暂时不能被利用的固体或粉状废料，包括矿山尾矿和选厂尾矿，其中矿山尾矿包括已开采出的伴生围岩和中途剔除的低品位矿石；选厂尾矿包括采用一定工艺，机械洗选矿石之后排放的矿物废料（尾矿），这些尾矿用管道输送至尾矿库存放。

尾矿是种复合矿物原料，尾矿除了含少量金属组分外，其主要矿物成分为脉石矿物，如石英、辉石、长石、石榴石、角闪石及其蚀变矿物，黏土、云母类铝硅酸盐矿物，以及方解石、白云石等钙镁炭酸盐矿物；其化学成分主要以硅、铝、钙、镁、铁等氧化物为主，并伴有少量硫、磷等；其粒度与建材领域所用原料十分接近，是一种已加工成细粒的天然混合材料。由于尾矿的颗粒多组分混合，在建材领域中应用尾矿成为比提纯矿物混合配料而成的原料具有更多优点的天然复合矿物原料。

尾矿的综合利用主要包括两方面：一是回收，即将尾矿作为二次资源再选，综合回收有用矿物；二是利用，即将尾矿作为相近的非金属矿产直接加以利用。尾矿综合利用绿色制备化学就是研究尾矿在综合利用制备多种材料和产品过程中涉及的关于制备化学的问题。

10.4.1　制备白炭黑

白炭黑又称无定形二氧化硅，化学式为 $SiO_2 \cdot nH_2O$，是一种白色的无毒、质轻、多孔和高分散性的微细粉状物，具有分散性好、纯度高、形貌规则、比表面积大及电学和热学稳定性优异等优点，被广泛应用于橡胶、电子电器、有机硅材料、胶黏剂、化妆品、造纸、医学和农业等众多领域。

目前许多学者围绕工业废物回收制备白炭黑做了大量的研究，如利用矿产加工副产物（如石棉尾矿、金尾矿、铁尾矿等）及各种工业废渣或废水（如粉煤灰、锆硅渣及废碱液等）等制备出了无定形二氧化硅。

以矿产尾矿为硅源制备白炭黑的研究的关键所在是将晶态的二氧化硅转变为非晶态的二氧化硅。我国矿产资源储量丰富，价格低廉，为以矿山尾矿为硅源制备白炭黑奠定了良好的基础。

杜高翔和郑水林等以甘肃阿克塞矿区的石棉尾矿为原料，通过酸浸除杂提纯、碱析等步骤，在对硅酸钠浓度、酸析温度和搅拌速度和反应时间优化的基础上制备了白炭黑。研究发现，当硅酸钠溶液的波美度为 20Be、硫酸含量为 20%、以 400r/min 速度在 70℃ 下搅拌 36min，反应结束后陈化 1h，可制备出比表面积 $223m^2/g$ 和白度 95.1%的白炭黑，并在实验基础上进行了中试，每 100kg 石棉尾矿可回收 31.2kg 的符合国家标准（HG/T 3085—

2011）的白炭黑。

薛彦辉等围绕金尾矿生产白炭黑和氢氧化铝做的研究：以 K_2CO_3 为助溶剂（质量为金尾矿的 1.2 倍），浮选金尾矿后球磨至 120 目，在 860℃下焙烧 60min，回收 K_2CO_3 分解产生的 CO_2 气体。将熟料球磨水浸后酸化处理，滤出沉淀，洗涤至无 K^+ 结晶制得白炭黑，同时回收 K_2CO_3 助溶剂。将滤除的沉淀水溶过滤可得到低档次的 $Al(OH)_3$。结果表明金尾矿的分解率高达 99%以上，而 Si 和 Al 总提取率也约为 98%。高效的金尾矿分解率和硅铝浸出率为金尾矿的处理提供了崭新的思路。

薛向欣等用碱溶和酸浸两步从铁尾矿中成功制备了白炭黑。先将铁尾矿球磨至 100～400 目，经马弗炉在 400～1000℃下煅烧 3～5h 活化。将 NaOH 和活化的铁尾矿按摩尔比 2∶1在 50～120℃水体系中反应 2～8h 制得硅酸钠。用盐酸酸化硅酸钠溶液至 pH 值为 6～10，再将絮状沉淀过滤得到白炭黑粗产品。水洗去除粗产品中的 Cl^- 和盐，烘干打散得到白炭黑。该产品比表面积为 $108m^2/g$，SiO_2 含量为 92.68%，白度为 93.7%。

10.4.2 矿山回填

采用充填法的矿山每开采 1t 矿石需回填 $0.25 \sim 0.4m^3$ 或更多的充填料，尾矿是一种较好的充填料，可以就地取材、废物利用，免除采集、破碎、运输等生产充填料碎石的费用。一般情况下，用尾矿作充填料，其充填费用较低，仅为碎石充填费用的 1/4～1/10。对于价值较高的矿体，为了改善矿柱回采条件，降低贫化损失，往往在充填料中加入适量的水泥或其他胶结材料，使松散的尾矿凝结成具有一定强度的整体。尾矿胶结充填法不仅使采矿安全可靠，减少贫化损失，减轻了工人的劳动强度，而且生产能力提高 34.7%，同时因外排尾矿量的减少也降低了对环境的污染。利用尾矿做矿山井下回填，不仅解决了尾矿堆存问题，避免了环境污染，而且能够防止采矿造成的地面塌陷等地质灾害，还可大幅度提高矿石回采率。另外，还可以利用尾矿充填露天采坑或低洼地带，再造土地。

将尾矿浓缩脱水制备高浓度料浆，并添加适量的胶结材料进行适当的胶结固化，制备出一种凝固后具有一定强度的支撑体，来充填采空区或塌陷坑，能实现选矿废水废渣的零排放，成为一种矿山清洁生产的新模式。在尾矿胶结充填工艺中，胶结材料既是决定胶结体强度的关键指标，又是影响工艺成本的最重要因素。当前胶结充填成本相对较高，其中主要原因之一就是胶结材料的耗量所占成本比例高达 60%左右。因此，在保证胶结指标基础上，研究成本低、用量少、性能优良的胶结材料已成为尾矿胶结技术领域的一个主要攻关目标。

在国内外传统的尾矿胶结中，其胶结材料主要是普通硅酸盐水泥。所用水泥一般为 $180 \sim 240kg/m^3$，水灰比约 1.2～1.3，水泥费用占胶结充填成本的 30%～60%。硅酸盐水泥熟料是多矿物组成的集合体，其主要矿物组成为硅酸三钙（C_3S 含量 37%～60%）、硅酸二钙（C_2S 含量 15%～37%）、铝酸三钙（C_3A 含量 7%～15%）和铁铝酸四钙（C_4AF 含量 10%～18%）。在掺合适当分量的水后，将产生一系列的化学反应：

$$3CaO \cdot SiO_2 + 2H_2O \longrightarrow 2CaO \cdot SiO_2 \cdot H_2O + Ca(OH)_2$$

$$2CaO \cdot SiO_2 + H_2O \longrightarrow 2CaO \cdot SiO_2 \cdot H_2O$$

$$3CaO \cdot Al_2O_3 + 6H_2O \longrightarrow 3CaO \cdot Al_2O_3 \cdot 6H_2O$$

$$4CaO \cdot Al_2O_3 \cdot Fe_2O_3 + 7H_2O \longrightarrow 3CaO \cdot Al_2O_3 \cdot 6H_2O + CaO \cdot Fe_2O_3 \cdot H_2O$$

硅酸盐水泥系列的胶结材料凝结时间适中，力学强度的发展持续稳定。然而它仍然存在一些致命的缺点，如过于集中的水化放热，易使混凝土产生温差裂缝；水化产物 C—S—H 凝胶失水干缩引起的体积不稳定，易引起混凝土的干缩裂缝；硬化浆体中具有二次反应能力的水化产物多，易导致抗化学侵蚀性能差；由于 C—S—H 易在水泥水化浆体与集料界面区域富集形成结构疏松的界面过渡区而对胶结体性能产生不利的影响。多年来水泥材料科学和技术研究领域一直在研究改善硅酸盐水泥性能的途径，如通过加入矿物或化学外加剂控制和调整水泥的水化速度和水化程度，改变水化产物的组成以达到改善和调节性能的目的。在尾矿胶结工艺中，普通硅酸盐水泥主要应用在“高浓度胶结工艺”和“膏体胶结工艺”中。

高浓度胶结技术的研究始于 20 世纪 70～80 年代，是指直接采用选厂的尾矿矿浆，经脱水工艺获取含水率 20%左右的湿尾矿滤饼，通过强力机械搅拌装置，将尾砂与适量的水泥混合制备成高浓度均质胶结充填料，砂浆浓度接近或大于临界流态浓度而小于极限可输送浓度，范围一般为 70%～75%，以管道输送宾汉流体的方式或膏体泵压输送方式充入采空区，形成高质量胶结充填体。中国的凡口铅锌矿采用了高效浓密、活化搅拌、自动输送等新工艺，生产能力为 48～54m³/h，当灰砂比为 1∶7～1∶8 时，充填体 28d 强度为 0.55～1.30MPa，尾砂利用率超过 90%，充填料浆浓度为 70%～76%。张马屯铁矿推广应用高浓度胶结技术，成为我国第一个不造尾矿坝、不外排尾矿的矿山。该技术最大特点是尾矿利用率高，料浆浓度高，充填体质量好。但生产实践中依然存在制浆技术难度大的问题，尤其是利用全尾砂造浆时，难以达到预期的浓度。高浓度料浆自流输送时，管道阻力增大而容易堵管，输送及参数控制设备技术要求高。

尾砂膏体胶结技术中，充填骨料为全粒级尾矿，其中 0～20μm 细粒的含量不少于 15%。尾矿需过滤或浓缩达到 80%左右的浓度，添加水泥等胶结剂和水调节充填料的流变性和强度，料浆浓度大，其浓度可达 75%～85%呈牙膏状。由于膏体的塑料黏度和屈服切应力大，必须采用加压输送。膏体料浆像塑性结构体一样在管道中作整体运动，膏体中的固体颗粒一般不发生沉淀，层间也不出现交流，膏体在管路中呈柱状流动。膏体充填料的内摩擦角较大。凝固时间短，能迅速对围岩和矿柱产生作用，减缓空区闭合。这种高质量的充填体特别适用于深部高应力区采空区的充填。中国的金川有色金属公司金川二矿区在下向充填采矿法中应用该技术，在充填体强度不变的情况下，水泥单耗由原来的 280～310kg/m³ 降至 180～200kg/m³，取得了显著的经济、社会效益。目前，铜绿山铜矿、武山铜矿也已建成膏体充填料泵送充填系统，该技术的主要优点是：尾砂利用率高，一般为 90%～95%，主要取决于脱水设备和技术。而分级尾砂的利用率一般只有 50%～60%，充填料浆浓度高，减少了水泥用量（水泥用量为 4%左右），降低了充填成本。充填体沉缩率小，接顶率高，充填质量好，强度高，采场无任何溢流水，改善了井下作业环境，节省了排水及清理污泥的费用。存在的主要问题是：泵尚需从国外引进，全尾矿脱水设备多，初期一次性投资大；尾砂脱水浓缩，储存和膏体泵压输送技术难度大；不适宜大范围推广应用。

20 世纪 60 年代英国研制成功高水速凝材料，起初用于煤矿的巷旁充填支护。我国从 80 年代末开始工业试验研究。该材料能将 9 倍于自身体积的水凝结成固体，最终形成一种有一定强度的高水型的水化硫铝酸钙。该种材料是选用铝钒土、石灰和石膏为主要原料，配以多种无机原料和外加剂，经磨细、均化等工艺，配制成甲、乙两种固体粉料，俗称“双浆料”。甲料由高铝水泥或硫铝酸盐水泥＋缓凝剂＋调整剂组成，乙料由石灰(石膏)＋膨润土＋速凝剂组成。使用时，甲、乙料分别加水制成浆液，用管道分别送到使用地点混合，浆液便很快凝固。由于该材料可在水灰比为 2.5∶1 的情况下浇注成型，又有速凝早强等特点，所以称为高水材料。甲、乙料比为 1∶1 时，5～20min 初凝，40～50min 终凝，24h 后充填体强度达到 3.3MPa，7 天达到 4.5MPa 以上。由于“双浆料”使用时存在需铺设双输送管道问题，各相关学者及科研单位开始研究高水基“单浆料”，并取得了突破。例如：我国 20 世纪 90 年代初，北京中路新技术开发公司与北京有色冶金设计研究总院正凌新技术公司合作共同研制成功了一种更适用于矿山充填的新型材料——高水基“单浆料”固化剂。该料是由磨细的硫铝酸盐特种水泥熟料、硬石膏、生石灰及各类添加剂按一定的比例混合搅匀而成，具有快硬、早强、吸水量大的特点，充填工艺及设备的要求不复杂，更适宜矿山应用。该材料形成的硬化体主要特性有：含水量大，按水灰比2.5：1计算，水占硬化体的90%以上，抵抗外来压力时具有一定的让压性和较好的塑性变形，具有较高的弯曲强度，自愈性，达到屈服强度后养护，强度仍有上升增强性，凝结速度快，早期强度较高。

高铝型甲料的主要矿物是铝酸一钙(CA)，与水反应可得到一系列结晶良好的水化物。由于CA晶体结构中钙铝的配位很不规则，单一矿物的水化极快，常因温度不同有几种形式，主要反应为：

当温度＜20℃时，

$$CaO\cdot Al_2O_3+10H_2O \longrightarrow CaO\cdot Al_2O_3\cdot 10H_2O$$

当温度在20～30℃时，

$$3(CaO\cdot Al_2O_3)+21H_2O \longrightarrow CaO\cdot Al_2O_3\cdot 10H_2O+2CaO\cdot Al_2O_3\cdot 8H_2O+Al_2O_3\cdot 3H_2O$$

当温度＞30℃时，

$$3(CaO\cdot Al_2O_3)+12H_2O \longrightarrow 3CaO\cdot Al_2O_3\cdot 6H_2O+2(Al_2O_3\cdot 3H_2O)$$

CAH_{10}和C_2AH_8属六方晶系，片状或针状，互相交错生长，重叠结合，形成坚硬的结晶合生体骨架，同时生成的AH_3凝胶填塞于骨架空隙，形成较致密的结构。但CAH_{10}和C_2AH_8均为亚稳态晶体，随着时间的推移和温度的变化发生晶型转化，转化为较稳定的C_3AH_6。当甲料与乙料中石膏和石灰混合共存时，水化终凝后的水化产物主要是枝状结晶体钙矾石。

硫铝型甲料的主要矿物是无水硫铝酸钙(C_4A_3S)和硅酸二钙(C_2S)。一般认为主要反应为：

$$3CaO\cdot 3Al_2O_3\cdot CaSO_4+2CaSO_4+38H_2O \longrightarrow 3CaO\cdot Al_2O_3\cdot 3CaSO_4\cdot 32H_2O+4Al(OH)_3$$

$$2CaO\cdot SiO_2+nH_2O \longrightarrow C—S—H+Ca(OH)_2$$

高水速凝材料经历了“双浆料”和“单浆料”两个阶段，它们都具有快硬、早强、吸水量大的优点。但“双浆料”存在需铺设双输送管道导致胶结充填系统复杂，虽然“单浆料”解决了该问题，但无论是高水基双浆料还是高水基单浆料的原材料来源困难、成本比普通水泥高50%～100%、该种水泥厂数量少，在全国的布局也不均衡，存在供货、运输和储存问题。特别是高水固结硬化体后期在空气中与二氧化碳发生作用，使钙矾石晶体碎裂而逐渐风化散落，是材料性能本身固有的缺陷，推广应用范围受到了一定的限制。

10.4.3 制备建筑材料

尾矿可作为重要的非金属原料或建筑材料直接利用。尾矿中富含硅、铝的，可直接压制建筑用砖或作为水泥原料；石英脉型矿床的尾矿中石英含量高，铁、钛、硫含量较低，可作为铸造型砂、玻璃原料或冶金熔剂；碱性岩贫硫型矿床及碱性变岩贫硫型矿床的尾砂；以碱性长石、高岭土为主；富含钾、钠、铝等元素，当尾矿中铁、钛、钙等有害组分含量符合工业指标要求时，尾矿可作为陶瓷、釉面砖的原料；炭酸岩型矿床，尾矿也可作为水泥原料。利用尾矿生产水泥和混凝土。

尾矿不仅可以代替部分水泥原料，而且还能起矿化作用，能够有效地提高熟料产量和质量以及降低煤耗。另外，尾矿还可作为配料来配制混凝土，使混凝土具有较高的强度和较好的耐久性。根据不同的粒级要求，尾矿颗粒不必加工可直接作为混凝十的粗细骨料使用。另外，尾矿还可以作为制砖原料。

长期以来，我国的墙体材料一直以黏土烧结砖为主，而黏土烧结砖生产占用大量农田，这已引起社会各界高度重视，我国除了应用粉煤灰、煤矸石等研制生产墙体材料外，在利用尾矿研制墙体材料方面也做了大量工作。

生产灰砂砖的主要原料是河沙、山砂、页岩等高硅质材料，由于尾矿的独特性，用于研制生产蒸养灰砂砖是有利的。尾矿蒸养砖的反应机理是：尾矿粉、生石灰、水混合搅拌后，生石灰遇水消解成 $Ca(OH)_2$，砖在蒸压处理时，$Ca(OH)_2$ 在高压（$8kg/cm^2$）饱和水蒸气条件下与 SiO_2 进行硬化反应，生成含水硅酸钙即硬硅酸钙石（$6CaO \cdot 6SiO_2 \cdot H_2O$）及透闪石[$Ca_2Mg_5Si_8O_2(OH)$]，使砖产生强度。该尾砂蒸养砖的主要技术参数是：压缩强度14.71～29.41MPa，弯曲强度3.04～5.79MPa，容重1934～$2000kg/m^3$，抗压性、耐久性等均符合要求。

中南大学章庆和等人也对尾矿进行了蒸养砖的研究，试验主要采用常压蒸养固结的方法，并对尾矿的机理、工艺流程等进行了研究，该尾矿是铁矿石经还原焙烧再磁选后的废弃物，其化学组成为 SiO_2 52.74%、CaO 2.18%、MgO 0.16%、Al_2O_3 1.7%，粒度较细。砖的反应机理为：由于该尾矿是铁矿石经过还原焙烧后再磁选的产物，尾矿中含有一定量活性 SiO_2 和活性 Al_2O_3，在蒸养条件下，可进行一定反应，生成一系列的水化产物，使制品固结并具有良好的物理化学性能。

水泥是三大传统材料之一，其生产水泥所用的原材料逐步扩大，除煤矸石、粉煤灰和各种钢渣外，目前已将选厂尾矿用于研制生产水泥。一些科研所针对不同的尾矿，进行了大量试验研究。

潘一舟等人利用含钼铁尾矿代替部分水泥用原材料，进行配制水泥的试验研究，通过对尾矿的分析表明：尾矿含有大量的 SiO_2、CaO、Fe_2O_3、MgO、Al_2O_3 等氧化物，还含有微量Mo等元素，试验研究通过运用X射线衍射、差热分析、电子显微镜等多种实验手段，对熟料试样进行了宏观、微观分析研究，提出了微量元素铝在水泥熟料形成过程中的作用机理，探索出了适合于工厂生产的工艺参数和尾矿掺量并成功试生产，收到了明显的经济效益。

武汉理工大学陈吉春等人以武钢程潮铁矿的低硅铁尾矿为主要硅质原料，经过合理的配方研究，已经成功地试制出低硅铁尾矿加气混凝土。鞍钢矿渣厂利用大孤山选矿厂尾矿配入水泥、石灰等原料，制成加气混凝土，其产品重量轻、保温性能好，并已应用于工业及民用建筑。

张以河等在泡沫混凝土中添加不同比例的萤石尾矿、铁尾矿等工业尾矿，制备了新型轻质建材，研究了水灰比及不同尾矿添加量对泡沫混凝土密度和力学性能的影响。研究表明粉煤灰和赤泥的加入会使泡沫混凝土的强度有所下降，但可符合相关标准的要求，同时可以大量消耗固废。

尾矿是一种复合矿物原料，可生产多种建筑材料，我国在利用尾矿研制生产建筑材料方面已开展了大量研究工作，但仍存在不少问题，总的来说，由于尾矿在制作砖等建筑材料时，常会出现固化反应困难，胶浆与尾矿的握裹力差，粒级配比不合理，材料收缩性强等问题，导致制品初始强度低，成品率低，且在硬化过程中易出现微裂纹等，致使尾矿砖制品质量不稳定，不能有效阻止和封闭砖内有毒有害组分向外迁移和渗透等，在一定程度上影响了尾矿砖制品的推广应用。

因此，根据目前尾矿废渣资源化处理的现有技术水平和发展趋势，结合尾矿性质特点和未来环保发展要求，对尾矿制作建筑材料进行相应的技术攻关：通过深入系统研究，研制能有效提高尾矿砖制品固化速度及强度，耐老化、抗渗透等性能制砖药剂，阻止有毒有害元素的渗漏，克服尾矿砖制品存在的缺陷；研究成功低能耗、低成本、无污染的制品成型技术；初步形成一套药剂制度与成型工艺配套的制砖技术，从而为提高我国尾矿废渣资源化处理技术和综合效益创造条件，显然是必要的。此外，及时研究开发矿山尾矿制作砖等建筑材料技术对消除尾矿对经济发展和环境造成的不良影响，强化废渣资源化开发强度，有效解决尾矿堆放的不合理局面，改善矿山企业经济运行态势都将起到良好促进作用。

10.5 化学石膏绿色制备化学

10.5.1 主要化学石膏分类及其来源

化学石膏又称工业副产石膏或合成石膏，是指在工业生产过程中排出的以硫酸钙($CaSO_4$)为主要成分的副产品的总称。按照其形成的机理可以将化学石膏分为以下几类：

① 用硫酸酸解含钙的矿物或有机钙盐形成的以二水硫酸钙或硫酸钙为主要成分的废渣，如磷石膏、氟石膏、芒硝石膏、硼石膏、柠檬酸石膏、酒石酸石膏及其他有机酸石膏等；

② 硫酸盐与含钙化合物反应形成的以二水硫酸钙或硫酸钙为主要成分的废渣，如铬石膏等；

③ 用炭酸钙或氧化钙吸收二氧化硫或中和硫酸得到的以二水硫酸钙或硫酸钙为主要成分的废渣，如脱硫石膏、钛石膏、铜冶中和渣等；

④ 从水溶液中沉淀出的二水硫酸钙，如盐石膏等。

工业过程中产生的化学石膏的种类多、数量大，这些副产石膏的排放会带来很多环境问题。目前产量较大，对环境危害较大，同时也是人们综合利用关注度最高的几种化学石膏主要是：脱硫石膏、磷石膏、钛石膏、铜冶中和渣等，下面分别就这几种化学石膏的产生机理、应用等情况作以简单介绍。

(1) 脱硫石膏　煤炭等含硫燃料在燃烧过程中会向大气中排放大量二氧化硫(SO_2)，SO_2 不但污染空气，危害人类健康，还会带来酸雨等环境问题，目前人们已经认识到含硫燃料脱硫的必要性和重要性，根据燃料的不同燃烧阶段所用的脱硫技术，可以将脱硫技术分为燃烧前、燃烧中和燃烧后三种。燃烧前脱硫主要是应用选煤、煤气化、液化和水煤浆等技术；燃烧中主要是应用低污染燃烧、型煤和流化床燃烧等技术；燃烧后脱硫主要是利用烟气脱硫技术，也是脱硫石膏的主要来源。

烟气脱硫技术主要是利用石灰石、氨水等碱性物质与 SO_2 进行中和反应，吸收烟气中的 SO_2。目前较经济、已有大规模应用的五种烟气脱硫技术和燃烧中脱硫技术分别是：石灰石/石灰-石膏湿法脱硫、氨法脱硫、电子束法脱硫（EBA）、海水脱硫、喷雾干燥法脱硫(LSD法)、循环流化床锅炉脱硫工艺（锅炉CFB）、炉内喷钙加后部增湿活化脱硫（LIFAC法）。目前我国85%的烟气脱硫设施均使用的是石灰石/石灰-石膏湿法脱硫方法，下面重点做以介绍。

石灰石/石灰-石膏湿法脱硫工艺是用含有 $CaCO_3$ 的浆液喷淋烟气，使其与烟气中的 SO_2 反应，生成 $CaSO_3$，然后强制通风，使 $CaSO_3$ 氧化生成 $CaSO_4 \cdot 2H_2O$。工业应用中，火电机组的锅炉排放的高温烟气，经除尘后增压送入换热器中，经过降温后进入吸收塔，与含有 $CaCO_3$ 的循环液逆流接触，充分反应。烟气中绝大多数 SO_2 溶解于循环液中反应吸收，同时烟气中的灰尘也被洗涤进入循环液。脱硫后的烟气经吸收塔上部排出。循环液中的

水溶解吸收 SO_2 后产生 H^+、HSO_3^- 和 SO_3^{2-}，pH 值下降，促使其中的 $CaCO_3$ 电解生成 Ca^{2+} 和 CO_3^{2-}。在酸性条件下 CO_3^{2-} 转化为 HCO_3^-，随着 H^+ 的增加，HCO_3^- 进一步转化为 H_2CO_3，H_2CO_3 不稳定，分解产生 CO_2 气体溢出。Ca^{2+} 与 HCO_3^- 及 SO_3^{2-} 生成不稳定的亚硫酸氢钙、亚硫酸钙。烟气中的氧气可以使亚硫酸氢钙氧化为硫酸钙，但氧化率很小，且易在设备表面结垢，因此需要通过氧化风机进行强制氧化，使其大量生成硫酸钙，从吸收塔出来的硫酸钙，即石膏悬浮液通过旋流器和固液分离器后再经真空皮带脱水后排出，其含水率在 5%～15%之间。

其反应可简单的归纳为：烟气中的 SO_2 先被水吸收后与浆液中的 $CaCO_3$ 反应生成 $CaSO_3$，再被鼓入空气中的 O_2 氧化最终生成石膏晶体 $CaSO_4 \cdot 2H_2O$。其化学反应式如下。

吸收过程：$SO_2 + H_2O \longrightarrow H_2SO_3 \longrightarrow HSO_3^- + H^+$

$CaCO_3 + 2H^+ \longrightarrow Ca^{2+} + CO_2 + H_2O$

氧化过程：$HSO_3^- + 1/2O_2 \longrightarrow SO_4^{2-} + H^+$

$Ca^{2+} + SO_4^{2-} + 2H_2O \longrightarrow CaSO_4 \cdot 2H_2O$

合并为：$CaCO_3 + SO_2 + 1/2O_2 + 2H_2O \longrightarrow CaSO_4 \cdot 2H_2O + CO_2 \uparrow$

与其他脱硫工艺相比，石灰石/石灰-石膏湿法脱硫工艺具有以下优点：

① 脱硫效率高，可达 95%以上；

② 运行状况最稳定，运行可靠性可达 99%；

③ 对煤种适应能力强，可用于含硫量低于 1%的低硫煤，也可适用于含硫量高于 3%的高硫煤；

④ 吸收剂即炭酸钙，资源丰富，价格便宜；

⑤ 与干法脱硫工艺相比，所得脱硫石膏品位高、易于处理。

但同时石灰石/石灰-石膏湿法脱硫工艺也存在以下不足：

① 投资较大；

② 与干法工艺相比有废水产生；

③ 与其他工艺相比，副产品产量较大，每吸收 1t 的二氧化碳会产生 2.7t 脱硫石膏。同时这些脱硫石膏与天然石膏有一定的差异，因此需要及时开发和推广脱硫石膏应用技术，否则这些脱硫石膏就会成为新的污染。

④ 此工艺减少了 SO_2 的排放，但同时增加了 CO_2 的排放，每减少 1t 二氧化硫的排放会产生 0.7t 新的二氧化碳排放。而二氧化碳同样是大气污染物，是造成温室效应的罪魁祸首。

从脱硫石膏的产生过程可知，脱硫石膏的主要成分为二水硫酸钙，主要杂质来源为吸收剂带来的杂质和未反应完全的吸收剂、亚硫酸钙以及煤燃烧中没有除净的灰尘。其外观为含水率 10%～20%的潮湿的细小颗粒，脱硫石膏颜色为近乎白色或微黄色，pH 值为 5～9。我国脱硫石膏的放射性和重金属含量都远低于标准限量要求。

目前世界上工业副产石膏年排放量大约一亿六千万吨，其中大约三千五百万吨为脱硫石膏，一亿一千万吨为磷石膏，一千五百万吨为钛石膏及其他工业副产石膏。脱硫石膏约占工业副产石膏总量的 22%。脱硫石膏是最好的工业副产石膏，几乎可应用于所有的石膏应用领域。

(2) 磷石膏　我国是人口大国，农业生产对于国家的生存发展至关重要，而我国耕地普遍缺磷、少钾。因而磷肥对农业生产具有极端重要的意义，磷肥中的有效物质主要包括过磷酸钙、磷酸铵、重过磷酸钙等。磷肥品种众多，但生产方法主要为酸法和热法两大类。在我国，热法磷肥产量每年仅 260 万吨，主要的磷肥生产方法属于酸法生产。酸法磷肥即用硫酸、硝酸、盐酸等分解磷矿而制成磷肥。使用硝酸或盐酸生产时由于生成的硝酸钙或氯化钙在磷酸溶液中溶解度较大，难以分离，所得磷酸浓度较低，需经过萃取过程。而使用硫酸处理磷矿时所得硫酸钙溶解度低，采用一般过滤方法即可分离，所得磷酸浓度也较高。因此使用硫酸法制取磷酸在技术和经济性方向都比较好，所以酸法工艺中通常多使用硫酸工艺。

硫酸法制磷酸又称湿法磷酸，其基本原理是用硫酸酸解磷矿得到磷酸溶液，同时沉淀出硫酸钙，磷酸再经后续过程加工成磷酸铵、重过磷酸钙等。磷矿主要成分是氟磷酸钙［$3Ca_3(PO_4)_2 \cdot CaF_2$］，其被硫酸酸解的反应式为：

$$3Ca_3(PO_4)_2 \cdot CaF_2 + 10H_2SO_4 + 20H_2O = 6H_3PO_4 + 10CaSO_4 \cdot 2H_2O + 2HF$$

当磷矿中含有少量方解石、白云石等时，它们也会与硫酸发生反应生成二水硫酸钙：

$$CaCO_3 + H_2SO_4 + H_2O = CaSO_4 \cdot 2H_2O + CO_2$$

$$CaCO_3 \cdot MgSO_4 + H_2SO_4 = CaSO_4 \cdot 2H_2O + MgSO_4 + CO_2$$

有反应可知，在生产磷肥的过程中，所得的硫酸钙分子多于磷酸的分子数，一般工业生产磷肥时，得到每吨五氧化二磷的磷酸时，要消耗 2.6～2.8t 硫酸，产生 4.8～5t 主要成分是二水硫酸钙的副产化学石膏。

磷石膏是一种自由水含量约 10%～20%的潮湿粉末或浆体，pH 值约为 1.9～5.3，颜色以灰色为主。磷石膏化学成分以硫酸钙为主，同时含有的杂质主要是磷矿酸解时未分解的磷矿、氟化合物、酸不溶物、炭化的有机物、水洗时未洗净的磷酸。另外，多数磷矿还会含有少量放射性元素，但在我国多数磷矿放射性含量很低，产生的磷石膏中放射性物质含量都低于公认的极限值。

我国 2007 年已成为世界第一大磷肥生产国家，达到 1330 万吨，目前我国每年的磷石膏排放量超过 5000 万吨。

(3) 钛石膏　钛石膏是采用硫酸法酸解钛铁矿（$FeTiO_3$）生产钛白粉时，加入石灰或电石渣以中和大量酸性废水时产生的以二水硫酸钙为主要成分的废渣。钛白粉是重要的白色颜料，其生产方法有氯化法和硫酸法两种，在我国主要采用硫酸法生产。硫酸法生产钛白粉废水主要来自于酸解用酸、设备冲洗及煅烧尾气冲洗等，一般生产 1t 钛白粉会排放废水80～250t，废水的 pH 值为 1～5，且含有一定量的硫酸亚铁($FeSO_4 \cdot 7H_2O$)。对酸性废水的处理方法是加入石灰石或电石渣，中和硫酸生成二水硫酸钙沉淀，使废水的 pH 值达到中性，然后加入絮凝剂在增稠器中沉降，下层浓浆通过压滤机压滤，压滤后的滤渣即为钛石膏。

钛石膏主要成分是二水硫酸钙，含有一定量的硫酸亚铁，含水量大(30%～40%)，黏度大。在从废渣车间出来时，先是灰褐色，后其中的二价铁空气中的氧气氧化为三价铁，颜色逐渐变为红色，所以又称红石膏。钛石膏中 TiO_2 含量很低，只有约 1%，重金属等有害成分含量极低，有时会有少量放射性物质，但我国尚未有放射性超标的报道。

每利用硫酸法生产 1t 钛白粉约产生钛石膏 10t，我国每年生产的硫酸法钛白粉约有 80 万吨，因此每年产生的钛石膏约为 800 万吨。

(4) 铜冶中和渣　铜冶中和渣是在湿法铜冶炼过程中会产生很多含有硫酸的酸性废水，这些酸性废水经石灰石或电石渣等中和处理后，产生硫酸钙沉淀，经过沉降、压滤等过程，会产生以二水硫酸钙为主要成分的废渣，即为铜冶中和渣。

铜冶中和渣的主要成分是二水硫酸钙，含有一定量的氟化物，并含有少量氧化铝与氧化硅，铜冶中和渣中的铜含量极低，同时其他重金属含量也非常低，远低于公认的相关标准要求。

同时，很多工业领域都会产生以硫酸钙或硫酸钙的不同水合物为主要成分的废渣，例如：用钙盐沉淀法生产柠檬酸时产生的以二水硫酸钙为主要成分的废渣称为柠檬酸石膏；以硫酸酸解萤石制取氟化氢时得到的以无水硫酸钙为主要成分的废渣称为氟石膏；芒硝和石膏共生矿萃取硫酸钠或由钙芒硝生产芒硝副产的以二水硫酸钙为主要成分的废渣称为芒硝石膏；以硫酸酸解硼钙石制取硼酸所得的以二水石膏为主要成分的废渣称为硼石膏；在制盐过程中产生的以二水硫酸钙为主要成分的废渣称为盐石膏等。

(5) 杂质的影响

① 焦炭和烟灰。焦炭和烟灰可能存在于脱硫石膏中，其主要来源于煤炭不完全燃烧和除尘效果不好时混入脱硫石膏中。在煅烧石膏时其中的焦炭和烟灰不会发生变化。但在石膏与水混合时，由于其密度较低，容易浮在水面上，因此在制备纸面石膏板时，易于集中于石膏和纸的界面，会影响石膏与纸张的粘接效果。同时在用化学石膏生产粉刷石膏时，焦炭和烟灰会使其产生黑色斑点，影响美观。在电厂燃煤中加入约 0.1%的炭酸钙就能有效消除脱硫石膏中焦炭和烟灰。

② 氧化铝与氧化硅。如果氧化铝或氧化硅以较粗的颗粒出现时，由于其硬度较大，所以会影响石膏的易磨性，增加设备磨损，在化学石膏用于纸张或塑料的填料时，坚硬的粗颗粒会降低加工效率，影响产品表面光洁度。

③ 铁化合物。化学石膏中的铁化合物会影响石膏的颜色，同时在石膏水化过程中，铁化合物也会吸收大量水分，形成水合物，例如硫酸亚铁会吸水形成七水硫酸亚铁，增加成形用水量，并影响石膏制品的强度。

④ 炭酸钙和炭酸镁。在煅烧化学石膏时部分炭酸钙和炭酸镁会转化为氧化钙和氧化镁，用这种熟石膏生产纸面石膏板时氧化钙和氧化镁会提高石膏板的 pH 值，如果 pH 值大于 8.5 会影响纸面与石膏的粘接。

⑤ 磷酸一钙、磷酸二钙等。主要存在于硫酸法生产磷肥的磷石膏中，这些杂质主要影响建筑石膏的凝结时间。过多的磷酸二钙还会影响磷石膏做水泥缓凝剂的性能。

⑥ 钠、钾等可溶盐。这些杂质会在石膏制品干燥时随水分迁移到制品表面，使制品“泛霜”，同时在制备纸面石膏板时影响石膏与纸面的粘接。

⑦ 其他杂质。氯离子对化学石膏的粘接性能影响非常大。化学石膏中的不溶氟化物在煅烧后会分解产生酸性，从而影响石膏的水化性能，同时还会腐蚀加工设备。化学石膏中的有机杂质会影响石膏的凝结时间，同时也会影响石膏制品的颜色。

⑧ 微量元素与放射性元素。国内外的检测和使用都证明绝大多数化学石膏中的重金属元素和放射性元素的含量远低于公认的极限值。与天然石膏一样，化学石膏可用作理想的建筑材料。

10.5.2 工业副产石膏应用的必要性

我国目前每年会有超过 7000 万吨的各种工业副产石膏的排放，且在全国大多数省份均有分布。对这些工业石膏进行综合利用，会对减少环境污染、减少副产石膏堆放维护成本、节约天然石膏具有重要意义。

工业副产石膏如处置不当极易造成环境污染。有些副产石膏中含有磷酸盐、硫酸盐、亚硫酸盐、氯化物、氟化物、重金属盐等，如果处理不当，可能会溶于水被排入环境中，对当地土壤、制备造成破坏，同时上层部分日晒脱水会将部分有害物质蒸发到空气中，而风干的副产石膏还会被风吹走，造成空气污染。而工业副产石膏的堆场投资、运行、维护、管理等费用也会对排放企业造成巨大的负担。

而我国是世界上石膏消耗量最大的国家，2007年我国的石膏消耗量达到4865万吨，而随着纸面石膏板等石膏轻质保温建材的推广，石膏的消耗量还会大幅增加。而天然石膏属于不可再生资源，在很多领域中工业副产石膏都能替代天然石膏。因此，工业副产石膏的应用可以节约宝贵的天然石膏资源。另外，减少天然石膏的开采本身也具有环保意义。同时一般墙体建材及其大宗原料一般不宜长距离运输，否则物流成本过高，而天然石膏矿常常离城市较远，而工业副产石膏大多在工业区，距离石膏制品的消费市场较近。因此工业副产石膏的应用也有减轻交通压力，减少物流成本，节能减排的意义。

国家对包括工业副产石膏在内的多种固废的综合利用采取很多鼓励措施，包括税收减免、资金补贴和其他优惠政策等。

10.5.3 工业副产石膏的加工与利用

工业副产石膏相比于天然石膏而言质量均匀性不好，每批原料的质量会有所不同。而且工业副产石膏含有较高的自由水，易于结块，可能需要专门的进排料设备。同时天然石膏中的杂质绝大多数是惰性杂质，而工业副产石膏中的杂质往往会对石膏质量产生较大影响，因此在使用过程中要注意清除杂质或避免杂质对石膏制品产生不利影响。

(1) 水泥缓凝剂　水泥是应用非常广泛的建筑材料，以硅酸盐水泥为例，其主要矿物组分是硅酸三钙、硅酸二钙、铝酸三钙、铁铝酸四钙等。而铝酸三钙凝结速度非常快，加入石膏可使铝酸三钙与石膏反应，形成难溶的水化硫铝酸钙，即钙矾石[$3CaO \cdot Al_2O_3 \cdot 3CaSO_4 \cdot 31H_2O$]。钙矾石在粒子表面形成保护膜，从而减缓铝酸三钙水化，起到缓凝作用。适当的钙矾石还能提高水泥的强度，改善水泥的收缩性和抗腐蚀性。其反应式如下：

$$3CaO \cdot Al_2O_3 + 3(CaSO_4 \cdot 2H_2O) + 25H_2O = 3CaO \cdot Al_2O_3 \cdot 3CaSO_4 \cdot 31H_2O$$

所加石膏可以是二水石膏也可以是无水石膏。掺加量为2%～5%，有些水泥中石膏还可以用作生料中的部分配料，在高硫酸盐水泥中，石膏的添加量可达10%～20%。

几乎所有的工业副产石膏，经过一定的处理后都能用作水泥缓凝剂。我国水泥产量居世界第一，水泥行业石膏用量巨大，可以成为大量消耗工业副产石膏的重要领域。工业副产石膏自由水含量较大，可能会发生堵料现象，影响生产，因此需要对石膏进行干燥并造粒处理。磷石膏中的可溶性 P_2O_5 和可溶性氟可能影响其作为水泥缓凝剂，工业中解决磷石膏中的水溶性盐的影响主要方法有水洗法、石灰中和煅烧法、煅烧法等，也可提高水泥细度，使水化早期迅速放出大量 CaO 中和 P_2O_5，减少 P_2O_5 的影响，细度的提高还可以提高水泥强度。钛石膏中含有的硫酸亚铁会对水泥的安定性和强度都有影响，但是当石膏中的亚铁含量小于8%时对水泥的质量基本没有影响，也可对钛石膏进行空气爆气氧化处理，减少亚铁的含量。

(2) β石膏粉　从工业生产的角度上，石膏粉可以分为β半水石膏、α半水石膏、过烧石膏（煅烧型无水石膏）和多相石膏四大基本类型。二水石膏在常压下以热蒸汽形式脱去1.5个结晶水即得β半水石膏，其反应式如下：

$$CaSO_4 \cdot 2H_2O \longrightarrow \beta\text{-}CaSO_4 \cdot 1/2H_2O + 3/2H_2O \uparrow$$

其脱水设备有间歇式炒锅、连续式炒锅、回转窑、悬浮窑、沸腾炉、彼得窑等多种形式。以β半水石膏为主要成分，可以生产建筑石膏、粉刷石膏、石膏腻子、粘接石膏等。

建筑石膏是最古老的建筑材料之一，也是最早使用的石膏制品。建筑石膏可用于生产粉刷石膏、石膏砂浆、各种石膏条板、石膏砌块、墙板、天花板等各种石膏建筑材料。与其他建材相比，石膏建材具有生产工艺简单、能耗低、质轻、防火、保温、隔声、无毒无味等优点，所以得到了广泛的应用。

粉刷石膏是一种建筑内墙表面的抹面材料。按相组成可分为半水相型、Ⅱ型硬石膏型、混合相型等类型。粉刷石膏是根据不同需求采用不同种类的石膏加入缓凝剂、保水剂、胶黏剂、引气剂等配成。

石膏腻子是以建筑石膏为基材配以缓凝剂、保水剂、表面活性剂、胶黏剂等多种化学添加剂预混而成的粉料产品，如作为刮墙使用，还要加入滑石粉等。使用时现场与水调和，用于石膏板间接缝、嵌填、找平和粘接。

粘接石膏是以建筑石膏为主的胶凝材料，可加入骨料、填料及添加剂等组成的石膏基粘接材料。

利用工业副产石膏生产 β 石膏粉与天然石膏生产线类似，主要包括进料、干燥、煅烧、粉磨、输送、包装、蒸汽、压缩空气八个分系统。其主要生产工艺如下。

① 原料预处理。为了解决不同时间原料的不均匀性，要对原料进行多点采样分析，根据检测结果搭配使用，对于酸性过高的原料，要加入一定比例的石灰混合后使用。

② 煅烧。工业副产石膏含水量比天然石膏高，为了节能并提高效率，可用烟气直接与石膏接触进行烘干煅烧。由于煅烧工序是在高温高湿的环境下进行的，因此可能还有一定量的 α 半水石膏，这对提高建筑石膏的强度很有利。

③ 石膏的改性。采用撞击式磨对石膏进行改性，可对熟石膏的使用性能有重大改善：可改善石膏的黏纸性；强度提高 0.4～0.8MPa；比表面积提高 $1000cm^2/g$，级配均匀；凝固时间稳定。

④ 成品均化-冷却-陈化。由于副产石膏原料中水分、成分、颗粒的不均匀，必然产生加工过程中质量的不均匀，需要在冷却过程中对产品进行均化。同时冷却后的产品不能直接使用，需要在使用前进行陈化处理，减少产品中无水石膏和二水石膏的含量。

(3) α 石膏粉　二水石膏以液态形式脱去一个半结晶水即得 α 半水石膏。其加工方法有块状法、造粒法、液相法三种，其反应式如下：

$$CaSO_4 \cdot 2H_2O \longrightarrow \alpha\text{-}CaSO_4 \cdot 1/2H_2O + 3/2H_2O$$

从晶体转化方法来看，用工业副产石膏生产 α 石膏粉的方法可分为高压溶液法、造粒蒸压法、常压溶液法、微波法、直接法五种。其中高压溶液法和造粒蒸压法工业应用较为成熟和广泛。

① 高压溶液法工艺。将副产石膏加入到加热混合器中，在此与过滤分离器中循环返回的滤液及转晶剂等混合成料浆，并被返回的滤液加热，所得料浆通过过滤筛并由酸液调整 pH 值后进入反应器，在反应器中由蒸汽直接加热，温度 150～170℃，压力 6～7bar($1bar=10^5Pa$)，二水石膏在此条件下转化为 α 半水石膏。通过调整转晶剂种类和浓度及 pH 值可得到针状或短柱状 α 半水石膏晶体。所得的 α 半水石膏料浆在过滤器中清洗酸性溶液和转晶剂并滤去大部分水分。将脱水后的滤饼经干燥和研磨得到 α 半水石膏粉。

② 造粒蒸压法工艺。将预处理的副产石膏成型为含一定气孔的块状，然后装框，进入蒸压釜，用饱和蒸汽将其加入到 110～180℃，使其转化为 α 半水石膏，预干燥后出釜并立即粉磨，然后再炒锅中彻底干燥，即得 α 半水石膏粉。

α 石膏用途广泛，可用于配制自流平石膏、陶瓷模具石膏，还可用于牙模、吸塑模具、缠绕成型模具、乳胶制品模具及各种金属铸造模具、琉璃模具的制造等，还可用于矿山、油井、隧道等地下工程。

(4) 纸面石膏板　纸面石膏板是以建筑石膏为主要原料，掺入适量纤维增强材料和外加剂等，再加水搅拌后，浇注于护面纸的面纸与背纸之间，并与护面纸牢固的粘接在一起的建筑板材。主要用于建筑物非承重隔墙、吊顶等。

生产纸面石膏板的工艺主要为将建筑石膏、少量添加剂、纤维等用水混合搅拌后通过成型站，连续浇注于两层护面纸之间，再在连续皮带传输器上进行封边、压平、凝固、切断等工序，并送入干燥器中干燥，然后打捆堆垛。

目前工业上提高利用脱硫石膏和磷石膏等工业副产石膏生产纸面石膏板的工艺已经较为成熟，利用钛石膏生产纸面石膏板的技术研究也取得了良好的进展。利用脱硫石膏生产纸面石膏板主要需要解决两方面问题，一是脱硫石膏的颗粒级配较为集中，颗粒以短柱状为主，流动性较差，可以通过粉磨来解决这一问题。二是脱硫石膏中氯离子和水溶性盐含量较多，会影响石膏和纸面的粘接，并在潮湿环境下加速钉子和钢筋的生锈。实际应用时可通过水洗减少有害杂质的影响，也可采用加入石灰或与天然石灰混用，减少杂质的影响。磷石膏中的碱金属离子及残余磷含量较高，可以通过水洗除去这些杂质，也可添加聚合氯化铁、聚合硫酸铁等，这些添加剂可以形成网格结构，抑制钠、钾离子的迁移。也可在磷石膏原料中加入 $CaCO_3$ 或 CaO，其可以与磷石膏中的 H_2SiF_6 反应，导致大量 SiO_2 析出，由于 SiO_2 具有黏性，可以吸附钠、钾离子。对于钛石膏而言，由于其含有亚铁离子和铁离子，会提高钛石膏的吸水量，同时也会影响石膏的粘纸性能，因此除了对其进行水洗处理外，也可通过添加减水剂来减少用水量，提高料浆流动性。同时提高原料中淀粉、聚乙烯醇等添加剂的含量，可有效地提高石膏的粘纸性能。

(5) 石膏砌块　石膏砌块是指以建筑石膏为基础原料，经加水搅拌、浇注成型和干燥制成的轻质建筑石膏制品，生产中允许加入纤维增强的材料或轻集料，也可加入发泡剂，有空心砌块和实心砌块之分。与石膏板相比，其面积小但是较厚，适用于框架结构和其他非承重墙体，但比石膏板承重能力强。

石膏砌块形成强度的原理是 β 半水石膏在与水反应生成二水石膏的过程中晶体不断长大，形成长条状或针状晶体，在这一过程中，晶体之间相互共生交错，形成相互穿插的结构，从而形成强度，其反应方程式如下：

$$\beta\text{-}CaSO_4 \cdot 1/2H_2O + 3/2H_2O \longrightarrow CaSO_4 \cdot 2H_2O$$

石膏砌块的生产工艺主要是将工业副产石膏加工的建筑石膏粉与水和各种添加剂混合后搅拌均匀，然后将浆料浇筑进模具中，待石膏凝固后，取出石膏砌块进行干燥，干燥可分为烘房干燥和自然干燥，自然干燥成本较低但占地面积较大。

在制备石膏砌块时可以在其中加入木质刨花、纸纤维、玻璃纤维等增强砌块的强度，也可制造成空心石膏砌块或条板，进一步降低石膏制品的密度。

脱硫石膏、磷石膏、钛石膏、铜冶中和渣等多种工业副产石膏均可用于生产石膏砌块，但在生产过程中由于部分副产石膏中的有害杂质会影响石膏砌块的强度，因此除了通过水洗的方法减少石膏中杂质的方法外还可以通过添加一些外加剂，减少杂质对石膏砌块的影响。例如钛石膏中由于含有一定量的亚铁，其在遇水时会反应生成七水合硫酸亚铁，吸收大量的水分，增加制备过程的需水量，降低制品强度，可以通过添加木质素减水剂或萘系减水剂等减少混合搅拌时需水量。同时还可以在钛石膏建筑石膏粉中添加少量的石灰、水泥等碱性的胶凝材料，调节原料的 pH 值并提高石膏砌块制品的强度。

(6) 石膏复合胶凝材料　用石膏按一定比例加入石灰、粉煤灰、矿渣、水泥等材料即可制成石膏复合胶凝材料。与纯石膏建材相比，这些石膏复合胶凝材料具有以下优点。

① 可在一定程度上改善石膏建材的耐水性，提高其软化系数。

② 可利用粉煤灰、矿渣等其他工业废渣。

③ 还可利用这些材料之间的相互作用，直接利用原状工业副产石膏不经过煅烧而生产石膏复合胶凝材料，节省石膏干燥煅烧成本。

利用工业副产石膏加入粉煤灰、石灰、水泥、矿渣等以及 Na_2SO_4、$CaCl_2$、$Al_2(SO_4)_3$、KOH、NaOH 等化学激活剂能够制备成具有较高强度和较好耐水性的石膏复合胶凝材料。

这种石膏复合胶凝材料的强度发展过程为：复合材料胶凝水化初期，副产石膏迅速水化硬化形成二水石膏结晶网格结构，形成初期强度，粉煤灰和激发剂暂时分布于石膏结晶网格结构中，起微集料作用；在复合胶凝材料水化后期，粉煤灰和激发剂不断水化，生成以钙矾石晶体和 C—S—H 凝胶为主的水硬性水化产物，这些水硬性水化产物覆盖在二水石膏晶体表面，相互交错搭接，形成复合胶凝材料的强度。

另外由于工业副产石膏的自由水含量较高，且很多工业副产石膏中含有不利于石膏水化凝结的有害杂质，而且利用工业副产石膏生产建筑石膏的煅烧和原料处理成本较高。而如果可以使用原状工业副产石膏不经煅烧直接生产复合石膏胶凝材料可以减少石膏制品生产成本，有利于工业副产石膏的利用推广。

目前有很多利用原状工业副产石膏加粉煤灰、石灰、水泥等矿物激活剂和化学激活剂制备复合胶凝材料的研究。这种复合胶凝材料是利用互相激活的原理，在胶凝材料中生成水硬性的胶结物，形成以三硫型钙矾石（AFt）为基本结构骨架的以硅酸钙凝胶（C—S—H）为黏结剂的微结构，从而形成强度高耐水性好的复合胶凝材料制品。

（7）农业中的应用　工业副产石膏可用作盐碱土的改良、酸性土壤的改良并可用作肥料。

盐碱土又称盐渍土，广义上包括盐性土壤、碱性土壤和各种盐化和碱化的土壤。盐性土壤是指土壤中含有大量的可溶盐，碱性土壤指土壤中可置换的钠离子含量很高，石膏中的钙离子可以置换土壤中的钠离子，使钠质黏土变成钙质黏土，其化学反应为：

$$Na_2CO_3 + CaSO_4 \longrightarrow CaCO_3 + Na_2SO_4$$
$$2NaHCO_3 + CaSO_4 \longrightarrow Ca(HCO_3)_2 + Na_2SO_4$$
$$2Na^+ + CaSO_4 \longrightarrow Ca^{2+} + Na_2SO_4$$

含钙胶体微粒的外层不吸附水分子，胶体微粒自己能相互靠近而聚团，土壤就不会板结，然后再干燥土壤过程，使土壤龟裂，经过这一过程反复进行后使黏土形成小颗粒，改善土壤透气性和透水性，使土壤碱性下降，使植物可以吸收钙质。

酸性土壤主要障碍是低 pH 值，游离铝的交换性铝的浓度过高，对植物产生危害，在酸性土壤中加入石膏时，植物能很快吸收 SO_4^{2-}，分解出来的钙可以中和土壤中的酸性，并可与游离铝反应生成碱式硫酸铝，从而降低铝对植物的危害，其反应如下：

$$Al(OH)_3 + CaSO_4 \longrightarrow Al(OH)SO_4 + Ca(OH)_2$$

或
$$Al_2SiO_3(OH)_4 + CaSO_4 + H_2O \longrightarrow Al(OH)SO_4 + H_2SO_4 + Ca(OH)_2$$

由于磷石膏中含有磷元素可以增加土壤中的磷含量，同时其中的少量氟可与铝形成络合物，有利于减少铝的危害，因此磷石膏更有利于改良酸性土壤。

而植物除了需要氮、磷、钾外，硫和钙是植物生长需要的第四和第五种营养素，因此缺硫或缺钙的土壤对于需要硫和钙的植物可以直接施加石膏作为肥料。

（8）化工原料　工业副产石膏是含硫原料，可用于工业上提取硫、生产硫酸、硫酸铵、硫酸钾等。

用副产石膏生产硫酸钙和硫的基本原理是在高温下（900～1000℃）用炭还原硫酸钙，然后用硫化钙生产硫。其反应式如下：

$$CaSO_4 + 2C \longrightarrow CaS + 2CO_2$$

$$CaS + 2HCl \longrightarrow CaCl_2 + H_2S$$

得到硫化氢后可在空气中加入催化剂使其氧化成硫，或将其焙烧得到硫。

硫酸是重要的基础化工原料之一，是化学工业中重要的原料，用副产石膏生产硫酸联产水泥的工艺大致分为两段，第一段为水泥熟料的煅烧和二氧化硫气体的产生。与干法回转窑生产水泥的设备相同，即将石膏和黏土、砂子、焦炭按比例混合进入长窑煅烧。第二段为二氧化硫的氧化与吸收，与用硫铁矿生产硫酸的后段工艺相同。

在回转窑中石膏发生以下几步反应。

第一步，温度为 900～1100℃时部分硫酸钙还原生成中间产物硫化钙。

$$CaSO_4 + 2C \longrightarrow CaS + 2CO_2$$

第二步，温度为 1200℃时中间产物硫化钙与多余的硫酸钙反应生成氧化钙和二氧化硫。

$$CaS + 3CaSO_4 \longrightarrow 4CaO + 4SO_2$$

第三步，温度为 1350～1450 时分解出的氧化钙与其他配料生成水泥熟料。

第四步，水泥熟料进入水泥粉磨工序，含二氧化硫的窑气经过电除尘进入制酸工序。在制酸工序中，经酸气净化、干燥后在钒的催化下 SO_2 氧化成 SO_3，再用稀硫酸反复吸收，得到浓度高于 98%的工业浓硫酸。

硫酸铵[$(NH_4)_2SO_4$]是一种传统的氮肥，硫酸铵的传统生产方法是在硫酸中通入氨气而制得，反应式如下：

$$H_2SO_4 + 2NH_3 = (NH_4)_2SO_4$$

用工业副产石膏生产硫酸铵的原理是先制备铵的水溶液，在往水溶液中通入二氧化碳，使其生成炭酸铵，炭酸铵与硫酸钙发生复分解反应，生成硫酸铵，其反应方程式如下：

$$CO_2 + 2NH_3 + H_2O \longrightarrow (NH_4)_2CO_3$$

$$CaSO_4 + (NH_4)_2CO_3 \longrightarrow (NH_4)_2SO_4 + CaCO_3 \downarrow$$

然后过滤去除炭酸钙，将硫酸铵溶液经蒸发浓缩得到硫酸铵晶体。

10.6 保险粉残渣综合利用绿色制备化学

以保险粉为代表的化工废渣是指化学工业生产过程中产生的固体和泥浆状废物，包括化工生产过程中产生的不合格产品、不能出售的副产品、滤饼渣、废催化剂等。化工废渣的污染主要包括直接污染土壤、间接污染水域、间接污染大气等。随着社会经济的迅速发展，工业废渣日益增多，它不仅对城市环境造成巨大压力，而且限制了城市的发展。因此，从环保角度考虑，这些固体废渣的处理显得尤为重要。对固体废渣实行管理与控制是一项复杂的系统工程。参考国内外固体废渣的处理方法，结合我国国情提出处理固体废渣的两种方法，即焚烧法和填埋法。但个别种类的化工废渣（如保险粉生产过程中产生的化工废渣）由于其主要成分中含有在焚烧过程中易形成酸雨的 S 元素，且具有强渗透性，易对土壤及水域等造成严重污染。本节以保险粉生产过程中产生的化工废渣为代表，基于化工废渣的化学成分及其实用性研究、原材料设计研究、工艺设计研究及配方设计研究等方面的综合研究，探究了其综合利用的方法，利用矿物等通过简单易行的工艺生产高性能钻井用固体润滑剂。

10.6.1 保险粉残渣的形成

目前生产保险粉的最常用方式是甲酸钠法，该法包括甲酸钠合成工艺段、液体二氧化硫制备工艺段和成品产出工艺段，有的地方可利用其他工厂，比如化肥厂等产生的废气作原料，因而在经济上占有一定优势。甲酸钠法保险粉合成以甲酸钠、焦亚硫酸钠、液体二氧化硫为主要原料，在甲醇、水体系中，在一定温度和压力下进行化学反应而生成保险粉。该反应过程中，伴随的副反应较复杂。为破坏合成反应生成的 $Na_2S_2O_3$，使化学平衡向正反应方向进行，减少保险粉分解，采用添加环氧乙烷方法破坏 $Na_2S_2O_3$，使之生成邦特盐（磺酸酯类）方式来促进合成主反应。合成生成的保险粉经过滤、洗涤、干燥、加纯碱混合等工序而进行包装。过滤、洗涤出来的母液，经中和反应（加氢氧化钠、65～80℃）生成 Na_2SO_3，再经过过滤、洗涤出来的母液，通过精馏，将甲醇精馏出来回用。精馏后的残液通过二效蒸发器（120℃左右）将水分蒸走，结晶出甲酸钠，用精甲醇进行洗涤，洗涤后的料液通过蒸发（80～110℃）将甲醇和水蒸发走，剩余的副产物统称残渣。

生产过程中的化学反应方程式如下。

① 合成总反应方程式：

$$2HCOONa + Na_2S_2O_5 + 2SO_2 \xlongequal{} 2Na_2S_2O_4 + 2CO_2\uparrow + H_2O$$

② 合成副反应方程式：

$$HCOOH + CH_3OH \xlongequal{} HCOOCH_3 + H_2O$$

$$2Na_2S_2O_4 + H_2O \xlongequal{} Na_2S_2O_3 + 2NaHSO_3$$

$$HCOOCH_3 + Na_2S_2O_3 \xlongequal{} HCOONa + OHC_2H_4S_2C_2H_4OH + H_2O$$

10.6.2　物化特性及成分分析

鉴于保险粉副产物成分的复杂性，我们分别采取多种理化分析手段对副产物样品的理化性质进行了较系统深入的物理分析、化学分析、仪器分析测试等。所采用的手段包括成分固含量、无机物含量、化学成分分析、差热分析、气相色谱-质谱联用测试、薄层色谱分离、核磁分析等。通过以上多种方法分析得到，副产物中水分含量低于10%，且60%以上为有机成分，有机成分以 $HOC_2H_4—S—C_2H_4OH$ 和 $HOC_2H_4—S—S—C_2H_4OH$ 为主。据文献报道，该类硫代二醇有机物具有一定的润滑性，能促进润滑性能，因此该副产物能够应用于润滑剂的添加剂。另一方面，该副产物本身含有极性基团，水溶性好，渗透性优良，因此其可被应用于渗透剂。结合这两方面，该副产物可应用于地质勘探中的钻井助剂。

10.6.3　分离及钻井用固体润滑剂的制备

废渣中的硫代二甘醇、2,2′-二硫二乙醇具有良好的渗透性与润滑性，因此需要将其从保险粉废渣中分离出来，具体的分离步骤为：将废渣在105℃烘干，去除其中的水分；把烘干的样品在乙醇中溶解，过滤；将滤液在80℃烘箱中烘干，得到主要含硫代二甘醇的有机物。

保险粉副产物，本身为膏状且黏度大，不容易运输和使用。因此需要添加负载材料对其进行吸附，从而制备出干燥的固体润滑剂。而由成分分析可知，该废渣中富含有机物且具有较好的水溶性，因此选择吸油性能优异的石墨和多孔吸水矿物材料作为负载材料进行优选。通过综合性能的评价，最终确定利用石墨作为负载材料制备钻井用固体润滑剂。此外，基于综合性能的考虑，钻井用固体润滑剂的制备过程中需要选择恰当的隔离剂、降滤失剂、乳化剂等。

首先，保险粉副产物本身是一黏度大的膏状物，需要大的剪切力使其分散均匀。其次，所添加的助剂种类较多，因此各个组分的均匀分散成为一个技术难点。而由以上的分析也可得知，所添加的助剂较为复杂，有固体、液体、膏状，而石墨等粉体又容易飘飞，因此需要整个混合分散的过程最好是在密闭空间内进行，防止粉尘污染。通过以上分析，可以总结得到，我们的制备工艺需要大的剪切力、高速的搅拌、密闭的空间，捏合机是我们较为理想的选择，基本上都能满足上述要求。而且其本身也还具有成本低、操作简单的优点。

保险粉残渣本身经济价值低，大量囤积，每年需要花费大量环境处理费。将其用于制备钻井用固体润滑剂，实现工业化应用，这不仅免去了每年的环境处理费，而且还能将所制备的固体润滑剂销售，实现双赢。此外，在此过程中不仅有效地解决了保险粉残渣的大量堆积，减少了其对环境的危害，而且不会产生新的污染，实现了清洁生产。

10.7 工业粉尘综合利用绿色制备化学

工业粉尘顾名思义就是指在工业生产过程中产生的粉尘，其来源主要包括固体物料的机械粉碎和研磨，粉状物料的混合、筛分、包装及运输，物质的燃烧及物质被加热时产生的蒸汽在空气中的氧化和凝结。由于现代工业的快速发展，我国工业粉尘状况趋向于粉尘的化学成分、粉尘的颗粒度和粉尘的浓度更加严重地危害人体健康，具体表现为：工业粉尘中往往不同程度的含有各种有毒的金属粉尘，人们在吸入一定的工业粉尘后，会对人们的身体健康造成严重的威胁；通常情况下各种工业粉尘的颗粒很细，粉尘的光学性质和能见度均向着不利方向发展，据有关报道，全国近年来由于粉尘积累和变化，城市上空能见度普遍下降，近年来我国各地频频爆发的雾霾天气均与工业粉尘的不断积累有着重要的联系。然而，社会上任何物品的存在都有其存在的价值，工业粉尘具有良好的尺寸效益，因此，从另外一个角度看，工业粉尘还是一种很好的资源，针对工业粉尘的各个特性，研究其在不同领域的应用具有重要的意义。

10.7.1 工业粉尘补强橡胶材料

除天然橡胶和氯丁橡胶等少数自补强橡胶品种外，绝大部分合成橡胶在不填充补强填料的情况下性能较差，单独使用的价值不大。橡胶对补强填料的要求包括较强的表面化学活性、较高的化学纯度、较好的储存稳定性、价廉易得等。一般来说，补强填料粒径越小，比表面积越大，与橡胶的接触面积也就越大，补强效果就越好。颗粒形状以球形较好，片形或针形填料在硫化橡胶拉伸时容易产生定向排列，导致硫化橡胶的永久变形增大，抗撕裂性能下降。工业粉尘在形成过程中往往具有很小的粒径及较大的比表面积，且具有很好的稳定性，最重要的是价廉易得，不仅可以消除其对环境的污染，同时可以作为一种新型潜在的资源。虽然工业粉尘在橡胶材料中不易分散、容易结团，使其补强效能降低，但该缺陷可以用适当的表面改性得以解决。张以河等人正在研究利用废旧钢铁回收利用过程中产生的超细工业粉尘补强橡胶材料。在废旧钢铁回收利用过程中钢铁表面的废旧高分子经高温碳化后形成纳微米级的球形颗粒，经过实验发现该超细工业粉尘本身对橡胶具有很好的补强作用，经过一定的改性后其对橡胶的补强效果接近于炭黑对橡胶的补强效果，尤其是橡胶材料的力学性能。Thanunya Saowapark 等人研究了粉煤灰在天然橡胶中的应用，对橡胶材料的储能模量(G')及剪切黏度进行了测试，结果表明粉煤灰可以有效地提高天然橡胶的储能模量及剪切黏度。K. Thomas Paul 等人研究了粉煤灰等对丁苯橡胶硫化特性及力学特性进行了全面细致的研究。实验结果表明粉煤灰是一种补强效果良好的潜在橡胶补强填料。S. Thongsang 等人利用 NaOH 及 Si69 对粉煤灰进行表面改性，然后研究其对天然橡胶的补强作用，结果表明经过表面改性之后橡胶材料的硫化特性及力学性能得到明显的改善。

随着橡胶工业的快速发展，橡胶填料的需求量也呈直线上升的趋势，越来越多的学者将研究的热点逐渐转移到工业粉尘上。工业粉尘具有较好的粒径，且其来源广泛，成本低廉，符合橡胶补强填料的要求。另一方面，将工业粉尘在橡胶工业中得到有效的资源化利用，可以有效地控制工业粉尘对环境的污染，实现“变废为宝”，对于橡胶工业及环境保护具有重要的意义。

10.7.2　含铁粉尘制备炼铁用氧化球团

在钢铁工业中，球团是一种重要的高炉炉料，可以与烧结矿共同构成较好的炉料结构，广泛应用于有色金属冶炼中。随着我国加入世贸组织后，钢铁工业的快速发展和市场竞争力的进一步提高，优化炼铁技术、优化炉料结构、努力降低钢铁生产成本，将是冶金工业重要的发展方向，而在优化炉料结构的工作中，大力发展球团生产技术成为迫切的需要。目前我国国内球团产量约为 1 亿吨，约占世界总产量的 1/4，我国现有高炉用气团比例只占总量的 10%左右，而在西欧和日本等发达国家地区，其球团矿的用量已达 70%以上，因此，球团在我国有着广阔的发展前景。

炼铁用球团主要是由含铁原料与黏结剂配以适量的水分经干燥、预热及焙烧等工艺制成，在此过程中铁矿等含铁原料需要具有很细的粒度，而工业粉尘在形成过程中往往具有很细的粒度，此外在一些特殊行业中形成的粉尘也会含有大量的铁，综合考虑，该类工业粉尘在生产炼铁用球团中具有广阔的应用前景。张以河等人正在研究利用抛丸等金属磨料使用过程中产生的含铁粉尘制备炼铁用球团。经过大量实验表明，生产出的炼铁用球团具有较高的含铁量及压缩强度。精细的含铁工业粉尘用来生产炼铁用球团，不仅使工业粉尘得到有效的资源化利用，同时可以减少工业粉尘对环境的影响。另外，利用精细含铁工业粉尘生产炼铁用球团过程中省去了易产生大量粉尘的粉碎过程，不仅节省了大量的能耗，同时在整个炼铁用球团生产过程中不会产生新的污染，有效地实现绿色生产工艺。

参考文献

[1] 牛冬杰．工业固体废物处理与资源化．北京：冶金工业出版社，2007.

[2] Reto G，Loran E C，Gergory R L. American Mineralogist，2003，88：1853-1865.

[3] Wang A Q，Zhang C Z，Sun W. Cenment and Concrete Research，2003，33：2023-2029.

[4] Davidovits J. J Tberm Anal，1991，37：1611-1656.

[5] 马鸿文，杨静，任玉峰等．地学前沿，2002，9：398-407.

[6] 尚继武，侯珊珊. 山西建筑，2008，24：172-173.

[7] 张艳荣，张安振，张以河．中国建材科技，2008，03：51-54.

[8] Davidovits J，Conlrie D C，Paterson J H， et al. British Ceramie Transaetions，1990，89：195-202.

[9] 李海红，王鸿灵，阎逢元．材料科学与工程学报，2004，22：889-892.

[10] 张书政，龚克成．材料科学与工程学报，2003，21：430-436.

[11] 李海红，徐惠忠，高原等．机械工程材料，2006，6：1-3.

[12] 吴中伟．混凝土与水泥制品，2000，1：3-6.

[13] Barbosa V F F，Mackenzie K J D. Mater Lett，2003，57：1477-1482.

[14] Cheng T W，Chiu J P. Minerals Engineering，2003，16：205-210.

[15] 聂轶苗，马鸿文，杨静．现代地质，2006，2：340-346.

[16] 张书政，龚克成．材料科学与工程学报，2003，21：430-436.

[17] Gaboriaud F，Nonat A，Chaumont D，et a1. J. Physcal Chemistry B，1999，103：5775-5781.

[18] 张艳荣，张安振，张以河．中国科技信息，2008，22：67-69.

[19] Yihe Zhang，Jing Xing，Li Yu. Advanced Materials Research，2008，47：977-979.

[20] 侯云芬，王栋民，李俏等．硅酸盐学报，2008，36：61-64.

[21] 南相莉，张延安，刘燕等．过程工程学报，2009，9：459-464.

[22] Orescanin V，Nad K，Mikelic L，et al. Process Safety and Environmental Protection，2006，84：265-269.

[23] 杨绍文，曹耀华，李清．矿产保护与利用，1999，6：46-49.
[24] 贺深阳，蒋述兴，汪文凌．轻金属，2007，12：1-5.
[25] 李小平．有色金属(矿山部分)，2007，59：29-32.
[26] 罗道成，易平贵．环境污染治理技术与设备，2002，3：33-35.
[27] 王海峰，毛小浩，赵平源．贵州大学学报(自然科学版)，2006，23：323-325.
[28] Rongrong Lu，Yihe Zhang，Fengshan Zhou，et al. Applied Mechanics and Materials，2012，151：355-359.
[29] Lan W，Qiu H Q，Zhang J，Yu Y J，et al. Journal of Hazardous Materials，2009，162：174-179.
[30] 周风山．一种络合剂及其制备方法与应用．中国发明专利，03137209.0，2004.12.08.
[31] 周风山．一种络合增效剂及其制备方法与应用．中国发明专利，03136991.X，2004.12.08.
[32] 周风山．一种絮凝剂及其制备方法与应用．中国发明专利，03136992.8，2006.5.26.
[33] Pan Z H，Cheng L，Lu Y N，et al. Cement and Concrete Research，2002，32：357.
[34] 黄迪，倪文，祝丽萍等．矿冶研究与开发，2011，31：13-16.
[35] 张以河，张安振，甄志超等．一种赤泥填充的抗菌塑料母料及其复合材料．中国发明专利，200910157204.5，2011.1.5.
[36] Zhang Y H，Zhang A Z，Zhen Z C，et al. Journal of Composite Materials，2011，45：2811-2816.
[37] 张安振，张以河．工程塑料应用，2011，39：93-96.
[38] Zhen Z C，Zhang Y H，Ji J H，et al. Materials Letters，2012.
[39] 闰满志，白丽梅．矿业快报，2008，7：9-13.
[40] 王柏昆，丁浩．中国非金属矿工业导刊，2010，6：13-16.
[41] 杜高翔．中国非金属矿导刊，2007，2：14-17.
[42] 郑水林，李杨，刘福来等．中国非金属矿导刊，2004，5：5-8.
[43] 薛彦辉，薛大兵，周宝友．黄金科学技术，2008，16：51-53.
[44] 章庆和，苏蓉晖．矿产综合利用，1996，16：27-30.
[45] 吕宪俊，连民杰．金属矿山，2005，8：1-4.
[46] 王燕谋，苏慕珍，张量．北京：北京工业大学出版社，1999.
[47] 李冬青．采矿技术，2001，1：16-19.
[48] 胡华．中国矿业，2001，10：40-50.
[49] 许新启，杨焕文，杨小聪．矿冶工程，1998，18：1-4.
[50] 刘同有．北京：冶金工业出版社，2001.
[51] 余其俊．水泥技术，1995，5：3-6.
[52] 宋存义，陈克王，汪辉．矿物岩石地球化学通报，1999，18：261-263.
[53] 章庆和，郭宇峰．矿产保护与利用，1995，5：45-47.
[54] 潘一舟．地质与勘探，1992，12：22-24.
[55] 潘一舟，周访贤．金属矿山，1992，2：49-51.
[56] 王砚，殷杰，陈吉春等．环境科学与技术，2000，11：11-13.
[57] 丁其光，杨强等．矿产综合利用，1994，6：28-34.
[58] 章庆和，郭宇峰．矿产保护与利用，1995，5：45-47.
[59] 郭泰民．工业副产石膏应用技术．北京：中国建材工业出版社，2010.
[60] 张继宇．石膏建材，2004，4：11-14.
[61] Shang，Jiwu. Zhang，Yihe. Zhou，Fengshan. Journal of Hazardous Materials. 2011，198：65-69.
[62] 张以河，周风山，陆金波．一种基于化工副产物制备钻井用矿物复合固体润滑剂技术．中国发明专利，201010129810.9.
[63] Thanunya Saowapark，Narongrit Sombatsompop，Chakrit Sirisinha. Journal of Applied Polymer Science，2009，112，2552-2558.
[64] Thomas Paul K，Pabi S K，Chakraborty K K，Nando G B. Polymer composites，2009，30，1647-1656.
[65] Thongsang S，Sombatsompop N. Polymer composites，2006，27：30-40.